国内部分照片

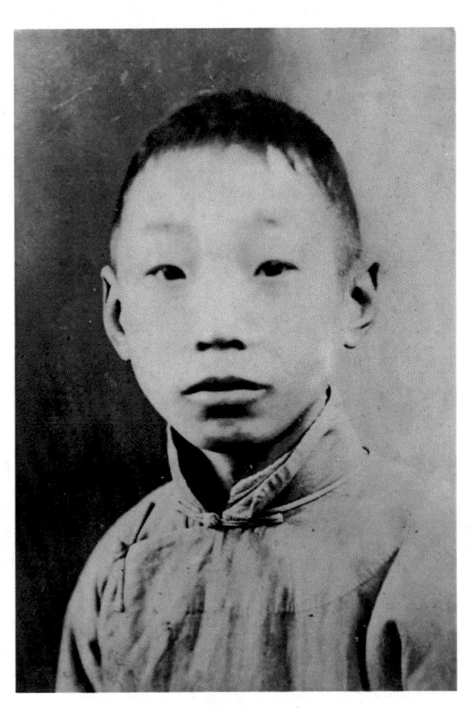

少年时期

青年时期

北洋大学东北参观团

（中排左二：魏寿昆，前排右二：杜鹤桂）

杜鹤桂、虞蒸霞新婚照（1956年）

中国金属学会第二届代表大会炼铁专业成员合影（1963 年）

左起依次为：（待考），张越，章光安，庄镇恶，杨永宜，陆达，马彩佼，王之玺，张省己，刘彬，张寿荣，叶绪沛，李镜邨，靳树梁，蔡博，李公达，杜鹤桂，陈大受，朱其文，袁孝惇，吴世隆，（待考），李马可，成兰伯

东北工学院炼铁团队在编写教案

正面左起为：靳树梁，杜鹤桂

东北工学院教学讨论

左起为：靳树梁，杜鹤桂

指导博士生开展试验（1985 年）

前：刘新；中：杜鹤桂，薛向欣；后：杜钢

首钢高炉解剖留念（1979 年）

第二排右起第五位为杜鹤桂教授

攀钢公司领导与 0.8m^3 高炉解剖试验组部分同志合影（1982 年）

第二排右起第四位为杜鹤桂教授

国务院学位委员会第三届学科评议组（1993 年）

第一排右起第四位为杜鹤桂教授

冶金系统学位申请评议会（1993 年）

第一排左起第三位为杜鹤桂教授

全国高炉长寿技术研讨会（1994 年）

第一排右起第四位为杜鹤桂教授

太钢四高炉大修专家论证会（1998 年）

第一排左起第五位为杜鹤桂教授

杜鹤桂教授九十寿辰庆典暨学术研讨会（2014 年）

博士生庆祝杜老师八十五岁寿辰（2009 年）

左起后排：曲彦平、游锦洲、余仲达、林成城、郑少波、杨俊和、徐万仁、魏国

前排：沈峰满、刘新、虞蒸霞、杜鹤桂、杜钢、薛向欣

东北工学院 78 级炼铁专业毕业师生合影（1982 年）

第一届中国国际炼铁科技讨论会老北洋大学校友合影(1985年,武钢国际学术会议）

左起依次为：邬高扬、杜鹤桂、王之玺、张寿荣、陶少杰、金心

马钢讲学（1987 年）

包钢炼铁厂现场（1989 年）

左起依次为：党委书记巴图、杜鹤桂、厂长周焕威

辽宁省炼铁学术年会（1990 年）

与包钢总经理毕群合影（1991 年）

华东冶金学院王端庆院长授予荣誉教授聘书（1991 年）

宝钢教育培训中心讲座（1993 年）

辽宁省炼铁学术年会（1996 年本溪）

鞍钢高炉喷煤比 200 kg/t
成果鉴定会（1996 年）

攀钢炼铁厂现场（1996 年）

左起依次为：党委书记刘书证（左一），总工盛世雄（左二）、杜鹤桂（左三），
厂长孙希文，王副书记、工会主席

攀钢四高炉多环布料成果鉴定会（1996 年，四川广汉金雁湖）

左起依次为：攀钢总工王喜庆、杜鹤桂，厂长孙希文

与魏国老师在酒钢二高炉值班室（2000 年）

莱钢 750m^3 高炉智能控制专家系统鉴定会（2002 年）

左起依次为：徐矩良、周传典、杜鶴桂

在鞍钢新 1 号高炉（3200m³）值班室（2006 年）

全国炼铁工作和学术年会（2006 年，宝钢）

左起依次为：项仲庸、文学铭、杜鹤桂、叶才彦

与攀钢副总苏志忠在西昌邛海（2006 年）

访问山东日照钢铁厂（2010 年）

左起依次为：吕鲁平、杜鹤桂、谢国海

与炼铁团队部分教师及研究生合影（2014 年）

国外部分照片

澳大利亚伍伦贡大学学术报告（1984 年）

参加加拿大皇后大学全国冶金化学会议与卢维高教授（左一）等合影（1987 年）

访加拿大多伦多大学材料科学系与马克林教授（右一）等合影（1987 年）

与澳大利亚伍伦贡大学斯坦迪教授研讨炼铁新技术（1990 年）

访问东京工业大学（1990 年）

留学日本的二女儿杜依群、女婿郭炜宏陪同

访问乌克兰第聂伯罗彼得罗夫斯克冶金学院（1991 年）

左起依次为：科凡廖夫教授、杜鹤桂、炼铁教研室主任伊凡钦柯

访问乌克兰基辅（1991 年）

左起依次为：王梦光、秦复生、杜鹤桂、宁宝林

参观莫斯科红场（1991 年）

芬兰赫尔辛基工业大学学术报告会（1991 年）

霍雷勃教授（右一）

与柏林工业大学奥托尔斯教授（1992 年）

参观克虏伯曼纳斯曼炼铁厂（1992 年）

与德国杜伊斯堡大学凯斯曼教授合影

荷兰留学大女儿杜笑逸陪同参观鹿特丹著名古城堡（1992 年）

参加日本仙台第一届国际炼铁科技会议（1994 年）

与留日的小女儿杜奕奕参观日本松岛（1994 年）

日本川崎制铁研究所讲学（1994 年）

日本大分制铁所讲学（1994 年）

访问日本九州大学（1994 年）

小野阳一教授（左二）

与韩国浦项工科大学李昌熹教授合影（1995 年）

与余艾冰教授参观澳大利亚堪培尔港钢铁厂（1996 年）

参加加拿大多伦多国际钢铁学术会议（1998 年）

左起依次为：马积棠、杜鹤桂、孔令坛

访问美国钢铁公司底特律大湖炼铁厂（1998 年）

访问美国麻省理工学院（1998 年）

获奖证书及手稿资料

科技進步奬

證書

为表彰在促进科学技术进步工作中做出重大贡献者，特颁发国家科技进步奖证书，以资鼓励。

获奖项目：　钒钛磁铁矿高炉强化冶炼新技术

获 奖 者：　杜鹤桂

奖励等级：　一等奖

奖励日期：　一九九九年十二月

证 书 号　10-1-001-08

“钒钛磁铁矿高炉强化冶炼新技术”　获奖证书

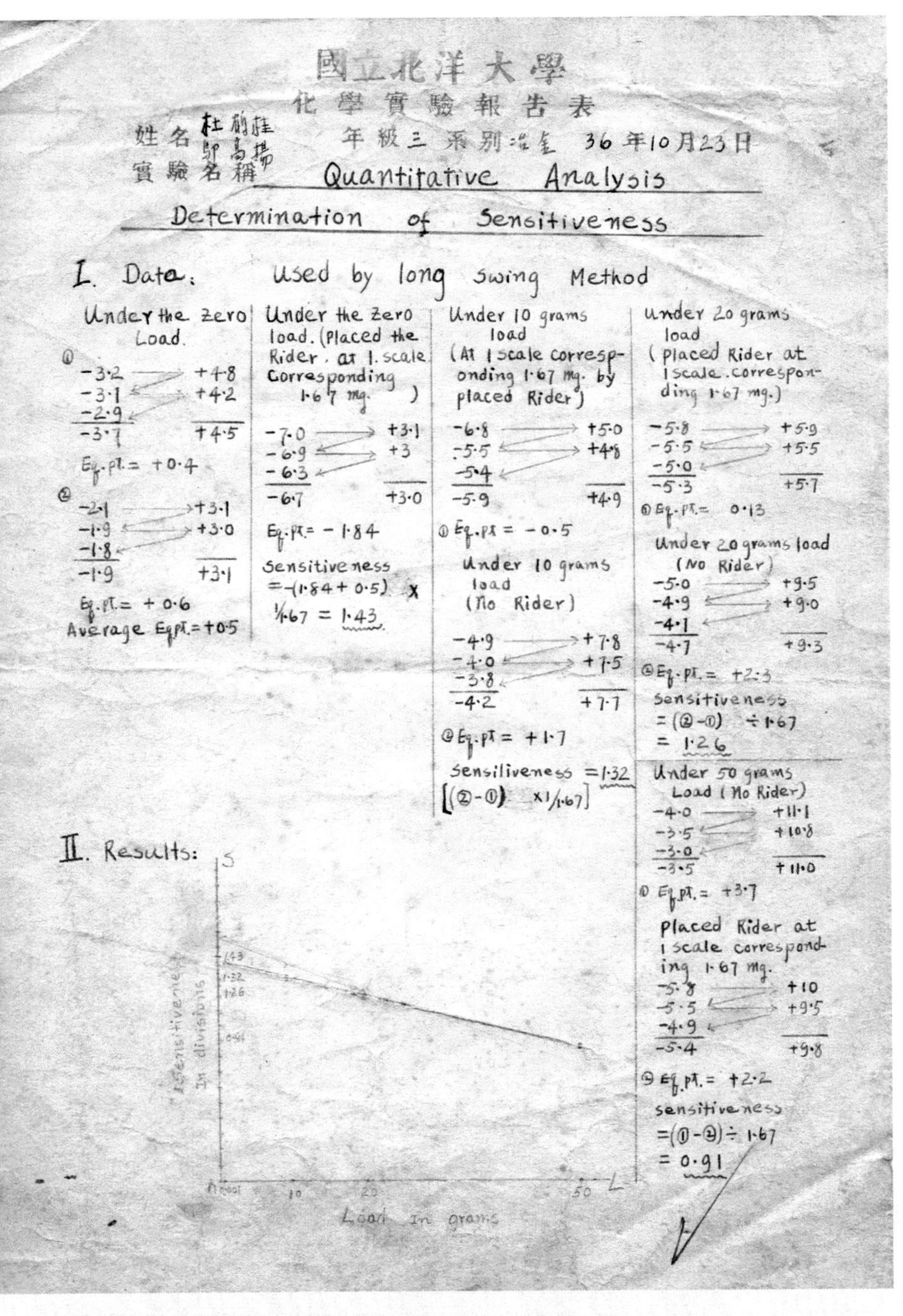

國立北洋大學

化學實驗報告表

姓名 杜[illegible] 鄧高揚[illegible]　　年級 三　系別 冶金　36 年 10 月 23 日

實驗名稱 Quantitative Analysis

Determination of Sensitiveness

I. Data: Used by long swing Method

Under the Zero Load.

① −3.2 → +4.8; −3.1 → +4.2; −2.9

−3.7　　+4.5

Eq. pt. = +0.4

② −2.1 → +3.1; −1.9 → +3.0; −1.8

−1.9　　+3.1

Eq. pt. = +0.6

Average Eq. pt. = +0.5

Under the Zero load. (Placed the Rider at 1 scale Corresponding 1.67 mg.)

−7.0 → +3.1; −6.9 → +3; −6.3

−6.7　　+3.0

Eq. pt. = −1.84

Sensitiveness = −(1.84 + 0.5) x 1/1.67 = 1.43

Under 10 grams load (At 1 scale corresponding 1.67 mg. by placed Rider)

−6.8 → +5.0; −5.5 → +4.8; −5.4

−5.9　　+4.9

① Eq. pt. = −0.5

Under 10 grams load (No Rider)

−4.9 → +7.8; −4.0 → +7.5; −3.8

−4.2　　+7.7

② Eq. pt. = +1.7

Sensitiveness = 1.32 [(②−①) x 1/1.67]

Under 20 grams load (placed Rider at 1 scale corresponding 1.67 mg.)

−5.8 → +5.9; −5.5 → +5.5; −5.0

−5.3　　+5.7

① Eq. pt. = 0.13

Under 20 grams load (No Rider)

−5.0 → +9.5; −4.9 → +9.0; −4.1

−4.7　　+9.3

② Eq. pt. = +2.3

sensitiveness = (②−①) ÷ 1.67 = 1.26

Under 50 grams Load (No Rider)

−4.0 → +11.1; −3.5 → +10.8; −3.0

−3.5　　+11.0

① Eq. pt. = +3.7

Placed Rider at 1 scale corresponding 1.67 mg.

−5.8 → +10; −5.5 → +9.5; −4.9

−5.4　　+9.8

② Eq. pt. = +2.2

sensitiveness = (①−②) ÷ 1.67 = 0.91

II. Results:

北洋大学就读时《物理实验、冶金厂设计》报告手稿（一）

冶四 杜鹤桂

Oct. 11. 1948.

Metallurgical plant design

Problem [2].

Scale: 1cm = 2m

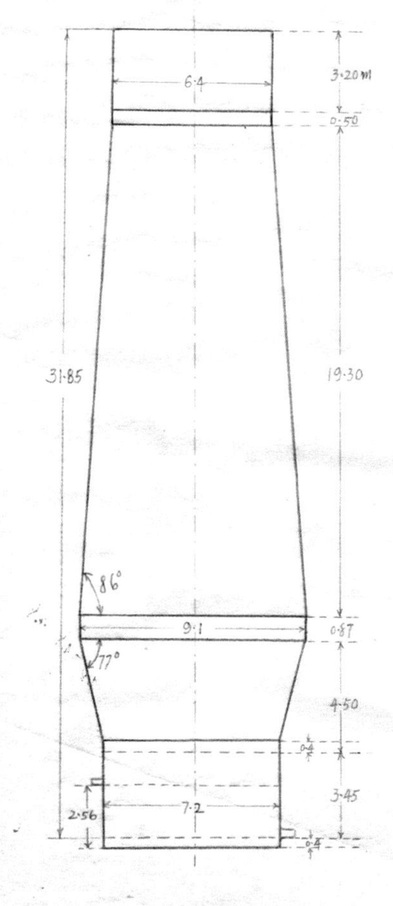

$v = \frac{1}{f D_0} + \frac{W_c}{D_c} = \frac{1}{.5 \times 2.3} + \frac{0.7}{0.5}$

$= 0.87 + 1.4 = 2.27 m^3$ ✓

$v_n = T/24 (1-C) v = 12/14 (1-.16) 2.27$

$= 0.955 m^3$ ✓

$V_n = W \times 0.955 = 1400 \times 0.955 = 1340 m^3$ ✓

$d = \sqrt{a/b \times 1000/6\pi} = \sqrt{1400 \times 0.7/1000 \times 1000/6\pi}$

$= 7.22$ choose $d = 7.2$ ✓

Volume under $h_1 = 0.1 \times 1400 = 140 m^3$

$\therefore h_1 = 140 / \frac{\pi}{4} \times 7.2^2 = 3.45 m$ ✓

Choose $x = 0.4 m$ ✓ $y = 0.4 m$ ✓

$\therefore h = x + y + h_1 = 0.4 + 0.4 + 3.45 = 4.25 m$

$V_n = 0.5 D^2 H$ (1)

Assume $H/D = 3.5$ (2)

(1)(2) solved. $1340 = 0.5 \times 3.5 \times D^3$

$\therefore D^3 = 1340/1.75 = 765$; $\therefore D = 9.1 m$.

Assume $d_1/D = 0.7$ $\therefore d_1 = 9.1 \times 0.7$

$= 6.37 m$.

Choose $d_1 = 6.4 m$ ✓

Assume $\alpha = 86°$

$\therefore h_4 = \tan\alpha (D/2 - d_1/2) = \tan 86° (4.55 - 3.2)$

$= 14.3 \times 1.35 = 19.3 m$ ✓

Assume $\beta = 77°$

$h_2 = x + \tan 77° (D/2 - d/2)$

$= 0.4 + 4.12 = 4.5 m$.

Volume of hearth $= \pi/4 \times 7.2^2 \times (h_1 + x) = \frac{\pi}{4} \times 7.2^2 \times 3.85 = 156.5 m^3$

Volume of bosh $= \pi/3 \times \frac{1}{4} \times (4.5 - 0.4)(9.1^2 + 9.1 \times 7.2 + 7.2^2) = 214 m^3$

Volume of shaft $= \pi/3 \times \frac{1}{4} \times 19.3 (9.1^2 + 9.1 \times 6.4 + 6.4^2) = 181.8 \times 5.05 = 918 m^3$

北洋大学就读时《物理实验、冶金厂设计》报告手稿（二）

Physical Metallurgy Laboratory　　Date: Oct. 8. 1948.

Experiment (I)　　冶四 杜稍桂

Object: To study the optical systems of Metallurgical microscope and familarized with its uses.

Equipment: Simple Metallurgical microscope (Make: National Academy of Peiping)
Research Metallurgical microscope (Make: Ernst Leitz Germany)

Procedure:

① the construction of simple Metallurgical microscope as same with the biological used, but differ with that the stage was movable and a vertical illuminator holding either a plane glass reflector or a prism was placed at the lower part of the tube and adjusted above the objective. the source of light was helped by a electric light which kept only 6 volts, 30 watts.

the eye pieces were a. 9 (23) b. 20 (50) and c. 48 [0.23, 0.50 numerical aperture]

the objective were 6× and 10×.

the Research Metallurgical microscope was used conveniently for photography. the illuminant is generally an arc light in which the carbon ~~were~~ fed automatically, Another source of light was some similar lamp.

(2). the fig. drawn illustrating the principle of illumination and the way by which an image was obtained on next page.

(3)

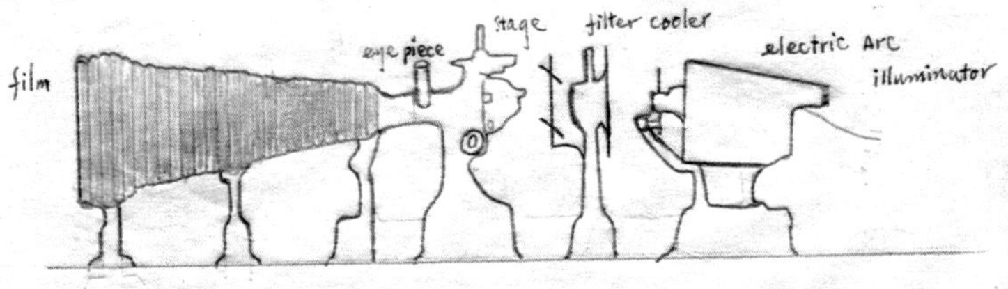

Research Metallurgical microscope (Leitz. Germany)

北洋大学就读时《物理实验、冶金厂设计》报告手稿（三）

國立北洋大學

物理（冶金）實驗報告　38年2月24日

四年級冶金系　　組實驗者杜鶴桂　　同實驗者張壽榮 張順璋 蘇成雲

Report on physical Metallurgy Laboratory
Experiment (Ⅲ)

Object: To study the microstructure of slowly cooled steels of different composition

Equipment: Grinding and polishing equipment microscopes.

Materials: Specimens of steel of different composition:

NO. 66, 32, 54, 12-390, 87, 12-388, 80, H-160, H-156, H-164.

procedure: (1) All the given 10 specimens are prepared by grinding, polishing & etching.

(2) Examine each well prepared specimen under the simple Metallurgical microscope.

(3) the Sketch of Microstructure of each specimen as shown in below.

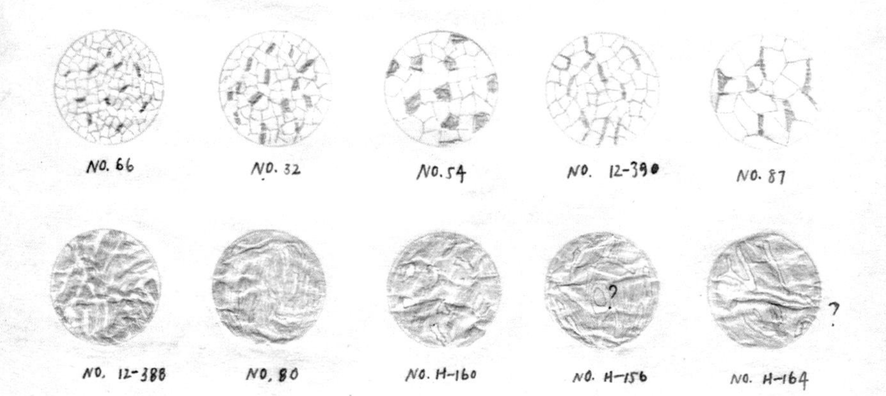

(4) Chemical composition of each specimen (by given)

北洋大学就读时《物理实验、冶金厂设计》报告手稿（四）

杜鹤桂　著

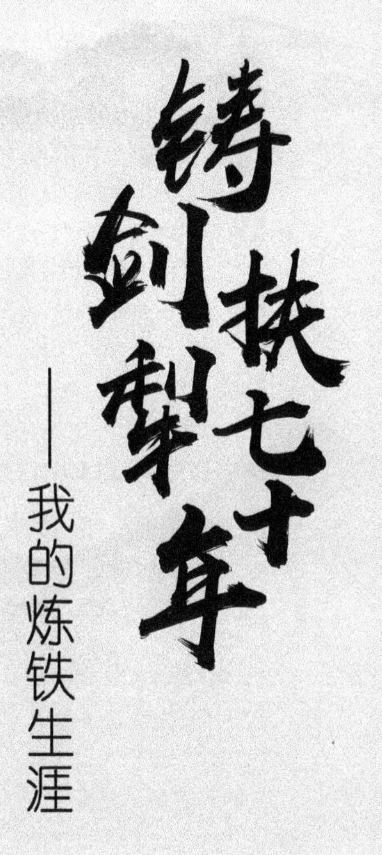

北　京
冶金工业出版社
2020

内 容 简 介

杜鹤桂教授毕生致力于中国炼铁技术的科研与教学工作，为我国培养了数以千计的科技人才，可谓桃李满天下，在钒钛磁铁矿高炉冶炼、现代高炉强化冶炼等方面取得了卓越的成就，为企业创造了巨大的经济效益，多次获得国家、省部级奖励。本书记述了杜鹤桂教授在全国钢铁企业和科研院所广泛开展学术交流和科技推广的足迹。它既是杜鹤桂教授多年科研经历的凝练介绍，也是我国不同时期、不同企业炼铁技术发展历程的真实记录。

本书可供冶金等相关高校师生、科研技术人员以及中国近现代钢铁工业技术和研究学者参考。

图书在版编目(CIP)数据

铸剑扶犁七十年：我的炼铁生涯/杜鹤桂著．—北京：冶金工业出版社，2020.1（2020.11 重印）
ISBN 978-7-5024-8385-2

Ⅰ.①铸… Ⅱ.①杜… Ⅲ.①冶金—文集 Ⅳ.①TF-53

中国版本图书馆 CIP 数据核字(2019)第 300633 号

出 版 人 苏长永
地 址 北京市东城区嵩祝院北巷 39 号 邮编 100009 电话 (010)64027926
网 址 www.cnmip.com.cn 电子信箱 yjcbs@cnmip.com.cn
责任编辑 卢 敏 美术编辑 彭子赫 版式设计 孙跃红
责任校对 石 静 责任印制 李玉山
ISBN 978-7-5024-8385-2
冶金工业出版社出版发行；各地新华书店经销；北京虎彩文化传播有限公司印刷
2020 年 1 月第 1 版，2020 年 11 月第 2 次印刷
169mm×239mm；20 印张；16 彩页；424 千字；300 页
110.00 元

冶金工业出版社 投稿电话 (010)64027932 投稿信箱 tougao@cnmip.com.cn
冶金工业出版社营销中心 电话 (010)64044283 传真 (010)64027893
冶金工业出版社天猫旗舰店 yjgycbs.tmall.com
（本书如有印装质量问题，本社营销中心负责退换）

序

杜鹤桂教授回忆录即将出版了，令人欣喜。

杜教授是新中国成立后成长起来的著名炼铁学家，建树甚丰，载誉国际冶金界，且桃李满天下，是一位值得尊敬的前辈学者。

杜教授1925年生于浙江东阳，1949年毕业于天津北洋大学冶金系。继而进入沈阳工学院（院系调整后更名为东北工学院）。1953年在苏联专家指导下研究生班毕业，先后任东北工学院炼铁教研室主任、钢铁冶金系主任、博士生导师。

在长期的教学生涯中，杜教授有着值得称道的、丰富多彩的历程。1952年他参与组建炼铁专业，改革开放后建立了学位制度，他是首批博士生导师。在教学过程中，他强调理论联系实际，坚持教学为生产服务的理念；既重视解决生产实际问题，又重视理论研究；先后为祖国培养了数千名学生，其中硕士、博士近百名，不少精英走上了各级领导岗位或成长为专家学者，可谓桃李满天下、成绩卓著、贡献巨大；由此可见，他在钢铁冶金教育界的学术地位。

令人印象深刻的是杜教授在科研方面的一系列成就，例如，在20世纪50年代，他通过在本钢调查研究，首次提出了高炉强化“吹透”理论，有利于高炉提高冶炼强度，现已成为高炉下部调节的准则。杜教授在高炉冶炼钒钛磁铁矿方面，有着一系列研究，先后对承德钢厂、攀枝花钢厂高炉冶炼钒钛磁铁矿过程出现的许多问题进行了深入研究，提出具体的解决方案，并相继得到实现。杜教授对钒钛磁铁矿高炉强化冶炼进行了理论研究和指导技术实践，在攀枝花钢厂取得明显的成果，并获得了

1999年国家科技进步一等奖。此外，杜教授在教学之余还深入首钢、鞍钢、包钢、酒钢等企业结合生产实际，开展科学研究和技术开发，取得了令人称道的成果。

杜鹤桂教授也是一位享誉国际炼铁科技界的中国学者，改革开放以后，先后到北美、欧洲、日本、澳大利亚、韩国访问并讲学，多次参加国际炼铁、炼钢会议并宣读论文，反映中国炼铁科技取得的成就和学术观点。

迄今，杜鹤桂教授已经为他热爱的、执着专注的炼铁事业奋斗了70年，奉献了70年，特别是以九旬高龄，历时四年有余，将自己学习成长，努力钻研；深入实践，奋斗建树；不断进取，道德修养等方面的过程一一回忆，公诸于世；可谓不忘初心、老骥伏枥、壮心不已。相信能激励后学，启迪思维，实在是一件利国利学的好事，值得学习。

殷瑞钰

2019年7月26日于北京

自　述

本人1925年8月23日出生于浙江东阳市仓前村。兄弟四人,我居幼。三位哥哥中大哥为浙大农学院教授,二哥在家务农,三哥是工人、农业技术员。父亲早年失聪,只管农事。母亲勤俭持家,早年(52岁)病逝。本人幼年由父、兄嫂抚养成长,1938年考取省立金华中学初中部(方山岭分校),1941年毕业时,家乡已沦陷。当时家庭经营火腿生意,战乱中被抢劫一空,全家破产,经济来源被切断。1942年我努力考上省立处州中学高中部公费生。学校原校址在丽水城内,因避难暂迁远郊高溪镇。1945年我毕业后,就近在浙江缙云壶镇报考泰顺北洋工学院等高校,因北洋奉命并入英士大学,先后被英士、暨南等大学录取。9月份决定就读温州(三角门外)英大工学院化工系。读完一年级,1946年9月转学入天津北洋大学冶金系。

北洋大学上学三年中,在著名冶金学家、系主任魏寿昆教授统筹教育下,学习冶金基本理论和专业实践知识,进行各项教学实验和测试训练。1947年暑期首次到石景山钢铁厂认识实习,受到专业实践的启蒙教育。次年8月到天津炼钢厂生产实习。1949年毕业前夕,参加学校组织的东北参观团,在魏寿昆教授带领下(师生共14人,我为队长),参观阜新、抚顺露天煤矿,吉林老牛沟,夹皮沟铜、金矿,沈阳冶炼厂,鞍钢、本钢等处,扩大视野,收获甚丰。随后开始炼铁生涯新征程。

1949年我从北洋大学毕业,参加7月9日至8月8日中央组织部在清华大学举办的以学习政治理论政策为主的短期训练班“平津各大学毕业生暑期学习团”。彭真、薄一波、郭沫若、胡绳等中央领导和专家做专题报告,深受教育。结业后志愿报名参加东北建设,9 月被分配到沈阳工学院任助教。

1950 年初被选派赴哈尔滨工业大学学习俄语及就读炼铁专业研究生,师从苏联专家马汉尼克(乌拉尔工学院副教授)。1952 年由于院系调整,随马汉尼克一起回归东北工学院。1953 年 6 月研究生班毕业,马汉尼克也工作期满回国。同年新来专家肖米克(乌克兰第聂伯罗彼得罗夫斯克冶金学院炼铁副教授)接替。我留校聘任讲师兼任炼铁教研组组长,进一步向新专家学习并承担其俄语业务翻译,直至 1955 年底专家回国,其间受益匪浅。

1956 年起任炼铁教研室正副主任,全面负责教研工作,牢记领导和苏联专家理论联系实际、教学为生产服务的理念,长期坚持深入现场开展科学技术研究。

1959 年,本钢一铁厂实现高强度、高利用系数、降低焦比的世界先进指标,震动了炼铁界。我到厂通过调查发现,炉中心炉料疏松活跃,煤气流分布均匀且稳定,部分高温煤气吹透中心,有利于提高冶炼强度。由此首次提出高炉强化“吹透”理论,经实践证明,该理论已成为高炉下部调节的准则。

高炉冶炼钒钛磁铁矿是世界性难题,主要是存在高炉难行、泡沫渣、铁损高等问题。20 世纪 60 年代初,承钢高炉冶炼(渣中 TiO_2 含量为 15%~18%)生铁含硫不及格导致停产。之后承钢与东北工学院协作。在实验室研究高钛渣冶金性能基础上,1963 年 3 月学校指派本人和王文忠老师会同承钢和北京黑色冶金设计院等单位,制定计划,在马钢 255m^3 高炉开展承钢细精矿烧结矿冶炼试验。通过高碱度渣、较高适宜炉温等操作方针,基本可以实现渣铁畅流,生铁合格,研究成果为承钢炼铁带来生机,为今后攀矿试验指出方向。

1965 年冶金部组织攀矿高炉冶炼试验,周传典(后升任副部长)总负责。首先组成七人试验核心领导小组，周任组长，本人被指定为七人核心组成员之一，兼新技术组长。同时，抽调全国大批炼铁有关优秀人员，共同于同年2~8月首次在承钢$100m^3$高炉开展攀矿冶炼模拟试验。经半年时间，攻坚克难，采用渣口喷吹，低硅冶炼等决策，胜利攻克高钛渣（TiO_2含量为25%~30%）冶炼难题，从而确定攀钢基地高炉冶炼工艺。同年11月至1966年第二次在西昌410厂$28m^3$高炉用攀矿进行冶炼试验，以承德操作为指导，炉渣TiO_2含量为28.5%~32%，效果更好，增加了攀钢基地建设采用承德流程的信心。高钛型钒钛磁铁矿的高炉冶炼新技术于1979年获国家科技发明一等奖（集体）。

1970年攀钢1号高炉（$1000m^3$）投产，出现泡沫渣等严重问题。经细致研究提出：大高炉热量大，温度高，还原气氛强烈，氧势不足，导致钛渣变稠，酿成事故。生产中采取炉料中加入部分普通矿，渣中TiO_2含量降到23%~25%，相对提高炉内氧势抑制TiO_2过还原等有效措施，成功解决冶炼难题。

1982年在攀钢3号高炉（$1200m^3$）、1994年在4号高炉（$1350m^3$）开展大料批分装，无料钟多环布料新技术，强化试验，先后获得成功，卓有成效，受到攀钢和四川省科委大力表彰。强化冶炼操作从此成为攻克高炉冶炼钒钛磁铁矿难题的重要措施。

1999年，攀钢炼铁厂、公司全厂推广高炉强化冶炼工艺，获得巨大成功，高炉利用系数达到1.92t/(m^3·d)，开创了大高炉低品位、难炼特殊矿高指标的典范，并于1999年12月获得钒钛磁铁矿高炉强化冶炼新技术国家科技进步一等奖。由于本人致力于理论研究和指导新技术应用等，所以成为唯一外单位列入受奖名单的人员。

20世纪60年代，我在鞍钢总结出高炉喷吹燃料的经验，研究未燃煤粉在炉内燃烧及热解过程等一系列工作。“七五”期间承担国家重点攻关项目“鞍钢高炉喷吹烟煤工业试验研究”，负责对喷吹烟煤特性及烟煤爆炸性能等研究，研制新型喷煤枪，并到现场参加试验。

20 世纪 90 年代初承担国家重点攻关项目“包头特殊矿高炉富氧喷煤技术”，提出包钢特殊矿氧煤喷吹燃烧机理，合理炉料结构配加球团矿，研究矿焦混装对块状带透气性影响，并参加现场试验，为完成喷煤比 150kg/t、高炉利用系数 $1.7t/(m^3 \cdot d)$ 及包钢高炉特殊矿冶炼的突破性进展做出了贡献。该项目于 1995 年获国家科技进步二等奖。

参加工作以来，我几乎走遍全国主要的各大、中、小钢铁企业和冶金院所，传授知识和介绍先进技术，与同行们共同提高。先后到北美、欧洲、澳大利亚、日本、韩国等 10 多国家讲学、访问和学术交流，七次参加国际炼(钢)铁学术会议、宣读论文。

从教四十年来，我先后培养数千钢铁技术人才，指导硕士、博士近百名。他们多在冶金行业工作，如今已成为各级领导和技术骨干。

七十多年的炼铁生涯，丰富多彩，充满生机，感到无比留恋、怀念和欣慰，并引以自豪和幸福。为了牢记这段美好的生涯，我在耄耋之年，振奋精神，坚持不懈，克服困难，历时约 4 年写出回忆录初稿，包括：炼铁生涯、国内学术活动纪实和国外学术交流纪实三大篇，完成多年的夙愿，留作纪念，供后来人参阅。

本书由魏国副教授全力组织、整理编排、审稿；施月循教授、沈峰满教授、薛向欣教授等细心审稿修改，提出宝贵意见。虞蒸霞副教授参加审阅、修改；冶金学院青年教师程功金博士及在读炼铁研究生朱川、苗青、任晓东、蒋轩轩、朱海明、吴冰阳、吕坤等同学协助依照手稿编排录入。在此一并表示衷心感谢！

主要履历

1946.9~1949.6，天津北洋大学冶金系毕业；

1949.9~1949.12，沈阳工学院助教；

1950.1~1952.6，哈尔滨工业大学研究生；

1952.9~1953.6，东北工学院冶金系研究生班毕业；

1953~1963，东北工学院讲师，炼铁教研室主任；

1963~1980，东北工学院副教授，炼铁教研室主任；

1980~1984，东北工学院教授，钢铁冶金系主任，博士生导师；

1986~1987，东北工学院教授，炼铁研究室主任，博士生导师；

1987~2002，东北工学院（1993年3月复名东北大学）教授，博士生导师；

2002.9，离休。

主要学术兼职

国家科委冶金学科组成员(1979);国家科委发明评选会特邀审查员(1985);国务院学位委员会第二届(1985)、第三届(1992)学科评议组成员;冶金部科学技术进步奖专业评审组(1989)、炼铁专业评审组(1995)委员;中国金属学会理事(1986)、第五届常务理事(1991);中国金属学会炼铁学会理事(1985)、副理事长(1994);中国金属学会,中国康华金属开发公司炼铁专家委员会委员(1988);辽宁省金属学会常务理事、炼铁学术委员会主任(1989)。

中国大百科全书矿冶卷预约编辑(1980);中国冶金百科全书钢铁冶金卷编委副主任兼高炉炼铁学科分支编写组主编(1988),目录编写人(1990);《炼铁》编委会副主任委员;《钢铁》(1987~1995)、《钢铁钒钛》(1982)、《中国冶金》(1993)、《东工学报》(1988)等期刊编委。

上海工业大学兼职教授(1987);重庆大学顾问教授(1988);包头钢铁学院兼职教授(1989);华东冶金学院名誉教授(1981);宝钢教育委员会兼职教授(1996);武钢技术干部研修室特聘讲师(1984)。

冶金部攀枝花钢铁研究院技术顾问(1984);河南新乡县太行振动机械厂技术顾问(1988);河南巩义市节能耐火材料厂技术顾问(1993);北京清河县第一耐火材料厂技术顾问(1992);黑龙江海林钢铁厂技术顾问(1984);辽宁省教授、副教授职称评审委员(1983);鞍山钢铁公司技术改造顾问(1983);辽宁省科学技术委员会钢铁专业组成员(1984);鞍钢钢研所技术顾问(1990);辽宁北方钢铁总厂技术顾问(1993);朝阳县冶炼厂科学技术顾问(1984);沈阳市华通应用技术研究所技术顾问(1991)。

获奖（省部二等奖以上）

(1)高钛型钒钛磁铁矿的高炉冶炼新技术：

1979年国家发明一等奖(集体)

(2)钒钛磁铁矿高炉强化冶炼新技术：

1998年国家冶金工业局科技进步特等奖

1999年国家科技进步一等奖

(3)首钢高炉($23m^3$)解剖研究：

1981年冶金部科技成果二等奖(参加单位项目负责人)

(4)高炉矿焦混装：

1989年冶金部科技进步二等奖

1989年山东省科技进步二等奖

1989年沈阳市科技进步二等奖

(5)鞍钢高炉喷吹烟煤工业试验研究：

1993年冶金部科技进步一等奖(参加单位项目负责人)

(6)包头特殊矿高炉富氧喷吹(煤)技术：

1993年冶金部科技进步一等奖(参加单位项目负责人)

1995年国家科技进步二等奖(参加单位项目负责人)

(7)攀钢四高炉无料钟炉顶多环布料试验研究：

1996年四川省科技进步二等奖

目　　录

第一篇　炼铁生涯七十年

第二篇　国内学术活动纪实

第三篇　国际学术交流纪实

第一篇

炼铁生涯七十年

第1章　学习苏联

1949年正值新中国成立，我于天津北洋大学冶金系毕业。同年7月9日至8月8日，我参加了中共中央组织部为培养干部、在北京清华大学举办的“平津各大学毕业生暑期学习团”（即华北各大学毕业生暑期学习团，是学习政治理论政策为主的短期训练班）。学习团结业后，我服从组织统一分配工作，到东北人民政府工业部工作，9月17日被分配到沈阳工学院（东北工学院（以下简称东工）前身），任金属材料系助教。工作数月后，上级教育部门通知有关院校抽调应届大学毕业生选送到哈尔滨工业大学研究生班学习俄文深造。当时学校正开学，准备开课及学生实验，工作繁多，人手缺少，系领导很难决定将紧用人才放走，但由于培养新人机会难得，得到周围中老教师的热情支持，愿替我承担教学任务，鼓励我去学习。感谢学校领导和同志们对我的帮助和栽培。1950年1月，我和学校同行15人去哈工大报到，入学研究生俄语第二班。

学俄语一年半后，由原苏联专家乌拉尔工学院炼铁专业马汉尼克副教授来哈工大指导我们研究生学习。我们学冶金的六人（杜鹤桂、杨永宜、陶少杰、李思再、李殷泰、范显玉），跟随专家学习炼铁技术。1952年由于院系调整，我们和专家一起全部调回沈阳东北工学院研究生班学习。在苏联专家的指导下，于1953年6月通过毕业答辩。经过吸收消化，学到了苏联炼铁科学体系原料、理论、构造、操作4部分内容。与此同时集体翻译了《高炉炼铁》和《铁矿石的烧结》两本俄文书，分别于1954年、1957年公开出版发行。

1953年暑假，马汉尼克副教授工作期满，奉调回国。同年12月，由乌克兰第聂伯罗彼得罗夫斯克冶金学院肖米克副教授来校接替，并于1955年12月离任。他来东工后直接指导新研究生8人（包括张镇扬、孔令坛、李永镇、杨兆祥、裴鹤年、陆旸、戚以新、徐楚韶）。我跟随他学习和工作，边听他讲课，边做他技术翻译。他为人敦厚，治学严谨，一丝不苟。除了给研究生讲课外，还协助筹建炼铁实验室，实验用烧结杯、炉渣黏度测定计等都是由他亲自指导安装和调试的，劳苦功高。他非常重视实践，平日带领我们到鞍钢、本钢深入现场，了解生产情况和问题，并提出改进意见，受到现场人员的称赞和表扬。他谈到，做一个炼铁教授，要真正学会炼铁，到实践中去，理论联系实际，教书育人，为生产服务。他的教导成为我们努力的方向。1954年，全国高炉工作会议在北京召开。肖米克副教授作了报告，我在大会上给他当翻译。会上肖米克对我国高炉生产提出许多宝贵的意见，如包头含氟矿石冶炼问题等。他勤勤恳恳，为中国炼铁工业的发展不遗余力，为我国培养出了一批新一代的炼铁教学接班人，功不可没。他的讲稿已由研究生整理成教学用书，并于1956年由东北工学院公开出版发行，即《炼铁学》（共四册）。这是留给我们最宝贵的财富。

第2章　深入开展强化冶炼研究

2.1　熟悉掌握高炉修建和操作

1958年，学校响应国家大办钢铁的号召，在校内建30m³小高炉（现学校国际学术交流中心位置），计划主要用硫酸渣炼铁。靳树梁院长亲自挂帅。我带领学生参加设计、施工、生产的全过程，负责建炉工作，一直到投产。由于原、燃料供应，设备维护等难以解决，出铁几次后，被迫停产，以失败而告终。高炉生产应强调稳定性、连续性、科学性，应走机械化、自动化、清洁化的道路，用人海战术和人工操作不可能达到目的。但本人经过这次建高炉，熟悉和掌握了高炉修建和操作的基本知识，编写了《怎样建小高炉》一书。该书于1958年由辽宁人民出版社出版发行。

2.2　构建高炉强化吹透理论

1958年，本钢一铁厂两座高炉（炉容333m³和324m³）生产技术有新的突破。我带领61铁班学生到本钢总结强化冶炼经验，深入强化高炉生产第一线，在炉前跟班劳动，跟工人师傅交心交朋友，一起研究如何强化高炉。连续在炉前风口取煤气样，探测炉缸中心炉料活动和煤气分布情况，发现小高炉炉缸中心不是一堆死料柱，炉缸中心比较松动，取样管比较容易插入，而且取出的煤气中还有O_2（不完全是CO）。由此考虑到大高炉要强化，炉缸中心也不能是死料柱，要用鼓风使之松动，保证中心有气流。因此提出高炉吹透强化理论：强化高炉冶炼首要是活跃炉缸中心，缩小死料柱，使高温煤气流吹透炉缸中心，开放中心气流，实现炉缸工作均匀、活跃和稳定，其措施是随冶炼强度的高低，控制风口鼓风动能调节中心气流适宜的吹透强度，防止过吹，从而大大强化了冶炼过程。这一理论在1959年本溪全国高炉会议上做了报告，得到了与会者的肯定，长期来得到国内外大量生产实践所验证，成为高炉下部调节共同遵循的准则。

2.3　开展矿焦混装技术研究

高炉上部调节，即利用矿、焦不同堆比重，以及堆角透气性的差别，将不同量的矿石、焦炭（不同厚度、堆角）装入炉喉不同位置（半径、圆周方向）以调节煤气流分布，保持高炉顺行。为了进一步强化高炉，改善料柱透气性，1987年在实验室进行矿焦混装试验。在此基础上，1988年在济南铁厂100m³高炉上连续9个月进行了矿焦混装试验，取得了增产6.3%、降焦3.2%的强化效果，很快在全国同类高炉得到推广。这主要与原料条件差，粉料多，利用矿焦混装，可以改善炉料透气性有关。大型高炉原、燃料条件较好，矿、焦比重大，对矿焦强度，整粒要求很高，矿焦混装有待讨论。当前大型高炉采用烧结矿与焦丁混装技术，收到良好效果。

2.4　提出无钟炉顶布料平台—漏斗理论

20世纪80年代后，对酒钢、攀钢、马钢等高炉进行了无钟炉顶布料实验室模型试验，提出无钟炉顶布料参数和料面形状及矿焦层比相互关系的数字模型，揭示了无钟炉顶布料规律，为酒钢大高炉投入正常生产提供参考，并不断改善冶炼指标。在宝钢特大型高炉休风时，观察到炉喉径向中间料面呈环形平坦（平台）状，受此启发提出无钟炉顶多环布料平台—漏斗理论，矿焦层在炉喉中间带料面组成一平台，促使大量的煤气通过平台料层，可大大改善煤气的利用。在平台边缘环形和中心形成较深的漏斗形，这样保持适当边缘气流和开放中心气流，保证高炉顺行。料面平台-漏斗的发现及控制是大型高炉强化操作的依据。由此，平台-漏斗理论成为高炉上部调节的重要理论基础。攀钢、酒钢高炉无钟炉顶多环布料实践充分证明这一理论的正确性。

2.5　推进高炉氧煤喷吹技术

20世纪60年代系统地总结了鞍钢高炉燃料喷吹技术，提出高炉喷吹燃料后的冶炼特征和操作特性。80年代以来，通过实验室研究，开发出风口煤粉燃烧过程的数学模型，首次提出未燃煤粉在炉内行为及煤粉热解过程对喷煤操作的影响等问题。参加鞍钢喷吹烟煤的特性及其爆炸性等现场试验，获得成功，为鞍钢喷吹烟煤、富氧强化冶炼、研制新型氧煤枪防止烟煤爆炸等提供理论依据和重要工艺参数。

1992年，包钢特殊矿高炉富氧喷煤技术攻关项目中，本人负责对包钢高炉大喷吹、合理炉料结构进行研究，并参加现场试验，提出包钢特殊矿高炉氧煤喷吹燃烧机理、合理的炉料结构、中心加焦等理论成果和关键性工艺参数。在包钢和兄弟单位共同努力下，喷煤比提高到150kg/t，包钢高炉生产取得突破性进展。

鞍钢高炉喷吹烟煤工业试验研究获1993年冶金部科技进步一等奖。包头特殊矿高炉富氧喷吹技术于1993年、1995年分别获冶金部国家科技进步一、二等奖。东北大学是获奖单位之一，本人是课题主要负责人。

2.6　高炉解剖研究

为了推进高炉冶炼基础理论研究，解明高炉冶炼规律，进一步强化冶炼，

1979年10月，我参与组织首钢试验高炉（$23m^3$）解剖试验，并负责软熔带的解剖研究。高炉解剖我国还是第一次，解剖过程真实看到高炉内原、燃料分布，下部软化、熔融、滴落带等高温区及回旋区原始状态等状况。为揭示高炉冶炼内在规律，推动炼铁技术发展做出了贡献。

1982年10~11月，参加组织西昌攀钢410厂$0.8m^3$小高炉进行钒钛矿试验及解剖研究，初步探明了冶炼钒钛磁铁矿的基本物理化学过程，特别是Ti、V、Si等元素在高炉内的行为，TiC和TiN形成、再氧化的特点和规律及焦炭在炉内状态变化等，为进一步深化和发展钒钛矿冶炼提供重要的理论依据。

两次解剖试验分别被冶金部评为1981年、1984年科技成果二、三等奖。

2.7　明晰碱金属对冶炼的影响

酒钢高炉炉料中碱金属含量高，碱负荷一般在7~8kg/t，最高达13kg/t，给高炉带来严重危害，造成高炉难行，造成炉衬破坏等一系列重大事故。由于K、Na在炉内循环富集时，渣中K_2O+Na_2O含量明显升高，当炉前铁沟中出现一片白色，酒钢同志就喊“狼来了”，立即采取排碱措施，防止炉况恶化。1988年我们对酒钢排碱脱硫进行研究，1989年9月我和虞燕霞老师专程赴酒钢调查碱金属危害及研究如何控制。实验研究和调研表明，酒钢炉渣碱金属成分主要是K_2O，其含量比Na_2O高出10多倍，而K_2O的危害远超过Na_2O。此外高炉碱负荷应控制在8.3kg/t以内，炉渣中K_2O+Na_2O最好不要超过0.2%。一般碱度低，渣温低，反应时间短有利于排碱，但不利于脱硫。排碱有效措施是降低炉渣碱度，这与脱硫矛盾，因此降低炉渣碱度排碱时需考虑生铁含硫合格的问题。

我国西北地区高炉原料中碱金属含量普遍偏高，包头矿除碱金属K、Na含量高外，还含有较多的氟，俗称三害，给包钢高炉生产带来了深重的灾难。经过包钢人几十年的艰苦奋斗，除三害工作有很大进展，风口大量烧坏以及高炉失常等事故基本消除，但人们对三害影响还是心有余悸。1995年我们对包钢高炉渣中K、Na、F含量对炉渣性能的影响进行优化实验研究。实验结果表明，CaF_2对包钢高炉渣性能的影响起主导作用。当渣中CaF_2含量为2.53%~5.14%，$K_2O+Na_2O<2.0\%$时，炉渣的黏度、表面张力、熔化性温度都得到明显改善，这给包钢进一步降低CaF_2、K_2O+Na_2O提供优化选择的依据。

多年来我多次到包钢参加有关含氟特殊矿冶炼的一些研究，为高炉生产解难提出了一些建设性的意见，做了一些有益的工作，受到包钢各领导的热情欢迎和肯定。1989年8月炼铁厂领导还为我颁发“荣誉职工”称号证书。长期以来包钢各级领导和同志们对我热情关怀和帮助，衷心感谢，永志不忘。

第3章　参加钒钛磁铁矿高炉冶炼攻关试验

3.1　承德钒钛矿冶炼试验

承德地区有较丰富的钒钛矿，TiO_2 含量比攀矿低。长期来，承钢高炉冶炼该矿采用酸性渣、低炉温操作，保持高炉顺行，渣铁畅流，但无法获得含硫合格生铁，成为难题。

我们在承钢、北京黑色冶金设计院等单位协作下，从实验室研究开始，于1963年组织了马钢 $255m^3$ 高炉承德钒钛矿冶炼试验。结果表明，保持炉渣 TiO_2 含量为15%~18%，采用精料（烧结矿）、高碱度 $CaO/SiO_2=1.2\sim1.4$、适宜的高炉温、高风温、较低渣量（500kg/t）等措施可以使高炉做到炉况顺行，渣铁畅流，生铁含硫合格，给承钢带来了生机，甚至渣中 TiO_2 含量达到20%~25%时，可取得基本顺行。但由于生铁含硅较高，渣中带铁严重，有时还出现炉缸堆积等不正常情况。此次实验结果为之后攀枝花钒钛磁铁矿冶炼指明了方向。

3.2　攀枝花钒钛磁铁矿冶炼试验

1964年起，根据攀枝花矿特性，在实验室开展高钛渣冶金性能的实验研究，积极参加高炉现场冶炼试验。1965年2~8月，冶金部组织在承钢 $100m^3$ 高炉上进行模拟攀枝花矿冶炼试验，取得突破性进展。1965年11月到1966年8月，进一步在西昌410厂 $28m^3$ 高炉进行攀枝花矿冶炼试验，获得成功。在现场和试验组全体同志的努力下，总结出精料、低硅铁、渣口喷吹等综合技术，突破高炉高钛渣（TiO_2 含量为25%~35%）冶炼难关，获得了高炉顺行，渣铁畅流，生铁合格，为高炉冶炼钒钛磁铁矿奠定理论基础，攀上了世界高炉冶炼钒钛磁铁矿的最高峰，为攀钢基地建设和生产提供了必要的科学依据。我是试验领导小组成员之一，参加了两次试验，西昌试验还兼任新技术组组长，尽了自己的职责。同时应该提到，东北工学院是两次试验的主要参加单位之一，从负责实验室试验，翻译印刷钒钛矿试验研究译文集（共四册），动员了大批人力，是试验组参加人数最多单位，为试验竭尽全力，做出了很大贡献，应该记载，留言后人。

3.3　攀钢技术攻关

攀钢高炉（$1000m^3$）1970年6月29日投产后，冶炼初期，炉渣中 TiO_2 含量

达 26%~29%，高炉出现泡沫渣，铁损高，或黏渣、黏铁罐等严重问题。经过集体攻关，情况有所缓和。后经高炉配加部分普通矿，将炉渣中 TiO_2 含量控制在 23%~25%，基本抑制了泡沫渣产生并消除了高钛渣变稠、黏罐，生产有了好转，但生产指标偏低，高炉利用系数在 1.4~1.6t/(m^3 · d)，焦比偏高（610~620kg/t），有待强化。

3.4　构建钒钛磁铁矿冶炼理论体系

高炉内 TiO_2 过还原生成大量难熔的 Ti(C,N) 是冶炼钒钛磁铁矿的罪魁祸首。研究表明，控制炉内氧势是高炉冶炼钒钛磁铁矿抑制 TiO_2 过还原的理论基础，是解决泡沫渣、铁损、黏罐、脱硫能力低的关键。在实验室系统研究 Ti(C,N)生成机理，Ti 在渣-Fe 间的迁移，FeO、MnO、SiO_2、V_2O_5 等对抑制 TiO_2 过还原的影响，为提高炉内氧势指明了方向。几年来，攀钢高炉专门在炉缸设置的 3 个喷吹口取消了，高炉仍然顺行，渣铁畅流，铁损减少，生产有了长足进步，这主要是因为采取富氧和提高冶炼强度、增强炉缸氧势。因此较高的冶炼强度和富氧，对提高炉内氧势，抑制 TiO_2 过还原至关重要。

西昌攀钢 410 厂对 0.8m^3 小高炉进行解剖试验，更明确了钒钛磁铁矿冶炼的规律，发现相邻风口间 Ti(C,N) 生成量比炉中心少得多，说明风口附近氧势的威力。

经过大量研究成果和现场实践，我与杨兆祥教授、李永镇教授、王文忠教授、施月循教授等共同努力完成专著《高炉冶炼钒钛磁铁矿原理》一书（1996 年由科学出版社出版发行）：系统总结了高炉冶炼钒钛磁铁矿的过程，建立高炉冶炼钒钛磁铁矿的理论体系。

攀枝花高钛型钒钛磁铁矿的高炉冶炼新技术获得成功，为国家做出重大贡献。1979 年获得国家发明集体一等奖，钒钛磁铁矿高炉强化冶炼新技术于 1998 年、1999 年分别荣获国家冶金工业局科技进步特等奖、国家科技进步一等奖。荣誉属于集体，是全体参与者共同努力奋斗结果。几十年来我和攀钢同志，风雨同舟，工作生活一起，真情相处，和他们结成深厚友谊，特别得到攀钢王喜庆、马家源、苏志忠等领导以及孙希文厂长等大力帮助和支持。与同志们共同奋斗，工作顺利，心情舒畅，感到自豪和幸福。

第 4 章　推广高炉无料钟布料新技术

改革开放以来，酒钢高炉生产取得了长足进步。产量稳步上升，但焦比偏高（450~480kg/t）。为了进一步提高生产效率，1999 年酒钢与学校协作，遵循布料平台—漏斗原理，先在实验室进行酒钢高炉无钟炉顶布料模型试验，然后结合攀钢无钟炉顶多环布料成功经验，再到酒钢推广试行。同年 7 月，我到酒钢全面介绍无钟炉顶多环布料的优越性和做法。炼铁厂厂长提出不同意见，认为该技术就是分装，在酒钢是不会成功的。我当场解释，无钟炉顶多环布料是运用平台漏斗理论，可充分发挥布料作用，与一般高炉分装有本质上的区别，在提高产量的同时，可有效降低焦比。

经公司领导批准在 1 号高炉（1800m^3）进行无钟炉顶多环布料试验。由厂长任组长。高炉经过设备调试，按既定计划进行试验。开始几天，高炉顺行，矿石负荷逐步增加，煤气利用改善，生产指标稳步提高。不久设备出了故障，出现装料计量失准等问题，炉况有些波动。厂长下令停止试验，改回旧制同装。我坚持继续试验，要有信心，攀钢都成功了，酒钢还是有希望的。等设备调试好后，试验继续进行。几天后风口烧坏了，厂长又下令停试，由于客观条件的变化，试验出现炉况波动和问题是难免的，高炉反复改变技术操作，试验是无法得到好结果的。我向公司领导反映，试验遇到了困难，主要是我和厂长技术思路不同，工作无法开展。公司马鸿烈总经理表态：技术问题要百家争鸣，并嘱咐我回校前对提高酒钢炼铁生产技术提出书面建议。经过 20 多天的奔波后，我回到了学校，但内心无法平息。不久接到酒钢陈奉周副总电话告知，我在酒钢推广的高炉无钟炉顶多环布料试验成功了。原来是公司对炼铁厂领导班子进行了调整，新厂长到任后，实施了我的试验技术方案，高炉生产取得很大进步，焦比降低 20~25kg/t 铁，产量也有了提高，经济效益显著。

同年，我又去酒钢，看到高炉装料制度完全按多环布料法进行，溜槽角差等更趋完善，高炉操作焕然一新，彻底改成现代高炉多环布料等新操作制度，值得高兴和称贺，成功经验已在全厂高炉推广。公司给我颁发了 2000 年酒钢产学研科技协作奖专家特等奖荣誉证书，马鸿烈总经理、虞海燕副经理等领导设谢宴款待。这一成果是全体酒钢人共同努力的结果。

试验期间马鸿烈总经理亲自到宾馆餐厅，当面嘱咐服务人员：“要好好招待杜教授，他喜欢吃什么，你们就给他做什么。”这令人感动。原炼铁厂长为人正

派，勤奋工作，对我们是很敬重的，生活上关怀备至。其他厂领导积极支持新技术的推行，在此一并向他们表示衷心感谢。

我在酒钢推行无钟炉顶多环布料新技术，先后近一个月，每天到厂上班从试验高炉底层登上值班室，有 92 步台阶，一天上下四次，感到疲劳，回到住处早晚必须和试验高炉值班人员电话联系，了解试验进展情况，内心很是焦虑。临走到酒钢医院检查，发现血压升高，回校医院复查，得了高血压症，这和在酒钢工作劳累有关，但能为酒钢发展做有益工作，我无怨无悔。

第 5 章 人才培养和著作

5.1 人才培养

从教 60 年来，我培养了千名以上的专业高级科技人才。1955 年起给多届炼铁本科生讲授炼铁、烧结等基础理论课。给几届钢冶系研究生开设几十小时的技术讲座，讲授专业的新技术、新理论和新成果。

1966 年开始招收研究生，先后培养研究生 55 名，其中博士研究生 30 人。毕业生们（包括本科生）大多工作在国内外冶金行业中。很多成为各级领导和技术骨干，博士生中已有 14 人提升为教授。余艾冰同学被选为澳大利亚科学院、工程院两院院士，现担任墨尔本莫纳什大学副校长。

5.2 著作

随着国家科技的发展，著书立说成为我炼铁生涯中的重要组成部分，完成内容如下：

（1）著作：共 16 本，详见表 5-1。其中，《高炉炼铁》为全国通用教材。

表 5-1 著作统计

序号	书　　名	类别	出版社	年份
1	怎样建小高炉	编著	辽宁人民出版社	1958
2	现代炼铁学	副主编	冶金工业出版社	1959
3	炼铁工艺计算手册（第一章）	编著	冶金工业出版社	1979
4	高炉炼铁（上、中、下）	主编	冶金工业出版社	1977~1979
5	国外现代炼铁工业（美国炼铁理论研究）	编著	冶金工业出版社	1979
6	中国炼铁三十年	编辑组长	冶金工业出版社	1981
7	炼铁讲座资料（一）（二）	编著	鞍山、本溪金属学会出版	1982
8	中国大百科全书矿冶卷（高炉炼铁等条目）	编著	中国大百科全书出版社	1984
9	炼铁文集（高炉解剖篇）	编著	冶金部生产技术司	1985
10	高炉矿焦混装论文集	主编	济南出版社	1990
11	高炉炼铁技术（第 5、8 章）	编著	冶金工业出版社	1990
12	烧结技术（热风烧结）	编著	云南人民出版社	1993
13	工业炉节能技术（高炉节能篇）	编著	冶金工业出版社	1994

续表 5-1

序号	书　　名	类别	出版社	年份
14	高炉喷煤（第一章）	编著	东北大学出版社	1995
15	高炉冶炼钒钛磁铁矿原理	专著	科学出版社	1996
16	鞍钢炼铁技术的形成和发展	副主编	冶金工业出版社	1998

（2）译作：翻译国外书刊，详见表 5-2。

表 5-2　译作统计

序号	书　　名	文种	合译者	出版社	年份
1	高炉冶炼	俄文	杨永宜，等	重工业出版社	1954
2	铁矿石的烧结	俄文	李思再，等	冶金工业出版社	1957
3	1960 年全苏高炉和烧结会议论文选	俄文	合译	中国工业出版社	1963
4	高炉高压冶炼理论	俄文	章光安，等	中国工业出版社	1965
5	高炉回旋区炉缸工作文集	英文	施月循，等	冶金工业出版社	1986
6	译文（几十篇，数十万字）	俄、英文		国外冶金，冶金译丛，鞍钢等杂志出版	1954~1978

（3）论文：公开发表论文 247 篇，其中：高炉冶炼强化 130（75）篇，钒钛磁铁矿冶炼 42（25）篇，冶炼原料 19（10）篇，综合技术 22（22）篇，英文稿件 34（26）篇。括号内为本人作为第一作者发表的论文数量。

论文被国外文摘索引的有 70 多篇，包括 EI（1990~1999）17 篇、CA（1981~1999）51 篇、MA（1994~1999）7 篇，部分被国外引用。

2005 年 8 月 23 日，本人 80 寿辰，本钢钢研所出资与炼铁教研室编辑出版《杜鹤桂教授论文选》。文集收录的 120 篇论文，涉猎高炉强化、钒钛矿冶炼、炼铁综合技术等方面内容，对我国炼铁新技术，新工艺的不断完善与发展，产生一定的影响。

上列成果都凝结着学生们劳动结晶。他们勤奋努力创造性地帮助老师做了大量的工作，没有他们，我不可能有今天的科技收获与成果。向学有所长，贡献重大，关怀帮助我的亲爱的弟子们，表示崇高敬意和衷心感谢。

第 6 章　讲学、学术交流、促进技术进步

6.1　在国内的学术活动

遵循教育必须为中国特色的社会主义服务，教育必须和生产劳动相结合的教导，到实践中去开展学术活动。

国内除陕西、海南和西藏外，我几乎走遍了全国主要钢铁企业，包括：鞍钢、本钢、首钢、唐钢、太钢、宝钢、包钢、梅钢、酒钢、济钢、莱钢、马钢、武钢、湘钢、攀钢、通钢、安阳、承钢、宣钢、杭钢、涟钢、三钢、柳钢、韶钢、水城、昆钢、新钢、方大、南钢等，以及西林、苏钢、烟台等中小企业，和他们生活一起，进行学生实习教学、讲学、科研、技术攻关，参加有关学术会议以及技术交流等，建立了深厚的友谊。

1956 年首次到鞍钢烧结厂讲课，传授原苏联烧结工艺和生产经验，受到该厂林厂长和同志们的肯定和鼓励，增强了讲学的信心。与此同时单独给鞍钢领导老干部刘克刚在学校进修上课，课堂提问讨论，与众不同。

1982 年鞍山市金属学会组织全市钢铁技术讲座。炼铁部分由我主讲。事先编写好教材，发给听众。课堂座无虚席，成为培训技术干部的主旋律。以后每到一处，讲课是必然，受到特别欢迎，成为惯例。

1955 年，首次到本钢一铁厂进行自熔性贫团矿过熔化问题的研究。试验表明，自熔性贫团矿过熔化主要是碱度高，焙烧时生成大量低熔点铁酸钙所致。至此完成了科研任务，对现场技术攻关，交流有了良好开端。

1965~1966 年在承德、西昌参加攀枝花钒钛磁铁矿高炉冶炼试验，通过技术攻关、学术交流，和同志们一起，攻克了世界性难题，为攀钢建设提供科学论证。

1970 年攀钢高炉投产后，水平不高。在实验室研究基础上，到攀钢进行技术交流，促进高炉强化冶炼，建议提高冶炼强度和采用普通高炉新技术（大料批、分装等），在炼铁厂全体努力下，达到国内外普通高炉生产水平。在高钛型钒钛矿高炉冶炼技术，处于世界领先地位。此外，参加包头特殊矿高炉冶炼除三害（F、K、Na）攻关，技术交流，卓有成效，欢欣鼓舞。在酒钢推广高炉无料钟布料新技术，生产进步。高炉操作焕然一新，兴奋不已。参加各类学术会议，成为技术交流的中心，承前启后，促进技术进步。

“文革”后，我到黑龙江省调研地方钢铁发展薄弱地区。西林钢铁厂是该省

龙头企业，最大高炉 100m^3。其他遍布全省的阿城、庆安、双鸭山、勃利、海林、龙江、嫩江等地方小铁厂，高炉容积都在 100m^3、55m^3 以下。到场给他们讲授炼铁技术，受到热情欢迎。他们艰苦奋斗，为地方钢铁发展做出了贡献。随着时代的进步，现在这些小高炉全部淘汰了。这是历史的必然。如今该省新型钢铁企业已兴起。西林钢铁集团已建起 1260m^3 高炉和 300m^2 烧结机，走进现代钢铁生产行列，面貌一新。

多年的往来，让我和国内科研、设计研究院所结下了深厚的友谊。我是鞍山矿山设计研究院、鞍钢设计院的常客。北京钢铁研究总院、北京钢铁设计研究院是我北京出差的落脚点。还有重庆、武汉钢铁设计院等，我们常接触，和他们建立了亲密关系，向他们介绍国内外技术动态，和他们自由讨论，相互学习，互通科技情报。我是重庆大学顾问教授，华东冶金学院名誉教授，包头钢铁学院、上海工业大学兼职教授，并和鞍山钢院常来往，针对性地和他们进行校际学术交流和讲学活动。

6.2　参与国际交流

改革开放后我先后到英国、澳大利亚、日本、加拿大、美国、乌克兰、俄罗斯、芬兰、德国、荷兰、韩国等国讲学、访问和学术交流。

1980 年 5 月第一次随中国金属学会访英代表团参加英国皇家学会学术会议。参加会议之后，在学会协助下，访问剑桥、牛津等几所名牌大学，参观、交流，见识不少，同时参观了斯肯索普钢铁厂等，受益良多。

1981 年我和首钢陆祖廉，鞍钢胡光沛、北科大杨天钧代表中国金属学会参加加拿大多伦多国际钢铁会议。由于中国台湾代表参加，我们奉命退出会场。事后驻加使馆安排参观斯蒂尔柯和赛特比克公司直接还原等钢铁厂，然后归国。

1987 年应加拿大麦克马斯特大学卢维高教授邀请访问，讲学，参加校内外学术会议，并访问多伦多、麦吉尔等多所著名大学，同时参观加拿大阿尔戈马等四大钢铁厂，进行技术讲座和学术交流。

1998 年参加多伦多国际钢铁学术会议，新朋旧友相聚一堂，畅谈友谊和交流科技新成就，分外高兴。

几次从加拿大归国，途经美国，顺便参观美国内陆钢铁公司、美钢联研究所等，见识颇多，参观麻省理工、哈佛、加州大学伯克利分校等世界顶尖大学，别有特色，获益甚多。

1991 年 9~11 月，我和宁宝林、王梦光教授以及翻译秦复生到乌克兰第聂伯罗彼得罗夫斯克冶金学院讲学。用俄语重点讲解我国高炉喷煤的新进展，引起与会者很大兴趣。课后与该校炼铁教研室座谈交流，受到主任伊凡钦柯等教授们热情接待和欢迎。参观了邻近的几家钢铁厂，颇有生机，其中克里沃伊罗格钢铁公司拥有当时有世界最大高炉（5800m^3），技术装备优良，生产水平总体上较先进。显示苏联钢铁工业雄厚的实力，乌克兰居首位。

讲学结束，前往芬兰访问。由我校留芬兰研究生陈绍隆陪同参观坦培雷工业大学，受到系主任 Ke Humen 教授的热情接待，座谈交流科技发展和介绍中国高校概况。随后访问赫尔辛基工业大学，得到留学该校的研究生肖艳萍及其爱人全力关照。陪同拜访著名北欧教授霍雷勃（Holappa），受到亲切接待。在他主持下，我做了中国钢铁发展的技术报告，反响强烈。

1992 年 12 月我受柏林工业大学奥托尔斯（Oeters）教授邀请讲学，受到热情接待，进行座谈交流。我介绍我国炼铁技术发展，引起参加者很大兴趣和赞许。在该校留学的研究生谢晖、阎成雨关怀备至。

接着杜伊斯坦堡大学凯斯曼（Kaesemamn）教授邀我参加该校学术活动，并参观克虏伯曼娜斯曼炼铁厂，高炉装备世界一流，称赞不已。

然后到荷兰参观霍戈文钢铁公司，包括炼铁、烧结厂，受到厂长科恩（W. Ken）的热烈欢迎，高炉生产指标先进，重视技术创新，新型内燃式热风炉，风温可达 1250℃以上，闻名于炼铁界。

归途中从德国乘车到莫斯科，做短暂停留。期间参观了莫斯科大学，其巍峨壮观，位居苏联高校之首。拜访了莫斯科钢铁学院，与炼铁教研室维格曼教授座谈交流，其十分友好。12 月 28 日从莫斯科乘机到伊尔库茨克，然后转机回沈阳。

1984 年 11 月随学校代表团访问澳洲伍伦贡大学。第二年到该校讲学。1990 年世界银行资助与伍伦贡大学斯坦迪教授进行国际专家技术交流开展微波研究。1996 年应新南威士大学余艾冰教授邀请访问讲学。在澳期间先后到伍伦贡、纽卡斯尔、昆士兰、新南威士、墨尔本、莫纳什大学及纽卡斯尔 BHP 钢铁集团中央研究所讲学和技术交流。此外参观堪培拉港、怀阿拉、纽卡斯尔等钢铁厂进行技术讲座，介绍炼铁生产经验，受到欢迎。

归国途中，两次路过香港，参观香港中文大学，座谈交流受益良多。

1986 年，受日本东北大学选矿制炼研究所大森康男教授邀请讲学，由万谷志郎、八木顺一郎两位教授主持。之后到名古屋、九州、千叶等大学交流和技术讲座，受到鞭岩、小野阳一、雀部实等教授热情接待。

1990 年和 1994 年分别参加名古屋、仙台国际钢铁会议，会上分别宣读《高炉新装料制度》《Ti(C,N) 生成》等论文，引人关注。期间参观名古屋、神户加古川、川崎千叶、八幡、大分等钢铁厂和研究所，进行技术讲座并交流，反响强烈。

1995 年 12 月，受韩国浦项工业大学李昌熹教授邀请讲学，为期两周。门口树立爱因斯坦等铜像，鼓励学生勤奋学习。事后参观浦项、光阳两个近代钢铁厂。厂方重视技术创新，开展技术讲座，受到热烈欢迎。

第二篇

国内学术活动纪实

第 1 章　在东北地区的学术活动

1.1　在辽宁省的学术活动

1.1.1　我与鞍钢

鞍钢是中国的钢都，中外驰名，国家重点钢铁企业之首，始建于 1917 年，次年设立鞍山制铁所，1933 年成立昭和制铁所，1948 年改为现名（注：我国钢铁企业发展过程中，名称常有改变，本书采用大家熟知简称，如鞍山钢铁公司简称“鞍钢”）。

炼铁厂 1930 年有三座高炉投产，解放初期有高炉 $7\times800m^3$、$3\times600m^3$、$1\times47m^3$（试验炉）11 座。逐座恢复生产，到 1957 年，全部正常生产包括一排 2 号（$596m^3$）、1 号（$633m^3$）、4 号（$1000m^3$）、9 号（$944m^3$）；二排 3 号（$831m^3$）、5 号、6 号（$917m^3$）、7 号（$918m^3$）、8 号（$909m^3$）；70 年代除 1 号炉支援三线，搬迁贵州水城外，合并 7 号、8 号高炉，重建新 7 号（$2503m^3$），新建 10 号（$1805m^3$）、11 号（$2025m^3$）和扩建 2 号（$826m^3$）、9 号（$983m^3$）、5 号（$970m^3$）、6 号（$1050m^3$）等 9 座（以上括号前数字为高炉号）。改革开放以来，高炉不断大型化，目前鞍钢本部拥有现代大高炉 $3\times3200m^3$、$5\times2580m^3$ 共 8 座，此外，新建鲅鱼圈分公司 $4038m^3$ 两座高炉，是我国东北地区最大的钢铁联合企业。

1.1.1.1　与鞍钢的渊源

1949 年 4 月，在魏寿昆教授带领下，我随北洋大学冶金系应届毕业生东北参观团访问鞍钢，受到校友鞍钢协理、计划处副处长王之玺，炼铁厂长杨振古，烧结厂长周同藻等热忱接待和欢迎。炼铁厂满目疮痍，破烂不堪，设备残缺不全，主体设备全被苏联拆走，其中 6 座高炉一时无法修复，工人和技术人员失散，困难重重。日本人嘲笑我们，“鞍钢恢复不了，只能种高粱”。在党的号召和老英雄孟泰带动下，炼铁厂广大职工奋发图强，攻坚克难，努力修复 2 号高炉，争取 6 月投产，其他高炉也在计划修复。与此同时参观炼焦、炼钢和轧钢厂，装备雄伟，大开眼界。

我们入住铁东鞍钢招待所。招待所门前是工人住房，一字排开，整齐美观。不远处就是两座三角楼职工宿舍，引人注目。对面为钢研所大楼，墙上弹痕累累，见证鞍山的解放。

1950年春，到哈尔滨工业大学学习俄文，读研究生。1951年苏联专家乌拉尔工学院炼铁副教授马汉尼克来哈工大教学，指导我们6名炼铁研究生。

1952年，由于院系调整，随专家一起，回到东北工学院。1953年上半年专家到鞍钢炼铁厂，指导我们实习。回校后各人总结几年学习成果，写成论文，期末通过毕业考试和答辩，完成学业。不久专家在华工作期满回国，临行嘱咐我们重视理论实际相结合。毕业前，到武汉原华中钢铁公司和太原钢铁厂参观访问，受益良多。

同年，苏联炼铁专家肖米克副教授（乌克兰第聂伯罗彼得罗夫斯克冶金学院）来校接替马汉尼克工作。我担负炼铁教研组长，向肖米克请教并做他的俄语业务翻译。他给研究生讲授苏联院校炼铁专业课，内容丰富完整。讲稿由研究生整理成“炼铁学”教材，分原料、原理、构造、操作4部分（四册），1956年由东北工学院出版，受到校内外普遍好评。他带领研究生几次下现场指导实习，在鞍钢，他和留苏炼铁厂长蔡博研讨生产问题，给烧结厂提出改善烧结矿质量的一些建议，很受重视。

苏联专家理论联系实际的优良作风和教诲值得很好学习，影响我的一生。

我决心到实践中去学习和提高，选定鞍钢为教学、科研、生产劳动基地。

1.1.1.2　讲学及学术交流

烧结厂讲学与交流

我编译的苏联《烧结矿计算》和《烧结矿配料计算方法》文章先后在《鞍钢》期刊1954年第41期和1956年第54期发表，引起烧结同仁们的关注。1956年鞍钢烧结总厂林厂长组织技术培训班，邀我去讲课。我认真备课，早上到“二·一九”公园自我试讲，然后去上课。课程介绍苏联烧结的原料准备处理、配料、混料、烧结、产品冷却等全过程。课后讨论、答疑。讲课为时近两周，受到热烈欢迎和林厂长的表扬。这是我首次进入工厂讲学的大门。

烧结讲课得到烧结总厂邬恩荣、白宗冀、杨世农等领导、专家的支持，指示厂技术科定期为我组织专题技术讲座，讲解国内外烧结、球团新工艺、新理论和生产前景等。我每次国外考察访问归来，给烧结厂介绍国外烧结、球团生产技术的动态，成为惯例。

炼铁厂

50年代，带学生在鞍钢炼铁厂生产实习，蔡博厂长请我到厂长会议室，向同志们介绍有关苏联高炉原料准备处理的信息，受宠若惊。不久周传典等领导指示厂教育科组织技术培训班，请我讲授苏联高炉炼铁学。按计划在厂内专用教室，正式上课。课后组织讨论和答疑。讲课为时两周，反响强烈。接着成兰伯副

厂长主管教育科，抽调高级讲师马士良、李百昌等人负责培训班工作，我充当顾问，协助培训全厂技术人员成为制度。

1970 年，“文革”期间，学校准备学生复课，我从沟帮子农场劳动调回学校，下放到鞍钢炼铁厂，边劳动，边编教材，复课闹革命。

到鞍钢炼铁厂后，首先见到的是工人出身的詹建功副厂长。他和我握手，表示欢迎，随后得到工人师傅热情接待，心情为之一畅。我拜炉前技师老工人杨久仁、朱廷举为师。他们把我安排到 9 号高炉炉前跟班劳动，并嘱咐放下思想包袱，遇事和他们商量，特别提到“你是我们的老朋友，要像到家一样”。我听了很感动，随即表态“一定向你们好好学习，好好劳动，努力向上”。他们再三嘱咐，劳动学习注意安全，不要过于劳累。不久高炉准备喷吹天然气试验，厂革委会副主任宋鸣洲找我要我参加试验组到重庆、四川泸州等地考察天然气裂化等问题。我大为吃惊，不敢相信。宋主任当场表态，我们信任你，你能很好完成任务。在他们的关怀下，在厂军代表老姚同志带领我和钢研所刘振达副所长以及工人师傅张登礼 4 人奔赴四川考察。多年没有外出，我百感交集。厂领导和工人师傅还是很重视知识分子的。我们不负重托，经过 20 多天，顺利完成考察任务。在艰难岁月我得到宋主任和工人师傅的帮助和关怀，永远不能忘怀，要学习他们这种工人阶级的高尚品质。

在鞍钢复课闹革命，工宣队带领下，学生和教师同住鞍山钢校，白天和学生一起到炼铁厂劳动，学习生产技能和专业知识。当时 8 号高炉炉缸漏水，随时有爆炸的危险，我提醒身边的学生，推开他们离炉缸远一点，确保安全。

晚间回住处，学生召开批判大会，批判我在 8 号高炉推开同学行为，是违背一不怕苦，二不怕死的精神，要批倒资产阶级反动学术权威。我感到委屈和不解，我这样做完全是为了同学安全，是应尽责任，如今好心当成驴肝肺，我收拾行装要求回沈阳，等候处理。工宣队制止大会并劝阻我回校，称这是少数学生受极左思想影响所为，不必在意。

改革开放以来，厂领导麻瑞田、高光春、王忱等对我讲学很重视，由研究室陈占东高工等组织技术讲座，请我做高风温、富氧大喷煤、高炉长寿等专题报告。领导亲临听课并参加讨论，现场气氛热烈。

我每次国外访问归来，多次到鞍钢炼铁厂介绍国外炼铁生产技术新动向，受到热烈欢迎。

后来，炼铁总厂办公楼易地搬迁至新址，厂长尚策、厂总工汤清华等邀我向全厂技术人员做了无料钟高炉布料技术报告。当时首次在讲台用计算机映示图表，引起大家兴趣。之后特约请我介绍我国高炉生产现状及未来发展的报告，反响强烈。

1982 年炼铁厂配合鞍山市金属学会，由鞍钢职工大学牛兴学同志代表学会于8月8~9日邀我在该校给全市炼铁界讲课。讲课规模空前，事先印发我编写的“炼铁讲座”讲义（一）（二）两集，内容较新颖，包括：高炉冶炼操作线应用、自动控制、炉外脱硫、精料等共6讲。听众踊跃，座无虚席，课后热烈讨论，气氛活跃，得到好评。

钢铁研究所（技术中心）讲课与交流

钢铁研究所前身是中央实验室。1964年正式定名为钢铁研究所，后改名为鞍钢技术中心。

中心历史悠久，实力雄厚，人才辈出，成果辉煌，是我国钢铁公司最优秀研究中心之一。

我是鞍钢技术中心常客。70年代起就和炼铁研究室结下了不解之缘。我被邀去讲学，受到李仁、马树涵等领导热情接待。我给全室介绍国内外炼铁技术的动态，很受欢迎。我向他们学习科研的经验，他们协助现场技术攻关，值得称赞。

1979年我和研究室的戴嘉惠工程师一起到首钢参加23m³试验高炉解剖工作，顺利完成任务。在鞍钢炼铁厂我和他们一起进行高炉风口取煤气样等，合作得很好。

研究室杨素琴、周秀菱、颜家瑜、张连祥、黎超玉等盼望我给他们讲课。1982年起副所长曹荫之、刘振达等安排我在所会议室进行专题讲座，由许冠忠等负责组织，外单位人员也来听讲。

1992年8月陪同日本九州大学小野阳一教授访问鞍钢。钢研所莫燧炽所长热情接待，安排到烧结厂、炼铁厂参观，并在所内组织座谈，进行技术交流。回程顺道千山一游，感谢钢研所盛情款待。

1990年3月1日，付作宝所长聘我为鞍钢钢铁研究所技术顾问。

我建议：研究室刘万山助理可作为学校在职博士生，我担负培养和指导，所领导当即表示同意。经过他本人几年的努力，刻苦钻研完成基础课、外语考试和专题研究试验工作，最后写出《带式机球团焙烧过程基础研究与数学模拟》的博士论文。1993年12月正式在东北大学以优秀成绩答辩通过，获得工学博士学位，可喜！可贺！

90年代末期，钢铁所硕士研究生周明顺考取了东北大学博士研究生，我是导师，几门基础课包括英语在校学习通过考试后，回原单位，结合研究课题，自主完成，写出《鞍钢炼铁原料准备技术应用基础研究》的博士论文，用于指导生产，很受重视。2004年8月，在东北大学进行博士论文答辩顺利通过，授予工学博士学位，增强了钢研所科技力量。接着刘万山同志提升为技术中心主任，我和钢研所往来更加频繁，相互交流和学习，受益良多。

所领导对我关怀备至，休闲时办公室主任杜续恩和科技处吴炽等校友陪同游

览新修的“二·一九”公园，湖光山色，相映生辉，然后驱车参观鞍山玉佛苑。

1992 年鞍山市将世界最大的玉石王从岫县搬迁到东山风景区修建玉佛苑。玉佛苑三面青山环抱，四面绿树成荫，大殿高 33m，宽 66m，碧瓦红墙。书廊和院内设有 18 根 7.2m 的汉白玉蟠龙玉柱，是我国建筑史上的珍品。玉石王正面精雕而成世界最大玉佛——释迦牟尼佛；背面为渡海观音，使玉石王成为国宝和举世无双的中华民族珍贵的艺术精品，供世界各地友人参观瞻仰。

钢研所发展很快，20 世纪末，院内新建高层、综合、现代化大厦，雄伟壮观，集办公、科研、试验一体。工作环境条件更好，形势喜人。

钢研所领导和同志待我如亲人，尽力为我安排好食宿、来回沈阳交通等，令人难忘。

设计院、工学院讲课与交流

鞍钢设计院颇具规模，位于大白楼广场东侧，有较多东工校友在工作，是我常去的场所。烧结室的迟洪之、陈杰初带我到东鞍山烧结厂等学习赤铁矿烧结等经验，迟洪之和我一起参加冶金部规划调查组工作，热情可嘉。

炼铁室有安福威等人，其中欧阳挺尊、孙国伟，设计有权威性，向他们请教。苏继武多次邀我去讲课，讲解高炉本体结构和新技术的应用等，他们很感兴趣。此前炼铁室只承担鞍钢高炉大中修等设计，随着新一代炼铁设计专家陈兴家等成长，可以逐步设计新建或改造大高炉，令人振奋。

鞍钢工学院，原鞍山钢铁学校部分校舍，位于胜利广场南侧，直属鞍钢教育处管理。我在东工鞍钢开门办学之际，曾在钢校教室住宿三个多月之久。改革开放后成立鞍钢工学院，接受该院副院长吴丽华（女）邀请讲学。在二楼专用教室给全体师生做了中国炼铁工业发展的技术报告，受到热烈欢迎。会后组织教学、科研讨论，受到吴院长盛情款待。她是东工炼铁优秀学生，精明能干，临走时，送我一本台历，师生情谊，永记不忘。

不久，该院系主任陈世超副教授邀我去讲课。我讲授的是炼铁原理，同学们很感兴趣。陈教授也是我的学生，他热情待人，尊敬老师，教学相长，难能可贵。

1.1.1.3　参加技术攻关

鞍钢是我国钢铁战线技术创新的排头兵。50 年代初就创造了自熔性烧结矿，低硅生铁冶炼，较低炉渣碱度，炼出满意的铸造生铁等，生产技术理论上有了重大突破。

烧结试验

鞍钢铁精矿粒度较细，一般为 0.15mm，其中 80% 以上小于 0.074mm（200 目），难于烧结。日美专家认为鞍山型铁精矿不能生产烧结矿，只能生产团矿。

1950年鞍钢一烧车间（$50m^2$烧结机）首次在烧结配料中加入石灰石粉和消石灰，成功地生产出半自熔性烧结矿，解开了细精矿烧结的序幕。1954年一烧车间进行使用生石灰的工业试验，效果更好，为细精矿烧结指明道路。1956年停用消石灰，使用生石灰生产碱度为1.0的自熔性烧结矿，基本解决了细精矿烧结的问题。

50年代中期带学生到鞍钢烧结总厂选矿车间实习。现场采用还原焙烧、磁选、反浮选工艺处理鞍山矿石，铁精矿品位长期徘徊在60.5%~62.5%。1979年扩建了再磨精矿流程，品位提高3%，达到65.84%，保持先进水平。烧结邬恩荣工程师几次带我到选矿车间，考察学习新流程。由于精矿再磨精选，粒度更加细化，增加细精矿烧结的难度。

1964年在邬恩荣、杨世农等烧结专家领导下，参与二车间烧结停用消石灰，添加生石灰和石灰石进行细磨精矿烧结工业试验，取得成功，突破了细精矿烧结的世界性难题。我到澳大利亚纽卡斯尔访问BHP中央研究所，介绍鞍钢细精矿烧结矿的经验，引起该所吕振英博士等高度重视和称赞。

70年代由于鞍钢铁精矿品位提高，SiO_2含量下降，有利于提高烧结矿碱度。在李树庄等工程师主持下，参与了一烧三台$50m^2$烧结机的高碱度烧结矿工业试验。结果表明，烧结碱度1.8~2.0范围内可大幅度提高冷态机械强度以及软化、熔化温度和还原度，降低低温还原粉化率等，从而指明鞍钢选择新型炉料结构中烧结矿炉料的碱度方向。

炼铁技改

20世纪50年代鞍钢高炉推行蒸汽鼓风提高风温。1956年风温平均提高到853℃，国际上处于领先地位。1957年5号高炉降低鼓风湿分提高干风温度，炉况不顺，6号高炉通过加湿鼓风提高干风温度，效果良好。理论计算单位风量每增加1g蒸汽就要消耗9℃风温。为维持炉况顺行，少加蒸汽，应该提倡提高干风温度。

1956年、1957年鞍钢首先在9号、3号两座高炉进行高压操作。由于料罐式炉顶和煤气系统未彻底改造，9号炉顶压一直维持在0.06~0.08MPa较低水平，但料罐密封还具有其特性。建议采用冷料、串罐式无料钟设备，顶压可达0.15~0.2MPa。

1963年鞍钢高炉喷吹重油，在国内起步较早。1964年，我参与8号高炉喷吹煤粉试验，由于使用高挥发分、细粒煤粉爆炸性认识不足，于5月30日发生爆炸事故，惊动全鞍钢，试验被迫停止，以后改喷无烟煤粉，取得圆满成功。

“文革”期间，我随厂试验组到四川泸州化工厂，了解和学习天然气裂化，制造CO和H_2的还原气的全过程，然后奔赴重庆钢铁公司，学习高炉喷吹天然气的经验。后来鞍钢由于盘锦天然气供应紧张，试验被迫停止。

1975 年 2 月 4 日，海城发生大地震，波及鞍钢，十座高炉全部停产。我带领学生急忙赶往参加抢救，住厂内铸铁机厂房，生活环境十分艰苦。全厂领导和职工们奋不顾身勇往直前抢救高炉。

工人们冒生命危险向前用氧气烧开风口，从风口放出凝结的渣铁，进风后依次烧开其他风口。与此同时，用氧气烧开铁口，投入成包的工业用盐助燃剂，逐渐从铁口放出渣铁，然后慢风操作，高炉逐渐恢复正常。如此，高炉依次全部抢救过来。我和同学们不顾疲劳，昼夜和工人们一起战斗在炉前，来往搬运大量的氧气瓶和氧气管，协助工人烧开风口、铁口和清理残渣铁等，抢救场面惊心动魄，学习工人阶级一不怕苦，二不怕牺牲的精神。

由于各座高炉损坏程度不同，抢救方案也各异。对我们来说这也是机遇，我们学到抢救高炉、恢复生产的全面技术，获得思想、技术双丰收。

1979 年参加 6 号高炉外燃式热风炉 1300℃ 高风温冶炼试验，采用混烧焦炉煤气和增加换炉次数等措施，风温迅速提高到 1280℃，最高达 1310℃。

80 年代中期努力完成冶金部科技司“七五”炼铁重点开发项目：“烟煤喷吹及高氧喷煤高炉冶炼过程的研究”，重点开展富氧大喷煤实验研究。

1986 年 8 月参与鞍钢 2 号高炉高富氧大喷煤（无烟煤）工业试验，鼓风含氧 27.5%，产量增加 16.54%，煤比 170kg/t，平均富氧 1%，增产 2.54%，最高达 3.82%，多喷煤 12~13kg/t，降低焦比 0.5%，成果优良。与此同时，我和学生、现场人员共同进行风口取煤气样，分析煤缸炉气流分布和煤气成分变化以及炉缸工作状态等。

“七五”参加冶金部重点科技攻关项目：“鞍钢高炉喷吹烟煤工业试验研究”。在实验室进行煤粉燃烧试验，测定烟煤爆炸性能，研制新型氧煤枪并积极参加现场试验，提出高炉喷吹烟煤热解特性、烟煤爆炸理论、烟煤的使用范围以及防爆措施等，开发出新式喷煤枪，提供现场参考。

1989 年参与鞍钢高炉喷吹烟煤工业试验，4 号、5 号、6 号、9 号高炉成功地完成烟煤喷吹试验任务，打破了我国大型高炉不能喷吹烟煤的“禁区”。烟煤挥发分为 28%~30%，最高达 38%~40%，煤焦量换比达 0.9 以上。

我在东工《钢铁冶金译述》1957 年第 4 期发表《放射性（同位素）在高炉冶炼上的应用》文章。1980 年，鞍钢钢研所利用同位素氪（Kr）示踪方法，测定 7 号高炉煤气流速和运动轨迹，为高炉强化操作提供理论依据。

1993 年和 1995 年在鞍钢 2 号、3 号高炉成功进行富氧喷煤优化试验，2 号高炉单喷烟煤，鼓风含氧 24.71%，喷煤比 161kg/t；3 号高炉喷吹混煤，喷煤比达 203kg/t。喷吹烟煤优于无烟煤，混煤优于喷吹烟煤，试验成果居国际先进行列，我参加了试验和讨论。

为了提高鞍钢高炉炉衬寿命，充分发挥 SiC 砖的作用，与厂方李安宁高工签订科研合同，在6号高炉炉身中段，进行砖衬取样分析，然后在实验室综合运用扫描电镜、电子探针等技术手段，对高炉中段用 Si_3N_4 结合 SiC 砖的蚀损机理进行系统的研究，分析了炉墙传热过程与蚀损的相互关系，提出控制碱蚀，减轻热震破坏及改善高炉 SiC 砖使用效果的技术方向和途径。

参加鞍钢高炉强化冶炼的讨论，通过高炉高、中、低冶炼强度生产实践，我认为“以原料为基础，维持适宜的冶炼强度，大力降低焦比”的冶炼方针，可取得最佳的经济效果。经过长期生产实践，形成一套完整的“以下部调剂为基础，上下部调节技术相结合”的调剂法则与方针，大力促进了我国炼铁强化冶炼的健康、快速跃进。

90年代以来，炼铁厂领导王忱、高光春等亲自批示，由陈占东主任与我们合作开展提高冷却水质量，强化9高炉热风炉燃烧，无钟炉顶多环布料，高炉冶炼钒钛磁铁矿（护炉）等课题研究。我们进行现场试验，获得良好效果，并特别研究了利用光磁原理处理冷却水。

1.1.1.4　学术与成果鉴定会议

参加全国高炉会议

1955年参加冶金部在鞍山胜利路鞍钢职工俱乐部会议大厅召开全国高炉会议。鞍钢炼铁厂长蔡博在会上做报告，全面介绍学习原苏联高炉生产经验，以及取得的明显成效。同时蔡博指出：过去提高冶炼强度，忽略降低焦比是不正确和有害的。高炉操作方针应该是维持顺行的中等强度下，不断地降低焦比。他所提的中等冶炼强度是 $1.05 \sim 1.07 t/(m^3 \cdot d)$，强调重视精料。我国新的高炉强化方针是建立在精料基础上的。实践证明了蔡博的远见卓识。

与会代表学习鞍钢炼铁的先进经验，学习推行苏联炉顶调剂和蒸汽鼓风提高风温等技术。

参加辽宁炼铁年会

1982年辽宁省金属学会炼铁年会在鞍山卫生学校召开。会议由鞍山市金属学会承办，规模较大。来自省内炼铁、烧结专家代表近六七十人，我校炼铁主要教师及庄镇恶、刘秉铎、王再本都积极参加。论文报告分炼铁、烧结两部分，包括生产、试验总结、设备结构改造、理论研究等。我在会上做了高炉下部炉料运动及渣铁排放的研究专题报告，获论文一等奖。

参加全国炼铁学会年会

1991年10月10日，中国金属学会炼铁年会在鞍钢东山宾馆召开，会议由炼铁学委会筹备，鞍钢主办，来自全国代表100多人参加，盛况空前。冶金部周传典副部长出席了大会，会议出版了论文集上、中、下三册。论文集内容广泛，比较全面地反映了近几年来我国炼铁在原、燃料，高炉和非高炉的生产实践、设

计、理论及科研等方面的新技术、新成就及其回顾和展望，对促进我国炼铁事业蓬勃发展起到一定作用。

周部长在会上讲话，总结几年来炼铁生产的成果，指明存在的问题，勉励同志们开拓创新，力争生产技术更上新台阶，实施“八五”计划和“十年”规划的光荣任务。大会重点宣读精料、高炉喷煤技术等有关论文。蔡博等同志“关于买矿问题”发了言。我做了“高炉喷吹煤粉热解特性及富氧燃烧实验研究”报告。代表们进行技术交流，畅谈未来。会后组织现场参观，尽兴而别，代表分组摄影留念。我在会上见到久别的攀钢同志，倍感亲切。

会后我和庄镇恶、刘振达等同志看望在家休养的成兰伯同志，并祝福他健康长寿。

参加省炼铁学会年会

1994 年 8 月，辽宁省金属学会炼铁年会在鞍山冶金管理干部学校召开。会议由鞍山市金属学会和鞍钢组织，共收集论文 44 篇，主要总结 1992~1994 年我省炼铁生产技术成果，其中炼铁工艺、富氧喷煤和高炉长寿等新成就、新理念，为我省炼铁生产技术的进步起到积极推动作用。年会论文集由《国外钢铁》编辑部出版。

会上鞍钢炼铁厂领导做了“鞍钢 2 号高炉富氧喷吹烟煤工业试验的研究”报告，本钢介绍了钨铁渣护炉新技术，我做了“高炉无料钟布料的重要环节——平台漏斗的形成”的报告，代表们交流生产技术、科研经验，共叙炼铁的美好前景。大会评选出优秀论文 14 篇。

参加省金属学会常务理事会

1997 年 3 月，辽宁省金属学会在千山附近宾馆召开第五届四次常务理事会，由学会领导付铁山、王玉琴等主持。会上讨论了进一步开展各学委会学术活动问题、要坚持不懈鼓励热心于学会工作的人。

参加省炼铁第九届年会

1999 年 1 月 25 日，辽宁省金属学会在鞍钢东山宾馆召开第九届炼铁学术年会，宏扬近几年来，在炼铁节能降耗，高炉长寿、富氧喷煤等取得的长足进步。会议由鞍钢组织，辽宁省冶金厅赵玉森厅长，生产处长李廷滋以及鞍钢技术中心领导刘万山、莫燧炽等出席会议。大会收到论文 52 篇，由鞍钢技术中心审编出版论文集。我在会上做了“面对 21 世纪的炼铁技术”报告。会议评选出优秀论文 24 篇。

参加全国大高炉炼铁会议

2001 年 9 月 18 日在鞍山召开全国大高炉炼铁学术会议，内容包括精料、高炉喷煤、生产节能新工艺等。会上专家宣读论文和技术交流。我做了以精料为基础，降低鞍钢吨铁成本的报告。

参加高炉富氧喷煤鉴定会

80年代首次参加鞍钢高炉富氧大喷煤试验成果鉴定会。冶金部徐矩良、宋阳升等领导与会。会上专家们认真讨论鞍钢炼铁，通过设备和输煤管线等改造，在2号高炉进行富氧大喷煤冶炼试验，富氧率28%，喷煤比120kg/t，经济效益显著，掌握了高炉冶炼特征及操作规律，随鼓风含氧量增加，产量提高，综合焦比下降，国内领先。试验成果获国家和冶金部科技进步一等奖。

参加烟煤喷吹鉴定会

1992年冶金部在鞍钢东山宾馆召开鞍钢高炉烟煤喷吹工业试验鉴定会，与会专家有徐矩良等数十人，推我为主持人。鞍钢在会上介绍试验经过和成果，利用贮煤和喷吹罐内 N_2 惰化，控制煤粉贮放时间，利用喷吹罐压力控制喷煤量，制粉系统和高压罐组氧浓度分别控制在10%、2%以下等防爆措施，确保安全。高炉喷煤平均达90kg/t，增产3.6%，降焦25kg/t。专家们经过讨论，认为该试验成功为我国大型高炉喷吹烟煤开辟了道路，扩大煤种，提高喷煤效果，国内外领先，建议全国推广应用。1993年12月该研究成果获冶金部科技进步一等奖。

参加煤粉浓相输送鉴定会

1994年12月26日，在鞍钢东山宾馆召开，由北京钢铁研究院和鞍钢承担的煤粉高浓度输送技术成果鉴定会。出席会议的有冶金部徐矩良、北科大刘述临、北京钢铁设计研究院唐文权、本钢孟庆瑞、包钢王振山、宣钢王俊宇以及本人等代表10余人。鞍钢副经理林滋泉亲临与会。该课题借鉴杭钢浓相输送成功经验，通过几年研究，在鞍钢取得良好效果。煤粉固气输送比例达到50以上。同时鞍钢采用富氧大喷煤，发展了该技术。专家们对此给予充分肯定，认为我们较好完成研究试验任务，技术达到国内先进水平。

参加高喷煤比成果鉴定会

1996年参加在鞍山宾馆召开的鞍钢高炉喷煤比200kg/t的成果鉴定会。徐矩良等专家与会。会上炼铁厂介绍了3号高炉开展富氧喷煤优化试验，采用烟煤和无烟煤混合喷吹，平均挥发份19%~20%，喷煤比达到203kg/t，大大提高了喷煤效益和降低喷煤成本，获得喷煤的优异成果。专家们认真讨论，认为该试验成果已达到国际先进水平，获得国家计委科技进步一等奖。

参加氧煤炼铁综合成果鉴定会

1997年1月9日，参加国家科委和冶金部在鞍山召开“高炉氧煤强化炼铁新工艺”综合成果鉴定会。该项目为国家“八五”重点研究课题，由鞍钢等15家单位承担，经过五年的努力，已全部完成，在喷煤量指标、喷煤安全技术、喷煤工艺及装备水平、喷煤相关技术四个方面有所突破。氧煤强化炼铁应用理论的

研究也有新的进展。

经过专家们认真评议认为：在鞍钢现有原、燃料条件下，该项目工业试验实现了连续三个月平均喷煤比达200kg/t，掌握了高喷煤比的高炉冶炼操作规律，达到国际先进水平；在子课题研究上，如高炉喷煤工艺及技术、“自身预热”热风炉、高炉冷却技术、耐火材料及遥控喷补技术、自动控制技术及高炉专家系统、煤粉燃烧技术、高炉原、燃料技术等方面，其整体技术也达到了国际先进水平。

该项目共开发新产品40项，新技术及新工艺62项，新材料36项，新设备50项，获专利36项，科研成果79项（其中国际领先6项，国际先进33项，国内领先40项），5年间获直接经济效益约1亿元。

参加冶金部学科评议组会议

1995年8月在鞍山军区疗养院参加冶金部召开的第六批学科评议组会议。

1.1.1.5　怀念鞍钢炼铁，展望美好未来

记忆炼铁领导和同志们

几十年来受到鞍钢炼铁厂历届领导蔡博、周传典、成兰伯、麻瑞田、宋鸣洲、高光春、王忱、黄晓煜、尚策、窦力威、汤清华等热情接待和帮助；杜曙光、陈铭铨、孔和庚、李清珍等老专家热情友好；陈占东、金宝昌、徐同晏、肖崇恕等高工在工作上大力支持和配合；王衍吉、刘金铭等高工、工长们给予很多关怀。此外我常住对炉山招待所，住在附近的李德增值班主任，下班休闲常到招待所看望本人，畅叙师生情。对以上领导和同志们表示衷心感谢。

学校炼铁实验室装修，缺钢材，求助炼铁副厂长詹建功，他立即答应所需材料免费支援，派专车送到沈阳校内，令人感动。

我到炼铁厂讲学或工作，厂技术科为我安排联系好食堂和浴池，平日享受本厂职工相同的福利待遇。

我在鞍钢度过不少难忘的岁月，炼铁厂当做自己的家，鞍钢同志们对我的深厚情谊，亲如家人，终生难忘。

今日炼铁厂

2006年9月7日，鞍钢技术中心刘万山主任接我到鞍山，看看想念的鞍钢，吴炽高工陪同我参观炼铁厂，受到厂生产技术部张洪宇副部长热情接待。炼铁厂区已发生巨大变化，全面绿化，整齐清洁，面貌焕然一新，原一排高炉和办公楼已拆除，留有二号高炉供参观，不远处树立着老英雄孟泰塑像。原二排5号、6号、7号三座高炉已分别改造成2580m^3，3号高炉已拆除，路边原办公室已搬迁，建有孟泰纪念馆，敬仰老英雄的丰功伟绩。原10号、11号高炉分别扩容到2580m^3。另建有新3200m^{3}高炉三座，新一号近代化高炉，崭新的供料，布料，

煤气净化系统以及TRT等装备，国内先进，炉前机械化程度较高，宽敞的出铁场与新一代炉前工合影留念，值班室自动控制仪表齐全，进行自动调节。随后到了新3号高炉值班室，细看班报向作业长请教，得益良多。本人赞叹鞍钢炼铁已全面进入近代化生产，心情感到格外舒畅和兴奋。

临走前我和张洪宇、吴炽在厂内，包括炉前等各处合影留念，感谢张副部长的参观厚待，相拥告别。

回到技术中心，刘主任、杜续恩等设便宴款待，晚上用车送我返回沈阳。

访鲅鱼圈分公司炼铁厂

改革开放后，鞍钢在营口市鲅鱼圈兴建钢铁分公司，拥有两座4038m^{3}近代化高炉。

2009年6月18日，学校党支部组织到鞍钢鲅鱼圈新厂区参观，受到该厂领导热情接待。两座雄伟的特大型高炉耸立在辽东湾渤海滨岸，庄严美观，生产条件得天独厚。1号高炉生产秩序井然，利用现代化的技术装备和先进的操作技术，各项技术经济指标达到国内先进水平。随后在主人的陪同下，参观原、燃料等物流的港口码头原料场，碧海蓝天，一望无际，为祖国大好海疆，鞍钢发展、兴旺叫好，让人流连忘返。炼钢厂长是东大校友，设午餐款待。下午游览了鲅鱼圈职工生活区，傍晚顺利回到沈阳。

1.1.1.6　访鞍山其他单位

鞍钢工作之余，常和冶金部驻鞍钢的院所接触，相互交流受益匪浅。

鞍山钢铁学院

鞍山钢铁学院，冶金部直属，本人常住该校招待所，大部分教师来自东工冶金系毕业生，炼铁教研组领导霍庆贵、王秉儒等邀我讲学。我讲授炼铁原理，作专题报告和座谈，参观炼铁、烧结实验室，与张致良老师等探讨实验室发展规划。李文忠、邬士英、徐南平等老师共同讨论高风温、喷煤等研究课题。教务处杜荣山老师请我参加教学计划等讨论。经常和刘秉铎教授等参加省内外学术会议；假日同志们带我到烈士山公园休闲和锻炼身体，关怀备至。看望采矿教授北洋大学老校友吴树澜，相见为晚，畅叙友谊。见到研究班同窗学友李思再老师，他的坎坷人生，深表同情，祝他健康快乐。

访冶金部矿山设计研究院

访问市府广场冶金部鞍山矿山设计研究院，受到院领导和同志们热忱欢迎。赵德主任和蔡波光工程师等陪同到解放路参观该院选烧实验室。该实验室设备齐全。我赞赏一台小型造球机，主任当场答应赠送给学校，派专人运到沈阳校内炼铁实验室。设备小巧，电动实用。师生们很高兴。感谢鞍山矿山院的支援。

研究院烧结科人才济济，包括赵德、郭天祥（后评为全国烧结设计大师）、

李国恩、俞大伟、郭韬等。学习他们先进烧结设计思想，我向他们介绍炼铁，原料造块（烧结球团）的新理论和新工艺，倍受欢迎。

1986 年 9 月，鞍山矿山设计院领导焦玉书邀我参加庆祝该院成立 30 周年大会。新院址大楼门上高挂“庆祝建院 30 周年”字样的红布横幅。赵院长在走廊墙上题字“光荣的里程”牌匾，十分醒目。在门前我与院领导赵德、俞大伟等合影留念。

随后宾客们在俞大伟夫妇陪同下游览了千山风景区：奇峰异石，层峦叠翠，名胜古迹，星罗棋布，是东北著名的游览胜地。入大门游览了龙泉寺、一线天、蟠龙松、一步登天、夹扁石、主峰仙人台等处。临走前在千山大门前与唐钢赵经理等合影留念，尽兴而归。

2002 年 12 月 21～23 日我和鞍山矿山设计院《球团技术》杂志主编李兴凯一同参加柳钢召开的全国 1000m^3 以下高炉铁前会议。李兴凯谈到本钢 16m^2 球团焙烧炉是他们设计的，不能忘记鞍山矿山院对炼铁技术发展做出的重大贡献。1993 年春节前焦玉书院长寄我赠言：“花有重开日，人无再少年。休道黄金贵，安乐最值钱”，祝老师“洪福齐天，竹苞松茂，天保九如，事业兴旺”。感谢领导同志们对我的鼓励和关怀。

访冶金部鞍山热能研究院

在鞍钢工作同时，到冶金部鞍山热能研究院访问学习，受到该院副院长周大刚、冯安祖等热情接待和指导，并参与提高焦炭性能的基础讨论。

该院对提高高炉焦炭质量不遗余力并取得新成果，该院测定鞍钢、本钢、首钢、武钢等焦炭冶金性能，分析其结果，参加冶金部组织炼铁专家召开成果鉴定会，评论焦炭冷热强度、反应性等高温性能对高炉冶炼影响具有重要意义。该成果达到国内先进水平。

我和该院高工崔秀文等共同参加首钢、攀钢试验小高炉解剖研究，进一步了解焦炭在高炉内的行为，对焦炭质量提出了更高的要求。此外还和她共同参加辽宁省冶金行业高工评审会，友好往来。

1997 年 3 月 13 日，参加鞍山热能研究院在大连重型机械厂宾馆召开“炼焦技术国家工程研究中心”专家评议会，参会的有冶金部徐矩良、焦化处高工、张寿荣院士等专家、教授 10 余人。专家们对成立研究中心和提高炼焦技术规划，表示赞同和支持，上报国家批准。

我负责该院高级工程师赫英伦在职博士生指导工作。赫英伦完成“高炉喷吹氧煤流分布及燃烧的研究”博士论文，在东北大学答辩通过，获得工学博士学位。

1.1.2　我与本钢

本钢是国家重点钢铁企业，辽宁省重要钢铁基地，位于本溪市。当地矿藏丰富，素以“煤铁之城”而闻名。1910年日清合办“本溪湖煤铁有限公司”，后改名为本溪煤铁有限公司，解放后改现名，又称本钢板材股份有限公司。

1915年和1917年建成本溪湖1号，2号高炉（$291m^3$ 和 $306m^3$）。1937年在工源（平山区）又建起3号、4号高炉（$903m^3$ 和 $920m^3$）。本钢两地分别成立第一、第二炼铁厂，以后逐步形成本溪湖和工源两个综合生产体系。

本溪地区铁矿含硫、磷低，冶炼低磷生铁，品质优良，一向被称为“人参铁”，美誉全球。

改革开放以来，本钢发展很快，一铁厂被淘汰，二铁厂经改造后已成为本钢板材股份有限公司主要热线生产之一，拥有高炉 $2600m^3$ 3座，$4350m^3$ 1座，$360m^2$、$265m^2$ 烧结机各1台和2台，$16m^2$ 竖炉1座，年产生铁千万吨。二铁厂向高效、低耗、环保型现代化企业迈进。

1949年4月，我在北洋大学毕业前随东北参观团到本钢参观，受到公司领导和北洋老校友靳树梁总工程师（兼计划处副处长）等热情接待，住工字楼招待所。当时本溪刚解放不久，工厂设备横遭破坏，日寇投降时被苏联拆走，局面混乱。靳总工正筹划恢复一铁厂2号高炉，因技术力量薄弱等，恢复进度缓慢。经过自力更生、艰苦奋斗，于当年7月、10月，两座高炉先后恢复投产。

1950年靳树梁调任东北工学院院长。50年代起我带领学生到本钢实习，继鞍钢后成为教学、科研、生产第二基地，开展学术活动。

1.1.2.1　科研起点

1955年本钢一铁厂生产自熔性方团矿，改用品位较低、SiO_2 含量较高的铁精矿，方贫团矿坯被放置台车上，送进隧道窑焙烧，产品熔化严重。与厂领导签订协作合同，首次接受现场科研任务，在实验室进行碱度不同的贫团矿焙烧试验，碱度较高，愈易熔化，这是由于生成较多的低熔点硅酸钙液相所致。适当降低碱度，控制较低焙烧温度，获得良好效果，总结成报告，供现场参考，得到厂领导的重视和采用。

1.1.2.2　系列试验研究

参加高炉强化冶炼总结试验

1958年，本钢炼铁生产有了迅速进步，在一铁厂左凤仪厂长等领导下，从改善高炉原、燃料质量着手，把提高冶炼强度作为增产的主要手段，冲破苏联中等冶炼强度，降低焦比的冶炼制度，认真贯彻执行提高冶炼强度与降低焦比双管齐下的操作方针，两座中型料罐式高炉（$333m^3$ 和 $324m^3$）冶炼强度由 $1.0t/(m^3 \cdot d)$ 提高到 $1.5t/(m^3 \cdot d)$，取得利用系数从 $1.4t/(m^3 \cdot d)$，跃升到 $2.4t/(m^3 \cdot d)$，焦比降低75kg/t的辉煌成果。这在当时世界炼铁史上前所未有，震动国内外炼铁界。

同年 12 月，我带领 61 铁班同学 20 多人到本钢一铁厂调研和总结高炉强化冶炼新经验，住厂职工集体宿舍。师生们同睡通铺热炕。临睡前躺在炕上，大家很感兴趣地听我讲三国群英会等故事。后来为了工作便利，左厂长（我北洋同窗好友）安排我和他、厂党委书记齐丁九 3 人同住厂长办公室。

学生工作分 3 部分：（1）现场调查生产设备及原、燃料，质量改善等状况；（2）查阅一年来高炉生产班报日志，统计和归纳冶炼强度和焦比等主要技术经济指标的关系等；（3）现场风口取样试验。

同学们多数是中专炼铁毕业考上大学的，工作得心应手。

为了深入了解高炉强化，炉缸煤气流特性，在 2 号高炉（$324m^3$）开展风口取样试验。每次取样发现炉缸中心有少量氧气存在，取样管有时较顺利插入炉中心，中心呈疏松状态，所谓中心“死料柱”不复存在。这是由于高炉强化高温煤气流吹透中心所致。炉缸“吹透”后，进一步促进高炉强化，减少提高风量对压差（Δp）的负面影响。同时炉缸压力分布均匀，给提高冶炼强度创造了有利条件。

“吹透”强化提高冶炼强度分步进行：（1）开始加大鼓风能力，保证炉缸“吹透”，必要时缩小风口，增加鼓风动能和风速；（2）进一步提高冶炼强度，出现中心“过吹”，加重中心，抑制中心气流；（3）再提高冶炼强度，扩大风口直径，适当降低鼓风动能，防止中心“过吹”。炉缸回旋区不断扩大，高炉得到进一步强化。冶炼强度由低逐步提高，至顶点折回，形成一条“大肚子”曲线，成为本钢高炉提高强度的过程。

现场统计得出冶炼强度与渣量的关系，矿石品位从 1958 年的 46%～48%提高到 1959 年的约 53%，渣量相应地从最高的 760kg/t 降低到 470～480kg/t，冶炼强度提高 20%～30%。

高炉提高冶炼强度后，风量、煤气量都增加，随之料柱压力降（Δp）升高，对提高强度不利，从 1 号、2 号高炉强化期整理出冶炼强度（i）和煤气压力降（Δp）的关系，列出压差（Δp）和冶炼强度（i）关系式：

$$\Delta p = a \cdot i^n$$

式中，a 为常数，n 为方次。

上式中，冶炼强度（i）基本上可以代表风量和煤气量。n 小于 1。由关系式确定了冶炼强度和风量煤气量的函数关系。本钢高炉强化后，风量和煤气量不是 H·M·札沃龙科夫 Δp 式中气体流量（ω）1.7～2.0 次方的关系，而是 0.53～1.09 次关系，这对提高冶炼强度后引起 Δp 急剧增加，阻碍进一步强化的影响就不严重了。

统计表明，随着冶炼强度的升高，焦比总体是下降的，这主要是高炉强化过程中，认真贯彻“坚持提高冶炼强度同时力求降低焦比”，两条腿走路的结果。

同学们经过一月余的艰苦努力，不辞辛苦胜利完成任务，凯旋回校。

厂党委、左风仪厂长对东工师生各方面关怀备至，他亲自为我们办理粮票补助和劳保用品，告知全体享有本厂职工相同福利待遇。每逢节日和日常厂内宰猪改善职工生活时，他就给厂食堂打招呼，不要忘记东工的同志们，厂内有文艺活动（放电影等），及时通知同学们。党委齐书记是新四军老干部，平易近人，朝夕相处，深受他的教导和熏陶。左厂长同窗情深，亲如家人，有求必应。

不久左厂长攀登 2 号高炉炉顶检查设备时，不幸踩空坠地重伤不治。噩耗传来，悲恸万分。我离开本溪的头一天，他还带我到本钢第一（专家）招待所改善一顿，谁知竟成诀别，痛失一位最亲密的战友。

他忠诚党的事业，工作任劳任怨，开拓创新，为我国炼铁的发展做出杰出贡献，是一位优秀的基层领导人，是我学习的榜样。

他为人爽直，诚恳，富正义感。1948 年秋天，国民党反动军警包围北洋大学，搜捕进步学生，他和几位带头人，临危不惧，振臂高呼：同学们！冲呀！勇往直前冲破包围把 7 名被捕进步同学全部抢救回来，受到全校师生的称颂。

我以生前好友的身份，赶往本钢参加左风仪同志的追悼会，在他灵前沉痛悼念，同志们专为我揭棺盖，瞻仰他的遗容。永别了，亲爱的学长。我泣不成声。

次日本溪市政府和本钢隆重举行左风仪同志追悼大会，市领导宣布左风仪同志追认为革命烈士和优秀共产党员，在哀乐声中，市民列队向烈士送行，我跟随本钢领导一直送灵到本溪烈士公墓安葬。

参加富氧鼓风试验

1976 年 5 月姜明谦老师带队，我负责业务指导 73 届炼铁学生韩抗美等 8 人到本钢第二炼铁厂进行毕业实习和调研。在那艰苦年代，厂领导安排全体师生住在厂部办公楼。6 位男生住三楼一房间，两位女生住隔壁房间，我住在他们的对面，隔走廊相望。吃饭在厂内食堂，买饭票就餐，早点一般是玉米饼，玉米糊，配加咸菜。因供应困难，中、晚两餐主食还是玉米饼、副食主要是烧白菜和汤菜等，粮食定量学生每人每月 35 市斤，外加补助 10 市斤，勉强可以吃饱，生活条件比较艰苦。在这样条件下，同学们还是认真学习，炉前炉后劳动学习还是坚持不懈。他们来往高炉和烧结车间，调查研究，收集资料，准备通过毕业答辩。我在安排他们学习计划时，考虑到生活艰苦减少一些炉前劳动，不鼓励他们高炉上下攀登，保证他们的体力和安全。学生们克服了艰苦的生活，很少有文娱活动，生活显得枯燥。

实习期间，同学们参加二铁厂高炉富氧鼓风试验。

1974 年以来二铁厂高炉开展富氧鼓风试验，分别在 4 号（1070m^3）、5 号（2000m^3）高炉获得成功。为了进一步搞清高炉富氧冶炼的规律，着重研究对降低焦比的影响，厂长周洪文邀我师生与钢研所组成厂内外三结合试验小组，在 4

号高炉进行富氧鼓风试验。试验从 1976 年 5 月 26 日至 9 月 15 日，先后共 103 天。

氧气管安装在放风阀后，试验按风温 800℃、1000℃二级，富氧率分别为 1.62%、1.38%和 1.515%、2.21%。

同学们结合教学轮流倒班，来回烧结-焦化车间，观察原、燃料成分和质量波动情况，力求稳定。

试验结果表明，富氧率 1%平均增产 5%~7%，低风温阶段，增产幅度更大，焦比平均降低 1%~2%，燃料比下降 70~90kg/t。在增氧同时，增大喷出量，生铁质量提高，炉况稳定顺行，煤气利用改善，生铁成本降低，是高炉强化冶炼的一项重大措施。

我执笔的“高炉富氧鼓风生产试验”报告，刊登在《钢铁》1977 年第 3 期。

同学们通过现场试验和实践环节，提高了提出问题和解决问题的能力，对进一步完成毕业作业充满信心。此外学习工人师傅优秀品质和技术人员丰富的生产技术，获得双丰收。

师生们参观了钢研所，受到该所领导及楼英奎、葛玉荣、林洙烈等研究室工程师们的热烈欢迎。著名炼铁专家章光安所长还为同学们介绍研究所工作，直接为生产服务，同学们受到很大启发和鼓励。

期间伟大领袖毛主席逝世，全国哀悼。师生们跟随二铁厂同志到市文化宫参加全市追悼大会，沉痛悼念，女同学痛哭失声。

在本钢学习结束，全体师生到丹东、旅顺参观革命纪念馆。旅顺口是我国北方军港要塞，是日、俄帝国主义掠夺战争所在地。参观日俄旧兵器展览馆、俄军俘虏营等处，站在山上，高大纪念塔旁，眺望港口全景。军港险要，名不虚传，祖国的好山海不容敌寇再侵犯。

高品位铁精矿烧结研究

本钢南芬选矿厂采用细筛再磨工艺，精矿品位从 1975 年的 63.24%逐渐提高到 68.6%，二铁厂烧结矿品位相应从 51.50%提高到 59.47%，烧结矿强度明显变差。为此，二铁厂与学校（炼铁教研室）、钢研所合作进行高品位铁精矿烧结生产和研究。

（1）实验室矿相鉴定：利用校内实验室对本钢不同品位（50%、57%、59%）及相应 SiO_2 含量（11%~12%、8%~9%、7%~8%）的烧结矿进行矿相鉴定，发现其矿物组成和显微结构无明显区别，而硅酸盐胶结相量分别为 30%、23%和 20%，明显下降，导致烧结矿强度差。

（2）烧结碱度影响：1979 年 7 月，在 ϕ150mm 烧结杯上用品位 68.6%的南芬铁精矿，变动碱度（1.35~1.465）进行烧结试验，烧结矿强度提高。矿相显示，随碱度提高，铁酸钙由 2%~3%增至 6%~8%，高品位烧结矿提高碱度可增加胶结相量，有利改善烧结矿强度。

（3）低碳厚料层操作：1979 年用高品位精矿（TFe 68%以上）在二铁厂 75m^2 烧结机上进行厚料层工业试验，料层由 229mm 提高到 292mm，烧结矿矿物组成和晶体发育及硅酸盐胶结相分布比较均匀，玻璃质很少，有利于提高烧结矿强度。

（4）保温试验：通过实验室和工业性试验（烧结机点火器后置保温罩，靠点火器散热作好保温热源），得出对高品位烧结矿进行保温可以改善其强度。

（5）配加钢渣烧结试验：高品位精矿烧结时配加 2%～6%转炉渣，可明显改善烧结矿强度。

1989 年在本钢科技处授意下，进行“低硅铁冶炼和热风烧结”立项研究。进一步探索生铁含硅量降低到 0.4%～0.5%或更低的可能性。

硅还原的顺序为 SiO_2—SiO—Si。低硅铁冶炼首先要控制矿石脉石与焦炭灰分的硅源，减少 SiO 的挥发量。其次是控制铁液中的［C］与焦炭灰分及渣中产生的SiO 相互作用进入铁水。此外，采用高碱度渣控制 SiO_2 还原，提高矿石软化熔融及滴落温度，精心操作，控制合理煤气流分布，加强生产管理等。

热风烧结和烧结保温类似，但效果会更好。要保证热风来源，建议在烧结机点火器后引入废气预热热风等措施试行。

煤粉浓度监控研究

1990 年 2 月，东北工学院与本钢合作进行高炉喷吹煤粉浓度监测控制研究，利用电容传感器测量原理，研制出喷煤单支管流量测定煤粉浓度，分别装在鞍钢、本钢高炉喷煤系统中，取得一定效果。实际计量精度有待标定验证。单支管计量只是一种计量装置，必须和调节喷煤量装置一起，才能充分发挥作用，以便调节和控制各风口的喷煤量。

大修技改

本钢 1 号高炉于 1983 年进行改造性大修，扩容至 380m^3。一铁厂奋发图强，自强不息，力争高炉生产、技术有新突破，走入国内同类型高炉先进行列。厂领导邀请我讲学，与郭光祖副总、技术科周汝菁高工等协作开展合理炉料结构，矿焦混装，大料批、分装，富氧喷煤等工业试验研究，并在实验室测定一铁高炉原料冶金性能和布料规律等，较好地完成任务。

1.1.2.3 讲学

（1）改革开放后，本钢副总工程师张省已在公司机关办公大楼组织技术讲座，邀请我做国内外钢铁发展的技术报告。听课的有公司党委谭洪洲副书记和其他领导及机关工作人员。听众很感兴趣。受到公司领导热情鼓励并指定经理办公室，定期组织讲座，请我讲学，首开先例。以后该讲座改由公司科技处承办，处长

孟庆瑞、王宪义等很重视。讲课内容广泛，组织讨论商讨科研方向，成为惯例。

（2）钢铁研究所章光安所长联同一、二铁厂邀请我在市中心文化宫、图书馆、工人俱乐部等处轮流组织技术讲座，听众踊跃，热烈非常，部分听众从远处南地、东明北地骑自行车赶来。我讲授高炉精料、烧结、炼铁的新工艺、新理论等，分别由钢研所邵明炎、胡高强等高工主持，连续几天，反响强烈，深受欢迎。

钢研所是我在本钢的活动中心。历届领导章光安、繆广弟、郭燕昌、李业淳和研究室工程师们交往情深。每次到钢研所，先安排讲课，课后组织讨论，和老专家、年青一代、相互交流、共同提高，是难得的机会。

（3）原一铁厂党委书记齐丁九调任本钢设计院工作，邀我讲课，讲授炼铁发展方向等，与年轻一代优秀设计师蔡瑞（女）等交流座谈，格外高兴。回忆往日在一铁厂与齐书记、左厂长相处日子情景，无限怀念。

（4）我常住本溪钢铁学校招待所，受到该校领导的热情招待，按要求给他们讲课。招待所地处明山背后，山青水秀，远离厂区，环境幽静优美。

1982 年春，继鞍山市金属学会后，本溪市金属学会副理事长王再本邀我去本溪市讲学，安排在本溪钢校（冶专），复印我的“炼铁讲座资料”（一）（二）两册。内容基本和鞍山市讲座相同，分高炉节能技术等 8 讲。本次讲学受到青睐和欢迎，课后进行答疑，讨论，听众多，反响热烈。

（5）1990~1991 年，一铁厂为了赶先进，提高科技水平，举办技术干部培训班，厂领导郭光祖等邀我讲课，系统地讲授烧结、炼铁的新工艺、新理论，并进行高炉精料、高风温、富氧大喷煤、矿焦混装，炉顶布料等专题讲座。课后进行答疑和讨论，并到现场观摩，住厂宾馆，受到盛情接待和欢迎。

（6）由厂总工和副总李国治、曲元春等主持，在二铁厂办公楼会议室定期进行富氧大喷煤、高压炉顶、布料、高风温、精料以及优化操作等专题技术讲座。座无虚席，竭诚欢迎。

期间二铁厂技术科孙余涛、郭韬等校友陪同登上平顶山顶望溪公园一游。该公园地势较平坦，花草树木葱笼，景色迷人，西南方向，晴空茫茫白烟雾，眼下见二铁厂全貌，几座大型高炉巍然挺立，庄严美观，北眺本溪市容，南北大道直通，南地、工字楼、民丰街、站前、北地、东明、本溪湖等隐约可见。街道两侧，高楼林立，商贸茂盛，行人车流不息，繁华热闹，兴旺发达。我为新本溪、新本钢快速发展，高兴叫好。后山下来，坡陡路弯，绿树成荫，风光无限好，尽兴而回。

1.1.2.4　参加会议

参加全国高炉会议

1959 年上半年，冶金部在本溪工人俱乐部召开全国高炉会议，与会的有全国重点和地方骨干钢铁企业以及有关院校代表 100 余人。会议讨论总结“大跃进”以来高炉强化冶炼取得的优异成果，冶金部领导主持了大会。

会上由本钢一铁厂皮敏同志介绍提高冶炼强度和降低焦比、强化高炉生产的经验。本钢一铁厂针对两座330m^3高炉，解放思想，敢想敢干，认真贯彻执行高炉冶炼强度与降低焦比双管齐下的操作方针，冲破较低冶炼强度的制约。1958年“大跃进”以来，冶炼强度从1.0t/(m^3·d)提高到1.5t/(m^3·d)，利用系数从1.4t/(m^3·d)提高到2.3t/(m^3·d)。焦比下降75kg/t，创国内外高炉历史性最高纪录。主要技术措施：提高矿石品位，降低焦炭灰分，使用自熔性烧结矿和球团矿，筛除粉末，改善料柱透气性；改进装料制度，改善煤气流在炉内的合理分布；提高干风温；扩大风口直径，使用喇叭形风口等；强化操作技术，保证高炉稳定顺行，提高煤气利用。

我在会上做了“强化高炉的理论和实践”的报告，提出了高炉强化“吹透”理论。经本钢一铁强化高炉风口煤气取样分析研究，主要是高温煤气流吹（穿）透炉缸中心，疏松炉料，消除或减少中心“死料柱”。吹透中心，促进炉缸工作均匀、稳定和活跃，有利于提高冶炼强度，随着冶炼强度进一步提高，利用于扩大风口直径（强度低时要缩小）等措施，调整鼓风动能或风速达到中心适宜的“吹透度”，如此，可把冶炼强度提高到新水平。实践表明，本钢高炉就是按“吹透”炉缸的原理逐步提高冶炼强度的。

炼铁实验室散料体下降机构模型试验表明，随风量的增加，“吹透”中心后，炉料运动不是点接触而是松动了，小块料有时发生振动现象，并局部悬浮，减弱对气流的阻力作用，大块产生炉料松动脱节，料层空隙度增加，更有利于提高冶炼强度。因此炉缸“吹透”随之炉料松动，是强化高炉的重要环节。

炼铁教研室由我执笔《高炉强化的重要环节》一文在《科学通报》1961年第4期发表。

高炉强化“吹透”理论引起代表们的重视和认可，至今成为高炉下部调节的准则。

会议期间我和金心、张寿荣等北洋校友同住市政府交际处站前宾馆，畅叙同学友情，至今仍历历在目。

靳树梁院长是本钢技术顾问，1962年我跟他参加本钢技术咨询座谈会，住本钢第一（专家）招待所。他在会上称赞本钢高炉强化冶炼取得非凡成就，同时提出高炉冶炼强度不宜过高，要在降低焦比多下功夫，巩固和发展提高冶炼强度，降低焦比双管齐下的正确操作方针，走中国特色的炼铁道路。其语重心长，受到公司领导的尊重和敬仰，至今记忆犹新。

参加本溪省高职称评审会议

1987年12月，省冶金厅长王泽润、总工程师牛应德在本钢老干部招待所（8千坪）召开评审省冶金高级工程师职称会议。我和董光教授、石志坚、崔秀

文等各行专家与会。会上经过认真讨论，确定、坚持评审标准，征求各级领导意见，评出省第一批冶金高级工程师（鞍钢除外），取得经验，全省逐步推行。

1989 年 6 月 30 日，随本钢来宾到国家重点风景区——本溪水洞游览。

水洞位于本溪市东部 30km 处，依山傍水，山青水秀。九曲银河是迄今世界上已发现最长的地下暗河。它是数百万年前形成的大型石灰岩充水溶洞，由水旱两洞组成，水洞暗河长 3000m，尚有 3000m 正在勘察中。洞前入口处，横竖红色大型标语：学雷锋学英模，树山城新风。乘游船进入洞中，深邃宽阔，河水充沛，终年不竭，平均水深 2m，最深处可达 7m，钟乳石石笋千姿百态，观赏景点有 84 处之多，步步景，处处情，使人流连忘返。回程水洞出口与冶金部建筑研究总院刘鹤年院长合影留念。

参加省炼铁第七届学术年会

1990 年 10 月 10 日，省金属学会第七届炼铁学术年会在本钢老干部招待所召开。会议由本钢筹办，出席会议有省金属学会王玉琴、贾素英等负责人，来自鞍钢、本钢、凌钢、北台、新抚钢、东工、鞍山钢院等代表 100 多人，全省炼铁界技术专家齐集一堂，是辽宁炼铁学术年会规模较大的一次盛会。东工炼铁教师多数参加。本钢与会人员最多。会议由省炼铁学委会负责人，本钢钢研所高工邵明炎等主持。大会宣读论文，介绍各单位近几年炼铁生产、科技取得成就。我在会上做了“炼铁环境控制及高炉长寿的重要环节”报告，代表们分组讨论，交流经验，学习本钢炼铁的快速进步。

会后参观高炉现场，并游览本溪新市容，留下深刻印象。

参加地得型外燃热风炉拱顶技术鉴定会

1994 年 11 月 23 日参加冶金部在本钢宾馆召开大型外燃式地得型热风炉拱顶稳定性技术鉴定会。与会专家有鞍钢张万仲、张殿有，鞍山钢院李文忠，北京钢铁设计研究总院唐文泉，以及东大李永镇等。冶金部徐矩良、宋阳升到会。

本钢二铁厂介绍外燃式地得型热风炉拱顶采用优质耐材，砌筑精细，长期使用不崩落，稳定性好，解决了外燃式热风炉连接拱顶长寿的难点。促进外燃式地得型热风炉的发展。经过认真讨论并参观现场，专家们对该研究成果，给予充分肯定，具有实践和创新价值，达到国内先进水平。

参加设备制造鉴定会

1995 年 9 月 6 日，本钢一机修总工办在本溪站前“天一”大酒店召开设备制造鉴定会，与会专家有冶金部徐矩良、宋阳升，北京钢铁研究总院张士敏，北京钢铁设计院吴启常，以及鞍山钢院刘秉铎，东大李永镇和我等人。本钢一机修通过创新改革，研制出新颖铜质风口以及各种阀门等，得到用户的称赞。专家们经过认真讨论，现场实地观摩新铸造技术等，认为产品独创，建议逐步推广应用。

会后，与专家们重游水洞景区。经过十几年的保护建设，景区基础设施初具规模，已形成综合的配套服务，中外游客纷沓而至，“燕东胜境”，亚洲一流，世界罕见。

游水洞九曲银河后，参观古生物宫。古生物宫是融知识性、趣味性、科普性为一体的旱洞展厅，以声、光、电等造型手法再现了远古生物发展演变的过程。

参加汤沟省炼铁年会

1996年9月18日，省金属学会炼铁年会在本溪汤沟邮电培训中心邮电宾馆召开。会议由本钢技术中心主办，鞍钢刘振达、张殿有、陈占东，鞍山钢院刘秉铎、张崇民，凌钢赵恩荣、范广权、张顺义，东大童文辉、葛立业以及本钢孟庆瑞等数十代表与会。

会议收到论文原燃料8篇，高炉喷吹燃料技术6篇，高炉长寿10篇，高炉设备、设计、操作与自动控制9篇，综合利用与节能3篇，非高炉炼铁基础研究6篇，共42篇。内容广泛，反映辽宁省几年来炼铁生产、科技取得的成就。年会论文集由本钢钢研所（技术中心）负责编辑出版发行。

会上各单位分别宣读论文，我做了高炉喷煤单独供氧与综合强化燃烧的报告，受到欢迎。代表们分组讨论，交流经验，畅所欲言，百家争鸣，明确今后炼铁发展和努力方向，大会评选出优秀论文18篇。

汤沟位于本溪东部深山区，依山傍水，山高林密，公路一侧，沟深，溪水长流，环境幽美，世外桃源，地势险要，抗日联军英雄杨靖宇将军曾在此地活动，成为革命圣地，列为本溪名胜之一。缅怀和敬仰杨靖宇革命烈士。代表们沿山沟，登山寻找抗日英雄的足迹。山上有大石一块，相传是杨靖宇将军常来地方，此后被命名为靖宇石。为了驱除日寇，复兴中华，烈士们在深山密林，抛头洒血，克服难以想象的困难，鞠躬尽瘁，死而后已。向革命烈士们致以崇高的敬礼。

参加料面测温鉴定会

经国家冶金工业局主管部门审查同意。1999年5月20~21日在凌源市天元宾馆召开本钢“无水冷却式高炉料面测温系统”项目科技成果鉴定会，与会的有来自鞍钢、北京等地专家。会议由冶金科技发展中心主持。会上本钢技术中心项目负责人郭燕昌介绍试制该测温系统经过，并在本钢高炉测试成功。该系统使用简便，自动控制，测温准确，安全可靠，受到欢迎。专家们观摩测试装置，认真讨论，认为该技术具有独创性，开拓测温系统的新例，予以充分肯定，建议逐步推广。

1.1.2.5 难忘本钢技术中心同志

本钢技术中心（原钢研所）是冶金部全国炼铁信息网组长单位，2004年元旦，中心副主任李业惇通知我（网技术顾问）和杜钢老师（网东北组负责人）

会同网秘书长李男，《炼铁技术通讯》编辑赵建成以及蔡瑞（李夫人），财会科长二人（女）前往哈尔滨总结信息网工作，顺便观赏冰城风景，住哈尔滨站前宾馆。3 日晚到道里松花江边游览雪景，全体合影留念。第二天（4 日）乘公交车到东北著名滑雪场亚布力参观，场面宏大，居高点沿斜坡直滑而下，蔚为壮观。我因年事已高，滑雪不便，仅在周边观赏。

下午返程，我先上车，在司机座后第一排 1 号就座，游客陆续上车，李主任夫妇和二位女科长分别坐在前排 2 号，3 号，4 号，5 号位置。五时左右，汽车开动，天色渐暗，路滑车速又快，来到尚志市境内，穿过桥洞，汽车滑翻，倒在路旁，车门大开。坐在前座的 4 位同志抛出车外，连同司机当场牺牲。我蜷缩在司机后座空间被卡住，留在车内，幸免于难，但昏迷失去知觉，半夜醒来，已躺在尚志乡间卫生所病床上，知道出了车祸，不能动弹。天亮以后，学校已派人连夜赶来，看到我还活着，不禁淌下眼泪。中午乘急救车送哈尔滨医大第一附属医院抢救，除李业惇夫妇和二位女科长牺牲外，杜钢在车内受了伤，李男伤了一只眼睛。赵建成受惊轻伤，积极抢救送我们去乡间卫生所，是我们救命恩人。杜钢和我住同病房，经抢救和检查，身体无妨，可逐渐恢复健康。本钢技术中心主任郭燕昌带领几位同志赶来医院日夜侍候，杜钢受伤较轻，恢复较快，也帮助照料。

经过一个多星期治疗，医生建议可以出院回本单位疗养。郭主任等考虑到乘机担架上下不便，改乘火车卧铺回沈阳，送我到学校医院住院部继续调治。事故善后全权委托赵建成负责处理。感谢抢救我们的所有人，特别是本钢技术中心郭燕昌和赵建成同志以及学校领导，终生难忘，铭刻在心，对不幸车祸牺牲的李业惇副主任夫妇以及二位财会女同志，表示沉痛哀悼，一路走好。

几十年来我受本钢各级领导和同志们关怀和帮助，情深谊重，亲如家人，念念不忘。

公司副经理张文达几次带我到现场调查研究，科技处领导以及秦宗元、时树生等校友多方为我奔走安排。钢研所胡高强高工共同编辑“中国炼铁三十年”，葛玉荣高工一起参加冶金部科技规划调查组，与林洙烈、马利科、王殿君、于学清等工程师共同到现场参加科研等，记忆犹新。谭启勤是我学生，品学兼优，不幸在科研处担任领导时，身患绝症去世，生前我亲去探望，痛惜不已。

技术中心郭燕昌主任，尊师重道，为庆祝我 80 寿辰，他和杜钢主编，收录我长期从事炼铁技术工作取得的研究成果：高炉强化、钒钛矿冶炼，炼铁综合技术等论文 120 篇，出资、出力编辑出版《杜鹤桂教授论文集》（785 页，2005 年 8 月）。我深表谢意。寄赠有关领导及国内外炼铁知己、好友与同仁留念。

1.1.3 我与本钢北台（营）钢厂

本钢北台（营）钢厂原北台钢铁总厂，位于本溪市辽阳方向几十公里处。

依山傍水，独具风格，省直属地方钢铁企业，年产铁矿石 280 万吨，生铁 100 万吨，特有的离心球墨铸铁管 10 万吨，炼钢连铸方坯，生产方型钢、矩型钢、空心型钢和电焊钢管等。

1.1.3.1　工厂演变

炼铁厂原有 300m³ 高炉一座，“七五”期间改建为 350m³ 三座，由于地理环境优越，矿产丰富，350m³ 级高炉投资较省，建设快，经济效益好，热衷于适当扩容，增加新建座数，发展很快。到 2011 年，全厂有高炉 7×420m³，2×450m³，4×530m³ 共 13 座，一字排开，成为全国同类型高炉座数最多单位。高炉座数过多带来负面影响：占地多，运输困难，管理不便，新技术、新装备难于应用，违背高炉大型化的原则，阻碍进步。为了迈进高炉现代化生产，总厂领导决定，不再建 350m³ 级高炉，逐步淘汰落后，筹建现代化大高炉。2013 年高炉建新 1 号 3200m³ 投产，与此同时停产 4 座 420m³。2015 年新 2 号 3200m³ 也建成，除留 2×530m³ 外，其他旧高炉逐步拆除，目前全厂拥有 2×3200m³ 高炉生产，旧貌换新颜，发生翻天覆地变化。

1.1.3.2　参与大料批分装试验

高炉采用大料批分装增大炉内矿焦层厚度有利均匀布料，改善煤气利用，增加透气性，提高顺行，成为高炉强化、降低能耗的一项有效措施。在设备及原料条件较差的地方中型高炉上，能否推行大料批分装的操作制度，还是一个较新的课题。1982 年在省冶金厅科技处领导支持和资助下，学校与北台钢铁厂协作，开展此项试验。

试验前我带郭可中等同学到北台钢铁厂进行毕业实习。实验室布料模型试验和现场调查研究表明，高炉原、燃料条件，煤气平均流速、平均压力、炉料（矿石）堆比重、炉喉直径等决定高炉使用的批重。料批在炉喉的平均厚度与煤气平均流速、压力有关。批重大小变化，炉喉截面径向料层厚度也随之变厚或变薄，因而煤气的分布随料层厚度变化而相应变化。加大批重，高炉块状带压差（Δp）自下而上是逐步升高的，软熔带的阻力（Δp）由上到下是逐步下降的，沿高炉高度上块状带、软熔带压差之间有一交点，相应该点的料层厚度，即为该冶炼条件下最佳的批重。过大批重，即超过上述交点，效果变差。郭可中同学推导出高炉合理批重的表达式可供生产中参用（见《炼铁》1982，No.4）。

1982~1984 年在北台 300m³ 高炉进行大料批分装试验，炼铁车间主任苏国栋、徐海洋等密切配合并负责现场工作。总厂技术科刁奇、我和葛立业老师参加试验。两台 24m² 烧结机生产，以冶炼铸造铁为主。整个试验分三个阶段进行，第一阶段 1982 年 11 月开始共 41 天，矿石批重由 6.5t 加大到 7.3t，装料制度改为正分装，高炉稳定顺行，焦比下降。第二阶段 1983 年 10 月 20 日到 11 月 4 日，矿石批重由 7.5t 扩大到 9.9t 装料制度改为全正分装，炉况顺行良好，煤气利用进一步改善。1984 年以来设备故障较多，原、燃料质量明显变差。从 1984 年 10 月起，进行第三阶段试验。三个月的试验结果表明，当采用全分装，矿石批重 9.9t 左右时，炉况明显转顺，各项技术经济指标均有提高。

多次试验证明，北台 300m³ 高炉采用大料批分装的操作技术是可行的。煤气 CO_2 可提高 1.1%，焦比降低 3.3%，产量提高 11.7%，经济效益显著。适宜批重在 9t 左右，上限控制 10t 以下，在今后实践中适当考虑缩小风口，保证“吹透”炉缸，发展中心，效果会更好。

北台矿石自产，矿山在厂区西北，临近鞍本矿区，选矿厂建在就近矿山，精矿质地优良，部分供新抚钢。

1987 年 1 号高炉大修扩容为 350m³，1990 年新建同样 2 号，3 号高炉两座。槽下振动筛分；上料系统电子计算机自动控制；炉顶双钟结构，旋转布料器，液压传动；采用碳化钨浸润焊接，提高大小料钟和料斗之间密封性能和寿命；3 号高炉采用干式布袋除尘，净煤气含量小于 10mg/m³。

入炉矿石品位为 55%~56%，风温为 960~980℃，高炉喷吹无烟煤为 68kg/t，利用系数为 1.92t/(m³·d)，冶炼强度为 0.98t/(m³·d)，入炉焦比为 563~592kg/t。

1.1.3.3　培训与讲学

厂领导孙业馨等邀我讲学。20 世纪 80 年代以来，总厂技术教育科刘波等为我组织在现场给技术人员讲课，探讨高炉操作问题和介绍技术经验，以后安排在厂办公楼进行炼铁、烧结的技术讲座，讲解炼铁技术发展方向及新技术等应用。不久，技术教育科举办干部技术培训班，请我在厂俱乐部专用教室，给学员系统讲解烧结、炼铁原理、新工艺、新技术，定期安排，课后组织答疑和讨论，受到热烈欢迎。学员踊跃提问，情绪兴浓，反响强烈。

我在课堂上提出：北台高炉生产已取得良好进步，但还要在节能减排降低焦比下功夫。

（1）狠抓精料。当前烧结、球团质量较差，产量也不高，高炉熟料率低，不能满足生产需求，要切实贯彻高、熟、净、匀、小等精料方针，努力增产高碱度烧结矿和增加球团矿用量，筛除粉末，提高料柱透气性和改善煤气利用；

（2）连年来，350m³ 级高炉座数不断增加，达到全国之最，虽然生产上有了快速发展，获得良好经济效益，但严重影响新技术的应用，阻碍高炉现代化生产，依靠成群中小高炉生产，是没有前途，更何况造成管理困难，因此一定要高炉“计划生育”，应该停止再建落后的中小高炉，要逐步淘汰，向建设现代化大高炉迈进。

（3）优化操作。高炉操作是一门生产艺术，要认真贯彻以原料为基础，适当提高冶炼强度和降低焦比双管齐下的冶炼方针，要掌握好以下部调节为基础，上下部调节相结合的操作方针，吹透炉缸，发展中心气流，适当抑制边缘气流，达到合理煤气流分布。

（4）坚持应用新技术：富氧、高风温、大喷煤、高压炉顶等。

上述意见，引起总厂领导和同志们高度重视。

每次讲课，厂领导安排我住职工住宅区招待所，生活各方面照料周全，深表感谢。

1993 年 5 月 1 日，省冶金厅王泽润厅长邀我及有关专家到北台钢铁总厂调研，对总厂几年来取得长足进步，表示赞赏和高度评价。总厂厂长聘请每位专家为厂技术顾问，并颁发聘请证书。

1.1.4　我与凌钢

凌钢建于 20 世纪 60 年代，是省冶金厅直属地方钢铁企业，辽西重要钢铁基地。

1.1.4.1　凌钢向现代化迈进

炼铁厂原有高炉 $106m^3$、$8m^2$ 竖炉（生产球团矿）各两座；“七五”建有 $2\times106m^3$，$1\times306m^3$ 高炉三座，$24m^2$ 烧结机一台；2002 年扩建高炉 $2\times380m^3$，$1\times100m^3$，$1\times300m^3$；2009 年改建 $1\times380m^3$，$1\times450m^3$，$1\times806m^3$，$1\times1000m^3$；2016 年拥有高炉 $2\times450m^3$，$2\times1000m^3$，$1\times2300m^3$，5 座，规模扩大。

凌钢拥有矿山资源，自产矿石和铁精矿，生产烧结、球团直接入炉，焦炭自产，部分外购。综合生产条件在本省地方企业中较优。

1 号高炉（$106m^3$）采用单一酸性球团矿（碱度 0.1 左右）冶炼，熔剂（石灰石）用量达 404kg/t，入炉矿石品位 62.8%，熟料率 100%，喷吹少量焦粉（2.33kg/t），风温低（519℃），利用系数不算高（1.87t/(m^3·d)），入炉焦比 678kg/t 以上。

1987 年 12 月，两座 $106m^3$ 高炉开始冶炼酸性加硼球团矿，该球团用铁精矿粉添加 1.5%膨润土和 2.0%的硼泥或用 1.5%硼泥和 2.0%膨润土造出生球，经竖炉高温焙烧固结而成，高炉利用系数从 1.98t/(m^3·d) 提高到 2.12t/(m^3·d)，焦比也大幅度降低。

3 号高炉（$306m^3$）是凌钢“七五”改扩建三大主体工程之一，于 1988 年 3 月 6 日投产，原设计的炉料结构为高碱度烧结矿配加酸性球团矿搭配使用，但与高炉配套的 $24m^2$ 烧结机未能同步建成，高炉开炉仍用 100%球团矿，获得成功，效果良好。

该高炉采用了一系列国内同类型高炉成熟的新技术，如配置有装卸桥架的综合料场；原料槽下筛分；上料用 PC-584 电子计算机自动控制；采用双钟双室液压高压炉顶和干式布袋除尘；热风炉采用改造式圆锥形拱顶等。

3 号炉开炉一个月利用系数就达到 1.5t/(m^3·d)，焦比 645kg/t。

1 号高炉于 1993 年 5~7 月开始使用酸性球团矿配加约 50%的高碱度烧结矿冶炼。球团、烧结批重分别为 1.9t 和 2.2~2.4t。用烧结矿批重调节炉渣碱度。与 100%球团矿冶炼相比，炉况稳定顺行，石灰石单耗下降 233kg/t，转炉钢渣减少 65.3kg/t，同时改善了烧结矿冶金性能和炉渣流动性，生铁合格率达 100%，利用系数由 2.29t/(m^3·d) 提高到 2.47t/(m^3·d)，焦比降低了 82kg/t，焦丁比降低 1.5kg/t。

1995 年 3 月 10 日，4 号高炉（380m^3）建成投产，设计中采用多项先进技术，如炉腹至炉身下部采用镶砖式双排水管冷却壁；炉底、炉缸采用致密型铝炭砖，炉腹至炉身中部用铝炭砖；炉顶采用浮动调心式双液压缸升降装置；热风炉蓄热式用七孔蜂窝砖结构；采用微机控制上料等，投产后产量、负荷稳步增加。

凌钢领导和同志们，艰苦创业，开拓创新，自力更生，100~300m^3 高炉用 100%酸性球团矿冶炼，全国领先。通过加硼泥等提高球团质量，并着手实施高碱度烧结矿配加酸性球团矿的合理炉料结构，摆脱高熔剂比、高焦比的困境，取得炼铁生产技术的长足进步。

与此同时，为了建设现代化钢铁厂，凌钢经理（厂长）宋士田等领导整治厂区，改善职工工作和生活条件，扩大厂区面积，场内建起 10 多层高的办公大楼。办公楼雄伟庄严，楼顶竖立“凌钢”二个大字的招牌，引人醒目。近处新建较高标准和规格的凌钢宾馆，美观大方，楼内（三层）设施齐全。一楼大厅舒适宽敞，旁有弯曲扶栏楼梯，步台阶上下，饶有风味。厂技术中心（钢研所）、化验室建在办公大楼一旁，相映成辉。整个厂区绿树成荫，花草铺地，水花飞溅，环境优美。职工宿舍建在厂外，设施完整。职工安居乐业，令人称羡不已。出厂大门柏油马路直通凌源市区，交通便利。凌钢成为一景。

我多次到凌钢参观访问，受到厂领导和同志们热情接待。宋厂长重技术、重人才，主动和知识分子交朋友，欢迎到凌钢指导，给我留下深刻印象。

凌钢高炉不断大型化，2016 年新建大高炉（>1000m^3），采用精料、高风温（1190℃）、富氧（富氧率 1.89%）、大喷煤（130~190kg/t）、高压炉顶（147kPa）等新技术，主要技术经济指标达到国内同类型高炉较好水平。

1.1.4.2　技术讲座

宋厂长邀我到凌钢讲学，由炼铁分厂安武生副厂长，技术处长赵恩荣组织技术讲座，讲课主要内容，结合现场条件包括：

（1）北美高炉全用酸性球团矿冶炼，熔剂比高，冶炼指标远不及使用自熔性烧结矿的好。以后改用熔剂性球团矿，质量欠佳，用 MgO 代替 CaO 生产 MgO 碱性球团获得成功。但要注意，高 MgO 渣高炉冶炼问题。凌钢采用高碱度烧结矿配加酸性球团的合理炉料结构道路是完全正确的。

（2）认真贯彻精料方针；烧结矿要追求高、净、匀、小，努力生产良好高碱度烧结矿；采用烧结新工艺、新措施，提高烧结矿质量和产量；焦炭采用半机械化代替土焦生产。

（3）采用成熟有效的新技术；当前风温偏低急待提高，热风炉除应用优质耐火材料外，还应着手废气余热利用，预热助燃空气和煤气温度，强化燃烧；提高风温的同时，进行富氧、大喷煤；高炉喷吹焦粉不是方向，高炉喷上煤粉，急不可待；无烟煤、烟煤混喷，势在必行。

（4）优化高炉操作。运用上下部调节原理，吹透炉缸，控制合理煤气流分布，保持炉况稳定顺行，改善煤气利用。

（5）加强生产管理等。讲课分别在办公大楼和炼铁车间分次进行，上午讲课，下午讨论，听众提问、答疑，受到热烈欢迎。

1.1.4.3　参加会议

参加省科技情报会

1985 年 7 月 28~30 日在凌钢参加省金属学会“冶金科技情报信息学术委员会”成立会议。参加的有省内大专院校、科研设计院所、工厂企业的情报部门 14 个单位和 30 名代表，凌钢厂长、省金属学会常务理事宋士田到会并讲了话。

会议通过第一届学委会主任、副主任、秘书长名单，会议交流情报工作经验并重点讨论咨询工作，会后参观凌钢。对凌钢领导热情支持和盛情接待，表示衷心感谢。

参加省炼铁学术年会

1987 年秋季参加在凌钢召开的省炼铁学术年会，受到宋厂长和同志们热烈欢迎。

会议由凌钢技术处处长赵恩荣等组织，与会代表约 50~60 人，省内炼铁老专家庄镇恶、刘秉铎等赶来参加。多数代表初来凌钢，兴高采烈。

代表们住凌钢宾馆二楼，室内设施良好，餐厅在走廊一侧，会场布置一新，工作、生活方便舒适。

会议第一天，宋厂长致欢迎辞，介绍凌钢建设概况，欢迎代表们多看看，献计献策，多提意见，帮助凌钢发展。

会上宣读论文，鞍钢、本钢等介绍高炉冶炼采用新技术成熟的经验，教授和

高工们讲解炼铁、烧结研究新成果。凌钢做了高炉全（100%）酸性球团矿冶炼的报告，引起代表们的浓厚兴趣。

会议分组讨论，交流技术经验，凌钢按生产问题，找对口专家代表进行咨询和答疑，别开生面。

会后代表们参观凌钢高炉现场，并观赏厂区雄伟的办公大楼。大楼周围绿化一片，树木、花草繁盛，环境清雅优美，辽西美丽风光就近在眼前。代表们对凌钢的进步和美好，赞不绝口。

代表们对凌钢领导和同志们对会议的支持和盛情接待表示衷心感谢。临走时，庄镇恶同志感言，“凌钢我还要再来”，这代表与会者的共同心愿。

参加凌钢省高职称评审会

1988年5月10日，省冶金厅副厅长、总工程师牛应德带领专家组到凌钢宾馆召开凌钢高级技术职务评审会。与会专家有省冶金厅宋处长、石志坚，东北工学院杨自厚和本人（虞蒸霞随行），鞍钢总机械师，鞍山热能院崔秀文等近20人，省金属学会王玉琴与会。

会议受到凌钢宋士田经理的热情接待和欢迎，他向评审组介绍本厂科技人员简况，辽西地区技术力量相对薄弱，特别高职称技术人员短缺，直接影响凌钢的快速发展。改革开放以来，通过常年努力拼搏，刻苦钻研，涌现出一批优秀人才，为凌钢建设作出杰出贡献。其中有的学历较浅，但进步很快，业绩卓著，根据凌钢实际，可否破格提拔，请评审组考虑讨论。高级职称评审还涉及集体和个人荣誉，希望能评审出一批高级工程师，促使凌钢更上一新台阶，寄予厚望。专家们感到身负重任，本着坚持评审标准，力求公正、务实，根据凌钢实际和要求，认真执行。

专家们接到评审人员申请表后深入基层，调查研究，经过反复讨论，最终评审出凌钢首批几十位高级工程师。一位总厂副厂长，年富力壮，贡献大，未被评上，宋经理为此感到遗憾。

凌钢组织评审专家前往承德避暑山庄游览。

次日凌晨专家从宾馆乘车约2小时抵达承德中国最大的皇家园林——避暑山庄。山庄集宫殿、园林、山峦、草原于一体，被誉为中国园林艺术的博物馆。从德汇门，额面题有“避暑山庄”四个大字。进入穿过东宫遗址便到湖泊区。这里一片波光粼粼，洲岛错落，佳景汇集，景点众多，风格各异，是避暑山庄的精华。湖中青莲岛上，一座四面临水的烟楼，居高临下，四面有窗，二层四面有廊，凭栏观望，四面景色一览无遗。

澄湖东北角南湖畔立一自然山石，上刻“热河”二字，这是热河泉，是山庄的主要水源。

山庄大部山区，山峦峻峭，树木葱茏，野草茂盛，清泉湍急，野趣横生。邻近，依山傍水，高层楼阁群立其间，阁楼四层，建筑方圆不同，各具特色，庄严美观。山上并立二根大石柱，形状奇特喜人。

我们转奔宫殿区。正宫的主殿——澹泊敬诚殿是清代皇帝举行盛大庆典，寿庆或者召见王公大臣、各族宗教领袖的地方。殿后有一座宽五楹的四知书屋是皇帝接见蒙古、西藏等宗教领袖的厅堂，屋北十九间房是皇帝值勤近侍居所。

烟波致爽殿是皇帝起居之处。东暖阁为皇帝读书、养性、进膳处。西暖阁为皇帝寝宫。1861 年咸丰皇帝驾崩于此。西跨院慈禧居住，东端一间是她的卧室，就在这里她勾结咸丰之弟阴谋策划了辛酉政变。

傍晚大家乘车返回凌钢，感谢凌钢的热情招待。

参加兴城省高职称评审会

1988 年 5 月 29 日，省冶金厅王泽润厅长借助凌钢在兴城召开省冶金系统高级技术职称评审会。评审专家基本是原凌钢评审组的成员，增聘东工采矿董光教授，牛副厅长因公缺席，王厅长亲自主持会议。几年前我曾随省金属学会专家组到锦州铁合金厂参观访问，该厂有较多的优秀技术人员。记得我临走时，锦州铁合金厂招待吃面条，味道特别好，至今不忘。

会上有关单位介绍被评审人员概况，经过专家们认真讨论，投票顺利完成评审高级工程师任务。

会后专家们游览兴城市容。

兴城是我国保存完好的三座古城之一，是闻名全国的旅游城市。城区街道整齐，鼓楼坐落在城中心，东南西北四条大街，直通四座城门。从南门到鼓楼的南大街已辟为明代一条街，古店鳞次栉比，商贸、旅馆酒楼都洋溢着明代古色。

四条宽门道聚交于鼓楼正中心，门道上有一层平台，台上建有二层檐的青瓦阁楼，是全城制高点。

仿古大街的中段耸立一座功德牌坊，高十余米，高大青灰色石坊，三层青瓦檐顶飞翘，威严庄重。

兴城宁远古城保存完好，城墙为硅石结构，高 10 余米，底宽 6 余米。城门上建有城楼，气势古朴雄浑，漫步古城上，路面宽阔平整。女儿墙似护栏，伴随城墙向前延伸和转弯，南望茫茫无际的大海，北面是微波起伏的矮山，京沈铁路从古城身边穿过，今古奇观，令人兴叹。

临走前，王厅长和我几位专家乘游船到海面远处菊花岛游览。该岛古称觉华岛，是历代兵戎相争之地。登岛步石阶而上，上面竖立有“菊花岛”红色三字石碑。岛上风光绮丽，景色宜人，还有石佛寺、大悲阁等古迹，是旅游胜地。

参加东北炼铁技术交流会议

1992 年 8 月 11~12 日，全国炼铁信息网东北组，在凌钢关注下，于辽宁兴城金山宾馆召开炼铁技术交流会议。出席的有黑龙江、吉林省冶金厅代表，省内

鞍钢、本钢、省情报所高工，东北工学院、鞍山钢院多位教师，以及新抚钢、凌钢、北营等代表共 40 余人，武汉和马鞍山钢铁设计院王丽华、刘振斌等高工远道前来参加，受到热烈欢迎。

大会交流了东北三省炼铁技术和生产经验，围绕高效、优质、低耗、长寿，进行专题讨论。

劳逸结合，上午开会，下午海边休闲游泳，会议开得生动活泼。

海滨浴场位于兴城宁远古城之东，濒临景色秀丽的辽东湾，素称第二北戴河。浴场岸边迎面是美貌菊花女的石雕像，手捧菊花，笑容可掬。

沙滩上布满五颜六色的太阳伞。游客身着泳装躺在绵软的沙滩上悠闲谈笑，闭目养神享受和煦阳光。紧张生活之余，悠闲地漂浮在海面，极目仰望淡淡的蓝天，感到全身轻快，心旷神怡。蒸霞等不善游泳，临场租一橡皮圈，躺扶其间，海水层层追逐，不断被浪花推向岸边，学习海泳技术。

从岸边向大海望去，远方海面上隐约可见一座小山，即是菊花岛。临走全体代表在浴场菊花女雕像前合影留念。会后陪同王丽华等游兴城，沿仿古街漫步观看功德牌坊，登高耸城墙，观赏雄伟古老城楼和四面景色，令人迷醉，流连忘返。

参加省炼铁学术会议

1992 年 10 月 21 日，省金属学会炼铁学委会在凌钢召开炼铁学术年会，由凌钢承办，出席有省内代表 60~70 人，省学会王玉琴等到会指导，收到论文 69 篇。包括烧结球团、炼铁工艺、富氧喷煤、高炉长寿、设备除尘等内容，集中反映上届年会以来我省炼铁在生产、设计、科研等方面的成果。

全部文稿由东工组织审定，《凌钢技术》编辑部承当论文集编辑和出版工作，受到省厅和省金属学会领导王泽润、付铁山及凌钢宋士田经理等指导和帮助。

代表们食宿和活动均在凌钢宾馆。大会宣读论文：凌钢范广权的《硼泥改善球团矿质量和焙烧工艺的效果》；高光春、陈占东的《鞍钢高炉喷吹烟煤操作实践》；范春和的《本钢大中型高炉长寿技术》，以及本人的《高炉矿焦混装配加球团矿的实验研究》等。

会议分组讨论，交流经验，畅所欲言。凌钢炼铁厂安武生副厂长和高工张顺义等组织人员向与会的专家代表请教解答生产疑难问题，获得满意结果。

代表们参观炼铁厂，学习凌钢同志艰苦创业、努力进取的精神和良好的实践经验，对会议的周到服务，深表满意。这里条件好，是召开学术年会的好地方。

凌钢早在高炉上使用铝炭砖。1992 年冶金部在太钢召开的高炉铝炭砖应用技术现场交流会，凌钢代表介绍了应用经验，受称赞。

1.1.5 我与新抚钢

新抚钢原为抚顺钢铁公司，后与特殊钢厂分离，成立新抚钢有限责任公司，改成现名，省冶金厅直属地方骨干钢铁企业。

炼铁厂“七五”前后有 298m^3 高炉两座，以后逐步扩建，2008 年有高炉 2×420m^3、2×450m^3、1×300m^3、1×580m^3共 6 座，2013 年起至今全厂拥有高炉 1×420m^3、2×450m^3、2×580m^3 建成投产。

1.1.5.1 现场实习

“文革”后期东北工学院炼铁研究生赵玉森、林仁灿、崔福兴三人提前分配到抚顺市工作，赵、林二位分别任职新抚钢公司经理和副总兼技术处长，崔到市冶金局任副局长。过后我带领学生到新抚钢进行炼铁生产实习。炼铁车间支部书记徐玉珠，炼铁、烧结工程师史孝文、王相文等。安排师生实习，搞好厂校协作。徐书记安排我们住厂内职工宿舍，协助办理粮票补助，在厂食堂就餐，享受本厂职工同等福利待遇，同时帮助制定实习计划。我们边实习，边劳动，学习高炉炼铁生产技能。我向现场人员介绍国内外炼铁、烧结技术和生产经验，受到热烈欢迎。书记和工程师多数是东北工学院毕业生，对老师格外尊重。

周末或假日赵经理邀我到食堂就餐，改善生活不忘老师。

不久学校分配我新住房是一楼。赵经理闻讯，通知本厂职工学生小杨同志，自带材料和工具到沈阳为我新居，安装窗门铁条，防盗窃，确保平安。师生情谊深重，令人感动。

我在新抚钢实习，受到厂领导和同志们的亲切关怀和帮助，特别同学们的深情厚谊，使我倍感温暖。人间正道是沧桑，学生们鼓励我发奋图强，在有生之年努力为人民服务，为我国钢铁事业奋斗终生。

新抚钢厂没有矿山基地，矿石不能自产自给，靠外购，省冶金厅从北台调运矿石和铁精矿维持生产，焦炭自产，炼铁生产条件较艰难，抚顺是重工业基地，需要钢铁，不能没有炼铁。只有攻坚克难勇往直前，求发展。

炼铁厂两座 298m^3 高炉，20 世纪 80 年代后期，经过大修，装备技术有了进步。1 号高炉炉喉以下至第八段冷却壁喷涂不定型耐火材料厚 50mm，热风炉平板格子砖改为切角波纹砖，大料钟改双折角式的，风口小套低水压双腔型式研制成功。2 号高炉风口由 10 个增至 12 个，炉体结构改为框架式，炉腰一段镶砖冷却壁和炉身二段冷却壁增设突台，热风炉采用七孔高效格子砖，助燃空气集中送风，并预热，增设 D112 型静电除尘器一台。

1989 年 1 号、2 号高炉主要技术经济指标分别为：利用系数 1.33t/(m^3·d)、1.779t/(m^3·d)；冶炼强度 0.863t/(m^3·d)、0.985t/(m^3·d)；入炉焦比

644kg/t、581kg/t；矿石品位 52.81%、54.24%；熟料率 87.03%、92.76%。2 高炉风温 905℃，常压喷吹烟煤 55kg/t。高炉指标较好。

1.1.5.2　组织技术培训班

为了提高全厂炼铁技术水平。公司林仁灿副总指示厂技术教育中心，组织技术培训班，特请东北工学院杨兆祥教授和我讲课。第一期讲授烧结、炼铁的新工艺、新理论。第二期进行新技术应用讲座。每周授课 2~3 次，当天早晚专车来回沈阳接送杨教授。杨老师讲烧结，在厂大门对过专用教室上课。要求学员准时到场，遵守教学纪律，认真听课。上午讲课，下午组织讨论、提问、答疑，进一步帮助消化所讲内容，效果良好，深受学员们欢迎。我讲解高炉炼铁，包括精料、新工艺、强化冶炼理论以及优化操作等，围绕高效、优质、低耗、长寿方针，介绍国内外先进经验。学员情绪热烈顺利完成首期讲课任务。

讲学第二期内容，结合现场需求，进行专题讲座。我讲的题材包括：

（1）认真贯彻精料方针。尽力外购高品位矿，必要时采用进口矿，生产产量高、质量好的高碱度烧结矿，与酸性炉料配合，组成合理的炉料结构。

（2）推行成熟新技术。高风温是强化冶炼的核心，通过热风炉改造和强化燃烧，将风温提高到 1100℃以上。实行富氧大喷煤，尽快把高压喷煤搞上去，提高喷煤比。

（3）优化高炉操作。掌握和运用高炉上下部调节的正确制度，力求高炉“上稳”、“下活”合理的煤气流分布，保持炉况稳定顺行，达到高产、低耗。

（4）高炉长寿技术。

以上专题报告，引起厂领导的重视，研究推行。

1.1.5.3　参加新抚钢发展咨询会

1992 年参加凌钢炼铁年会会见新抚钢副总经理袁光旭，归途中，听他介绍新抚钢炼铁生产还有一些不定因素，请我去厂看看，共同讨论提出意见。

1992 年 10 月，省冶金厅付铁山副厅长在新抚钢罗台山疗养所召开新抚钢发展咨询会议，邀请的专家有：俞大伟（鞍山矿山院）、杨世农（鞍钢烧结厂）、石志坚（省冶金厅）、东工的施月循老师和我约 20 人。

经讨论，专家们一致认为，新抚钢多年来艰苦奋斗，攻坚克难，炼铁生产取得新成就，做出了重要贡献，应该充分肯定。由于地区矿产资源短缺，供需矛盾突出，炼铁面临诸多困难，生产规模受到限制。应该因地制宜适当渐进式地扩大生产规模，前景看好。

罗台山山清水秀，环境优美，景色宜人，是疗养休息的胜地。感谢主人的热情招待，在宾馆前与付厅长和专家合影留念。

随后我到新抚钢访问袁光旭副总经理，他因公出差。炼铁车间领导史孝文陪同我到高炉现场参观。生产井然有序，各项技术经济指标有了新的提高。为了谋发展，我建议高炉应适当扩容和增添座数，促进炼铁更上新台阶。

史孝文重师生情，特意安排我和他们一起住条件较好的车间职工宿舍。

次日有人约我到新宾县参观小高炉。路过章党电厂和南杂木交通要地，到达目的地。县城小高炉生产艰难落后，为了暂时的经济效益和人员就业等还在坚持生产，但不能持久。回程中一路欣赏特有的满族风光，赞美不已。

在厂内遇见东工炼铁专业毕业的沈良奕，他长期担任技术科长，工作积极有为，我与他交往较多。文革期间，他随众人涌入朝鲜，顺便看望亲友，不久平安归来，未被追究，感谢领导关怀。

1.1.5.4　参加技术攻关

2003 年新抚钢有 300~420m^3 高炉四座：1 号、3 号、4 号高炉为无钟炉顶，2 号为双钟式。焦比高，无钟和双钟高炉分别达 540~550kg/t 和 600kg/t 以上。引起了公司总经理刘兴明和副经理朱啟柱高度关切和重视，指示到东大请教专业教授协助解难和脱困。

炼铁厂王灵军副厂长和姚国强专程邀请赵庆杰和我二人参加技术攻关。

5 月 7 日，我们到高炉现场调查研究，发现所有高炉中心气流受阻，煤气流分布失常，严重影响高炉稳定顺行和煤气利用。在厂长主持技术分析会上我详细介绍高炉冶炼操作的基本准则。

高炉冶炼首先要保持中心开放、边缘的二道气流，其中开放中心尤为重要，通过上下部调节，下部吹透炉缸，发展中心气流，保持炉缸工作稳定、均匀、活跃；上部采用多环布料，改变批重大小等装料制度，减轻中心负荷，适当发展边缘，开放中心气流，以下部调节为基础，上下部调节相结合，达到合理煤气流分布，保证高炉稳定顺行，改善煤气利用，获得高效、节焦的效果。

当务之急，采用多环布料，扩大布料角度，缩小角差，中心加焦及钟式高炉改善风口布局，上下调剂等措施，开放中心气流。

高炉操作人员接受我们的意见和建议，8 月 2 日我们到现场观察，通过不断调试，高炉中心气流打开，煤气利用逐步改善，无钟和钟式高炉中心加焦，分别降焦 22kg/t 和 11kg/t。

8 月下旬，我们又到高炉现场。同志们已逐渐适应开放中心和适当发展边缘气流的操作方针，取得预期的成果和经验。改变旧操作制度获得先进标准化的操作新理念，面貌一新，值得高兴和推广。

新抚钢炼铁几十年来攻坚克难，开拓进取，2017 年 1~4 月拥有高炉 420m^3、580m^3 共 5 座在线生产。其业绩非凡，利用系数在 3.3t/(m^3 · d) 以上，最高达

3.79t/(m^3·d) 入炉焦比 370~390kg/t，煤比 150kg/t，风温 1140℃以上，最高 1200℃，富氧率达 2.76%~3.29%，指标居国内同类型高炉先进水平。新抚钢人功不可没，企业的明天会更加美好辉煌。

1.1.6　在辽宁省的其他学术活动

（1）1984 年 6 月，朝阳地区行政公署冶金局负责人孟宪荣（东工校友）聘请本人为朝阳县冶炼厂科学技术顾问。本人向他们介绍小高炉生产经验。

（2）1984 年 10 月 5 日，省金属学会在东北工学院召开烧结炼铁年会，省内老炼铁专家章光安、邵明炎、庄镇恶、刘秉铎等均出席，其他炼铁青年技术骨干曲元春、郭韬、崔福兴、安云沛、孟庆瑞、范广权、于学兰与东工炼铁老师与会，盛况空前，交流科技成果和经验，对进一步提高辽宁省炼铁起着积极作用，部分代表是东工校友，回到母校，倍感亲切，会议开得很成功。

（3）1986 年 10 月 11 日，全国炼铁信息网东北组和省金属学会炼铁学委会在大连召开炼铁科技讨论会。该会由大连铁厂承办。出席有东北三省代表几十人。本人在会议上介绍国内外烧结、炼铁的发展状况，会议进行技术交流，讨论有关炼铁、烧结、造块、增产、节能新技术、新理论、小高炉发展技术、直接还原、熔融还原等。

（4）1987 年 4 月 3 日，省金属学会在辽宁大厦召开第四次代表大会，省冶金厅长，省金属学会理事长王泽润主持会议，会上总结上届工作，开展学术活动，选举新理事会，本人被选为常务理事，担任炼铁学委会主任，负责开展全省炼铁学术会议，施月循老师协助工作。

（5）1989 年 4 月 12~13 日，省金属学会第四届三次理事会，在兴城锦州铁合金厂疗养院召开，对开展学术活动、提高学术工作、高职称评审等进行讨论和总结。

（6）1993 年 2 月 23 日，在沈阳冶金大楼召开省金属学会第五次代表大会，一些年轻技术骨干被选入理事会，本人留任承担炼铁学委会和学术活动的工作。

1.2　在吉林省的学术活动

1.2.1　我与通钢

通钢位于吉林省通化市二道江区，全国地方钢铁骨干企业，首钢集团成员之一。吉林省核心钢铁生产基地，始建于“大跃进”年代。

炼铁厂原有高炉 2×300m^3、1×350m^3 共 3 座，2002 年扩建 1×304m^3、1×314m^3、3×350m^3 共 5 座，2004 年新建 1×810m^3 高炉投产，2002 年大修扩容为 1060m^3。2007 年新建 2260m^3 生产，2012 年全厂拥有高炉 4×350m^3、1×1060m^3、

$1\times2260m^3$ 共 6 座，2015 年 $2680m^3$ 高炉又建成投产，2017 年拥有三座大高炉 $1060m^3$、$2260m^3$、$2680m^3$。

1.2.1.1　生产实习

20 世纪 60 年代，我带领学生到通钢生产实习，人地生疏，受到炼铁厂技术负责人王道祥热情欢迎。他安排我们住离厂俱乐部（礼堂）不远的培训宿舍，吃饭在现场食堂。几座 $300m^3$ 高炉正在生产，周围矿产丰富，矿石基本自给，生产条件较好。生矿用量占入炉料的 70%，不尽人意。为增烧结产量，提高熟料率，王道祥帮助制定实习计划，安排部分学生参加烧结厂技术攻关，受到该厂韩来祥科长等欢迎和重视，多数同学到高炉现场劳动和学习生产技术。我全面指导，不顾疲劳。我向现场同志介绍国内外炼铁技术及本钢高炉强化冶炼等经验，很受欢迎。炼铁值班主任刘春生也协助技术指导学生。为了工作方便，我搬招待所住。

当时国家处于困难期，实习生活艰苦，早晚吃的是玉米糊和粗粮，中午吃的是炉前渣铁烤熟的一盒苞米茬子饭，难消化，但耐饱，副食主要是咸菜和菜汤，大家毫无怨言，积极乐观，期待美好的未来。

为了改善职工生活，炼铁厂从市内运来啤酒，职工每人一瓶，厂长通知东工实习师生共享同样待遇。我领来啤酒带回招待所，开饮过急，昏倒在地，服务人员急忙送我到通钢医院，进行抢救。医生诊断告知“酒喝太猛”，无妨，等酒醒，就可回去。一场虚惊，成为笑柄。

通钢地处二道江山区平坦带，山峦围绕，山清水秀，环境优美，景色宜人。招待所面对二道江，江水清澈，不太深，休闲时，夏秋季节常去洗澡和游泳，有时游到对岸，登上高山，杉木苍茏参天，花草茂盛，各种珍贵植物到处可见，是游览的好去处。

工厂距市区较远（几十公里），招待所右侧设有汽车站，汽车通过跨江大桥进入市内，交通不算便利，很少上街。

师生完成实习任务后回校。

1.2.1.2　开门办学

1972~1973 年学校开门办学到通钢调研。见到炼铁田志臣厂长和老朋友，格外高兴。王道祥已到国外探亲去了，若有所失。炼铁生产技术科长宋连鑫接替他的工作，刘春生值班主任仍在。我习惯住招待所。生活条件有了改善。

炼铁厂举办技术培训班，请我讲课，宋连鑫负责安排，根据现场需求，着重讲授高炉精料和操作技术，受到厂领导称赞和学员们的热烈欢迎。

吉林省冶金厅靳厅长带领工作组在通钢蹲点，研讨通钢长远发展规划，随来

的高级工程师金玉琪，是我在鞍钢的旧识，好朋友，常听我讲课，旧友重逢，相见恨晚。他把我推荐给靳厅长，厅长邀请我参加规划会。我受宠若惊，感谢领导对我的信任和鼓励。会上我提出一些建议，领导很重视。

与此同时，有机会到大栗子铁矿参观，受到负责人陈福贵（东工校友）的热情接待，矿石和铁精矿供应通钢，生产条件较艰苦，为通钢作出贡献，令人敬佩。

1975 年上半年，我随 72 届炼铁 8 名学生到通钢进行毕业实习和结业工作，带队的是学生党支部书记姜廷忠，我负责业务指导。他们对老师很尊重，由宋连鑫、洪益成等工程师协助指导，安排高炉调研和技术总结等工作。

学生马成全的父亲安排参观通化市容。市内高楼大厦不多，街道宽敞、整洁、商业繁荣，是抗美援朝重要后勤基地，文化设施齐全。参观闻名全国的通化葡萄酒厂，看到生产全流程。厂房宽敞明亮，香气扑鼻，库房存放不同年代生产的葡萄酒，大小形状不一的贮酒罐，其中有的存酒已经超过十年以上。我们大开眼界，临走前品尝了几种美味葡萄酒，谢谢主人的热情招待。

那天我带学生在 2 号高炉（$225m^3$）炉前测试堵铁口机（泥炮）性能，来回铁沟跨走，不慎将左腿滑进砂口（撇渣器）铁水坑中，我急忙拔出，顿时左腿劳动服着火，工人欲冲水熄灭，我当即阻止，这样会造成严重的粘贴，我倒在地上翻滚熄火。剪掉残裤，马成全同学当即背我快步到通钢医院，在场的杨万禄等同学看到老师状况都流下眼泪，医生们见我下肢表层呈烧熟状，多数主张截肢、保命。我在隔壁病床上听到，大声喊叫，不要给我截肢。当时有位老医生用钳子在我脚底穿刺，我喊声“痛”，说明脚底还有神经，可暂时不截肢，先包扎消毒处理。

当晚医院给我吃饺子，保持愉快心情。

公司和炼铁厂领导紧急商讨治疗方案，有人建议立即就地送往解放军 203 野战医院，冶金厅靳厅长授意送长春白求恩医院，最后咨询东工学校意见，学校领导当机立断与沈阳医大医院一院联系，接回沈阳治疗。

学校派党委副书记王太明、钢冶系党总书记李皎、医院韩文林院长三人赶到通钢，乘坐卧铺车接我回沈阳，直接送进医大第一医院烧伤病房。病房是无菌隔离，负责我的主治罗大夫和王护士长，发现伤腿已开始发炎，再不送来，后果不堪设想。

治疗烧伤是非常痛苦的，左腿吊起，每天向伤处喷洒烧伤药水，痛极昏迷过去，一天两次，过半月后伤处表层已结成硬壳，罗大夫用钳子将表层硬壳撕掉，痛苦不可言状，过后进行植皮，逐步恢复正常，再过半月通知出院，但不能走路，医生嘱咐，要坚持锻炼，否则会成跛子。临走时向罗大夫、王护士长依依惜别，精心治愈我严重烧伤的左腿，表示衷心感谢，终生难忘。

住院期间，同志们和家属只能在窗外探视，吉林省冶金厅派教育处负责同志，捧着鲜花到沈阳医院看望，慰问，非常感人。

我回校安排医院住院部疗养，受到住院病友吴承烈处长等热情鼓励，我手拿小凳上下楼梯锻炼走路，经过一月余，逐渐恢复正常，可以正常工作。

我在通钢烧伤，得到有关领导高度重视，通钢副经理沈祖安等主持治疗方案讨论，省冶金厅靳厅长深切关注，炼铁厂沙厂长和同志们悉心照料，东工领导果断处理，医大医院高超医术。没有他们全力抢救我不可能保住今天这条腿，铭刻在心，一辈子不能忘记他们。

1.2.1.3 讲学及参加学术会议

1986年8月，吉林省金属学会和全国炼铁信息网东北组在通钢联合召开炼铁学术年会，与会的有袁进恩、林仁灿等同志。我在会上做国内外炼铁技术发展的报告，吉林省冶金设计院李生元探讨通钢新高炉设计，通钢刘春生介绍高炉生产经验等。省冶金厅高昌等主持会议，代表们相互交流经验，引起吉林明城、黑龙江西林等地方小高炉厂很大兴趣。

会后通钢技术教育处为我组织技术讲座，开办技术培训班，讲授高炉高效、优质、低耗、长寿等专题。听众踊跃认真，不少领导参加听课，反响强烈。

讲课前，组织与会代表参观杨靖宇烈士陵园。园内松柏常青，矗立着杨靖宇烈士威武戎装塑像，背后是烈士纪念馆。向革命烈士致敬。我和新抚钢林仁灿副总，李永镇朱家骥老师等在烈士塑像前合影留念。

1998年7月27~30日，冶金部炼铁信息网东北组在通钢召开300m^{3}级高炉研讨会，会议围绕300m^{3}级高炉本体的设计与装备水平，热风炉设计与装备以及原料处理与高炉操作三个专题进行讨论，会上发表论文20余篇，主要有：通钢3号高炉（350m^3）热风炉设计、热风炉余热回收装置、热煤换热器研制过程及效果分析，凌钢3号高炉工程设计和开炉后的生产概况，柳钢255m^{3}高炉扩容改造浅谈，南（昌）钢255m^{3}高炉中修技术改造及效果等。

会议表明，通钢300m^{3}级高炉生产受到全国同类型高炉的重视和认可，具有一定的影响和地位，值得高兴和肯定。

1.2.1.4 通钢生活设施日新月异

改革开放以来，通钢各方面取得长足进步，生活设施日新月异，职工生活有了较大改善。一条宽敞的柏油马路，直通北区。建起了一片高层职工宿舍，环境优美，职工安居乐业。街道两旁，商店林立，贸易兴旺，各类餐馆，方便就餐，原百货商店已扩建为百货公司，成为贸易中心，顾客来往热闹，通钢已非昔比。

期间炼铁厂安排到长白山（白头山）天池一游。天池是我国最大的火山口湖，名扬海内外。我们从招待所近处二道江乘火车到吉林白河，就地住宿，第二天乘汽车到达长白山主峰白山头脚下，闻名于世的长白山天池瀑布，坠落山谷，气势磅礴，雄伟壮观，从山谷沿登山小路，登石阶到达山顶，天池就在前方，逆乘而上便到天池岸边。

天池四周是陡壁雄伟的火山壁，火山岩裸露。东、南、西三面人烟绝迹，湖面海拔 2000 米以上，水平如镜，银波万顷，蓝天白云，嶙峋奇峰映入湖面，若隐若现，顷刻变幻，犹如置身神奇的世界。湖水平均深度 204 米，最深处达 373 米，是我国最深的湖泊。湖水清澈透明，湖边浅处可见湖底石块，这是一块保存自然没有污染的净地。

这里全年无霜期只有 60 天，温度保持在冰点以上只有七月、八月两个月，深秋十月就降雪封山，冰雪覆盖期达 9 个月之久，附近仅有少量土壤上能生长低矮、根系发达的、生命力强的植物。天池内几乎是无生命世界，清澈洁净的湖水中没有水草，也没有鱼虾，只有少量的微生物。传说有人在天池中发现怪兽，近百年来都曾有过记载，1976~1986 年先后又有多人多次在天池目睹了怪兽的出现。至今天池内，还未发现可供怪兽食用的鱼类和其他脊椎动物，天池怪兽至今还是个谜。

天池地处边境，西面与朝鲜白头山接壤。远眺天池东边朝鲜白头山公路上，有汽车蜿蜒驶行。

诺大长白山没有人文景观，没有寺庙、道观，全凭自身魅力、野生情调和原始的美吸引游客。长白山天池的天然美色，独具风格，美景风光无比，世间奇迹，令人神往。

1.2.1.5　通钢技术进步

20 世纪 80 年代末期，通钢技术中心主任周岩邀我到通钢访问，炼铁生产不断开拓创新，正阔步前进。

1 号、2 号 300m^3 和改造的 3 号高炉（350m^3），生气勃勃，生产有序。高炉主要技术经济指标在进步，1989 年 1 号、2 号高炉，3 号高炉利用系数分别为 1.681t/(m^3·d)、1.770t/(m^3·d)、1.809t/(m^3·d)；冶炼强度分别为 0.978t/(m^3·d)、1.057t/(m^3·d)、1.083t/(m^3·d)；入炉焦比分别为 620.12kg/t、608.50kg/t、598.81kg/t，风温分别为 779℃、823℃、921℃；矿石品位分别为 51.78%、50.90%、51.11%；熟料率分别为 93.48%、96.76%、94.94%，居全国同类型高炉良好水平。

首要问题是精料水平不高，入炉矿品位低，烧结矿强度不够，质量较差，应致力于高碱度烧结和配合酸性球团的合理炉料结构并坚持原、燃料筛净等。

积极应用成熟的先进技术，风温提高 1000℃以上，力求达到 1100℃，甚至更高。千方百计，尽快高炉喷上高煤比；切实掌握优化操作技术；充分贯彻适当提高冶炼强度与降低焦比的冶炼方针。

通钢一度接受民营建龙钢铁公司入股经营，引起职工不满，发生肢体冲突，教训惨痛。通钢整改后与首钢合作，成为首钢集团成员之一，坚持、团结、安定、稳妥局面，通钢建设会更快、更好。

21世纪以来通钢炼铁随改革开放巨流，发生翻天覆地的变化，炉容不断扩大，新建现代化大高炉，技术装备、生产指标都已接近和达到国内同类型高炉先进水平。高大雄伟的2260m^3、2680m^{3}近代高炉矗立在通钢二道江畔。

1.2.2　我与和平铁矿

1986年我到通钢开会后，回程顺道到辽源市东丰县和平铁矿参观并参加矿山开发讨论会，受到副矿长宋仁久（东北工学院炼铁学生）的热情接待和欢迎。同时还有鞍钢刘振达，迟洪之，彭克刚，鞍山矿山院俞大伟，冶金部东北办事处（沈阳）负责人李德智，吉林省冶金厅高昌等炼铁、烧结、矿山等方面专家来矿调研。宋矿长介绍和平铁矿概况，吉林省矿点多，受到资金，技术等制约，开发较难，请专家们献计、献策，给铁矿开发找出路，鞍钢等能否给予协助。

同志们经过认真讨论，认为和平铁矿可以通过采选生产优质铁精矿，满足炼铁烧结原料的需求，向外推销。鞍钢可投资建矿山，获得合格产品。

李德智承诺，只要选别，生产优质铁精矿，产品我们可以推荐代销。

参观矿内自建的一座小高炉，自产精矿生产烧结矿，质地优良。高炉生产水平高效。我给有关技术人员做了炼铁、烧结的技术报告，受到欢迎。

矿办公大楼墙面上贴着大幅标语“为实行新时期目标努力奋斗”，鼓舞人心，催人奋进，祝和平铁矿繁荣发达。

临走时，宋矿长亲自送行，师生情谊重，相拥告别。

1.3　在黑龙江省的学术活动

1.3.1　我与西钢

原西林钢铁厂位于黑龙江省伊春市西林区，始建于20世纪60年代中期，省首家地方重点企业，直属省冶金厅管辖，后改现名。1996年西钢集团建立，2005年末改制为民营企业，旗下有阿城钢铁公司、灯塔矿业公司、翠宏山铁多金属矿等，是黑龙江省最大的钢铁联合企业。

炼铁厂原有（老区）100m^{3}高炉二座，29m^{2}烧结机一台，2001年、2002年两座高炉分别扩容为130m^3，2004年新区新建450m^{3}高炉一座投产，并配套建10m^{2}竖炉一座，72m^{2}烧结机一台先后于2005年一月投产，2010年又建成580m^{3}高炉一座。2000年将原炼铁、烧结、焦化各厂及球团车间合并，统称炼铁总厂，现拥有2×1260m^3、1×1080m^3、1×550m^{3}高炉4座，烧结机3×90m^2、1×180m^2、

$1 \times 300m^2$ 共 5 台，$10m^2$ 竖炉和捣固焦炉各一座。

1.3.1.1　开门办学

“文革”期间，学校开门办学，贯彻教育必须要和生产、劳动相结合，教育必须要为生产服务的教育方针，号召下乡、下厂。我从事炼铁专业，黑龙江省矿产资源短缺，技术力量薄弱，钢铁工业滞后，需要支援。

我首次到西林钢铁厂（公司）参观访问，路过庆安钢铁厂，看望调离学校在该处工作的炼钢阎桂芳老师。他介绍了全省地方钢铁概况，同时陪同参观现场，高炉（$55m^3$）大修投产不久，生产趋正常。

翌晨，我由庆安乘火车到达南岔，换乘去西林，车厢遇见有人追砍一乘客，血染棉袄，骇人。记得几年前在成都“五冶”招待所食堂有人因奸情当众将另一客人一只耳朵削下，惊恐不已。两次亲眼看见心狠手辣拿刀行凶的凶手，痛心不已。本是同根生，相煎何太急，罪责难逃。

本人到达西林钢铁厂（公司），受到总工程师屈熙声热情接待，师生重逢，倍感亲切，住厂招待所。

炼铁厂有两座省内最大 $100m^3$ 高炉，周围是山，有狭长空间，高炉装备技术较完整，良好，炉顶大小钟，料车卷扬上料，槽下筛分，皮带运料，炉衬黏土材质，用河水冷却，每座高炉各有三座考贝式热风炉，湿法除尘。

炼铁厂有一台 $29m^2$ 烧结机，产品供应两座高炉，高炉熟料率达 100%，得天独厚，焦炭外购，正在筹建竖炉生产球团矿。

入炉矿石品位约 50%，风温 800℃左右，利用系数 $1.5t/(m^3 \cdot d)$ 以上，焦比 700kg/t。主要技术经济指标居全国同类型高炉上游水平。

为了提高炼铁技术，屈总指示举办全厂技术培训班，请我讲课，连续系统讲授炼铁，烧结理论，从原料、原理、设备、到操作，学员复习讨论和答疑，很受欢迎。

与厂领导，同志们座谈，我建议外购高质量的精矿粉生产球团，使用冷烧，改善冷却水质以及水冲渣等，引起重视。

钢铁厂身处林区，距北大荒不远，生活条件较好，住的大都是厚壁小平房。门前堆满煤块和原木劈成的劈材。主食是白面馒头，很少粗粮。林区盛产蘑菇和木耳，附近黄豆加工生产豆油，市场出售，居民、职工安居乐业。

厂领导陪我到伊春市一游，沿途林区，美丽风光一览无余，冬季早来，天寒地冻，大雪迎面而至，地面积雪厚达尺余，一片银色世界，蔚为壮观。

临走时，向屈总等道别。屈总欢迎我下次再来。我买到小桶豆油带回家。

黑龙江省冶金厅对西钢非常关心，生产处于殿良高工，多次鼓励我们常来指导。

不久我和邓守强老师同到西钢调研，屈熙声总工请我们结合西钢条件做专题讲座。我介绍了小高炉操作经验；分别讲解精料、高风温、富氧、大喷煤等成熟的先进技术。

期间我参加高炉技术改造的座谈会，就工厂谋求发展，高炉应适当扩容，进行热风炉改造并考虑建设竖炉焙烧球团等，取得共识。

假日，西钢同志带我们到伊春小兴安岭原始森林带参观，徒步走过林区。林区人烟稀少，树木增多。原始森林山口，迎面立有“严禁烟火”“禁止砍伐滥伐”，违者追究，重罚等木牌。经门岗检查后，我们进入。地面高大新老苍松杉木挺立，成千上万棵左右引伸，不曾砍伐，形成原始森林带。一片葱茏，风吹树动。地上杂草生长，绿色成茵，松鼠上下跳跃戏耍，甚是逗人。据说常有珍贵动物出现，年久的原始森林蔚为奇观。攀上瞭望塔，林海一望无际，随风荡漾，此起彼伏，雄伟无比，动人心弦，美不胜收。原始森林是祖国的宝藏，格外珍贵，不容任何侵犯和破坏，确保长存。参观之后，我们尽兴而返。

1.3.1.2　西钢的发展

20世纪80年代后期，为了加强对西钢的领导，省冶金厅指派屈广义处长担任西林钢铁公司经理。他到任后，力谋图治，重视技改，先后将两座100m^2高炉的考贝式热风炉相应改为顶燃球式热风炉，提高了风温，将湿法除尘改为干式布袋除尘，两座高炉共用一组8个箱体，投产后收到了很好的效果，净煤气含尘量降到10mg/m^3，满足热风炉燃烧需要。

屈经理和我也是师生关系，他邀我去西钢访问。见到他我非常高兴。西钢的两座100m^3高炉生产又有了进步。1989年利用系数平均1.872t/(m^3·d)，入炉焦比666kg/t，风温达到903℃，矿石品位51.83%，进入同类型高炉较先进行列。

屈经理计划扩展炼铁系统规模，除现有高炉扩容至130m^3外，计划在新区新建450m^3高炉一座，新高炉采用4座顶燃球式热风炉，串罐式无料钟炉顶，陶瓷杯综合炉底，风渣口组合砖，外滤式脉冲布袋除尘，上料系统自动控制，炉前双撇渣器，底滤式渣池，1600m^3/min轴流风机，同时配套新建10m^2竖炉和72m^2烧结机各一座（台），报请上级批准。

由于资金等原因，进展缓慢，直到2004年12月新建450m^3高炉投产，2005年1月10m^2竖炉，72m^2烧结机相继投产，炼铁生产有了新起点，新发展，令人振奋。此时屈经理已离任，但其功不可没。

2005年末西钢改制为民营企业，开始腾飞，炼铁总厂发展壮大，先后建成近代1260m^3大高炉，300m^2大型烧结机，年产能700万吨粗钢，钢铁生产发生翻天覆地变化，摘掉了全国钢铁生产落后省的帽子，可喜！可贺！

1.3.2　我与海钢

海林钢铁厂系省地方小钢铁厂，直属牡丹江市。应该厂高工东北工学院校友陈德言的邀请到厂访问。厂内有 $55m^3$、$66m^3$ 高炉两座，装备有球式热风炉、卷扬料车上料，铸铁机铸块等，全用熟料，矿石品位 54%。利用系数 2.0t/(m^3·d)左右，入炉焦比 650~680kg/t。生产较好，名列全省前茅。我做了国内外炼铁技术报告，并讲授小高炉生产经验。

1984 年 8 月 28 日冶金部炼铁情报网召开东北地区第五次炼铁技术经验交流会。当时我临时接到通知，没有卧铺票，买去牡丹江方向的站票上车。车上十分拥挤，站立近 20 个小时才抵达海林，疲惫不堪。

会议由海林钢铁厂承办，出席代表除本省的以外，还有辽、吉两地高昌、冯汝明、王再本、史孝文、范广权、李身钊、李永镇等数十人。

会议交流了近几年东北三省炼铁技术生产经验。西林、海林、明城（吉林）介绍了小高炉新进步，全体代表参观了海林高炉现场，并组织游览观光。

会同杨兆祥等到海林深山老林寻找革命烈士杨子荣踪迹，最终找到了基地。在革命英雄烈士墓前默哀，致敬。

我和陈世超等游览了我国最大的高山堰塞湖——镜泊湖。该湖位于海林西南宁安市境内张广才岭深处的牡丹江上游。我们从附近湖滨码头登上汽轮，一路南行，细雨霏霏，山雾蒙蒙，湖水碧绿与深蓝，向西望去，漫无涯际。湖面浪花叠叠波涛抖荡，雨中的镜泊湖别有一番情趣。

继续南行就是大孤山岛，岛上林木茂盛，四周岸边的白沙恰似美丽的纱面。继续前进，水面上出现一块独立湖中的礁石（小孤山），宛如摆放在湖上的盆景，是镜泊八景中的精品。

汽船行驶不久，西南方向悬崖上有唐代古渤海国湖州城遗址，也是镜泊八景之一。

船过古城墙到镜泊佳景——珍珠门，两座小山，形似珍珠，相距约 10 米，对峙湖中，仿佛是一道天然门户，两山均约百平方米，满山松柏，一片苍翠，来往游船穿门而过，别有风味。

到湖区南部景点——道士山，峰峦起伏，山林幽寂，有座庙墟，据说是建于咸丰年间的三清庙遗址。绕过道士山是老鸹砬子，是湖中一小岛。岛上松柏苍翠，有不少老鸹栖息在林中。汽船不停，沿途很难看的真切，回程做了些补充。

参观湖区最北边镜泊八景之首的吊水楼瀑布，牡丹江地区久旱无雨瀑布已消失了，我和陈世超坐在镜泊湖边石块上，赤足戏水，尽兴回海林。

临别代表们对会议主人的盛情接待表示感谢。

9月10日牡丹江市人民政府，海林钢铁厂聘我为技术顾问。感谢领导对我的信任和厚爱，临走座谈会提出一些技改建议，海林高炉生产会搞得更好。

1.3.3　我与黑龙江省其他钢铁企业

1.3.3.1　双鸭山钢铁厂

双鸭山钢铁公司总工程师王奎（东工炼铁毕业生）邀我和邓守强老师前往参观访问。途经佳木斯，他来接并陪同参观这座地势优越美丽的重要城市，随后到达目的地。1976年9月24日东工赵一红等77届炼铁全班同学和李永镇、虞蒸霞等老师来厂参观学习。

炼铁一厂有100m^3级，二铁厂有13m^3高炉各一座，前者采用球式热风炉，GMB-150型布袋除尘器（后改为调压闭路反吹布袋除尘器），风温约700℃，矿石品位54%，熟料率87%，由于设备等事故多，休风率高达15%，利用系数1.0t/(m^3·d)左右，入炉焦比960kg/t，生产有待提高。

有24m^2烧结机一台，原高炉煤气点火，经常因高炉操作不正常等原因，迫使烧结机停产，改为煤气，煤粉两用点火，问题得到解决。采用圆线型新结构台车篦条，与台车体接面减少，导热系数降低，台车寿命提高3~5倍。

我向全厂讲解高炉炼铁精料、生产、操作、设备维护等重要环节并鼓励力争上游，进一步提高产量和降低焦比。

我们参观13m^3小高炉。小高炉生产情况良好，利用系数3.0t/(m^3·d)，冶炼强度2.41t/(m^3·d)，焦比770kg/t，风温高于800℃。学习烟台小高炉生产经验，特别在精料上下功夫。

1.3.3.2　跃进山钢铁厂

离开双鸭山，王奎建议到东南方向不远处跃进山钢铁厂参观，厂长是全太玄。途经北大荒地区，广阔平坦大地，一望无际，人烟稀少，到达友谊农场，果然名不虚传，大片农田，望不到尽头。这是祖国北方产粮大基地、大粮仓，地广人少，秋收刚完，一些土豆等残留地里，无人捡收。

停宿农场，主人热情招待，吃的是刚出笼的大馒头和黄豆、肉食等，十分可口。

距农场东南不远，沿山间公路就到跃进山钢铁厂，工厂依山傍水，山清水秀，环境幽静美丽，受到全太玄厂长热情接待。师生意外相见，格外高兴。在他陪同下参观现场。那有一座小高炉正在生产，原、燃料来自周边山区，冶炼条件较差，日产几十吨生铁，缓解山区缺铁，协助解决当地居民生产铁锅和农具等铁料问题，很受欢迎。

他不忘炼铁初心来此工作，现已应聘唐山矿院从教，别离难舍，令人钦佩。他盛情款待，为我们送行，相拥告别。

离开跃进山钢铁厂，往东南穿过林带，一片荒凉，人烟稀少，到达边陲地区东方红重地，距乌苏里江珍宝岛仅几十公里。人口不多，为东方红林业局所在地。工、农业基础薄弱，城市正在兴建中，城镇大部都是新起名。我参观了规模较大的木材加工厂。我从虎林乘火车回哈尔滨，车速不快，路过密山到鸡西，顺道下车到鸡西矿务局小高炉参观，因为急于上车去哈尔滨行色匆忙，走马观花，印象不深。

1.3.3.3　勃利县钢铁厂

勃利县钢铁总厂介于牡丹江，佳木斯之间，有几座小高炉（包括 $37m^3$），生产指标，管理水平较好。几次被邀讲课并参加在该厂召开的全省小高炉生产经验交流会议，我介绍了小高炉炼铁技术，很受欢迎，听众情绪热烈，厂领导热情待客，留下美好印象。

1.3.3.4　阿城钢铁厂

回学校不久，我和赵庆杰老师接到哈尔滨阿城钢铁厂的邀请参观访问。炼铁车间，有 $65m^3$ 高炉和 $27m^3$ 高炉在生产，运行正常，矿品位为 56%，熟料率为 100%，利用系数、入炉焦比分别为 $1.787t/(m^3 \cdot d)$、$2.326t/(m^3 \cdot d)$ 和 753kg/t、823kg/t。2005 年改制民营，归口西钢集团，改名为阿城钢铁公司（炼铁厂）。2006 年 4 月在杭州萧山召开的全国炼铁会议，见到阿钢炼铁厂长金国辉（东北大学校友）。他告知阿钢炼铁厂有 $324m^3$ 高炉一座生产良好，利用系数为 $3.3t/(m^3 \cdot d)$，焦比为 450kg/t，配有 $40m^2$ 烧结机一台，烧结利用系数为 $1.8t/hm^2$，有较大进步。

随后我们参观了直接还原生产车间。车间拥有一条生产直接还原铁（海绵铁、铁粉等）的隧道窑。

车间外购含铁 67%以上的精矿粉装入黏土质还原罐（焙烧罐），外层装还原用煤，还原罐在窑内台车上加热进行还原，生产直接还原铁供电炉炼钢用，含铁 71.5%以上的精矿生产直接还原铁，用于粉末冶金。

隧道窑法技术含量低，适合于小规模生产，投资少，符合民营企业需要。该厂生产获得良好效果和一定的经济效益，但能耗高，周期长，污染严重，产品质量不稳定，单机生产能力受限制，工艺落后，难以成为阿钢直接还原铁发展的方向，建议多用高炉煤气，改进还原罐材质，力求降低能耗，同时改善隧道窑焙烧制度，提高产品金属化率等。

在主人陪同下，我们游览了阿城市容和文化设施等，留下美好的回忆。

我们在哈尔滨参观了黑龙江省冶金研究所。刘晗、权正云等几位校友都是该研究所的技术骨干，做出了成绩，令我很欣慰。

1.3.3.5　龙江县钢铁厂

黑龙江省冶金厅生产处希望我们到省西部访问指导地方小钢铁。我和秦凤久老师前往龙江县钢铁厂参观，受到副厂长赵景梁等热情接待。龙江县钢铁厂东南面临齐齐哈尔富拉尔基工业区，西北连通内蒙，地势重要。厂内有几座小高炉，基本稳定顺行，轮流检修，生产呈现一片繁忙景象。装备较全，技术力量较强，但生产条件不足，基础薄弱，难以进一步发展。

座谈会上我介绍小高炉生产的关键环节，首要狠抓精料，充分利用球式热风炉提高风温等，努力增铁、节焦，为西部小钢铁做出了贡献。

临走告别，感谢领导的盛情款待。

1.3.3.6　嫩江钢铁厂

我们北上到嫩江钢铁厂（农机修造厂）参观。事先冶金部黑河市科协甘成满（科长）得知老师们要来，向领导打了招呼。厂领导热情接待。厂内有小高炉一座，生产正常，生铁供应农机修造用。难得地见到在此工作的鲁孝先同学。高炉生产条件并不好，但都坚守岗位，竭尽全力完成任务。在座谈会上进行技术交流，我建议精心操作，加强管理，满足需求。

会后领导派人陪同前往黑河市，观赏中苏黑龙江边陲国际风光。

早上从厂乘车沿科洛、塔溪、三站、二站等乡镇，通过浅滩、林场，于中午抵达黑河市，全程约 200 公里。

主人为我们办好住宿。由于甘成满同学因公出差，我没有见到，感到遗憾。

走在黑龙江黑河一侧岸堤，只见江面广阔，江水滔滔，向东奔流，雄伟壮观。对岸就是沙俄侵占的原我国城市海兰泡，被改名为布拉戈维申斯克。

举目眺望对岸高楼林立，各项建筑和设施众多，清晰看到人行来往和苏军在场上打球等，江边停有舰艇，大型炮艇在主航道疾驶而过。

我国改革开放刚开始，黑河一侧岸边，大部是旧建筑，高楼不多，平房成排，一片宁静，不具声色，江边停有游艇和小炮艇，面向对岸，相形见绌，这是满清政府腐败、无能的结果，有待振兴。

游览了黑河市容，熙熙攘攘，商业茂盛，不少俄罗斯男女，每天过江而来购买服装，日常用品，很多倒爷，大小包满装物品回去。他（她）们喜欢旅游购买，吃中国饭菜。

参观了瑷珲县中俄战争历史纪念馆。

非常感谢嫩江钢铁厂（农机修造厂）领导的悉心安排和款待。

第2章　在华东地区的学术活动

2.1　在上海市的学术活动

2.1.1　我与宝钢

2.1.1.1　宝钢的兴起

宝钢建设几经波折。20世纪70年代，我参加了冶金部在上海衡山饭店召开的宝钢建设专家论证会。会上一致拥护中央筹建现代化宝钢，是国家经济建设的新里程碑，具有重大的战略意义。有持不同意见的，认为文革后国民经济面临崩溃边缘，财力不足，技术人才短缺，不适宜宝钢过急上马，社会舆论也有共鸣，意见分歧，宝钢建设几度被迫中断。最后经过反复调研和论证，中央主要领导果断英明决策，抓住良机，利用上海地区和技术优势，批准在上海宝山地区建设宝钢，并立即上马。

2.1.1.2　大高炉会议与宝钢建设

1978年5月9日参加冶金部在上海召开的大高炉会议，与会的有全国炼铁、烧结知名专家数十名。李非平副部长主持会议。冶金部科技办戎积鎏处长讲话。戎处长提出要认真贯彻全国科技大会精神，冶金部三年内要科技攻克30余项包括包头、攀枝花、金川三大特殊矿综合利用、赤铁矿选矿、寻找富矿，解决能源和资源，特别降低能耗是百年大计。钢铁生产要求近代化，努力建设宝钢大高炉等。

会上宝山钢铁总厂朱总工程师介绍宝钢一期工程炼铁系统计划新建两座4063m³高炉。两座错开一年，年产650万吨生铁，采用2.5kg/cm²高压炉顶，1号炉双钟四阀，2号炉无钟炉顶，炉体用冷却板冷却，四座外燃式热风炉设计风温1250℃，增建TRT，每座12000kW·h，有4台25000m³/h制氧机，余氧可满足高炉富氧率2%~3%；全部冲水渣，两台300t/h铸铁机，设计利用系数为2.3t/(m³·d)，入炉焦比为430kg/t，燃料比为490kg/t。

10万吨货轮海运进口矿至镇海北仑港，减载后转运吴淞石洞口码头，用皮带运输机送上原料场，可储存矿石、辅助原料、煤各60天、10天、30天需求量。料场上有4400t/h堆料机13台，1300t/h取料机10台。破碎设备用计算机控制，无人工操作。熔剂白云石、石灰石从南京、镇江运来。

配套 2×450m² 烧结机，年产烧结矿 1070 万吨，经二次破碎，四次筛分然后送往高炉。

焦炉高 6m，有 2×100 孔，2×90 孔共 4 座，分别使用煤压块和煤预热新技术，干熄焦有待利用。

长江水脱盐成本高，技术不过关，淡水从远处嘉定区引来。

代表们听取了宝钢建设的介绍，很兴奋，认为宝钢国外引进先进技术建设近代大高炉是完全必要的，对发展我国钢铁事业，转变思想观念，促进技术跃进，赶超世界水平，具有重大意义，在吸收应用基础上，不断创新中国炼铁新技术。

代表们结合宝钢建设，对发展我国大高炉进行了热烈讨论。会上高润芝、刘云彩、金心、成兰伯、庄镇恶、叶绪恕、李国安、张省己等分别介绍首钢、武钢、鞍钢、攀钢、包钢、梅山、本钢大高炉生产经验，对贯彻精料“高、稳、熟、冷、匀、净、高冶金性能”等方针，以及以精料为基础，适当提高冶炼强度，大力降低焦比，并以下部调节为基础，上下部调节相结合的技术操作方针，努力实现精料、高压、高风温、富氧、大喷吹等一系列先进技术。

我在会上提出大型高炉强化的几个问题：要不断改善炉料的透气性和控制煤气流分布，研究细精矿烧结，筛除粉末，高炉使用 100%球团的可行性。采用高压操作，有必要发展矮胖、多风口、适当小风口等。

与会代表王笃暘、曾新荣、项仲庸等冶金院所专家各抒己见，对宝钢建设现代化高炉充满信心。

宝钢 1978 年 12 月动工兴建，引进成套国外设备，如今宝钢集团已成为包括宝山基地、青山基地、梅山钢铁、新疆八钢、宁波钢铁、宝钢不锈钢、湛江钢铁、马钢等多家公司的全国重点现代大型钢铁企业。

炼铁厂 1 号高炉（4063m³）1985 年 9 月出铁。2 号（4063m³），3 号（4350m³），4 号（4747m³）高炉分别于 1991 年 6 月、1994 年 9 月和 2004 年相继投产。现今，宝山基地拥有特大型高炉 4966m³、4704m³、4850m³、4747m³4 座。

宝钢湛江钢铁基地位于广东湛江市东海岛东北部。炼铁厂建有大型综合原料场 2 台 550m² 烧结机，4 座 65 孔 7m 焦炉及煤气精制设施，一套 500 万吨链篦机回转窑球团生产线，2 座 5050m³ 高炉，1 号炉于 2015 年 9 月顺利投产。

宝钢还在上海宝山罗泾地区建设一套非高炉炼铁熔融还原 COREXC-3000 设备，于 2007 年 11 月投产，是世界上规模最大的非高炉炼铁设备（现已搬迁至新疆八钢）。

2.1.1.3　参加相关会议

参加全国炼铁、烧结学术年会

中国金属学会 1982 年 10 月 7 日~13 日在宝钢第一招待所召开炼铁烧结学术

年会，参加代表170余人。会议由炼铁学委会主任蔡博主持。

大会上，宝钢介绍引进的先进技术设备及高炉投产前的准备工作，首钢介绍了新2号高炉设计和生产概况，本钢宣读了生铁性能的研究，以及高炉内煤气分布与炉料运动的新发展等十余篇论文。我做了高炉软熔带的研究报告。代表们围绕高炉技术改造，对引进国外技术的消化和推广，对如何发展国内先进技术，对大中小型高炉的评价等问题展开了热烈讨论。会议期间组织部分代表就宝钢当前建设中若干重要问题进行专题讨论和研究。

中国金属学会副理事长王之玺致闭幕词。

参加全国炼铁学术年会

1989年5月中旬中国金属学会炼铁学术委员会在宝钢招待所召开炼铁学术年会，学委会主要领导蔡博、周传典与会，炼铁60岁以上老专家徐矩良、李马可、李国安、周取定等到会，李殷泰、邓守强、张家驹等及本人均参会。共有代表100多人，学习讨论宝钢现代化高炉建设和生产情况。

会上宝钢炼铁厂介绍建设4063m^{3}高炉引进新日铁的装备和技术，有了大型高炉操作和管理新理念。高炉投产近4年，取得喜人进步。宝钢各项技术经济指标已步入世界一流水平。同时宝钢介绍高炉节焦增铁的一些具体措施和方法以及正在开发实施的新技术等，代表们深受鼓舞。

代表们宣读了论文，进行技术交流，参观高炉现场，学习宝钢经验，催人奋进，共同为我国炼铁生产上新台阶努力奋斗。会上对鞍钢提出的“以原料为基础，维持适当的冶炼强度，大力降低燃料比”的方针表示认可。

参加中日钢铁学术会议

1989年12月5~6日参加在宝山宾馆召开第五届中日钢铁学术会议。与会的有中日相关专家百余人。此前1985年4月26~29日我曾在洛阳参加第三届中日钢铁会议，结识了千叶工业大学雀部实教授和名古屋大学教授助理桑原守等日本友人。此次和北海道大学石井邦宜等教授又重聚上海，十分高兴。大会宣读论文：武钢的《过去十年中国炼铁技术的进展》，宝钢的《优质烧结矿的生产工艺》，鞍钢的《富氧大喷煤试验》，以及《日本福岛5号高炉长寿、低硅冶炼》《日本加古川2号高炉中心加焦作业》等。并进行技术交流，探讨炼铁生产发展的前景等。会后中日朋友参观宝钢高炉生产现场。我和日本东北大学八木顺一郎教授探讨派遣学生到该校留学事宜，获得满意结果。

参加宝钢建设成就论证会

宝钢投产10周年，冶金部在宝钢宾馆召开为宝钢建设光辉成就向国家请功申请重奖专家论证会。由殷瑞钰副部长主持，我参加炼铁系统分会场。

宝钢炼铁自一期工程开始，全套引进新日铁当时先进的技术设备，建立全新概念的现代化工厂。通过引进消化，发展创新，三期工程建成巨型高炉4063m^3

两座，4350m^3 1 座，20 世纪 90 年代全厂利用系数为 2.26t/(m^3·d)。入炉焦比为 295kg/t，煤比为 207kg/t，渣比为 259kg/t，达到世界炼铁一流水平。自主开发的高炉喷煤技术等世界领先。

与高炉建设相配套，分别建成 450m^2 烧结机 3 台。烧结主要技术指标：90 年代全厂生产率为 29.71t/(m^2·d)，TFe 58.85%，SiO_2 4.51%，FeO 7.32%，转鼓指数（TI）为 75.30%，产品产量和质量居世界较高水平，特别低 SiO_2 烧结技术，亚洲领先。

新建焦炉 50 孔 5 座，焦炭质量也是世界一流：灰分 11.30%，硫分 0.47%，M_{40} 89.87%，M_{10} 5.15%，CRI 24.06%，CSR 70.39%。

宝钢是我国现代钢铁建设和生产的先锋，为推动我国现代化建设做出了卓越贡献，是我们学习的榜样，功不可没。

参加全国炼铁生产技术工作学术会议

2000 年 6 月中旬，国家冶金工业局，中国金属学会在宝钢宾馆召开炼铁生产技术工作会议暨炼铁年会。会议由炼铁专业委员会主持，与会代表 150 人，提交论文包括烧结球团、高炉喷吹燃料及操作和非高炉炼铁技术共 130 余篇。大会武钢张寿荣总工做了新世纪中国炼铁工业面临挑战的报告。马钢、安钢、包钢、鞍钢、梅山、北京、长沙、鞍山冶金设计院分别介绍炼铁、团烧技术创新成果。宝钢重点介绍了炼铁生产技术的发展，通过消化、吸收，掌握创新，生产技术得到迅速发展。实践表明，技术的发展必须确保高炉生产持续稳定，优化基本操作制度。喷煤技术发展迅速，喷煤比达 100kg/t 以上，最高到 260kg/t。通过实践，认识到加大喷煤后，边缘气流发展，加大鼓风动能吹透炉缸中心。在高煤比下，优质焦炭在炉内骨架作用更显重要，是提高高炉下部透气性的关键。以除尘灰含碳变化确定炉内煤粉利用程度，熟料比可以适度降低，以换取低渣量，适量富氧改善煤粉燃烧等。

在非高炉炼铁分会场，我宣读煤基直接还原铁粉再氧化新工艺的试验研究报告。会后参加宝钢研究院有关 COREX 建设生产的讨论。

会议期间，会见了炼铁界新朋好友和东北大学校友，在宝钢宾馆门前与项仲庸、文学铭、叶才彦等合影留念。

2.1.1.4　科研与技术革新

布料与煤气流控制

宝钢 1 号高炉 1985 年 9 月投产后，进展顺利。不久高炉炉腰出现结厚，影响正常生产，可能和炉顶可调炉喉布料，煤气流分布等有关。1990 年 10 月与宝钢签订了高炉合理煤气流分布课题研究合同。结合宝钢条件，利用实验室高炉模型，进行可调炉喉布料模拟试验。调节活动炉喉导料板（MA）位置测定炉喉径

向矿焦比，建立可调炉喉布料数学模型，较好反映布料与合理煤气流分布的关系。

我和刘新（研究生）到宝钢炼铁厂提交试验报告，厂领导组织评估和讨论，获得认可并通过。由于1号高炉可调炉喉导料板（MA）调整及时，采用组合模式，使炉料布料均匀合理，对合理煤气流分布调节有了较大自由度，能有效地加以控制，治好了炉腰结厚病痛。

1号高炉新技术

宝钢铁前烧结、炼铁、焦化工序统一由炼铁厂领导，这在我国大型钢铁联合企业还是首例，矿石和部分焦煤从国外进口，码头旁有大型原料场，储存，堆放，混匀、平铺截取，全面机械化，450m^2 大型烧结机，生产平稳，产品质量优异，近代大焦炉生产优质焦炭。高炉生产快步前进，各项技术经济指标进入国内外一流水平。1989年，利用系数为2.202t/(m^3·d)，入炉焦比为433.8kg/t，喷吹重油为51.1kg/t，综合焦比为496kg/t，风温为1211℃，矿石品位为57.61%，熟料率为87%，顶压为223.95kPa。

工厂重视技术改造：（1）用于调整高炉风速的氮化硅结合风口套砖耐火材料，实现了国产化，填补了我国氮化硅结合的碳化硅材质的空白；（2）国内共同开发高炉出铁沟浇注料，产品达到国际先进水平；（3）选用国内外用于封堵大型高炉铁口较佳的无水炮泥及泥炮等。

提高矿焦比，灵活运用导料板，改善炉料分布，进行低硅铁冶炼，适当降低铁水温度，采用高风温，脱湿鼓风，使用小块焦等措施，促进降焦、增产。

探讨应用炉墙厚度检测装置，高炉软熔带模型，人工智能专家系统，高炉炉衬喷补灌浆等新技术。

1号高炉节焦增铁的实践和新技术的开发为其他高炉提供有益的经验。

上部调节的重要环节

宝钢炼铁厂郭可中（东北大学炼铁优等生），较好掌握大高炉生产及管理技术，成为我国执掌特大型高炉优秀的带头人。他陪同我参观高炉现场，高炉临时休风，带我上高炉炉顶，观察炉喉料面径向分布。炉顶中间带形成较宽环形平台，边缘有通道，中心料面形成漏斗状。他在意大利塔兰多钢厂见到，高炉炉喉径向料面形状也如此，在他的见证启发下，认识到大量煤气通过平台，是提高煤气利用的关键。平台愈宽，煤气利用更好，边缘通道、中心漏斗料面是发展二道气流，保持炉况顺行的必要条件。因此，炉喉料面形成平台-漏斗型成为高炉上部调节的重要环节，可充分发挥无料钟炉顶多环布料的作用。我提出这一理论，在《炼铁》杂志1995年第三期发表，得到炼铁界的认可和重视，迅速在全国高炉推行。

提高煤粉燃烧率

2、3号高炉投产后，喷吹重油因油源中断，被迫中止，改喷大量煤粉。炉内未燃煤粉量增多，煤置换比下降，炉况难行。为此，宝钢科技处、炼铁厂与我们协作，开展高炉喷煤强化燃烧的实验研究。首先在实验室进行添加助燃剂对煤粉燃烧的影响。实验采用不同的添加剂。结果表明，白云石等对煤粉有助燃作用，添加量越多，助燃效果越大。最佳为生石灰水浸，其次为生石灰、白云石、石灰石干混。每添加1%白云石或1%生石灰相当0.8%或2.0%的富氧。富氧配合添加助燃剂将使煤粉燃烧率大幅度提高，采用添加助燃剂技术，可提高煤粉燃烧率，缓解增大煤粉量带来的不良影响。此外进行混煤喷吹实验，随着烟煤配比提高，混煤燃烧率逐渐提高。混煤中烟煤最佳配比在30%~60%范围内，在保证安全喷吹条件下，适当提高烟煤配比对强化燃烧是更有利的。

上述实验结果引起宝钢炼铁厂领导李维国和专家们重视。

与此同时，由厂专家陶荣尧等陪同参观高炉喷煤系统（浓相输送），喷吹制度以及双层喷枪结构等，很受启发。

参观宝钢技术中心新建的喷煤，原、燃料测试等试验室，受到李肇毅、徐万仁、周渝生等高工热忱接待，并进行座谈，交流科研经验和课题研究方向等，对技术中心的进取和创新印象深刻。

优化上下部调节

1999年4月3日，由炼铁文学铭、寿祝群等陪同参观先进的1号、3号高炉，见到3号炉长林成城同学，非常高兴。他介绍了高炉生产特点，两座高炉利用系数为2.3t/(m^3·d)，入炉焦比和煤比分别达到280kg/t、340kg/t和250kg/t、200kg/t。烧结含Fe 59%，SiO_2 4%~4.5%，焦炭灰分为11.36%，M_{40} 86%，M_{10} 5%~6%，CRI<26%，CSR>66%。

对优化高炉调节有了共识：下部强调鼓风动能，用不同厚度耐火材料垫圈调节风口大小，保证炉缸中心吹透，有利未燃煤粉在炉内利用，加强炉身下部和炉腹部分煤粉的还原作用，减少炉中心焦炭气化反应，改善焦炭强度。上部炉顶布料要优化炉喉径向平台-漏斗料面。平台要足够宽（不低于炉喉半径尺寸的三分之一），中心漏斗要足够小，不要太深（不低料面2~3m）。放松边缘，边缘第一档不要装矿和焦，把矿石适当移向中心，焦炭布料基本不变，主要控制矿石分布，中心不要太轻，注意煤气利用。上下部调节必须相结合，才能发挥更大作用。

2.1.1.5　技术讲座

宝钢高炉投产后，我多次到炼铁厂参观访问，厂领导和专家们请我讲学。我向厂专家室全体专家介绍：（1）国内外烧结、炼铁科技发展动向，包括原燃料

的准备和处理，荷兰霍戈文高温热风炉的特点等；（2）我国“大跃进”高炉强化冶炼经验；（3）高炉高温、富氧、大喷吹（煤）的理论和实践，特别是喷煤的重要性；（4）非高炉炼铁和其他。我的介绍受到热烈欢迎。

1993年11月2日受邀在宝山钢铁总厂教育培训中心（冶金部宝钢-东大继续工程教育中心，位于宝山月浦镇）讲学，受到教务处沈震世副处长和中心领导等热情接待。东大教师给培训班进行技术讲座，轮流上课。我主讲炼铁原理、强化冶炼和新技术应用等。上午讲课，下午组织讨论和答疑，反响强烈。如此连续几年轮番进行，此讲学方式成为制度。1996年4月14日宝钢集团教育委员会正式聘我为兼职教授，交往更为密切。

讲课期间，中心负责同志和学员们对教师很尊重，生活、交通等关怀备至，招待所服务周到。向这些同志们深表敬意。

在宝钢受到郭可中、赵生夫妇宴请，林成城家宴，徐万仁家作客等热情款待，以及东北大学弟子们多方关注和帮助，同时喜见宝钢北洋老校友财务处长赵良儒，原料处高工程海，公司副总金心，师生情，同窗友谊情，难能可贵不能忘怀。

向宝钢学习，向宝钢致敬！

2.1.2 我与宝钢不锈钢公司

宝钢不锈钢公司原上海第一钢铁厂，位于上海吴淞口（地区），上海市冶金公司（局）直属重点钢铁企业，与宝钢联合改称为现名。

公司炼铁厂始建有255m^{3}高炉两座，后1座扩建成750m^3，直至20世纪末新建一座2500m^{3}高炉投产。目前（2016年）炼铁厂拥有750m^3、2500m^{3}高炉共两座。

改革开放以来我几次到上钢一厂参观访问，受到厂技术主要负责人金鸿云高工等热情接待，和她们结成至交，交往颇深。

2.1.2.1 宝钢不锈钢公司的炼铁进展

利用上海地区技术优势，两座255m^{3}高炉生产技术良好，管理有序，生产总体水平较高。1989年高炉利用系数为1.962t/(m^3·d)，入炉焦比为466.92kg/t，风温为1039℃，喷吹煤粉为109.55kg/t（煤+油160kg/t），居全国同类型高炉先进水平。

矿石品位为57.64%，高炉使用大量品位较高的生矿，加上部分自产土烧结，熟料比为32.89%，石灰石用量达218.09kg/t，给高炉生产带来困难。

土烧结占地一大片，产量低，质量不能满足要求，环境污染严重，更不适宜上海城市要求，急待解决。

工厂重视高炉设备技术改进：

1988~1989 年二座高炉大修之际，6 座热风炉格子砖换成五孔砖，使风温最高达 1150℃左右，比前提高 100℃，保持风温 1050~1100℃。

1989 年热风管道适当扩径，由原砌两层绝热砖改砌一层，使风量增大，每座高炉增铁 15~20t/d。

1987 年炉前生产使用水冷撇渣器，减轻工人劳动强度，可维持 3 个月再更换。

原使用 670~700m^3/min 小风机，1987~1988 年先后换用 900m^3/min 风机后，利用系数由 1.8t/(m^3·d) 提高到 1.9~2.0t/(m^3·d) 左右。

1988~1989 年高炉上料系统由有触点自动上料改修为 PC 机自动控制上料，效果很好。

参观转炉炼钢车间，是上海市产钢中心，并参观上钢三厂、五厂电炉炼钢，对全市生铁需要量有了较多的了解。

2.1.2.2　讲学

炼铁厂领导邀我讲课，安排技术讲座，要求讲解高炉炼铁新工艺、新理论以及生产技术经验等。根据现厂条件，重点讲授：

(1) 认真贯彻“高、熟、净、匀、小精料”方针，针对生矿用多、熟料率低，要在“熟”字上下功夫，扩展烧结、球团产能，新建烧结机尽快投产，尽早淘汰土烧结生产。

焦炭来自吴泾化工厂，保持良好质量和及时供应。

(2) 新技术应用。高炉风温能保持在 1040℃以上，最高达 1117℃，难能可贵，全国先进。风温是最宝贵的，它不但降焦、增铁有力，而且促进喷吹燃料比的提高。要坚持不懈，不轻易用风温调节炉温。

高炉富氧大喷吹是强化冶炼的重要措施，富氧本身强化冶炼，同时促进喷吹燃料技术的发展，上钢一厂是上海氧气转炉炼钢的重要基地，供氧能力较充足，有多余氧气供高炉使用，条件得天独厚。高炉利用这一优势，把强化冶炼大喷吹(燃料) 提高到新水平。

高炉喷吹用油和煤粉两种，喷油工艺简单，效果好，但油源紧张，已停用。喷吹无烟煤早已成功。烟煤资源多，但有爆炸性，试验表明，把喷煤系统惰化，就可确保安全，今后采用混煤喷吹是主要方向。

(3) 优化高炉操作。坚持适当提高冶炼强度，降低焦比的强化冶炼方针，认真贯彻以下部调节为基础，上下部相结合的操作方针，精心操作，“上稳”“下活”维持高炉稳定顺行。

(4) 稳中求发展。在国家大力发展宝钢的同时，上钢一厂为了满足转炉炼钢需要铁水，稳求发展，在 255m^3，高炉生产基点上，先期建设 750m^3 高炉和相

配套的烧结机是适宜和必要的。

讲课反响强烈，受到欢迎和重视。

2.1.2.3　改建不锈钢公司

20世纪90年代，根据需要，与宝钢联合，将上钢一厂改建更名为宝钢不锈钢公司，专门生产不锈钢为主。

上钢一厂得到进一步发展，扩建2500m^3高炉一座，1999年以前已正式建成投产。

原有一台130m^2烧结机供750m^3高炉用料外，新建两台130m^2烧结机，与2500m^3高炉相配套。

焦炭除部分由吴泾化工厂供应外，主要用宝钢产焦。

1999年4月2日，我与宝钢同志一起参观了上钢一厂新建的2500m^3高炉，受到方厂长、张副厂长和办公室杜主任等热情接待和欢迎。副厂长陈道腴（校友）曾到东北大学校内共同讨论建设2500m^3高炉问题。

参观炼铁厂，厂区整齐、清洁，面貌一新，土烧结早已淘汰了，255m^3高炉尚在，750m^3高炉正在生产，1台130m^2烧结机供它用料，新建2500m^3高炉矗立其间，并配套建130m^2烧结机两台。

全厂炼铁指标有了明显的改善和长足进步，矿石品位为57%～58%，熟料率为88%～90%，风温平均在1100℃以上，喷煤比为120～130kg/t，富氧率平均为1.1%～1.3%。焦炭部分用吴泾化工厂产，大都由宝钢供应，焦炭灰分为11%～12%，M_{40} 84%～86%，M_{10} 8%～10%，750m^3高炉生产一马当先。2500m^3投产以来，进展顺利，很快达标，两座高炉2002年利用系数，入炉焦比分别达2.582t/(m^3·d)、2.1t/(m^3·d)和393kg/t、370kg/t，居国内同类型高炉先进水平。

上钢一厂炼铁生产的进步和优秀成果，令人振奋，向他们学习。

2.1.3　访上海高校

2.1.3.1　访上海工业大学

1988年11月1日应上海工业大学副校长徐匡迪的邀请，参加冶金及材料工程系冶金材料研究所的学术报告会，受到热情接待。我在会上做了高炉矿焦混装的技术报告，会后进行座谈，与中科院上海冶金所吴自良学部委员以及东工在该校工作的隋永江副教授等相见，很高兴。

隋永江陪同参观上海工业大学，谈到我在澳洲见到上海工业大学派往纽卡斯尔大学留学研究生李维平，已获得博士学位，留澳工作，一切均好。

2.1.3.2　访上海大学钢铁冶金重点实验室

1999年访问上海大学钢铁冶金重点实验室，并看望新参加该室工作的东大博士毕业生郑少波。郑少波品学兼优，几经推荐，被接收。研究室是原上海市长徐匡迪院士创立的，人员不多，主要研究钢铁冶金、炼钢工艺材料等。徐匡迪院士是总顾问。郑少波做他的学术秘书，日常和宝钢等协作，开展熔融还原研究等。

我受到研究室主任蒋国昌及同仁们热情接待。我和蒋主任曾在日本名古屋大学参加国际学术会议，同住大学招待所，相处很友好。这次他为我组织技术讲座，我向全室同志讲解炼铁新理论，新工艺，很受欢迎，反响强烈。

我住研究室附近的招待所。该招待所宽敞明亮。服务周到。此次见到东大唐凯同学（与我一起参加攀钢高炉大料批-分装试验），他正忙于复习功课，准备出国深造，祝他成功。

同一年东大博士研究生游锦洲毕业，之后也到该研究室工作，与郑少波一起。后来到宝钢国际矿石事业部（后改称上海市外矿贸易公司）工作。临时办公地点在延长路日新楼721号，我和他同住办公室几天，共叙师生情。

我在上海受到郑少波、游锦洲、余仲达，上海理工大学杨俊和，宝钢林成城，徐万仁等研究生亲切关怀，不时问好。2009年，他们6人集体专程从上海赶来沈阳，会同在沈研究生杜钢、刘新、薛向欣、沈峰满、曲彦平、魏国在沈阳好日子生日城庆祝我85寿辰。我夫妇俩与学生共14人合影留念。师生情谊深重，难能可贵，感动不已。

2.1.4　我与梅钢

梅钢原上海梅山冶金公司，宝钢集团重要成员，全国重点钢铁企业。

2.1.4.1　公司由来

20世纪60年代后期，宝钢建设前，上海市利用南京地区矿产资源和地理条件在南京梅山建钢铁厂，生产的生铁铸块供应上海炼钢需用，解决炼钢缺铁问题。

炼铁厂高炉建设1号1080m^3，2号1080m^3，后扩容至1250m^3。以后改造新建3号1280m^3，4号3200m^3，5号4070m^3。2016年拥有1280m^3、3200m^3、4070m^{3}高炉3座。

1970年1号高炉投产，随后2号炉相继出铁。高炉生产有宝钢新技术做后盾，立足高起点，装备较先进。采用喷煤、高压炉顶，TRT发电（2号炉）以及热风炉空气与煤气双预热等先进技术。生产总体水平较高。1989年1号炉：利用

系数为1.98～2.24t/(m^3·d)，冶炼强度为1.0t/(m^3·d)左右，入炉焦比为464kg/t，喷煤比为75～82kg/t，风温为1052℃，顶压为116～119kPa，矿石品位为54%，熟料比为82%，石灰石用量为3.0kg/t，2号炉稍差，居全国同类型高炉先进水平。

梅钢有一批水平较高，工作出色的管理、生产技术人才。公司领导和大部分职工从上海调来。他们克服临时工作，两地生活等难处，努力工作，为建设钢铁基地立功，部分同志从招聘和分配而来，在此落地生根。资深炼铁专家李国安和高级工程师吴元愉等从鞍钢应聘调来，他们成为技术骨干。李国安已年逾半百，每天坚持上下高炉指导生产，备受赞扬。外调来的公司设计院院长朱昌国和技术质量处高工徐明和夫妇担任公司设计等重要任务。外聘和分配来的炼铁厂宗序康和李永祥（高炉工长提升）等炼铁厂领导，工作勤奋，攻坚克难，为炼铁生产做出积极贡献。

公司负责矿山工作的领导，亲自陪同我到梅山矿区访问，参观了采、选、烧、球团焙烧各工序现场。大家干劲十足，令人钦佩。由于矿藏储量有限，品位不高，难以满足梅钢长远生产需要，今后有赖使用进口矿为主。

公司主要领导干部直接由上海市任命。他们欢迎我来梅钢参观学习，亲自接见，给予鼓励。我向他们反映，我校一位新近毕业分配来此工作的女同学，她爱人在上海工作，两地分居，请求调转，请领导考虑。不久领导在技术干部紧缺情况下，还是同意放行。领导们对青年同志的爱护和关切，深表感谢。

2.1.4.2　讲学

改革开放以来我和梅钢结下深厚的友谊。我多次到马钢工作，来回南京路过梅山。每次路过梅钢就邀我讲学，受到公司领导和同志们的热情接待。

公司钢研所、科协、炼铁厂等为我在炼铁厂、公司组织技术讲座。每次讲课技术科的几位女同志，兴高采烈，来回奔波，忙于通知。炼铁厂领导李永祥、宗序康等亲临讲堂主持。

我以高效、低耗、优质、长寿为主旋律，首先介绍国内外炼铁、烧结技术的新进步；然后讲解炼铁精料、新理论、新工艺（采用新技术）、优化操作、管理等。结合现场条件，进行专题讲座。包括：高风温、高富氧、高喷吹（煤粉）；煤粉燃烧机理和混煤喷吹，我国高炉强化冶炼的过程；高炉上下部调节的重要环节；钒钛矿护炉和高炉长寿技术等，反响强烈，受到热烈欢迎。

课后，组织讨论、交流、答疑，畅所欲言，热情高涨。期望梅钢炼铁在先进的基础上，再创辉煌。

2.1.4.3　研讨与创新

随着上钢一厂扩建成750m^3、2500m^3高炉及宝钢生产的发展，上海地区缺铁炼钢问题已趋缓和，不用梅山的铁块了。这样，梅山生产的铁水可就地全部直接炼钢，既节约了铁路运费，同时节省了大量炼钢熔化铁块的焦炭，符合冶炼要求也是盼望和追求的。过去化铁炼钢是权宜之计，国内天铁等已实行全部铁水直接炼钢。由此给梅山钢铁独立自主，快速发展创造了有利条件。

炼铁不断技术创新

1970 年高炉投产 15 年以来，认真重点执行高效、低耗、优质等成熟技术，获得显著成效。热风炉实现空气和煤气双预热以及使用陶瓷燃烧器后，风温迅速可提高到 1100℃以上；高炉喷煤工艺进行技术改造，2 号高炉（$1250m^3$）喷煤通过工业测试，验证了 $1000m^3$ 大型高炉可以在 200m 左右长距离内取消煤粉输送与收集系统的可能性。实现煤粉制备与喷吹合并在一起直接向高炉喷吹煤粉，整个喷吹系统可节约总投资 20%左右。高炉喷煤利用河南焦作洗精煤，喷煤比提高到 70~80kg/t 以上，参加高炉喷煤座谈会，对进一步提高煤比进行讨论。我提出提高喷煤比要注意合理性，现条件下最高喷煤比不应超过 200kg/t，否则会带来负面效果，当前喷煤主方向应是混煤喷吹，讲求效益，得到共识。

炼铁厂高炉操作强调各项制度的稳定性，是维持高炉顺行的关键，高炉喷煤容易发展边缘气流，因此控制适宜边缘气流是提高煤气利用和高炉长期稳定的有效措施。

钒钛物料护炉很有成效

高炉四年多维护炉缸的实践表明，在炉役后期，当炉缸侵蚀严重、热流强度较高时，由于坚持添加钒钛物料，并辅之以与其配套的维护炉缸的相关技术措施，在高炉安全运行的情况下，维持了较高的生产水平，做到不减产或少减产，在精心维护炉缸的前提下，达到高炉长寿。开炉 4 年后使用钒钛物料护炉，炉役后期 TiO_2 加入量维持在 10kg/t，使渣中 $TiO_2>1.6\%$，铁水含 Ti 控制在 0.18%水平。

梅山高炉台上备有喷吹钒钛物料装置，定期由压缩空气连通喷吹管通过风口，将钒钛物料喷入炉缸四周壁墙和炉中心，效果比物料直接从炉顶装入要好，而且使用灵活，可以喷向任一方，我初次见到该设备和操作，很感兴趣，梅山同志的创新精神，令人钦佩，值得很好学习。

高炉强化进行长寿技术的研究

2 号高炉第二代（1986 年 12 月~1997 年 9 月）使用普通黏土砖、碳砖，冷却设备为低廉的钢铁制品的条件下，实现了一代炉龄 8 年不中修，单位炉容产铁量大于 $5000t/m^3$ 的长寿目标。在现役阶段坚持长寿与效益相结合，对高炉长寿提出更高目标。

通过三代高炉实践，试验研究，积累了高炉长寿的一些经验，主要有以下几方面：

（1）冷却设备改进。钢板冲压焊接水箱，U 型管冷却件，炭捣冷却壁等使用 10 年损坏率较少。高炉采用炉身板壁结合的冷却结构具有冷却壁覆盖炉壳面积大，冷却面相对均匀，易形成规则炉型，水箱损坏后，可更换再生，维护方便等优点。

（2）炉缸、炉底及材质的改进。第三代高炉（1995 年至今）炉缸采用陶瓷杯技术，炉缸壁为微孔碳砖环砌加陶瓷杯，炉底为微孔碳砖加陶瓷杯，死铁层加深，炉缸、炉底状况一直良好。

坚持使用普通黏土砖，炉身衬砖可减薄，炉缸区域，耐火材质是关键。

（3）高炉操作维护。控制适宜的热负荷，第二代、第三代高炉炉腹、炉腰炭捣冷却壁控制在 6500MJ/h，炉身板壁结合冷却初期控制在 4500MJ/h，随后控制在 7000MJ/h。适当抑制边缘煤气流，保持炉况顺行，有利长寿，控制煤气流分布是控制热负荷的主要手段，原燃料条件的改善为控制边缘气流提供有力保证。

坚持长期使用钒钛物料护炉，是护炉重要环节。

高炉长寿是系统工程，设计、施工与高炉操作要相互补充，才能实现高炉长寿与总体效益的最佳化。

梅山高炉采用炉身板壁结合冷却结构，炉缸应用法国陶瓷杯，有望高炉寿命超过 12 年。

2.1.4.4　参加会议

参加高炉长寿技术研讨会

1994 年 10 月 14~16 日，中国金属学会与冶金部在南京上海冶金公司梅山宾馆召开高炉长寿技术研讨会，到会的有全国有关钢铁企业、冶金院所、高等院校 30 余单位 100 多人。东北大学王文忠、李永镇、秦凤久老师参加。我作为特邀专家与会。会上周传典副部长讲话，阐述研讨高炉长寿技术的迫切意义，勉励大家攻坚克难，技术创新，为攀上高炉长寿技术新台阶努力奋斗。梅山冶金公司在大会上介绍坚持钒钛物料护炉以及采用炉身板壁结合的冷却形式等长寿经验。会议宣读长寿冷却设备、耐火材料、炉体结构、操作维护等论文 30 余篇，进行技术交流和讨论，明确了方向，增强了信心，受益匪浅。

会后参观了梅山高炉现场。

梅山公司副总经理李永祥与攀钢王喜庆总工等全体与会东北大学校友，在公司门前留影，共叙师生情谊，相依惜别。

次日集体到中华门外参观雨花台烈士陵园和烈士纪念馆。许多革命烈士在此惨遭杀害，他们为共产主义事业献出宝贵年轻的性命。缅怀先烈，革命烈士永垂不朽。

然后到南京文化摇篮十里秦淮的中心地段-夫子庙参观游览。这里本是祭祀文圣孔子圣地，旧时成为社会中污秽汇聚的地方。解放后，扫除旧社会的污泥浊水，夫子庙成为文化娱乐、休闲和风味餐厅的场所。庙两侧有东西二市场，各种饮食店就有数十家。会议安排代表就近秦淮饭店便餐，品尝风味小吃。

夫子庙坐北朝南，面临水面如镜的秦淮河，河面不宽，河水灰浊，岸边房屋夹河而立，金粉楼台，相隔相连，晚上华灯如画，河面画舫泛起，灯红酒绿，歌舞升平。秦淮画舫近来又出现在十里秦淮，是新开辟的秦淮风光旅游胜地，恢复了传统的秦淮特色。不远处的乌衣巷是旧时豪门贵族聚居之地，如今已是寻常百姓人家。对面钞库街，临河一座小院就是明末清初“秦淮八艳”之一，江南名妓李香君故居。

午后到水西门外，游览了莫愁湖。相传南齐时洛阳少女莫愁远嫁金陵，居此湖滨，因而得名。公园面积很大，莫愁少女塑像立在其中，湖面广阔，湖水澄碧，湖畔垂柳摇荡，树木葱郁，绿草如茵，繁花如锦，湖光山色，美不胜收。

参加高炉喷煤技术交流会

2001 年 12 月 11 日，应中国冶金设备南京公司高炉喷煤技术工程公司邀请到南京东郊宾馆参加全国高炉喷煤技术交流会。梅山、南钢均派人参加。期间再访梅钢。其 3 座 1250m^3 高炉生产正旺，生机勃勃。高炉主要技术经济指标仍保持较高优势，利用系数平均为 2.0~2.2t/(m^3·d)，入炉焦比为 390~400kg/t，矿石品位提高到 59%，喷煤比为 100kg/t 左右，富氧率为 0.5%~1.25%，风温平均在 1100℃以上，全国领先，厂区环境干净、清洁，生产面貌有了很大变化，正在筹建更大高炉，向近代化生产奋勇前进。

会议结束，主人组织到扬州参观游览。我 1985 年参加镇江华东炼铁信息网会议到过扬州。这次游览瘦西湖，它是扬州风景的标志，因湖身狭长曲折，湖上风景比杭州西湖，别具清瘦秀丽，得名瘦西湖。进大门长堤春柳，卧波桥横跨湖面，造型优美，过桥进入最佳风景区——小金山，四面环水，矗立湖心，有堤深入湖中，堤尽头建有方亭，三面开有洞门，每门各嵌一景，五亭桥横束瘦西湖之腰，造型典雅清高，桥上建有五亭，中心亭高大，亭间以廊相连，泛舟穿游桥下，景色十分奇妙。瘦西湖清瘦恬静，漫步湖畔令人心平神爽。

重建的二十四桥景区就在湖近处，它由玲珑花界、静花书屋、熙春台等景点组成，具有传奇浪漫色彩。

游览了扬州园林风景个园，它坐落在古城北边幽静的东关街，在院内种竹，因竹叶形似个字，故取名个园。个园以石叠假山为主，并以楼、台、亭、阁为之点缀，具有小巧特色的园，吸引游人。漫步游园一周，创意新颖，勾人情趣，令人陶醉，流连忘返。

次日参观南京市旧总统府孙中山临时大总统办公室及中山陵等，然后回

沈阳。

在整个梅山期间，得到公司各级领导和同志们的亲切接待，特别受到朱昌国夫妇盛情款待和关怀。我每次出差上海，朱昌国事先电话通知梅山驻沪办事处窦惠生主任，请窦主任尽力在办事处照顾和安排好我在上海的食宿和交通问题，待我如梅山的贵宾。窦主任甚至在办事处紧张住房的条件下，有时把梅山领导出差来沪的铺位让我住，实在令人感动，难以忘怀。

2.2　在江苏省的学术活动

2.2.1　我与南钢

南钢坐落南京长江北岸大场区，我国地方骨干钢铁企业，江苏重点钢铁生产基地。1959年7月2号高炉（255m^3）始建投产。

炼铁厂老厂（一铁）原有300m^{3}高炉3座，2006年扩建为3×350m^3，3×300m^3，同年新厂新建2000m^3、2500m^{3}各一座。2018年全公司拥有高炉：一铁厂2×2000m^3，1×2550m^3、二铁厂2×1800m^{3}共5座。

2.2.1.1　*初访南钢*

“文革”后我首次到南钢参观国外进口整套、轻型的链篦机-回转窑装置，为有色金属矿分离服务，也可生产直接还原铁、金属化或氧化球团等，后被拆迁。

不久我乘梅山讲学之便，访问南钢，由东工校友总厂科技处朱国定工程师热情接待，并陪同我参观全厂各工序现场。炼铁厂300m^{3}高炉和烧结厂24m^{2}烧结机在生产，因受条件的限制，总体生产水平不高，高炉利用系数为1.5t/(m^3·d)，入炉焦比为600kg/t以上，风温为800℃左右，矿石品位为53%，原燃料质量差，供应不足。凭攻坚克难，迎头赶上。我向厂介绍了高炉、烧结的先进技术，受到欢迎。

在厂见到到烧结厂、冶金研究所工作的东工炼铁毕业生魏慕东和刘震二人，师生相见，倍感亲切。刘震擅长书画，送我郑板桥“难得糊涂”横书一幅，永存留念。

几年来，南钢高炉利用系数从1990~1991年的1.9t/(m^3·d)，提高到1994~1995年的2.3t/(m^3·d)，1996年已迈向2.4t/(m^3·d)。生产有了较大进步，但和先进相比，尚有较大差距。

要根本改善原料的供应和质量问题，1989年矿石品位和熟料率分别为53%和76%，有待进一步提高，烧结矿的质量与数量波动较大，主要是小于30mm占30%和二元碱度的波动，与冶炼强度提高，存在较大矛盾。随着市场上煤焦资源的紧张，南钢的自产焦和外购焦质量出现了大幅下滑，高炉炉况不顺，采取了一些特殊措施，高炉产铁增加，但焦比上升，煤比下降，需要进一步降低成本和取得良好的经济指标，焦炭质量的改善是迫切的。

高炉设备状况不好，1996上半年高炉休风频繁，文氏管喉口粘结，大钟大料斗磨穿，小钟开关困难，热风围管、煤气管道开裂，冷却壁漏水等对高炉生产影响很大。

高炉寿命不长，单位炉容产铁量为1395.5t/m^{3}和4101t/m^3，按冶金部高炉长寿标准5000t/m^{3}有较大差距，和一代炉役8年不中修差距更大。

2.2.1.2　新技术讲座

在炼铁厂讲学

20世纪90年代中期，原南钢炼铁厂长秦勇（副总经理）邀我讲学，受到现任炼铁厂长曹云平、副厂长张六喜等热情接待，安排在南钢宾馆住。他们为我组织技术讲座。根据要求，分几讲：

（1）追求精料，狠抓原燃料质量和管理不放松，组成以烧结、球团为主，配加少量生矿的合理炉料结构，强化改善高碱度烧结矿生产；（2）采用成熟的高炉新技术，坚持用高风温不轻易降低，高炉在较低富氧率下，实施混煤喷吹等，把喷煤比提到合理的较高水平；（3）加强高炉操作，掌握上下部调节，控制炉内合理的煤气流分布，以“上稳”“下活”维持炉况稳定顺行；（4）高炉大型化，南钢建设2000~2500m^{3}高炉完全正确和必要的。讲课受到热烈欢迎，张副厂长还组织高炉操作答疑，群情热烈，兴趣盎然。

在烧结厂讲学

到第一烧结厂参观讲学，厂长魏慕东亲自陪同和主持。烧结厂4台烧结机（2×39m^2，2×24m^2）在生产，供应炼铁厂矿料70%以上。由于烧结设备陈旧老化，新技术难以应用，直接影响烧结产量和质量。此外烧结建筑破旧，环境污染严重，已不能满足和适应当前烧结生产需求，我在课堂上介绍国内外烧结发展概况，正向大型化、自动化、机械化，采用新技术方向迈进。建议旧烧结厂全面改造，淘汰落后，拆旧更新，改善环保，刻不容缓，反响强烈受到公司领导高度重视。

南钢待我如亲人，魏慕东厂长请我到他家做客，畅谈师生情谊，尊师重道，很受感动。假日，炼铁厂派人陪我就近参观长江大桥，雄伟壮观，独立创新，值得骄傲。浦口新区正在建设，东站、码头也在改造，一片繁荣。参观南京市容，观赏玄武湖、鼓楼、中山公园等美丽景色，到新街口闹区中心便餐、逛商场，尽兴而归。

2.2.1.3　再访南钢

21世纪初我再次访问南钢。南钢近年建了5座3000m^{3}级高炉。以精料为中

心的炼铁工作方针，通过提高原燃料质量，优化炉料结构，加强炼铁系统技措和协调管理，高炉主要技术经济指标取得明显进步。2002年1~3月：利用系数为3.293t/(m^3·d)，综合焦比为495kg/t，矿石品位为60%~61%，风温为1063℃，煤比为132.36kg/t，富氧率为1.82%。主要技措有以下两方面：

一是贯彻精料方针：

结合南钢条件，把提高烧结矿品位和降低焦炭灰分作为精料工作的突破。

（1）加强管理。严格原料来源，验收；改造原料场，南钢无固定原料基地，吃百家饭，成分波动大，将原贮料能力10万~15万吨的储料场，改造成40万吨以上，配有堆料机和取料机，进行混匀配料，平铺截取，保证烧结混匀料比例80%以上。

（2）通过烧结抽风机扩容、台车加宽，混合系统改造，提高造球强度和烧结产量，增加高铁精矿配比提高烧结品位，降低FeO含量。

（3）扩大球团矿生产，提高品位，2000年新增8m^{2}竖炉投产，产量翻番，高炉球团矿配比达27%左右，球团配用含Fe 66%~68%的进口铁精矿，品位达64.5%。

（4）提高焦炭质量。停用高灰分、高硫肥煤和瘦煤，减少气煤用量增加1/3焦煤和低硫肥煤，降低焦炭灰分和硫量，M_{40}稳定在79%，CRI 23%左右，CSR 65%以上，满足强化冶炼需要，外来焦炭性能不稳定，影响焦炭质量的提高。

（5）优化炉料结构。高炉合理炉料结构同样遵循高碱度烧结矿配加酸性球团矿，熟料率由92%提高到98%。

（6）加强筛分。烧结矿转运，粉末含量（<5mm）较多，槽下采用高效弹性振动筛，提高筛分效率，为进一步强化冶炼，创造条件。

二是优化高炉操作：

（1）运用大矿批、正分装技术。矿批从9t提高到12~14t，改善煤气利用率提高，炉顶煤气CO_2达到19%。

（2）进一步挖掘风温和风量潜力。

（3）实行高炉高效化，炉身、炉腹冷却壁整段更换为铸钢冷却壁，高寿命延长8年以上。

南钢高炉生产取得了一定成果，应该充分肯定。随着南钢新厂2000m^3、2500m^{3}高炉建成投产，炼铁出现崭新面貌，前程更加辉煌。老炼铁厂也将跟时代潮流，不断改造，走向近代化高炉生产的最前列。

2.2.1.4　参加全国炼铁信息网及华东炼铁技术交流会

1996年10月18日，冶金部炼铁信息网第八次、华东金属学会第五届炼铁技术交流会在南京华江饭店召开，我和南钢等单位同志参加。参加代表有100

余人，大会宣读多篇炼铁、原料技术的论文。宝钢、济钢等介绍了高炉生产经验。会议分组进行技术交流和讨论，大家对中小高炉积极改造，充满热情，愿为我国炼铁更大发展贡献力量，期间组织代表分别参观梅山、南钢炼铁厂。

南京是我国著名古城，巍巍钟山，龙盘虎踞石头城，会后代表们到中山门外紫金山风景区参观游览。我和马鞍山钢铁设计院肖昌豪等重游中山陵，逐级登上陵堂，两旁郁树苍松，庄严无比，气势磅礴。

走入陵堂大厅，墙上题写着孙中山建国大纲和遗嘱等内容。

我与付世敏、那树人等人游览了明孝陵。位于紫金山南麓，是明太祖朱元璋与皇后之墓。进入陵区，两旁一片苍翠，散发山林和野草的芳香，最前面的是下马坊，上刻“诸司官下马”字样。陵墓正门额上嵌着“明孝陵”青石匾牌一块。它不仅是一座巨大的皇陵，又是一组辉煌的宫殿群，同时也是一座皇家园林。太平天国抵抗清军保卫天京的战争就在钟山孝陵地区进行，明孝陵建筑遭到严重破坏。

次日游览了南京东北方向著名景区——栖霞山，山高林茂，远眺长江，美不胜收。在昆灵宝殿前与吴县钢铁厂领导，马鞍山钢铁设计院刘振斌以及邓守强等合影留念。事后我和那树人等到邻近长江燕子矶游览，江阔天空清爽无比。

会议结束，我和全国信息网本钢郝忠明代表等由南钢炼铁分厂王朝东带领陪同下到无锡太湖耐热铸造厂参观访问，了解新产品高炉风，渣口和冷却壁等制造过程，很受启发和感兴趣。

王朝东一家陪同我和付世敏、那树人等参观无锡影视拍摄基地三国城：甘露寺刘备招亲以及张飞长坂坡断桥等外布景，规模宏大，气壮山河，引人入胜。

然后到太湖游览；首先登上鼋头渚，是伸入太湖中的一个半岛，其形状酷似鼋头。园景依山傍水，层峦叠峰，湖岸曲折是太湖风景最佳之地。石路旁立一深褐色长形巨石，正面刻有“鼋头渚”三个鲜红大字，气势雄伟。从鼋头渚北岸码头乘船去三山公园，它是由湖中三个小岛组成，三山主峰高出水面约 50m，四面环水，既得天地造物之灵，又有人工点缀之美，山林中有放养的猴子，三五成群打闹嬉戏，常跟游人后面捡食。

宝界桥是架在蠡湖最窄处的一座长桥，长达 375m，为太湖一美景。过桥便到蠡园，三面临湖，进入园门迎面是假山，群峰峭立，盘旋多洞，颇为壮观。

相传春秋越国大夫范蠡曾泛舟五里湖，故将五里湖称为蠡湖，园因湖而得名。

研究生吴永来在宜兴市特种炉料厂（现江苏振球集团前身）工作。他爱人谢健也是东工钢冶毕业生。他俩多次邀我到宜兴讲学。闲暇时同游太湖美景，师生之情至深。

2.2.2 我与苏州等地区钢铁厂

2.2.2.1 苏州钢铁厂

炼铁现状及技术发展

苏州钢铁厂为江苏地方钢铁企业，全国知名小钢铁厂。苏州市重点企业。我多次到南京第二钢铁厂，丹阳、无锡、镇江、苏州、徐州等小高炉参观学习，其中苏钢最突出，印象很深，受益良多。

苏钢有 $84m^3$、$94m^3$ 高炉各两座，装备良好，坚持长期生产，自主创新，不断进行技术改造，高炉（$84m^3$）采用常压喷吹烟煤粉，全国不多，别具一格，走在前列；冲渣水循环利用，热风炉烟道装有余热回收热管式双预热和烟道回转式余热回收系统，很有生机，高炉炉腹、炉腰、炉身下部采用镶砖冷却壁，液压传动双链式空转定点布料器，耐热长寿热风阀等新开一面。

1989 年 $94m^3$ 高炉主要技术经济指标：利用系数为 2.105t/(m^3·d)，冶炼强度为 1.107t/(m^3·d)，入炉焦比为 558kg/t，喷煤比为 48kg/t，风温为 1080℃，矿石品位为 51.34%，熟料率为 90.45%，达到同类型高炉国内先进水平。

苏钢 1 号炉（$84m^3$）长期生产实践证明，采用合理的操作管理方法和通过技术改造达到合理的结构，是夺得高炉长期稳定顺行、高效、优质、低耗、长寿的有效途径。该高炉的长寿经验还表明，小型高炉一定要把经验操作与科学管理密切结合起来，实现高炉操作标准化。延长高炉一代寿命不中修达到 8 年以上，单位容积产铁量突破 6000t 是完全可能的。

苏钢非常重视技术培养，我每次到苏钢参观学习，厂领导李定聪要我给他们讲课，介绍高炉炼铁技术，满怀小高炉新生的强烈信念。1988 年 12 月在苏州吴县钢铁厂木渎镇举办技术培训班，邀请李马可，周取定和我讲解烧结、炼铁的新技术、新工艺，为期半月，受到欢迎。

游览苏州

苏州是一座园林城市，文化古城，景色秀丽，园林名胜星罗棋布，上有天堂，下有苏杭，尽人皆知。假日，苏钢同志陪同参观游览苏州名胜古迹，游览了几座园林：沧浪亭清幽淡雅，狮子林独特怪奇，拙政园显示出富丽堂皇，雍容华贵，更像是一座大观园式御花园。留园位于阊门外，建于清代，建筑结构精巧，丰富多彩，园内有 700m 的长廊，高低曲折，迂回于全园。一池广阔的碧水，由精美的曲桥与岸相连。湖旁建有绿荫亭等多座台阁可观看四季景色。拙政园、留园已列为全国重点文物保护单位。

虎丘位于阊门外山塘街，因立如蹲虎而得名，素有“吴中第一名胜”之美誉，虎丘塔雄立丘顶，由于地基的原因，塔已向西北方向倾斜，称为斜塔，形态更加优美。

寒山寺位于阊门外枫桥镇，是一处寻求诗境，抒情怀古地方。唐代高僧寒山留寺做住持，故名寒山寺。唐代诗人张继途径寒山寺，夜泊枫桥镇写下“枫桥夜泊”：“月落乌啼霜满天，江枫渔火对愁眠，姑苏城外寒山寺，夜半钟声到客船”诗韵钟声脍炙人口，远传海内外，寒山寺扬名天下。

苏州古城的历史风韵，将世代相传。

2.2.2.2 镇江钢铁厂

炼铁现状

20世纪继苏钢后，在无锡、常州、丹阳、镇江、溧水等苏南地区建设一批具有正规、标准的小高炉，兴旺一时。我到南京东70公里，京沪铁道干线南侧的镇江钢铁厂参观，有100m^{3}以下高炉一座，铁皮炉壳，料车卷扬斜桥上料，炉前铸铁块。矿石用的是杂矿、土烧结，外购小焦块，石灰石矿就在附近，生产条件较差。工人干劲足，日产生铁几十吨。我向厂介绍小高炉生产经验和努力方向，受到热情接待和欢迎。不久由于生产不景气，被迫停产。

参加炼铁情报网华东组技术交流会

1984年6月参加在镇江召开的全国炼铁信息网华东组炼铁技术交流会，华东中小地方钢铁企业代表与会，我见到了多年不见的北洋老学友，山东金属学会秘书长邬高扬同志，以及南钢刘震，济南铁厂王立波，山东烟台牟平铁厂王晓东等东工校友，倍感兴奋。苏钢等向大会介绍了中小高炉生产经验。我在会上做了国内外烧结、炼铁技术进步的报告。会议上代表们通过技术交流，互相学习，得益甚多，特别对中小高炉发展前景，充满信心。期间代表参观了镇江铁厂小高炉。该厂小高炉生产面临许多的困难。

会后代表们游览了镇江当地名胜古迹，首推三山一街，即金山、焦山、北固山和宋街。金山位于市区西北，高仅44m，因临江矗立颇显巍峨。寺庙位于金山西麓，通称金山寺，沿途台阶相接，殿宇参差，廊阁依山傍水，气象万千，寺景和山景交融。

金山尤以洞著称，特别是法海洞、白龙洞都与白蛇传传说中白娘子水漫金山的神话故事相关。金山顶峰，领略山光水色。康熙题写“江南一览”四个大字的石碑，竖立在山顶留云亭中。

宋街位于云台山北麓，长1km，是古代长江的重要渡口，漫步弯曲起伏的小街，古风犹存。

北固山位于城区东北，濒临长江，山势险固，因而得名。山高53m，峭立江边，崖陡林密，风景极佳，山上长廊铸刻有古代梁武帝书写的“天下第一江山”六个大字。

甘露寺建在北固山后峰，始建三国时期，清代重建，相传就是刘备招亲的地方，寺正门悬挂古甘露寺匾额，殿内近年新塑刘备招亲，成亲时几个场面的人物

造型，引人驻足。甘露寺后有一块大石，据记刘备和孙权在石上共商抗曹大计。

会议结束，代表们从镇江乘渡船登上大江北岸扬州参观。

扬州地处东西大动脉长江与大运河的交汇处。是古时全国水陆交通枢纽和闻名于世的繁华大都市。

扬州是古城，至今古貌犹存，全城小街小巷平均每平方公里近百条，街巷曲曲弯弯，徒步逛街穿巷，七拐八弯，容易迷失方向，甚是有趣。扬州在现代化建设中，注意保护和继承古城的传统风貌，新建楼房也是具有古色古香的风格。古外协调具有扬州独特风貌街景。

扬州古迹甚多，其中以瘦西湖最为著称。

代表们游览了市北蜀岗的大明寺。该寺清代更名法静寺，唐代鉴真和尚长期在此为住持。进入山门，拾级而上是大雄宝殿。中间供奉释伽牟尼，大殿两侧为十八罗汉。

大明寺西南的平山堂，宋代扬州太守大文学家欧阳修宴饮吟咏之所，后来成为游览胜地。堂内凭栏前眺、金山、焦山，北固山历历在目，滔滔之大江滚滚东流，令人心潮澎湃，

大明寺内大雄宝殿东侧，建有鉴真纪念堂。公元 8 世纪鉴真应邀东渡日本传佛，成为我国最早的对日文化交流的使者，在他逝世 120 周年时，大明寺为他建造纪念堂。堂内正中是鉴真的楠木塑像。

回到镇江与邬高扬、校友们相拥告别，希望后会有期，能再见！

离开镇江前看望镇江工学院教师徐家庆同学，不久前我们曾共同参加攀钢高炉大料批、分装的冶炼试验，互致问候，祝事业有成。

2.2.2.3　徐州钢铁厂

20 世纪 80 年代，我参观徐州钢铁总厂，受到厂领导和东北工学院炼铁毕业生高荣玉等热情接待。从徐州乘汽车东行约一小时即到达徐州钢铁总厂。厂区位于铁道干线双侧，占地为苏北重要地方钢铁生产基地。

厂区有 2×59（67）m^3、4×100m^3 高炉共 6 座，技术装备良好：考贝式热风炉，烟气余热利用，槽下皮带运料，振动筛分，双钟，料车斜桥上料，炉前铸铁机铸铁，冲水渣等。矿料主要是机烧烧结矿，矿石品位为 54.5%，熟料率为 86% 以上，风温为 807℃，最高为 1007℃（100m^3 高炉）。1989 年高炉利用系数、焦比、大高炉和小高炉分别为 1.954t/(m^3·d)、1.887t/(m^3·d)、554kg/t、565kg/t。焦炭质量较好：灰分 12%，S 0.5%，M_{25} 90.17%，M_{10} 7.15%，高炉生产秩序井然，生机勃勃。运输车辆来回奔忙，工作繁多。

我向徐州钢铁厂介绍国内外烧结、炼铁技术进步概况以及小高炉生产经验，建议进一步搞好精料，改善机械化作业，加强环保，适当扩大炉容等，受到热烈欢迎和领导重视。

徐州市是我国文化名域，苏北铁路、公路枢纽，军事重镇，历来为兵家必争之地，著名的淮海战役以此为中心。

我住徐州宾馆。宾馆门前一条大街，两旁高楼林立，商贸兴盛，车来人往，呈现现代城市面貌。我参观了淮海战役纪念馆。纪念馆展示辉煌战果与胜利纪实，向杰出英勇的元帅、将军、战士们致以崇高敬礼。馆内陈列缴获的国民党美式武器，令人欢欣。

2.3　在浙江省的学术活动

2.3.1　我与杭钢

杭钢原名杭州钢铁厂，创建于 1958 年，我国地方骨干企业，浙江省钢铁生产重要基地。地处市郊半山，按杭州旅游城市环保等需求，其生产规模受一定约束。

炼铁厂自始至今拥有高炉 3 座，逐步扩容到 $3\times255m^3$；七五期间扩容到 $2\times255m^3$，$1\times342m^3$；2002 年扩容到 $1\times450m^3$、$1\times342m^3$、$1\times302m^3$；2009 年扩容到 $1\times1250m^3$、$1\times750m^3$、$1\times520m^3$；目前（2015 年）全厂拥有大高炉 $1\times1250m^3$、$2\times750m^3$ 3 座及 3 台烧结机。

2.3.1.1　与杭钢炼铁之缘

长期以来我和杭钢结下不解之缘。我大哥在浙大农学院教书，我爱人是杭州人，每逢回杭探亲，总要到杭钢参观，讲学，习以为常。1958 年，首次到杭钢，厂党委张书记带我参观现场并介绍建设等情况，记忆犹新。

20 世纪 80 年代到杭钢讲课，高炉生产进步较快，1989 年主要技术经济指标利用系数达 $1.9t/(m^3\cdot d)$ 以上，焦比下降到 550～570kg/t，居全国同类型高炉先进水平。

高炉使用部分自产球团和烧结矿，熟料率为 77%，在秦洪来高工等主持下 $8m^2$ 竖炉上创造用膨润土取代消石灰做黏结剂，以高炉煤气为燃料等焙烧球团矿，获得冶金部 1982 年重要冶金科技成果一等奖；并在 $24m^2$ 等烧结机采取烧结熔剂燃料自动配料，加长混料机，改变倾角以及降低主机漏风率等措施，改善烧结质量和稳定生产。

此外采用无料钟，高压操作（80～120kPa），热风炉利用烟道废气预热助燃空气等，冶炼低硅铁，喷煤等一系列先进技术，有力提高生产水平。

生技科许鸿钧陪同到绍兴钢铁厂参观访问，受到东工校友郑濂副厂长热情接待。高炉（$143m^3$）冶炼锰铁，焦比达 1.6kg/t 左右，与新余钢铁厂同步，情况良好。返程顺道访问鲁迅故居，向著名作家致敬。

2.3.1.2 参加煤粉浓相输送技术验收会

1989年6月12日，我参加冶金部召开杭钢高炉喷煤浓相输送技术开发项目验收会。与会专家有徐矩良、宋阳升以及包钢王振山等。

杭钢和北京钢铁研究院合作，进行喷煤浓相输送技术试验。用少量的压缩空气和氮气输送较多煤粉防止或处理管道堵塞，达到节能，提高喷吹能力的目的，现场试验，取得成功和良好效果。该项目赞同验收推广应用。

2.3.1.3 厂校协作

喜看改革开放

1998年到杭钢，和炼铁厂孙红军厂长、技术副厂长周生琦等商讨厂校科技协作等事宜。他们建议我去看看浙江沿海改革开放的温州市，那里曾是我1945年9月至1946年6月英士大学读书的地方。11月5日由炼铁厂工程师陈尚达陪同我和爱人乘厂车前往。沿途游览了“大龙鳅”“天外飞来”“瀑布”等著名雁荡山奇景，在朝阳山庄小住，第二天到达温州。过瓯江大桥，进入市区，面目一新。新建火车站出现在眼前，住温州饭店。昔日温州市中心带五马路商场，戏院犹在，新修缮的商铺林立，琳琅满目，宽阔的马路，车水马龙，行人如织，热闹非凡。港口码头一片繁忙，原三角门外就读的英大工学院旧址荡然无存，原城区皮革厂放出的恶气也闻不到了，取而代之是成片高楼和商店以及整洁、新修的柏油马路。一座现代化新型城市正在兴起，令人惊喜。

我游览了温州市区中心花园，鲜花怒放，象征着城市的兴旺。乘渡轮，登上瓯江江心岛，游览高层白塔和江心寺，两处遥相对立，环抱青山绿水，景色迷人，回到岸边，远眺江心岛，郁郁葱葱，塔寺相映，一片春色，堪称温州一美景。

第三天返程路过天台山，住天台宾馆。巍巍高山，清静宜人。游览了著名隋代古刹国清寺，历史悠久，佛教圣地。大门两旁二尊铜狮蹲守侍候，气势雄伟，大门额贴有“国清寺”黑字横匾，其下有“结五洲友聚四海”红色大字横幅高挂。寺内广阔，规模宏大，僧人较多，颂经拜佛修行。寺外有古方广寺，常有拜佛、道场讲经等活动。

距宾馆不远处崖谷中有一石梁横跨两座山，梁上行人，梁下瀑布直泻谷底，蔚为奇观。石梁起端竖立有“一行到此水西流”的石碑一块，得到游客们的称赞。

11月7日晚我回到杭钢。

同年12月上旬，杭钢常务副总经理兼总工程师何光辉邀我做一次炼铁科技进步和新技术应用的专题报告。公司主要领导也到场听课，反响热烈。会后何总在杭钢招待所设便宴招待，并邀请浙江冶金总公司田永焕副经理以及公司技术处处长林宪，炼铁厂周副厂长陪同。席间提出厂、学、研结合对技术进步的重要性。我和田经理多年不见，师生想念之情溢于言表，向他及一起分配到杭州浙冶所韩恒余同学为浙江冶金发展做出的贡献深表敬意。

开展布料试验

1998 年炼铁厂周厂长在厂会议室召开讨论与东大技术协作会议，公司技术处林处长等和有关人员均与会。我在会上介绍了近几年学校与攀钢、酒钢等科技合作，对高炉无钟炉顶布料以及富氧大喷煤等进行的试验研究，以及取得的良好效果。建议杭钢也可开展这些工作。试验过程不影响生产，投资少，见效有望，促进高炉稳定顺行，改善煤气利用，增产节焦。大家很感兴趣，林处长等积极支持与东大协作，同意签订高炉炉顶布料和富氧大喷煤等试验项目合同。东大负责提供技术资料并参与高炉现场试验。

1999 年我们在实验室，结合杭钢条件，进行高炉无钟炉顶模型试验。获得布料相关数据，提交杭钢参考。同年到杭钢参加 2 号炉（$350m^3$）无钟炉顶布料试验。我向炉长罗明华介绍布料模型调节的合理参数，控制好布料环数、溜槽倾角、矿焦角差、批重大小、转数以及装料顺序，力求料面呈平台一漏斗状。考虑到高炉炉喉直径仅 4.2m，先进行单环布料，同装和分装并举，以分装为主。

在炉长带领下，全炉职工，努力奋斗，经过反复探索和试验，采用单环正分装综合装料制度，溜槽倾角 31°~32°，矿焦角差 $\alpha_1-\alpha_2=0°\sim3°$，矿焦批重分别是 10t、2.4~3.0t，高炉稳定顺行，煤气 CO_2 提高 0.8%，初见成效。结合采用精料，合理炉料结构以及高风温、喷煤等先进技术，高炉利用系数高达 3.0~3.3t/(m^3·d)，入炉焦比下降到 378~390kg/t，全厂领先。

富氧大喷煤试验研究

21 世纪初，我参加杭钢高炉富氧大喷煤的试验研究。使用部分南非球团（TFe 66%），熟料率 100%，入炉矿石品位 60%，渣铁比 245~250kg/t。焦炭灰分 12.24%，M_{25} 89.95%，此外，采用较高风温（1079℃）、高顶压（115kPa）、高富氧率（0.8%~2.22%），以及煤粉浓相输送等一系列技术，高炉喷煤比达 120~150kg/t。

为了进一步提高高炉喷煤效率，提出：（1）随着喷煤比的增加，煤粉置换比不断下降，燃料比升高，经济效益变差。喷煤比控制在 200kg/t 以内，一般不超过 180kg/t；（2）适当放宽煤粉粒度，降低 75μm 细磨度，有利节能、提高磨煤能力；（3）高炉喷吹煤粉发展边缘气流，运用上下部调节，保持合理煤气流分布；（4）采用耐热喷枪或氧煤枪，开展双枪喷吹试验。

3 号炉（$302m^3$）采用耐热不锈钢喷煤枪，枪头直径为 40mm，伸长为

50mm，弯为6°，下倾为12°。在铁口上方3号、14号二风口，分别把外径22mm、厚3.5mm两支喷枪左右倾斜插入各自直吹管中。进行双煤枪喷吹试验，结果表明，喷煤量每小时增加了约1.5t，即由原12~13t/h提高到14t/h左右。煤粉燃烧良好，初见成效，以后将扩展试验。

2002年4月16日，炼铁厂陈尚达陪同我，由钟师傅开车前往浙江淳安千岛湖游览。途中观赏了浦江仙华山风景区，以峰奇谷秀著称。主景区仙华峰林，山顶起峰，耸峭壁立，群峰如旌旗，著名的一指峰、情侣岩、仙华雪景等历来有“第一仙峰”之誉，最高少女峰海拔728m，此外还有笑口常开，绿毛石猴等奇景，不胜赞叹。山地植皮良好，物种丰富，气温凉爽，登台阶，入山门。迎面为昭灵宫，饱览群峰奇景、大树、古庙、山地相互掩映，不愧命名为仙华山。

离开仙华山，参观浦江及“江南第一家”郑义门古建筑群。古朴典雅，古柏苍劲。郑氏宗祠门牌“三朝旌表恩荣第”挂立一旁，门前高挂一对红色灯笼，入内东明书院、孝感泉、建文井等古物遗存，构成独具特色的中国古代家族文化风景线。

然后主人陪同我前往全国知名影视基地东阳横店参观。路过义乌火车站，是我在金华中学读初中时必经之地。如今面目一新，四周高楼林立，广阔站前广场，旅客络绎不绝，热闹繁华。邻近就是国内外知名的义乌小商品生产基地，贸易兴旺，通往东阳城区改建的东江桥已难辨认。东阳是我家乡，生机勃勃，发生翻天覆地的变化。我们顺利到达目的地。横店是东阳南乡的一个镇，依山傍水，环境优美，经过多年建设，已成为我国影视拍摄中心之一。兴建诸多影视建筑和内外景拍摄场所。游览新建的秦王宫等，风景如画。很多影视片是从这里生产的。我老家在县城江北，距此仅几十华里，由于行色仓促，不便单独行动，等待以后再去，辜负老家父老乡亲们，深感内疚和思念。

次日告别家乡前往千岛湖游览，乘游船观光湖光山色，群岛散立，各岛争艳，堪为天下奇观。岛上树木茂盛，草花如锦，可见到瀑布和天池。登上三潭岛，牛头铁面铸像，张大眼似迎游客。沿湖风景优美，多处岩壁刻有红色“千岛湖”字样。徒步登上千岛湖“羡山山”，景色迷人。湖与新安江相通。出口江水滔滔而下，直奔水库和发电站。

返程中，观赏富春江“严子陵钓台和碑园”“严子陵钓台天下第一观”等景点，一江春水向东流，令人赞叹不止。傍晚回到杭钢。

炼铁进步快

杭钢炼铁生产不断进步，2006年全厂高炉全扩容：1号扩容到422m^3，2号扩容到749m^3，3号扩容到521m^3。主要技术经济指标保持较高水平，除新投产的2号炉外，利用系数都在3.9t/(m^3·d)以上，喷煤比为145kg/t，富氧率约

1.5%，风温大于1050℃，3号炉达1125℃。熟料比为95%，炉料结构：烧结球团比例为6∶3或5∶4，由于受供矿的影响，矿石品位略降1%～2%，但焦比还是维持410kg/t。全厂生产稳定增长，形势看好，令人振奋。

期间，炼铁周厂长调任公司副经理，厂长由朱远星接替。

同年4月17日，炼铁厂陈尚达陪同我到浙南山区参观访问。当日抵达地区首府丽水。技术开发区高楼林立，一片繁荣。城内街道整洁，新楼频起，行人车流有序，昔日陈旧落后面貌，已焕然一新。铁路水运交通便利。丽水真正成为浙南中心城市，离市宾馆不远丽水中学原是我就读的省立处州中学。抗战时期为防敌机轰炸，学校撤迁乡村高溪等地，我不在此学习。光复后，学校回城原址复课，1956年改为现名。丽中是浙江重点高中，走在教改的最前列。

19日从丽水奔西南边城庆元县访问，沿龙泉溪经云和到龙泉。龙泉以产宝剑闻名，倚高山，傍江水，风景优美，为浙南山区咽喉，土产货物集散地。横跨大桥成交通要道。桥右边为龙泉农场，堂兄杜梅桂曾在此工作。1942年秋天，我住在他处报考省立处州中学高中部公费生，后被录取。桥左方为城市中心，各界人士来此云集避难，市场繁荣，商业茂盛。

通过庆元小梅五都，抵达庆元县城。过境就是福建松溪县。次日到城郊大济镇，参观访问1942年省立处州中学设立的临时分校旧址。1942年秋季我作为新生到此上学。住"名山福地"祠堂，在有红柱对联上下通廊的寺庙里上课。旧址至今都留存完好，触景生情。当年吃的是全红糙米饭，难以忘怀。11月当地鼠疫猖獗，被迫返回丽水高溪校本部。

我访问大济老乡，他们已记不清昔日处州中学，感谢他们当时对中学生的关爱。之后我游览了庆元市容。庆元市发展很快，人民安居乐业，努力奔向小康。

20日返程，绕行景宁，丛山峻岭，山高路险，上下盘旋，到举水乡。见几座桥，造型各异，美观入胜。周边岩松、绿树成荫，掩映优美的民族村落，风景特美。进入景宁县城，面貌一新。参观景宁民族经济开发区，大力发展山区经济，形势喜人。

从景宁经丽水碧湖，过江而到高溪镇，是我处州高中就读处，校舍已荡然无存。原教室、图书馆和操场旧址，楼房林立。山后建了水库。原来的校本部——三官堂（庙）已全拆除，大门左侧原校长办公室已改建三层楼房。右侧残留几间厢房疑似学生宿舍，已作木材加工场。原校大门牌已改为丽水市高溪水库管理处。门前溪水流过，对面溪边一棵老樟树还健在，十分欣喜。坐在树上，如见亲人，环顾四周，思念往昔，不胜感怀。与水库管理处雷培根主任交谈高溪变迁，正道人间是沧桑。再见了我想念的高溪！祝您发展更快！

晚间我到遂昌县城，次日经龙游、建德、桐庐、富阳直返杭钢。

2.3.2　参加浙江省内召开的学术会议

2.3.2.1　炼铁华东信息网舟山技术交流会

1998年10月26日，我参加全国炼铁信息网华东组负责人马鞍山钢铁设计院肖昌豪高工在浙江舟山市花山庄普陀区党校召开的华东第九次炼铁技术交流会。我在会上做了国内外炼铁生产现状和前景的报告，全国100多人参加，交流技术和经验。

会后，代表隔海游览我国四大佛教名山之一普陀山岛。普陀山岛有“海天佛国”“蓬莱仙境”之美誉，寺庙众多。普济寺，规模宏大正殿塑有高9m的观音塑像。登上法雨寺东的最高天灯塔一望，极目千里，佛顶山上的是慧济寺，是主殿不供观音而供奉佛像的唯一寺庙。山上高2.7m、长6m的蛋形的磐陀石，是观日和望海的好地方。我和爱人、肖昌豪、王丽华、黄金荣董事长等共赏“观音古洞”“普陀圣境”“海观音”“旃檀山林”等海天佛园美景。

会议结束，回程中，河南太行振动机械公司董事长黄金荣同我们到奉化溪口蒋介石故居参观，住天柱宾馆，通过溪口武岭大门，参观蒋介石妙香台别墅，以及蒋家故居和宋美龄卧室等。近处为雪窦寺风景区包括弥勒宝殿、天王殿、藏经楼和外景。别墅外有“千丈岩”等胜景。蒋母之墓在一旁，不远处就是当年张学良将军第一幽禁地（今中国旅行社），蒋对家乡建设颇用心。

2.3.2.2　浙大专家系统鉴定会

1999年10月29~30日，我参加在浙大欧阳楼（宾馆）召开的炼铁专家系统鉴定会。到会专家有中科院陈希孺院士、北京化冶所谢裕生和武钢奚兆元等。

浙大数学系刘祥官教授等与杭钢合作，开展高炉冶炼过程计算机优化控制系统研究。完善了杭钢高炉炼铁优化操作计算机系统的功能。与人工经验操作对比，利用系数提高0.1t/(m^3·d)，焦比下降10kg/t。1988年经浙大刘教授等建议和指导炼铁优化专家系统在济钢炼铁厂1号高炉上运行，取得明显成效。炼铁优化专家系统新科技落户高炉，将带动炼铁操作一次新革命。专家们对该项目给予充分肯定和好评。

会后与会者到杭州楼外楼著名餐馆用餐并游览了西湖美景。

2.3.2.3　中国金属学会炼铁杭州年会

2008年4月，我在杭州萧山区义桥镇东方文化园太虚湖假日酒店参加中国金属学会炼铁年会，王文忠老师、博士研究生李光森等同往。会上听取专题报告，与来自全国的同行，交流炼铁技术，收益良多。期间我和杭钢炼铁朱远星厂长亲切交谈，对杭钢炼铁不断取得进步表示赞扬，祝愿杭钢炼铁更加辉煌。

2.4　在安徽省的学术活动

2.4.1　我与马钢

马钢是我国重点钢铁企业，中国特大型钢铁企业之一。1942 年炼铁由华中铁矿公司兴建日产 20t 小高炉 10 座，以后炼铁分建 4 厂，一铁厂 1952 年始建 $71\sim79m^3$ 高炉，不久扩建 $1\times100m^3$、$5\times300m^3$ 高炉共 6 座，后改成 $420m^3$、$500m^3$ 高炉各 2 座。二铁厂建于“大跃进”时期，有 $255m^3$ 高炉 4 座，后各扩容为 $294m^3$。三铁厂有 $80m^3$ 高炉 4 座，被拆除，就地新建 $4000m^3$ 现代化高炉 2 座。四铁厂前身为一铁厂，1995 年正式成立，与一铁厂分列，建有高炉 $2\times2500m^3$、$2\times1000m^3$（$850m^3$）共 4 座，连同原被改造的二铁厂统称二铁厂。目前全公司三大炼铁厂拥有近代高炉 9 座，5 座小高炉已实行永久性停产。全公司拥有烧结机一烧 $4\times26m^2$、$1\times28.5m^2$；二烧 $3\times75m^2$；三烧 $1\times18m^2$、$1\times24m^2$；新改建几台大型烧结机。

2.4.1.1　访马钢一铁厂

参观和实习

1954 年，我首次访问马钢。抵马鞍山车站，四周交通不便，随带行李，雇人肩挑，步行数华里才到一炼铁厂。铁厂临靠长江南岸码头，周围临山。住山上公司招待所（交际处）与厂门遥遥相对，山下是生活区，景色宜人。受到公司李镜邨总工程师的热情欢迎和接待。忆当年我在石钢（首钢）高炉生产实习，他是工长（值班工程师），我们早已认识。向一铁厂报到，厂长曹洪礼陪同我参观炼铁车间。近处成排土高炉已停产，几座 $100m^3$ 和 $300m^3$ 的高炉在生产，秩序井然，高炉用料主要是机烧的烧结矿，生产指标居全国同类型高炉上游水平。

随后我参观烧结车间（一烧）。$26m^2$ 烧结机无冷却系统，生产热矿，难于筛分等处理，环保欠佳，有待改善。用机烧代替土烧是进步。

到长江岸边，我参观原料厂。原燃料水运到场，得天独厚。存取料大都用皮带运输，机械化作业。计划扩建较大规模混匀、堆取原料场。

不久我带学生来厂毕业实习。受到曹厂长热情安排，食宿在厂招待所。厂生产、技术科领导和侯海清、高士修等工程师，协助制订实习计划，分配岗位实习，顺利完成实习任务。全厂高炉生产条件较好。主要技术经济指标走在全国同类型高炉前列。9 号炉（$300m^3$）被评为全国红旗高炉。

我在厂讲授炼铁技术课，受欢迎和领导的称赞。钢研所李宗泌工程师等也来听课，与他们同生活，感情相融。公司技术处俄语翻译蒋慎修新从冶金部调来。苏联专家来厂工作，请我去协助翻译。我和他们包括一铁同志结成深厚友谊。

省内调研

受安徽省冶金厅委托，一铁曹厂长推荐我和副厂长李国成调研全省小高炉生产现状。一路随车路过合肥钢铁厂，参观 2×100m³、1×300m³ 高炉，然后到六安、金寨、安庆、铜陵、泾县、芜湖、滁县等小高炉考察。100m³ 以上的高炉，自力更生，具备生产条件。可继续生产。大部分 55m³ 以下高炉受原材料供应制约，加之技术力量薄弱、资金紧张等原因，处于停滞和半生产状态，需要整顿改进。部分生产条件艰难，经济效益差。特别是山区应停产整顿，调研结果和处理意见，上报省厅参考。

期间环行皖西和皖南，一路风光和山水，美不胜收。金寨是老革命根据地，出了新中国近百名将军。县城依靠梅山水库，青山绿水，人杰地灵，正努力奔向小康社会。

铜陵有色金属在全国占重要地位，我与其所属铁厂，进行技术交流，向他们介绍高炉生产技术和经验。我顺道往青阳县西南著名景区九华山一游。它是我国四大佛教名山之一。素有 99 峰之称。沿狭谷登上主峰十王峰，造型奇特，姿态万千，山顶北望长江，南望黄山，俯视九华山全景，欣赏莲花云海，桃崖瀑布等名景。广阔的清泉竹林间，掩映着 99 座寺庙，收藏众多佛教文物。晚宿九华街中心的化城寺，四周高山环抱，中间溪田纵横，被称为九华山第一丛林，名震东南，流连忘返。

离泾县西南小铁厂不远的云岭，是原新四军军部所在地。我参观叶挺、项英等工作处。震惊中外的皖南事变就在附近茂林等地区。周总理题字：本是同根生，相煎何太急。言犹在耳，惨痛历史教训，引以为诫。

调研的滁县铁厂所在地，古著名文人欧阳修曾任地方官，为百姓做了很多好事。

开门办学

1975 年夏我和秦凤久、朱伟勇老师带领 74 届炼铁学生到马钢开门办学，住原二铁厂培训招待所。学生边学习，边听老师和现场人员讲课。有的学生参加科研。

为了高炉喷吹重油（焦油），解决氧油雾化问题，当年和马钢钢研所协作，部分学生参加由蒋定中副所长领头，在一铁厂 9 号高炉（300m³）开展二次氧油雾化喷吹冶炼试验。取消喷枪外层水冷，采用氧气本身作为冷却剂，取得了明显效果：高炉增产 4%～4.8%，焦比下降 1.63%～10.25%，燃料比下降1.46%～3.2%，焦油相对量置换比提高到 1.20～1.26，同时允许加大喷油量到 90～140kg/t。该喷枪结构简单，安全可靠，操作维护方便，优化氧油雾化喷吹。由于油源中断，该成果未及推广。

马鞍山夏天，气温高达 40℃以上，汗流浃背，夜不成寐。我光膀仰躺一铁厂办工桌上。厂长专门为我在室内安装一台电风扇，彻夜转吹不停，度过酷暑，至今记忆犹新。

80 年代一铁厂生产由副厂长孙宝航主持。他热情给我介绍生产技术和管理的良好经验，并征求我对新技术应用等意见。他领导同志们群策群力拼搏，高炉生产取得长足进步。

一铁厂 5 座 300m^3 高炉，矿石品位为 51%~52%，熟料率在 90%左右，风温为 1020~1050℃，喷煤比为 90kg/t，利用系数为 2.2t/(m^3·d)，入炉焦比为 460~480kg/t，各项技术经济指标居全国同类型高炉先进水平。

高炉不断进行技术改造：开发新型复合内衬的直吹管，绝热性好，强度高；采用富氧鼓风，富氧率可到 3%，采用热管式空气、煤气双预热，7 号炉（100m^3）实行无富氧常规喷煤的合理制度，受重视。

2.4.1.2　二铁厂钒钛矿冶炼试验

马钢二铁厂临近马鞍山火车站，地区较优越，新建 4 座 255m^3 高炉。投产不久，适逢经济困难时期，生产仅 2~3 年，高炉先后封存，20 世纪 60 年代经济好转，生产逐步恢复正常。

1962 年承德钢铁厂高炉冶炼钒钛矿，因炉况顺行与生铁质量之间矛盾没有解决，生产没有过关，承钢赵克春和北京黑色冶金设计院董效迁二位高工求助于我校炼铁老专家靳树梁院长解难。厂校院所合作，先期在实验室研究基础上，1963 年 3 月我和王文忠老师会同协作单位到马钢二铁厂 2 号高炉（255m^3）承担承德钒钛精矿的工业实验，由马钢负全责。试验按渣中不同 TiO_2 含量 8%~10%，12.4%~14.7%，20%~24%，和基准期分 4 个阶段，先后历时 20 余天。结果表明，渣中 TiO_2 含量为 20%~25%，采用高碱度，较高炉温，精料，低渣量等可以基本保持炉况顺行，渣铁畅流，获得含硫合格含钒高的生铁。当渣中 TiO_2 含量为 15%~18%时，可更有成效，这给承钢钒钛矿冶炼带来生机。

几年来二铁厂高炉，开始第二代炉役生产，注重提高产量，改善质量，降低消耗，延长寿命，取得良好效果。高炉主要技术经济指标接近一铁，利用系数均在 2.1t/(m^3·d) 以上。

高炉技改较多，包括：开炉、烘炉，采用引风管，炉顶改用焦炉煤气点火，筛分改用电动振筛，1 号高炉富氧大喷煤，富氧率最高达 3.68%，煤比最高达 188.4kg/t，最高利用系数为 2.519t/(m^3·d)，最低焦比为 390kg/t，综合焦比为 492kg/t。

在二铁厂受到技术科邢克赣等热情接待和帮助，顺利完成任务。

2.4.1.3　讲学

马钢领导积极为我组织技术讲座。我从国外访问归来，先介绍国外钢铁技术

发展概况，然后重点讲解高、熟、净、匀、小精料方针，突出“净”字，筛除粉末，改善料柱透气性，直接有利提高冶炼强度，稳定顺行，改善煤气利用，促进生产率大幅度提高。因此炉料筛分是当前高炉冶炼强化的重要环节和有效措施，不能掉以轻心。我每次讲课强调，筛啊！筛啊！竟成为一些同行们的口头禅。

进一步降低焦炭灰分和含硫量以及提高冷强度等是有必要的。我在美国芝加哥东部参观相邻的美钢联和内陆两大钢铁公司，生产条件基本相同，但主要技术经济指标，美钢联高于内陆。研究表明两处，焦炭冷强度和化学成分无大差异，但高温性能却不同。焦炭反应性（CRI）和反应后强度（CSR），内陆比美钢联分别要高、要低。生产水平较低与此相关，因此对焦炭高温性能应有新要求，特别采用高喷煤和强化冶炼新技术等，尤为重要。

讲课受到热烈欢迎，课后河南新乡太行振动机械厂黄全利、黄金荣二位厂长找我，对我课堂讲的筛分听得很兴奋，很感动，他们表示一定要生产更好的振动筛为高炉生产服务。在招待所，经马鞍山钢铁设计院金昌顺高工介绍和他们相识相交，成为好友。

1988 年 11 月，马钢主管生产的经理邀我讲课，讲授高炉上下部调剂的重要环节。上部采用大料批、分装、多环布料等，稳定煤气流，下部调节鼓风动能，吹透炉缸，达到均匀、活跃、稳定。听众踊跃，反响强烈，受到公司领导热情关注和鼓励。

2.4.1.4　参建马钢大高炉

论证会

20 世纪 80 年代中期，我参加马钢发展规划和建设大高炉的论证会。马钢炼铁靠的是中小高炉发展成长的，生产总体水平国内同类型高炉居先，但受传统和条件限制对高炉大型化不敢越雷池一步，严重影响公司跨越式发展。公司李镜邨总工等领导多次提出建设大高炉设想和必要性的意见，但一直未能实现。改革开放以来形势逼人，马钢领导解放思想，奋发图强，谋大发展，迎着困难，果断决定建设 2000m^3 级大型高炉。这关系到马钢未来发展命运，将彻底改变马钢面貌，成为快速发展的里程碑。会上群情振奋，欢欣鼓舞，得到专家们一致支持和赞同。马钢人多年梦寐以求的理想和意愿终将实现，谱写马钢发展新篇章。

会后马钢组织专家们到公司黄山休养所休息参观，热情招待。

试验研究

马钢新 1 号 2500m^3 高炉始建于 1987 年 10 月，1994 年 4 月 25 日投产，为了新高炉生产，1997 年学校与马钢协作经公司副总蒋定中和科技处路锁顺副处长赞同和批准，进行“2500m^3 高炉无料钟炉顶布料实验研究”。我们在实验室按马钢高炉 1：9 比例缩小，串罐无钟，炉顶模型，测定不同的原、燃料粒度，矿焦比和节流阀开度的料流轨迹，找出合理的布料制度，建立下料轨迹的数学模型，供新高炉布料参考。

我们和钢研所的同志参加了新 1 号高炉装开炉料。对零和 1.5m 料线标高位置测定料流上碰撞点，得出料流轨迹以及各档位对应的溜槽倾角等，测试难度大，国内大高炉属少见。

1996 年校内高炉冷却水光磁处理研究课题取得良好效果，向马钢领导提出改善马钢高炉冷却水质量，提高冷却效果的试验课题，得到蒋副总和科技处领导的重视，协同给水厂同意立项研究，由于受设备条件等限制，中途被迫停试。

访钢研所

1992 年到马钢钢研所参观学习，受到所领导热情接待，各研究室尽力为新高炉投产服务，对原、燃料检验等都很到位。相互学习和交流，向他们介绍炼铁技术发展以及科研动向，很受欢迎。

假休日，钢研所同志陪同参观采石矶重修的太白楼，面貌一新。所领导还邀我重游黄山。乘缆车到后山，再登后山而上，四周群山耸立进入胜境。行至北海，住宿高山区旅游中心北海宾馆，北侧清凉台，北海风景区一览无余。北海西行，进入西海风景区，群峰矗立，峡谷幽深，怪石构成各样生动艺术造型，引人入胜。在岩壁上端铁护栏的链索上，挂有数以千计的铁锁，千态百样，游人以此表达自己的祝愿和对亲人的寄托。次日早晨赶往光明顶观看日出。随后从前山一路南行，过小一线天，莆团松，见送客松，抵山脚，出山门，乘车而归。

大高炉投产初期

马钢新 1 号 2500m^3 高炉投产初期，由于受到系统不配套，设备故障频繁，原燃料质量不稳定，操作技术不完善等问题的综合影响，生产一度在较低水平徘徊。1998 年以来，认真贯彻“精料入炉、精心操作、精细管理”的“三精”操作方针，不断提高内外精料操作技术管理水平。2001 年开始，各项技术经济指标不断提高，年利用系数达 2.31t/(m^3·d)，最高月平均达 2.61t/(m^3·d)，入炉焦比降到 312kg/t，跃居全国先进行列。

在新高炉生产困难之际，厂领导及时开会研究对策。我被邀参加研讨会，全厂职工毫不气馁，顽强拼搏，先后对不适应工艺生产的重点项目进行改造，同时加强技术培训。我介绍了一些大高炉作业的经验。1997 年起，基本扭转了生产被动的局面。

2001 年新 1 号高炉将易地大修，新 2 号 2500m^3 高炉在 2001 年 10 月 18 日破土动工，预计 2003 年 11 月投产。为解决马钢钢产大于铁的不平衡状态，在四铁厂再建一座新 3 号 850m^3 高炉，预计 2004 年投产。

全国炼铁会议

2002 年 6 月 26~28 日，中国金属学会在马钢召开全国炼铁生产技术会议暨炼铁年会，与会代表 400 多人，盛况空前。原冶金部和中国金属学会领导吴建常、翁宇庆、毕群、周传典等出席大会并讲话，对马钢跨越式发展成就倍加赞赏。一些单位的主要领导也参加了会议。马钢领导在会上介绍新建 2500m^3 高炉的过程和经验，改革开放，解放思想，奋发图强，推进了科学进步，促建大型高炉，冲破长期限制马钢发展的瓶颈，取得显著效果，历经艰难起步，攻坚克难，艰辛达标，掌握大型高炉操作新的飞跃，高炉生产实现了历史性突破。利用系数和焦比等指标均达到了国内同类型高炉先进水平，并为马钢发展大型钢铁联合企业奠定基础。

会议宣读全国炼铁系统有关技术论文多篇。与会代表相互技术交流，表示马钢巨大成就令人振奋和敬佩，要很好学习马钢同志敢想，敢干，敢于胜利，跨越式发展钢铁的奋斗精神。代表们对我国钢铁辉煌发展的明天充满了希望。

我和王文忠与会，住马钢宾馆西厢，新朋旧友相见，问候情长，倍感亲切。会上河南太行振动机械公司黄金荣董事长邀我去新乡参观新建厂房。我和张寿荣总工看望炼铁老专家马钢原总工李镜邨，向他为马钢做出杰出贡献致敬，并祝健康长寿。

长期来我和马钢同志们结下深厚友谊，受到公司总经理李宗泌，蒋定中副总，科技处路锁顺处长以及炼铁厂领导和同志们的热情支持和款待。李宗泌总经理看到我住在条件较差的马钢雨山招待所，立即派人接我去马钢宾馆住。我来回马钢，路过南京，蒋总及时通知南京新街口马钢办事处，悉心接待杜教授。办事处领导尽力为我安排好住宿和交通事宜，领导和同志们的亲切关怀，感念不已。

我也受到了马钢设计院梁茄、唐美娟、邹兴夫、宋佩娟，钢铁研究所李声眉、吴俐俊，以及邢克赣、侯海清、黄通海、王耀坤校友们的热情关照和帮助，记忆在心，不能忘记。

2.4.2　访马钢外单位

2.4.2.1　安徽工业大学

安徽工业大学原华东冶金学院，直属冶金部，后归安徽省，改现名。

1987 年 11 月马鞍山华东冶金学院邀我讲学，讲授炼铁原理及高炉新技术应用等，与老师们座谈、交流、讨论教学科研等工作。麋克勤教授等人陪同我游黄山。黄山是中国名山中的一颗明珠，从前山门登阶而上，一路上古松依山势而长，或苍劲挺拔，或盘曲倒挂，千姿百态，引人入胜。屹立在玉屏楼旁的千年古松“迎客松”成为黄山的象征和化身。

黄山泉水闻名，水质透明，山上瀑布倾泻而下，气势磅礴。黄山有七十二峰，其中天都峰是黄山第三高峰，奇险无比；莲花峰是黄山第一高峰，主峰突出，众峰簇拥，俨如一朵莲花；光明顶是黄山第二高峰，山顶有一块坦地，观赏四周美景，山风送爽，心旷神怡。在峰峦峭壁间，星罗棋布的怪石，竞相崛起，惟妙惟肖，生机盎然。黄山以“奇松、怪石、云海、温泉”构成奇美山景，被联合国教科文组织列为世界文化和自然双重遗产。我们夜宿山上宾馆，第二天后山北路返回。

1991 年 6 月 12 日，我被聘为华东冶金学院名誉教授，受到王端庆院长、冯安祖副院长等热情招待并商谈校际合作等。此后我与华东冶金学院交流更频繁，共同提高。

2002 年 6 月参加马钢全国炼铁会议后，到华东冶金学院看望原院长冯安祖夫妇等，共叙友情。

2. 4. 2. 2　马鞍山矿山研究院

我访问临近华东冶金学院的冶金部马鞍山矿山研究院。院长胡汝坤是我北洋同窗好友，介绍我参加共青团。他长期担任龙烟铁矿矿长。久逢知己，相见为晚，陪同参观选、烧等试验室，并盛情款待，情深意重，畅叙友情，临别相拥难舍。

2. 4. 2. 3　马鞍山钢铁设计研究院

冶金部直属五大钢铁设计院之一，主要承担马钢和华东地区钢铁厂设计任务。

我住雨山马钢第二招待所。招待所临近马鞍山钢铁设计研究院，到该院访问，受到副总张瑞，科技处于怀顺副处长，炼铁室李正烈副主任，金昌顺，以及技术情报室刘振斌，肖昌豪等高工热情接待。刘、肖二人又是全国炼铁情报网华东组负责人，来往更是密切。我和他们互通科技情报，介绍国内外炼铁动态。

他们大部是东北工学院炼铁毕业生，对老师格外尊重，有求必应，关怀备至。我向他们学习先进的设计理念，受益匪浅。休闲时他们陪同游览马鞍山雨山等景观，欢度假日，便时到家做客，相敬如宾。

2. 5　在江西省的学术活动

2. 5. 1　我与新钢

新余钢铁简称新钢，是我国地方骨干钢铁企业，普钢、特钢和铁合金兼有，军工和民用相结合的大型钢铁联合企业，江西省重点钢铁基地。

炼铁厂“七五”期间拥有高炉 $4\times300m^3$、$1\times36.59m^3$（试验炉）、$1\times600m^3$ 共 6 座，2003 年建有高炉 $2\times255m^3$（锰铁）、$2\times600m^3$、$1\times1050m^3$、$2\times300m^3$ 共 7 座，并配有烧结机 $2\times24m^2$、$1\times33m^2$、$1\times115m^2$ 共 4 台，$3m^2$ 球团竖炉 2 座。目前全公司拥有高炉：一铁厂 $2\times2500m^3$，二铁厂 $3\times1050m^3$、$1\times1400m^3$ 共 6 座，走在全国大高炉行列。

2.5.1.1　参加学术会议

炼铁信息网华东组技术交流会议

1988 年 5 月应邀参加全国炼铁信息网华东组在新钢召开的华东第四次炼铁技术交流会，共有 51 单位的 86 名代表参加。会议由华东组长单位，马鞍山钢铁设计院刘振斌高工主持。

大会收到技术论文 54 篇，围绕炼铁生产技术、生产管理、延长高炉寿命、降低工序能耗、节能节支等问题，进行交流。会上宝钢副总金心和新钢炼铁厂分别介绍高炉生产先进技术和高炉冶炼锰铁等经验。我和邓守强老师应邀在会上作了技术讲座。我讲国内外高炉炼铁技术的发展。马钢、南钢（南京）、南昌钢铁、梅山、杭钢分专题组研讨会后参观了新钢现场。

通过交流，代表们进一步认识到加强原料工作是高炉生产的根本，技术进步是降低高炉能耗，提高经济效益的重要因素；强化冶炼，推行标准化操作是高炉高效、优质、低耗、长寿的手段。

我离厂前，应厂领导要求，介绍高炉操作新技术，并提出增铁的一些建议，受到热情欢迎。

期间会见了与会的江西省冶金公司领导张春明，师生相见，倍感亲切。

全国 $1000m^3$ 以下高炉技术交流会

2003 年 8 月 18 ~ 23 日应新钢况百梁总工的邀请参加在新钢召开的全国 $1000m^3$ 以下高炉炼铁学术交流会，住袁河宾馆。与会代表有 230 余人。会议研讨合理炉料结构，优化高炉操作，高炉护炉。重点探讨 $1000m^3$ 以下高炉的发展状况、存在问题及改进措施。目前高炉逐步追求大型化，中小高炉要积极采用安全可靠，节能环保的实用技术，向近代化生产迈进。

会议期间，专家、教授就中小高炉技术进步，高炉操作，烧结研究成果等进行专题讲座。我在会上作了高炉合理炉料结构和强化操作的技术报告，受到欢迎。代表们还参观了新钢 $115m^2$ 烧结机和 $1050m^3$ 高炉。1997 年后，新钢认真学习考察邯钢、安钢、济钢等先进企业经验，大力推广观念、管理和技术三大创新，炼铁技术有了长足进步。2002 年高炉利用系数为 $2.72t/(m^3 \cdot d)$，入炉焦比为 437kg/t，熟料率为 99.95%等，进入全国先进行列。

主要技术措施包括（1）坚定实施精料方针，提高采购标准，使用高品位（TFe 60%以上）的进口矿，入炉矿品位达到 59.29%，促进增铁、节焦和强化冶炼，此外优化炼焦配煤，强化烧结等，提高焦炭，烧结的数量和质量；（2）致力铁前各系统的技术改造，充分发挥设备能力和操作技术水平。

会后，新钢炼铁厂长陈文峰同学组织在新钢工作的东大校友，包括范红梅、夏文勇以及南昌钢铁的杨龙贵厂长等 7 人盛情设晚宴招待老师，欢迎老师光临。

师生情谊深长。我看到同学们为新钢发展做出贡献，感到由衷高兴。后浪推前浪，他们必将有更大作为。

江西省冶金公司副总经理张春明，专门从南昌赶来与会，再次相见，很高兴，希望老师为江西钢铁发展多提建议，指方向。感谢领导们的关怀和鼓励。

2.5.1.2　高炉冶炼锰铁

新钢高炉生产锰铁，历史较久，全国领先，锰铁品位［Mn］65%左右，质量较优，享有盛誉，供销全国，作出了较大贡献。1990 年新钢有 3 座 300m^3 高炉生产锰铁。

锰矿（石）主要来自广西、湖南、贵州、福建等地，锰矿品位含锰 25%～33%，锰矿粉烧结，熟料率为 56%～62%，风温为 930～980℃，采用富氧鼓风，根据冶炼条件，锰铁高炉内型不是普通高炉的矮胖型，而是上大下小的“倒酒瓶”型。操作时要注意炉缸中心过吹，中、下部容易结瘤等事故。1989 年锰铁高炉利用系数约 0.6t/(m^3·d)，入炉焦比为 1562～1849kg/t。

随着国内锰矿资源的贫化，锰矿品位逐年下降，面临难以生产合格锰铁的艰难局面。1984 年新钢首次使用含锰不小于 40%，有害杂质较少的进口锰矿，生产有了转机，增加锰铁产量，降低燃料消耗，促进高炉强化。合理利用国外锰矿资源是必然的选择，为高炉冶炼锰铁找到新途径。

5 号实验高炉（36.59m^3），生产普通生铁和富锰渣，为冶炼锰铁，开辟新路，取得良好结果。

有两座高炉冶炼制钢生铁，其中 6 号炉（600m^3）1985 年投产，为江西省最大高炉。因受生产条件的限制，矿石品位为 53%，生矿用量多，熟料率仅为 40%，风温稍高于 900℃，高炉喷煤 75kg/t，1989 年高炉利用系数仅 1.3t/(m^3·d)，冶炼强度为 0.89t/(m^3·d)，入炉焦比为 654kg/t，生产有待进一步提高。

2.5.1.3　技术革新，追求进步

2002 年全公司共有 7 座高炉。其中 1 号、2 号高炉（2×255m^3）生产锰铁。为缓解公司缺铁矛盾，1 号锰铁高炉再次转炼生铁，获得成功。原 3 号锰铁高炉（255m^3），通过大修改造扩容为 300m^3 普通高炉。

3 号、4 号炉（2×300m^3）为新钢铁合金厂所有。1997 年 7 月和 1999 年 9 月先后投产，分别采用高铝砖无冷炉底和陶瓷杯水冷综合炉底。随着公司原、燃料条件的改善及增铁的需要，强化冶炼程度逐渐提高，同时 115m^2 烧结机、4 号焦炉和新喷煤工程等相继投产。2001 年 3 号开始强化，充分发挥大风机，高风温，大喷煤的潜力，综合冶炼强度平均稳定在 1.8t/(m^3·d) 以上，最高月达 1.973t/

$(m^3 \cdot d)$，产量随之攀升，利用系数稳定在 3.3t/$(m^3 \cdot d)$ 左右，最高月达3.63t/$(m^3 \cdot d)$。其他生产指标均有不同程度的改善，走在强化炼铁的前沿。

炼铁厂的6号、7号两座600m^3 高炉，通过焦丁混装入炉，热风炉燃烧自动控制，喷煤系统等多项技术改造，严格实施精料方针，大胆转变操作观念，实行大料批、分装和低硅铁冶炼，各项技术经济指标取得了较大进步，1999年利用系数达到2.08t/$(m^3 \cdot d)$，入炉焦比下降到527kg/t，其他指标也得到了相应的改善，达到国内同类型高炉先进水平，与邯钢620m^3 先进高炉并驾齐驱。

8号1050m^3 高炉2003年5月投产，采用陶瓷杯炉底，无料钟炉顶等高炉成熟的先进实用技术，没有喷煤，达到日产2700t以上、入炉焦比低于475kg/t的较好水平，成为新钢高炉迈入大型化行列的先锋。

新钢炼铁技术的进步令人欢欣鼓舞称赞。当前风温偏低，综合焦比和休风率高，但生产技术还需不断深化和创新，继续努力奋斗，迎接新钢炼铁更辉煌、更美好的明天。

2.5.1.4 参观井冈山

2003年新余会议结束，炼铁厂组织代表们参观中国革命摇篮井冈山。井冈山位于江西省西南部，从新余直接乘大巴，途经吉安、泰和上山，住茨坪金叶大厦。

首日，大家在新钢铁合金厂陈文峰陪伴关照下，参观各景点。首先登上北山烈士陵园革命烈士纪念碑，鞠躬致敬。然后参观井冈山革命博物馆，馆内集中介绍井冈山斗争史，展览以文物为主，极为珍贵。走进茨坪毛主席旧居，这里是井冈山斗争时期党、政、军的最高指挥中心，毛主席在这里写下了《井冈山斗争》光辉著作。大井毛泽东旧居，是秋收起义部队上井冈山时落脚的第一个村庄，后被敌人烧毁，大家看到的是按原貌修复的旧址。参观了毛泽东常住、办公的茅坪八角楼。房内还陈列有毛泽东与贺子珍居住用过的原物。

参观小井红军医院，原为红军第四军医院。原来的两层杉木楼房，医院被敌人烧毁，130多名重伤员惨遭杀害，现按原貌恢复旧址。

第二天参观黄洋界。黄洋界是井冈山五大哨口之一，地势险要，终年松杉青翠，云雾缭绕。山上横立“中国红军第四军黄洋界哨口”石碑。当年红军不足一营兵力，打退敌人两个团的多次进攻，取得胜利，为此毛泽东写下壮丽诗篇“西江月·井冈山”。伫立在刻有“炮声隆”大字的石块旁，致以崇高敬意！

我和金宝昌、王维兴等人游览了井冈山主峰——五指峰。在此誉名全世界仅有的常绿阔叶林，眺望五指山峰，风景如画。第四套100元人民币背面图案取自这座山峰。

在况百梁副总、北科大吴胜利、陈文峰、范红梅等相伴下，游览井冈山绿色第一景——龙潭，潭水清澈，瀑布壮观，造型奇特，再到水口观看落差百米的飞龙瀑布，喷出的水雾在太阳光折射下景象十分美观，堪称井冈山一绝。

在井冈山受到革命传统和爱国主义教育。井冈山环境优美，空气清新，景色迷人，令人流连忘返，是中国优秀的旅游景点。

2.5.2　我与方大特钢

方大特钢前身为南昌钢铁厂、南昌钢铁公司，2009 年改为南昌市长力钢铁公司，2010 年起正式为现名，简称方钢，是江西方大集团成员之一，江西省内仅次于新钢的重要钢铁企业，主要生产特殊钢。

炼铁厂原有 $255m^3$ 高炉两座，2008 年扩建为 4 座，分别为 $1\times350m^3$、$2\times420m^3$、$1\times1050m^3$。经改造和扩容，现全厂拥有高炉 $1\times510m^3$、$2\times1080m^3$ 共 3 座，奋力迈向近代化生产。

2.5.2.1　*初访方钢炼铁*

1988 年 5 月在新钢参加全国炼铁信息网华东组学术会议后，我和邓守强老师由方钢炼铁杨龙贵副厂长陪同到南昌方钢参观访问，受到总厂总工程师和炼铁厂长的热情接待。厂区地处江西省城，在省政府的关怀下，成为具有一定规模的地方钢铁联合企业。

炼铁进展

炼铁厂有两座 $255m^3$ 高炉，生产秩序井然，因受客观条件的限制，高炉用的主要是生矿，品位 55%左右，石灰石用量 130kg/t 以上，风温低于 900℃。1989 年，高炉利用系数为 $1.112t/(m^3\cdot d)$，冶炼强度为 $0.78t/(m^3\cdot d)$，入炉焦比为 759kg/t，生产水平有待提高。厂领导为此做了大量工作，认真贯彻精料方针，重视外购原料质量，力求提高矿石品位，进厂的矿石进行加工破碎、整粒、筛除粉末，改建烧结设备，增加和改善烧结矿数量和质量，逐步提高熟料率。

技术改造

1987 年中对高炉进行技术改造，炉体冷却系统，炉腹外喷水冷改造为镶砖冷却壁，炉身扁水箱和炉外喷水改为下部“T”形冷却壁，中、上部改为支梁式水箱，煤气系统由原普通文式管改为可调炉喉溢流文氏管，热风炉采用陶瓷燃烧器等。1987 年新建高炉喷煤系统，喷煤比可达 100kg/t 以上。1986 年开始用电炉、转炉制氧机余氧进行富氧鼓风，富氧率可达 1.3%~1.5%。以上措施，收到良好效果。

针对炼铁生产存在问题，在厂领导安排下，我介绍国内外炼铁生产经验，重点抓精料。精料是生产基础，要充分重视。另外要大力采用高炉成熟的高风温、富氧、喷煤等新技术，精心高炉操作，正确运用上、下部调节的强化冶炼方针，

坚定信心，迎接高炉美好的明天。

在厂工作的东北工学院校友郭大志、黄心影夫妇来看我，师生久别重逢，非常高兴，夸赞他们为方钢做出的贡献。

事后杨龙贵一家陪同我和邓老师二人到庐山一游。

从厂招待所乘车将近四个小时到达庐山，住庐山宾馆，陪游主人住附近较便宜的旅馆。旅馆四周被松林包围，寂静清幽，有几分凉意，真是名不虚传的著名的避暑胜地。

先游览仙人洞，它是悬崖绝壁深约10米的石洞，可容纳百余人。洞外凭栏而望，千岩绝壁凌空，气象万千，恰是"天生一个仙人洞，无限风光在险峰"。

参观的含鄱口，面临鄱阳湖，地势险峻，气势磅礴，是观看鄱阳日出和瀑布云的最佳处。

晚饭后漫步庐山中心区牯岭镇。这里凉爽宜人，街道清静整洁，路旁法国梧桐枝叶交错，绿树丛中掩映出风格各异的别墅小楼。随后参观美庐。这是一座欧式小楼，蒋介石、宋美龄避暑和处理政务的别墅。解放后成为毛主席办公住所。镇上宾馆、商店、娱乐场所林立，花园繁花如锦，华灯初上，远望九江城，灯火如同繁星，庐山巅顶之夜，令人心醉神往。

次日到庐山南麓秀峰去观瀑布，这里峰、瀑、潭、峡多景齐全，所谓庐山之美在山南，山南之美数秀峰。

离庐山之前参观庐山会议旧址。它位于牯岭街区的路口，一幢灰白色楼房，1959年中共八届二中全会在此召开。进大门，迎面壁上介绍庐山会议材料，右面是彭德怀万言书。

回程路上去游东林寺。东林寺位于庐山西北麓，是净土宗的发源地，在中国佛教史上占有重要地位。

回到南昌受到杨龙贵一家的热情款待，并陪同进城到南昌八一广场等处参观，游览了市容。

临别时，厂领导到招待所住处送行。他们竭尽全力尽快要把炼铁生产搞上去，充满对事业的高度责任感和使命感，令人赞扬和钦佩，值得很好学习。

2.5.2.2　讲学与技术交流

技术讲座

2003年8月新余开完会，我和北科大吴胜利教授到南昌方钢讲学，受到公司副董事长、总经理唐飞来热情接待。厂区面貌有了新变化，几座350m^3高炉生产很有起色，高炉利用系数平均在2.8t/(m^3·d)以上，入炉焦比低于570kg/t。1999年1号炉大修时新建三座落地球式热风炉，具有热效率高的特点，投入使用后，风温很快达标。两年后，因球炉阻力偏大，风温逐步下降，被迫更换了耐火球。球式热风炉及干法布袋除尘，经不断探索和改进，取得成功，发挥突出作用。

炼铁厂高炉采用高风温、富氧吹煤等新技术，为持续发展开创了新局面。

我在厂里做了几次技术讲座。讲座内容包括：（1）坚持高风温，珍惜高风温，不轻易降风温调节炉况；（2）高炉富氧、大喷煤，采用混煤喷吹，提高喷煤比；（3）贯彻高炉操作的正确方针，精心操作，加强管理。

讲座受到厂领导和同志们的热烈欢迎。

会后由公司接待处领导等陪同游览了临近的龙虎山景地，乘游艇观看左侧岸边优美风光山色，途经“仙山琼阁”岩壁，格外醒目，赞叹祖国的大好河山，真美呵！

学术交流

2004 年 4 月，我和王文忠老师在方钢技术中心高工东大校友经文波的邀请进行学术交流。他介绍近期高炉炼铁取得进步，令人振奋。同时提出如何防止生产事故等问题，谈到 2001 年 1 号炉 $350m^3$ 出现炉身结瘤，炉缸堆积等严重事故，经过 11 天的处理，炉况才基本恢复正常，损失产量约 2 万吨，多耗焦炭 1140t。教训极其深刻。

高炉结瘤主要原因是原、燃料质量下降，含粉量增高，加之操作不稳定，炉温大起大落，亏料时间长，经常低料线操作，炉顶温度过高等。炉缸堆积原因是洗炉发展边缘时间太长，大量炸瘤物到达炉缸未完全熔化，休风次数多等。

我对方钢炼铁取得的成就，感到由衷高兴和祝贺。炼铁同志非常重视生产事故发生，并及时总结经验教训是完全必要和正确的。牢记防止、消除重大事故，是生产中头等大事，没有生产安全，就没有一切。方钢通过高炉结瘤及炉缸堆积处理研究，探讨总结了经验教训，明确了今后防范处理方法，意义重大，值得很好学习和赞扬。

我向全厂介绍高炉炉瘤的成因和机理，突出炉料碱金属等有害元素对形成炉瘤的影响，并介绍八一钢厂和酒钢高炉炸瘤、防瘤、除瘤等事故处理的经验。

临走前，公司技术中心负责人和经文波陪同我和王文忠、包头钢院来厂调研的崔大福老师参观了南昌滕王阁。想起我高中语文课全文背诵王勃的滕王阁序，其源始于此。参观了南昌八一起义纪念馆。身着戎装，威武的朱德，贺龙等五位起义将军塑像巍然挺立在门前。进入大厅“在军旗升起的地方”牌前致以崇高敬礼。随后，到南昌技术开发赣江新区参观。新厂馆四起，一片繁荣，振奋人心。凭赣江大桥，瞭望茫茫江水，激流汹涌，滚滚向前，浩大气魄，赞赏不已。

2.6　在福建省的学术活动

2.6.1　我与三钢

三钢闽光是原福建三明钢铁厂，21 世纪上旬改为现名，国家地方骨干钢铁

企业，福建省重点钢铁生产基地。

公司20世纪“七五”期间拥有高炉300m^{3}级三座，随着扩容改建，2004年有高炉1×350m^3、2×380m^3、1×850m^3 4座，2009年有3×420m^3、2×1050m^{3}共5座，2017年改建高炉2×420m^3、1×480m^3、2×1050m^3、1×1800m^{3}共6座。

20世纪80年代首次访问三明钢铁厂，受到总厂副总李伯华等热情接待。炼铁厂有1号（255m^3），2号（295m^3），3号（314m^3）高炉，生产情况良好：利用系数为1.3~1.4t/(m^3·d)，最高达1.6t/(m^3·d)，入炉焦比约600kg/t，最低569kg/t。认真贯彻炼铁的正确技术方针：（1）重视精料：入炉矿石品位大于53%，熟料率73%以上，吨铁石灰石用量为30~60kg；使用较高风温，平均920℃以上，3号炉可达1010℃；实行早期喷煤，煤比为99~105kg/t；（2）重视技术改造：2号炉配套用4座改造型热风炉，采用锥形拱顶，综合型燃烧室，运行正常，2号、3号高炉采用热风炉热管换热器，助燃空气分别预热到210℃和250℃，2号炉还有煤气预热器，可预热到160℃。

1993年8月，三钢炼铁厂长郑朝成邀我讲学，指派厂科协陈仁海工程师到福州机场接我，转乘火车，住进厂招待所，受到热情接待。

三钢炼铁欣欣向荣，高炉生产有了显著进步，高炉使用品位高，质量较好的商品土球团，熟料率接近100%，入炉矿石品位近60%，焦炭灰分为12.37%，M_{40} 81.4%，M_{10} 6%~8%，风温1100℃，高炉富氧（富氧率1.5%~2.0%），大喷煤（煤比120~130kg/t），高炉利用系数突破3.0t/(m^3·d)，入炉焦比下降到400kg/t。2002年利用系数和焦比分别达到3.8~3.9t/(m^3·d)和370~390kg/t。煤气利用率CO_2含量高达19.3%。成为300m^{3}级高炉生产先锋，全国领先。

三钢炼铁的进步，令人振奋，正向近代化、机械化、自动化生产迈进，不断向高效、优质、低耗、长寿、清洁的总目标努力奋斗。

副厂长、科协主任李建秋等为我安排技术讲座。

根据三钢炼铁情况，我讲课内容包括：（1）坚持节能减排，增铁降焦技术方针，是长远任务，不松懈；（2）高炉逐步大型化，学习邯钢，济钢经验，筹建600m^{3}以上大高炉，促进生产上新台阶；（3）重视高炉长寿技术。目前炉龄仅3~5年，这是生产的命根。采用合理炉型，优质耐火材料，良好冷却系统以及改善原、燃料等措施，努力将炉龄提高到8年以上，听众振奋，反响强烈。

课后，由郑、李两位厂长及陈仁海、陈笃恭等工程师陪同游览三明登云山，山水相连，风景如画。经过知名瑶云洞和山门而返。

讲学结束，归途中，郑厂长夫妇陪同到厦门参观游览。先参观位于厦门岛西南端，胡里山的炮台。清光绪年间，在岛端，面对大海修筑了炮台、兵营、城堡、护城河、城壕、弹药库、操练场等，至今仍在其位，保存完好。还存有一门德国造的大炮，炮筒直指大海。这里一直是厦门的海防要塞。

胡里山北行不远，参观著名爱国华侨领袖陈嘉庚先生创办的厦门大学。各教学楼错落有致地分布在校园，成排风格别具的教工宿舍楼海边耸立，与大海只隔不宽的马路。校园风景优美，环境幽静，全国高校首屈一指。

与厦门大学毗邻就是著名的闽南古刹南普陀寺。寺内香烟缭绕，梵语钟声，拜佛者络绎不绝。寺后山岩上刻有大“佛”字，气势磅礴，引人注目。

随后到集美陈嘉庚巷参观。该巷是为纪念陈嘉庚创办集美学校而建的，在高大集美解放纪念碑前向爱国华侨致敬。

次日乘轮到鼓浪屿游览。屿上山岳起伏，绿树含烟，街上干净清洁，路面高低弯曲。巧遇厦门中厦开发公司副经理庄天民，与我同游龙头山郑成功屯兵鼓浪屿营建的要塞遗址。刻有“闽海雄风”巨石，为水操台故址。民族英雄丰功与山河同在。向东远望，水天一色，天气晴朗时，可望大小金门岛。

游览南端菽庄花园，园内四十多座飞桥曲折相连，桥有亭，亭有景，景色优美绝伦。傍晚乘轮返回厦门。

在厦门告别郑厂长夫妇，感谢主人盛情款待。

2.6.2　访大田新大球团公司

福建大田新大炼铁球团

该公司利用大田县地方矿产资源土法生产球团矿，供三钢冶炼用原料，球团矿品位高又是熟料，得到三钢的青睐和欢迎。高炉冶炼指标明显提高，为三钢炼铁发展立下汗马功劳。

土法球团生产工艺落后，能耗高，质量不稳定，占地大，污染严重。为改变土球团生产面貌，三钢炼铁郑厂长建议新大公司沈汉坤经理邀请有关专家前来研讨和计议，特别推荐本人。沈经理当即表示同意并正式邀请。

1995 年 12 月，郑朝成陪我到福州，沈经理到机场迎接。途经古代著名历史文化名城——泉州市。顺便游览泉州福建省最古老的佛教寺庙开元寺，东西两廊外，各矗立一座五层宝塔，成为泉州古城的标志。然后到清净寺参观。清净寺是中国现存最古老的阿拉伯建筑风格穆斯林大寺，中外游客云集。

改革开放以来，泉州利用得天独厚条件，大量引进外资、台资和先进技术，社会经济迅速发展，百姓安居乐业，焕发着比昔日更加耀眼的光彩。

第二天到达大田县城。大田县城是大田新大炼铁球团公司所在地，城区街道整洁，楼堂馆所一应俱全，俨如一座现代小型城市。主人盛情款待，陪同到市区观赏新建园廊，庭内立有嫦娥奔月等塑像，廊外繁花如锦，一片春色，别有景致。游览白岩公园，依山傍水，步石阶登高山顶，山上有高层宝塔和小亭，景色迷人。

次日专家们乘车赴三钢，住厂招待所，与三钢领导和有关人员共同研讨土球团生产。

三钢炼铁同志对大田新大炼铁球团公司提供质量较好的土球团，促进高炉生产取得良好进步，表示感谢。但土法生产球团工艺落后，将被淘汰。当前生产球团大多采用竖炉，带式焙烧机和链箅机回转窑工艺，关键是因地制宜，解决投资建设等问题。新大球团公司生产土球团为三钢炼铁提供重要矿料，功不可没。土法球团生产完成历史任务后，不是发展方向，将由新工艺取代。济钢、杭钢 8~10m^2 竖炉创造发明导风墙、干燥床，使用高炉煤气等新技术，竖炉得到新生，建设一座 8m^2 球团竖炉，投资较省，建设较快，产品质量较好。新大可考虑选择这一方案，最好和三钢协作，取得三钢的支持和帮助，甚至讨论双方共建。由于球团竖炉受产能等限制，也是权宜之计。

近代高炉配套生产氧化球团，大部采用带式焙烧机（包钢、鞍钢），和链箅机回转窑，产量大，质量稳定，环保较好，能满足生产要求。新建大型高炉生产配套，普遍采用链箅机回转窑，但投资大，应是努力方向，在新方案未决定前应该尽力提高土球团生产水平，从配料、混料、造球、焙烧各工序尽力实现半机械化并改善劳保等。

北洋同窗好友朱启基从本钢调来担任三钢总厂副厂长兼总工程师，期间携夫人到三钢招待所看望我。久别重逢，互道别离之情，倍感亲切。朱启基为人正派，工作任劳任怨，为三钢建设做出重要贡献。临走时相拥而别，互祝工作顺利、健康长寿、全家幸福。

离别三钢，沈经理驾车到福州送别。福州城内遍栽榕树，绿荫满城，故福州有榕城之称。过去视为对敌斗争的前沿，不宜大规模建设，现正加快发展步伐。在主人陪同下游览了于山风景区。广阔的于山广场，耸立奇特的不锈钢雄伟制品，蔚为壮观。于山公园，风景优美，山边白塔，棕树林立，一片春色。进入湖边公园，大门对面壁墙上“西湖美”几个大字格外醒目，西湖旁屹立七级浮屠（宝塔），令人入胜。湖上建有蛟龙支柱的双层阁亭，青山绿水，相映成辉，别有风情。

1978 年，我曾到过福州看望史占彪老师等。他们在福州铁厂进行 40m 回转窑直接还原试验，获得成功。利用系数为 0.3~0.4t/(m^3·d)，干煤耗为 0.84~1.19t/t，电耗为 105~130kW·h/t，金属化率为 91.2~95.2%，均达到超过攻关要求。

假日曾和史老师等游览了福州鼓山。其山川秀丽，是历史悠久的佛教圣地。

向沈经理等道谢，告别，乘机离开福州返校。

2.7　在山东省的学术活动

2.7.1　我与济钢

济钢为原济南钢铁总厂（济钢总公司），全国重点钢铁企业，山东钢铁重要成员。

济南钢铁以中小高炉起家，全国闻名。“文革”前后仁丰纱厂和省人委铁厂始建 13m^3、55m^3 高炉，后被拆除。随之相继兴建济钢总厂、济南铁厂和济钢二厂等。济钢炼铁厂分第一、第二炼铁厂。第一炼铁厂包括原济钢总厂炼铁分厂，有高炉 6×350m^3，兼并济南铁厂 4×100m^3 高炉，新建 3×1750m^3 高炉。第二炼铁厂有 120m^3 高炉两座。经过改造发展，当今全公司（第一炼铁厂）拥有现代化高炉 3×1750m^3 和 1×3200m^3 共 4 座，成为炼铁生产的主力军。

2.7.1.1　仁丰纱厂办钢铁

20 世纪“大跃进”初期，专程到济南学习仁丰纱厂 13m^3 高炉精料筛分、整粒等先进经验。1960 年与宫兴义同学参加济南省人委铁厂技术攻关。由省经委尤敬义陪同前往，受到厂领导热情接待，以专家待遇住进宽敞明亮的平房，吃的是大碗小米稀饭和杂面馒头，学习上海炼铁“大跃进”经验，在 55m^3 高炉风口上进行超声波强化冶炼试验。省经委段副主任亲临协同指挥，昼夜奋战。由于科学依据不足，未获成功，对山东同志们的勤劳、朴实等优良风尚留下深刻印象。

2.7.1.2　早年的济南铁厂

“文革”后到济南铁厂参观学习，受到厂长李继雨热情接待。他当面对我说，“你对炼铁是有贡献的，欢迎你来”。领导的爱护和鼓励，使我心情愉快地参加工作。

济南铁厂是我国小高炉炼铁的一颗明珠，生产有序，技术创新，全国知名，重视科学技术。4 座 100m^3 高炉技术装备各有千秋，采用汽化冷却，上料微机控制，热风炉有顶燃（1 号），内燃（2 号、4 号）和外燃（3 号）等形式，包括助燃风自身预热等。1989 年高炉利用系数 1.9t/(m^3 · d) 以上，冶炼强度 1.12～1.23t/(m^3 · d)，入炉焦比 580～590kg/t，喷煤 80kg/t 左右，居全国同类型高炉先进水平。

工厂重视科学试验，成为炼铁技术发展创新的重要试验基地，冶金部安排在济铁开展高风温、高喷煤比冶炼试验。1 号顶燃式热风炉采用单一高炉煤气，靠自身余热，获得风温超 1250℃，喷煤比高 80kg/t，入炉焦比低 580kg/t 的优良效果。副厂长吕鲁平刻苦钻研，发明创造热风炉自身双预热助燃空气和煤气等多项专利技术，获得高度评价和国家重奖，为炼铁科技发展立下汗马功劳。

2.7.1.3　矿焦混装在济铁

矿焦混装是开发高炉装料的一项新技术，可改善高炉料柱透气性，充分利用煤气能，从而节焦和增产。矿、焦粒度组成不同，效果不一样。尤其对原料条件差的中小高炉可以使用强度较差的烧结矿、土焦等。扩大原料适用范围，达到良

好使用效果。

1986年在冶金部大力支持下，与济铁联合开展高炉矿、焦混装试验。先在实验室模型中进行。试验粒度按模型缩小，以现场用烧结矿、焦炭粒度筛分组成数据，缩小相应组成粒度而成。根据试验计划（不同混装率）将矿焦试样混合，倒入模型，然后鼓风，测定空气通过料柱的压差（表示料柱透气性）。压差小，透气性好，混装效果就好，此数据可供现场试验参考。

1988年4~6月在济铁田书舫厂长和吕鲁平副厂长支持领导下，华有富、杨柏森工程师直接参与指导，在1高炉（$100m^3$）进行矿、焦混装试验。试验用烧结矿粒度偏小，约为5~10mm，小于10mm的占39%，焦炭品种杂，包括有机焦和土焦，后者质量差，强度差。试验按混装率不同，分五期进行。试验时，将焦槽中的焦丁落到槽下运输烧结矿皮带上，用微机控制流量，转运卸料过程，实行矿焦混装。最后全混装试验共11天。试验结果表明，用槽下皮带运输和微机控制的混装工艺是成功的，高炉料柱透气性改善，炉况稳定顺行，降低焦比平均18.89kg/t，产量提高约6.3%。

1988年11月，冶金部在济铁召开高炉矿焦混装试验技术鉴定会，与会炼铁专家李马可、庄镇恶、徐矩良、邬高扬等对该技术给予充分肯定和好评，认定焦丁加入烧结皮带机上就是混装的较好效果。山东省冶金总公司向全省同类型高炉推广该技术，均得到良好效果。1989年矿焦混装技术获冶金部、山东省科技进步二等奖，建议在全国类似条件高炉推行。

试验期间受到厂领导和同志们多方帮助和关怀。吕厂长开始见我不习惯食用山东馒头，立即指示食堂为我煮大米饭。厂总工程师张兴传举家宴款待，吕鲁平、田绪宝副厂长夫妇作陪，亲如一家。假日，厂党委副书记和其他同志陪同参观附近益都铁厂$65\sim72m^3$高炉完整生产流程，深受启发。章丘县钢铁联合厂有两座$7.03m^3$，$15.14m^3$高炉。利用系数为$4.36\sim2.8t/(m^3\cdot d)$，冶炼强度为$2.45\sim1.9t/(m^3\cdot d)$，入炉焦比为668~804kg/t。采用球式热风炉，上段ϕ60mm硅质球，下段ϕ40mm铝质球，以硅酸铝耐火纤维毯作保护层，风温高达1073℃，外喷水冷却，土洋结合的小高炉，颇具特色。虽然不是发展方向，但为地方经济发展做出了贡献。

参观了历城钢铁厂，受到厂长秦长孝的热情款待，利用较好的生产条件和技术力量，把$100m^3$高炉冶炼和管理水平搞得很有生机。

假日，济铁生产助理杨星涛陪同我、虞燕霞、研究生宫峰游览“天下第一山”、“五岳之首”之誉的泰山。抵中天门转乘缆车直上南天门岱顶。回忆1950年暑假我从哈尔滨工业大学回南方探亲之际，路过泰安站，清晨下车，徒步独游泰山，从中天门到南天门，山高坡陡，沿多级石阶路，不顾疲劳，勇攀而上。雄伟的泰山，果然名不虚传，在岱顶观赏雄奇壮观的景色，令人心旷神怡。因要赶当天火车，山上停留时间不长，午后返回泰安车站换车继续南行。

泰山将雄险、奇壮、清幽、远阔集于同景，不愧为世界文化遗产，成为“贵重”“庄重”“稳固”的象征，常说“重如泰山”“稳如泰山”。

进入高大雄伟的南天门，直面一条深山谷，多级的石阶路蜿蜒而上十分壮观。朝向东北，位于崖顶就是一条长街——天街。街口竖有三门石坊。站在天街，颇有身居九霄，飘飘欲仙之感。街两旁有商店、食宿等旅游设施，真是天上人间。

天街东便是碧霞祠，是一座全国罕见的高山道教古建筑群，山顶布局紧凑，铜铁铸件玲珑精巧。

碧霞寺不远处便是大观峰，峰壁陡峭，布满石刻。泰山几乎无峰不石刻，无壁不摩崖，整座山成为石刻的载体，有 1984 年 6 月年八旬的邓颖超题写的石刻“登泰山看祖国山河之壮丽”红色大字，还有他人“天地同饮”“置身霄汉”等字样。

泰山之巅的玉皇顶，又称岱顶或天柱峰，上建玉皇庙，正殿前立有极顶石，上刻“泰山极顶”，下刻“1545 米”几个字，后者表示海拔高度。

玉皇庙东行就到日观峰，顶上是泰山气象站，此处和玉皇顶一样可观日出，拱北石突出悬空，长 6.5m，颇为奇险。我和燕霞坐石上观望，摄影留念。

下午乘缆车下山，返程路过孔子墓，入口立有“大威至圣”墓碑，周边苍松古柏，清净优雅，肃然起敬。

随后参观孔庙。其位于曲阜市中心，是历代祭祀孔子的庙宇。庙前外大门经“金声玉振”牌坊进入孔庙大门（棂星门），前后九进院落，庭院深，神道长，两旁古柏密植，不远处有碑刻。大成庙是孔庙主体建筑，祭祀孔子的主场所。大庙正中是三米多高的孔子塑像。孔子受到历代统治者的尊敬，被称为圣人。殿前有大型露台，每逢孔子诞辰都要在此祭祀歌舞。孔届为我国著名三大建筑宫殿之一，东西两旁陈列的历代碑刻 2200 块，有“中国第二碑林”之称。

次日，由杨星涛陪同我和虞燕霞到鲁南唯一的滕县钢铁厂参观，受到该厂总工程师窦占举的热情接待。他来山东鲁南铁合金厂工作已有多年，见到老师分外亲切。该厂仅有一座 $100m^3$ 高炉生产，由于条件限制，生产不景气。我勉励他“有你们的努力，鲁南钢铁生产还是大有希望的。”

午后，由窦占举陪同参观位于邹城南关的孟庙。大门棂星门是一座木雕牌坊。进入门内有东“继往圣”，西“开来学”各一木坊，赞誉孟子对孔子学说继往开来。庙内古木苍苍，遮天蔽日，显得宁静清幽。

孟庙西临孟府，是孟子嫡系后裔居住的宅第。大门为三楹，门楣正中悬有“亚圣府”匾额三个字，二门内是仪门，绕过便是孟府主体建筑——大堂，是孟嫡裔接待政府官员、举行节日、寿辰等重要仪式的地方。以大堂为界，前为官

衙，后改为内宅。

孟子自幼受到母亲的良好教育。孟母发现孟子没去上学，就用剪刀把布机上经线剪断，对孟子说，你中断上学就像剪断布机一样，前功尽弃。孟母三迁处又称孟母断机堂，和子思学院均居南关，都毁于战火。仅存的三块石碑移至孟庙院内保存，分别刻着“孟母断机处”和“孟母三迁处”，“子思作中庸处”。在“母教一人”碑前分别摄影留念，当天回到济铁。

假日济铁田绪宝副厂长邀我游览济南郊外有名的灵岩寺。青山环抱，郁郁葱葱，松柏茂盛。灵岩寺坐落其间，古色古香，门前立有“大灵岩寺”石碑，右侧石狮蹲守，松柏掩盖其后。入内一篇春色，赏心悦目，清净修道，别有洞天。山上有古塔。我们在山顶古松下摄影留念。济南郊外，山色如此迷人，出于意料，主人盛情款待，难以忘怀。

济铁领导考虑济铁发展前景，在厂内筹建一座较先进的铸铁管厂，利用生产的铁水，经调试，开始生产。不久上级领导决定济南铁厂归并济钢，从此济铁完成了历史任务。

2.7.1.4　济钢二铁厂

济钢第二炼铁厂（钢铁总厂二分厂）前身为生建炼铁厂，为劳教服役而建，有几座 $55m^3$ 和 $100m^3$ 高炉。以后逐步改造，原地保留 $100m^3$ 高炉两座。1987 年，1989 年分别大修扩容为 $120m^3$，归属济钢。我在厂方安排下，住邻近历山宾馆。几次到厂讲授小高炉生产和热风炉燃烧等技术，很受欢迎。

高炉进行技术改造：风机改型扩大能力；加强炉身下部冷却；炉身砖砌由 575mm 改为 345mm；增设小高压设备；槽下称量用电子秤，微机控制上料；2 号高炉另增设热风炉助燃空气预热设施，采用节能型进风装置等。

1989 年高炉利用系数为 $1.75 \sim 1.82t/(m^3 \cdot d)$，入炉焦比为 635kg/t，顶压为 $1.9 \sim 2.5kPa$。在王瑞鹏、王至正等车间领导主持下，生产面貌得到改观。1994 年高炉配用印度球团矿代替部分生矿冶炼，利用系数达 $2.5t/(m^3 \cdot d)$，创全国 $100m^3$ 级高炉生铁含硅最低水平。此外，烧结矿中配加锰矿，提高烧结矿冶金性能，并控制铁水含锰量，解决了炉况不顺等问题。

2.7.1.5　济钢一铁厂

济钢第一炼铁厂（钢铁总厂炼铁分厂），始建 $255m^3$ 高炉两座，以后扩容改造为 $350m^3$。由于 $350m^3$ 高炉投资省，建设快，生产指标好，经济效益明显，高炉座数逐年增加，到 2002 年达到 6 座。高炉座数过多，占地大，给生产管理带来困难，严重阻碍高炉现代化进程步伐。

高炉建设初期，得到本钢等单位支援，从本钢调来张鸿文等老炼铁工程师等

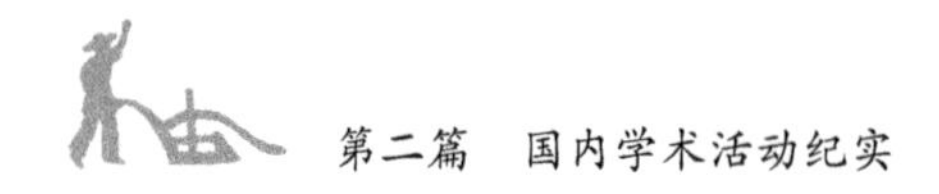

悉心指导，原燃料质量较好，生产日新月异，稳步较快发展，各项技术经济指标达到国内同类型高炉的先进水平。

竖炉新生

针对竖炉球团质量差，对原料适用范围窄的状况，1972 年济钢卜琴一发明竖炉 S. P 技术（即干燥床和导风墙）。该技术在本厂 $8m^2$ 竖炉上使用，获得长期稳产和高产。在全国同行的努力下，杭钢球团质量符合大高炉使用后，以高炉煤气为燃料，膨润土为黏结剂对原料适应性广，并有大型化潜力的独创新技术发展很快，为球团工业的发展增添了新的活力和前景，进一步反映了 S. P 技术的稳妥可靠和工艺的完善。S. P 技术迅速在全国有关竖炉推广，对推动我国高炉精料和改善炉料结构发挥巨大作用。1980 年末美国 LTV 钢铁公司伊利球团厂引进我国竖炉技术，球团质量也获硕果。国内召开 S. P 技术鉴定会，该项目获国家科技进步一等奖，济钢功不可没，名列首位。

强化科技建设

1986 年 6 月山东省冶金厅马彩佼副厅长邀我和谭嘉麟高工同行，会同济钢科技处、钢研所和一铁厂的领导及同志们到总厂汇报工作，提出进一步振兴济钢炼铁并加强钢研所建设等问题。总厂负责生产、科技的主要领导表态，在财力允许范围内，将尽快扩建高炉和原料生产设备，强化技术培训等，要充实钢研所人力、物力以适应需要。技术处领导和炼铁厂李增起，钢研所戴汝昌工程师以及与会同志们共商落实强化实验室工作，筹建新研究室。炼铁科研面向生产，攻坚克难，协助解决生产问题，加强厂、所、校三结合等取得共识。

1988 年一铁厂两座 $255m^3$ 高炉分别扩容至 $300m^3$、$350m^3$，后者炉体全部采用软水密闭循环冷却，自焙碳砖炉缸，炉底自然风冷却，上料微机控制，炉前采用 60t 液压泥炮，全液压炉顶，热风炉助燃空气预热，烧结矿混装小焦丁等。1989 年高炉利用系数达 $2.0t/(m^3 \cdot d)$ 以上，入炉焦比为 560kg/t，风温为 960℃，顶压为 21.1kPa，生产有了较大进步。同年 6 月，总厂技术处领导（朱处长）邀我讲学，我在总厂会议大厅做了国内外炼铁技术进步的报告，赞扬济钢炼铁的新成就。再三提出不能过多增建高炉座数，否则将带来严重负面影响和后果。

会后，梅作涛、李增起、戴汝昌等到宾馆看望我，师生相逢，倍感亲切。梅作涛曾专程到济铁向我问候。他是炼铁高材生，天资聪慧，毕业分配来济钢工作，因家庭历史等原因，未被重用。我几次向济钢领导反映，人才难得，应充分发挥专长。改革开放后，他提升为烧结厂长，几年来成绩斐然，为济钢烧结生产立下汗马功劳，令人高兴。他表示不愿当领导，一心努力工作。我勉励他，要为济钢快速发展多做贡献。

2.7.1.6　轮回讲座，济钢巨变

1989年5月，山东省冶金总公司（原山东省冶金厅）为了提高直属企业（济钢、张钢、莱钢）炼铁系统科技水平，聘请我轮回到各企业讲学。6月初，在公司科技处程科长，谭嘉麟工程师陪同下，首先到济钢进行烧结、炼铁技术讲座。讲座内容包括：（1）高炉精料，烧结造块新工艺，新理论，新技术；（2）高炉高风温、富氧喷吹燃料等新技术应用；（3）优化高炉操作，认真贯彻上下部调节的重要环节等。

讲座按计划进行，上午上课，下午组织讨论和答疑，生动活跃，受到热烈欢迎。

谭嘉麟等陪同参观山东省冶金研究所，受到研究室曲联珠（谭嘉麟的爱人）等热情接待，学习她们对烧结原料性能的研究成果，相互交流，受益良多。不久济铁田绪宝副厂长调冶金研究所担任所长。巧遇旧交，更是亲切。我相信他为山东冶金的发展更有作为。

2010年10月10日，吕鲁平同志特邀我到山东参观改革开放后巨大成就和崭新面貌，亲自驾自备车到济南机场迎接，然后陪同访问张店、莱芜、日照、济南等钢铁厂。一路看到山东大地发生翻天覆地变化，令人振奋。18日回到济南。19日在他带领下参观久别的济钢，工厂今非昔比，发生巨变，焕然一新，一座近代化炼铁厂已悄然崛起。2002年下半年至2005年8月，先后建成1750m^3高炉三座，新建14m^2竖炉和320m^2烧结机。经过几年努力，薄壁炉衬等先进装备的大高炉维护、检修、操作实践等有了突破性进步，高炉利用系数为2.4t/(m^3·d)，入炉焦比为349kg/t，煤比为169kg/t，风温接近1200℃，居全国大型高炉先进水平。2010年8月2日济钢大于2000m^3的第一座3200m^3高炉建成投产，指标先进，日后将逐步调整，全厂生产蒸蒸日上，形势喜人。

当晚济钢生产部主任、东北大学炼铁毕业生王瑞鹏召集济钢工作的1977、1978两届炼铁同学10人举行便宴，欢迎母校专业（杜）老师。谢国海同学专程从日照钢铁厂赶来参加。济钢炼铁总工李丙来校友以及吕鲁平同志与会作陪。会上尊师爱生，气氛热烈，洋溢师生厚谊深情，频频举杯，尽欢而散。

第二天，李丙来总工邀我技术讲座。我在厂作了炼铁技术进步报告，重点讲解济钢高炉高Al_2O_3渣冶炼问题，提出控制合理的造渣制度，提高渣中MgO含量和合适的炉渣碱度，以及提高铁水物理热，加重精料工作，优化高炉操作等解决措施，供参考。

济南市郊参观张允茂校友创办的瑞拓球团公司，专为一些中小企业设计链箅机-回转窑生产氧化球团，业务看好。他长期在莱钢从事烧结矿、球团生产技术工作。这次到济南开拓创新，独资经营，向他学习、致意。

吕鲁平陪同参观济南山东轻舜矿冶科技公司，是一家独自创业单位，专门开发选矿技术等工作。董事长冯婕接受深选钛精矿研究任务，值得称道。她派人陪同游览知名大明湖公园。湖面一片春色，湖旁杨柳成荫，随风飘荡，景观迷人，泉城美景，不胜赞赏。

济南市西门桥南，游览趵突泉公园。园内多年不见喷泉，今又重现。泉水自地下裂隙中喷涌而出，三股泉并发，水花四溅，声若隐雷，泉水清冽甘美，有“天下第一泉”的美誉。园中还有观澜亭、李清照纪念堂、望鹤亭、尚志书院、沧园等名胜，并辅以怪石假山，植以树木花草，筑以楼台亭榭，使趵突泉公园成为全国著名的自然泉水公园。感谢冯董事长的热情招待。

回沈阳前夕，吕鲁平举行了告别宴会，请邬高扬一家和东北大学王振宇同学参加。邬高扬是我北洋亲密老校友，他来山东工作多年，常互助和思念，祝他健康长寿，后会有期！王振宇曾在济铁工作，后就职于省工会，精明能干，钻研书法和绘画，有专著多本送我留念，深表感谢。

再三感谢吕鲁平同志，谢谢他一贯对我在山东工作的热情帮助和亲切关怀，是我一生中最难忘的好朋友之一，相遇十分难能可贵。

2.7.2　我与莱钢

莱钢原为莱芜钢铁总厂，1970 年始建，是全国特大型钢铁企业，山东省最大的钢铁生产基地，山东钢铁集团主要成员。

莱钢炼铁有两个分厂，第一炼铁厂（老厂）建有 $100m^3$ 级高炉 4 座，其中 1970 年前已建两座，1971 年后又相继两座。“十五”“十一五”期间小高炉先后被淘汰，就地后建 $2\times1880m^3$，连同银山型钢新建 $1\times3200m^3$ 高炉共 3 座。第二炼铁厂规划 $620m^3$ 高炉两座，第一座 1975 年建成投产，1993 年、1995 年扩容改建 $2\times750m^3$，以后续建 $1\times900m^3$ 和 $3\times1000m^3$ 共 6 座。目前，全公司拥有高炉 9 座。

2.7.2.1　*初访莱钢一铁厂*

原莱钢老厂有两座 $100m^3$ 小高炉，土洋结合。

我几次到一铁厂参观访问，受到厂领导李强之、杨军、王子金等热情接待。生产初期，技术装备水平低，原燃料条件差，品种杂，矿石品位低，吃百家饭，土烧结、土球团，高炉利用系数在 1.6t/(m^3·d) 以下，焦比高达 700kg/t 以上。改革开放后，现领导等一批优秀大专毕业生下厂锻炼，励精图治，积极推广新技术、新设备、新工艺、重原料，生产有了转机，发展较快。“七五”期间，高炉改建 $3\times195m^3$、$1\times124m^3$，采用小高压炉顶（34kPa），汽化冷却，微机控制上料，生产酸性球团，用二铁厂生产的机烧替代土烧，热风炉加高，热风阀汽化冷却，用矩形陶瓷燃烧器，烟气余热利用等节能装置技术。1989 年高炉利用系数

达到 2. 1t/(m^3 · d)，焦比降至 625kg/t。我在现场讲课，介绍国内小高炉生产经验，同时学习厂领导们敬业爱业、改革创新的精神。

1996 年两座 109m^3 高炉扩容至 120m^3，高炉产量又进一步得到提高。小高炉淘汰是必然，莱钢胜利完成历史任务。领导和同志们为莱钢小高炉生产做出重要贡献，培养了一批建设新莱钢的技术骨干和接班人，一铁厂功不可没。

2. 7. 2. 2　参建莱钢二铁厂

调研

莱钢第二炼铁厂是随客观形势发展而建立的。1970 年在济钢见到山东省冶金厅副厅长马彩佼。他是我的浙江东阳老乡，炼铁老前辈，对我寄予厚望和信任。他谈到省政府决定在莱芜建设大型钢铁基地，那里条件得天独厚，广阔丘陵地，农业和水源基础均较好，邻近矿产、煤炭资源丰富，利用省内有利条件，离城区远，环境优良，可发展大型钢铁联合企业，希望能去实地看看，献计献策。按照马厅长的嘱咐，经他介绍，我往莱钢建设工地参观。

我晚间到济南，由于站前旅馆已客满，求助于马厅长。他爱人带我到莱钢驻济南办事处办妥住宿。次日，乘招待所班车直达莱钢建设指挥部。

住在丘陵高处莱钢临时招待所，指挥部领导邀我参加莱钢建设高炉方案论证会。莱钢要建大高炉，领先山东省。多数认为莱钢目前原、燃料、资金、设备、技术等条件有限，应稳中求进，先建国内现有 620m^3 高炉为宜，取得经验后，再逐步扩大。

1970 年 4 月 11 日，济南军区官兵参加举行 620m^3 高炉基础浇灌会战大会，场面隆重热烈。5 月 21 日，军区司令员、山东省委核心领导小组负责人杨得志来七〇一工程现场视察。

参观了莱钢 1970 年前建的两座 100m^3 级高炉。土烧结、低品位、低风温，生产条件差，坚持生产，对培养人，积累生产经验有益。

620m^3 高炉的建设和生产

1986 年 6 月，马厅长邀我到莱钢了解 620m^3 高炉建设和生产情况。我听了济铁调任莱钢高炉建设副总指挥李继雨的介绍，重逢老领导，很高兴。620m^3 高炉 1975 年 5 月投产，配有两台 50m^2 烧结机及与之配套的原料场和喷吹煤粉设施。烧结矿为热矿工艺。由于多方面原因，高炉投产至 1981 年 8 月一代炉龄 6 年，生产能力低，指标落后，平均利用系数仅 0. 97t/(m^3 · d)，入炉焦比高达 717kg/t。

随着国家经济建设的发展，以改革为动力，学习同类型的邯钢 9 号高炉先进经验和目标，坚持加强企业管理与推行技术进步并重的方针，不断挖掘内部潜力，近几年来烧结和炼铁技术指标都有了明显进步。1986 年炼铁生产超过设计能力，当年取得利用系数1.4t/(m^3·d)，入炉焦比538kg/t的好成绩，生产有了转机，大有希望。

参观了620m^{3}高炉现场，受到二铁厂领导许善玉热情接待。实行厂长负责制，奋发图强，重视原料，实行有效的技术措施，艰苦奋斗，逐步改变落后，前途光明，令人振奋。

厂领导张允茂等陪同我到烧结车间参观。厂里在热矿烧结的不利条件下，广泛开展技术改造，取得成效，烧结有了新的转机，甚为可喜。

次日在莱钢生产总调度室，见到东工老校友赵文卿主任。他年过半百，日夜操劳，为莱钢建设付出了心血和劳动，做出了很大贡献，向他亲切问候，致以敬意。

当天下午要乘火车回沈阳，中午李继雨副总指挥邀我到他家用午餐，畅叙友谊，谈论工作和国家大事，临别时赠送一幅毛主席、周总理合影彩照。离火车开车不到一小时，他派车送我到泰安火车站，上车仅几分钟，列车就开动了。领导对我的盛情款待和厚爱不能忘记。

1989年4月2~4日，冶金部在莱钢召开550~750m^{3}高炉经验交流会，部领导徐矩良到会讨论。会议讨论了该级高炉普遍存在指标较差的问题。其主要原因是原料欠佳，喷煤比低，装备水平等不高，要提高风机能力，选用炉外脱硫、煤气干除尘等一些实用技术。

2.7.2.3　讲学

1989年6月，省冶金总公司技术处程科长和谭嘉麟工程师陪同我到莱钢二铁厂轮回讲学。讲课前参观高炉现场。其生产有了长足进步。

“七五”期间，620m^{3}高炉进行了一系列技术改造，包括槽下称量自动控制，主卷扬可编程序上料，实行高风温（1050℃）、富氧鼓风、喷吹烟煤（70%）、汽化冷却、冷风管道保温等技术措施。1989年利用系数达1.71t/(m^3·d)，入炉焦比为472kg/t，喷煤比为90kg/t，跨入同类型高炉先进行列。

烧结生产采用蒸汽预热混合料，低碳厚料层操作，配加少量生石灰，提高烧结矿碱度，改造点火器，生产酸性球团矿等。取消一铁厂土烧，全部由二铁供应机烧，启用两台50m^{2}烧结机同时生产，烧结有了新的进步，为炼铁生产立下头功。

我在二铁厂会议室大厅讲课，张耀祖厂长主持，结合莱钢炼铁问题讲解。(1) 认真贯彻“高、熟、净、匀、小”精料方针，不吃百家饭，稳定品种，生产质量较好的高碱度烧结矿，配加酸性球团矿，获得合理的炉料结构。重视焦炭质量，统一管理；(2) 推行成熟的高风温、富氧、大喷吹等先进技术，强化混煤喷吹，追求最高经济喷煤比；(3) 优化高炉操作，掌握上下部调剂重要环节，

“上稳”“下活”，确保稳定顺行，加强生产管理，统一操作思想。

2.7.2.4　新高炉布料试验

为了追求新高炉科学进步，投产前做了大量的准备工作，探索750m^{3}无钟炉顶高炉布料规律。1991年莱钢钢研所技术中心与东北工学院签订技术合同，利用实验室无钟炉顶模型模拟莱钢新建高炉，测定炉顶节流阀开度与料流量的关系以及溜槽档次、料面形状、径向矿焦比和布料操作参数相关等数据建立数学模型，供新高炉开炉及操作提供参考依据。

1993年750m^{3}高炉投产前夕，我同研究生林成城到现场，与钢研所技术中心，在厂领导和刘元和等高工组织指挥下进行无料钟炉顶布料实测工作。利用装满料时实测不同溜槽倾角，料流下降轨迹、料面的落脚点，工作难度大，难以看清。这在我国大型高炉首开先例。经过艰苦工作，对无料钟炉顶布料有了真实感。测得了一些有益参数，供今后炉顶布料参考。所得结果与实验室研究基本相似。

1993年6月、1995年5月，莱钢二铁厂先后建成2号和1号两座装备水平较高的750m^{3}高炉及其配套的2×105m^{2}烧结机。1号高炉是原620m^{3}高炉大修扩容改建而成。克服了基建和生产的严重交叉带来的困难，以较快速度实现高炉达产、达效。

2.7.2.5　参加会议

科技成果鉴定会

1989年4月，山东省冶金总公司邀我到济南参加莱钢620m^{3}高炉几项科技成果鉴定，包括槽下称量自动补偿系统，主卷扬改用PLC可编程序控制，50m^{2}烧结机点火器改造等。总公司谭嘉麟、莱钢二铁厂许善玉等负责人与会。专家们对项目给予好评，认为达到国内先进水平。

冷固球团护炉料鉴定会

1993年7月23~25日，冶金工业部在泰安东岳宾馆召开钛精粉冷固球团护炉鉴定会，会议由莱钢全面组织，全国炼铁精英40余人到会，周传典副部长及徐矩良等出席会议。

20世纪80年代，宣钢和北京钢铁研究总院等单位利用钛精粉配加一定量的黏结剂，经过挤压成球，烘干等程序开发出质量良好冷固球团生产新工艺。承钢就此将钛精粉生产冷固球团矿（TiO_2 39%）与钒钛矿并供高炉护炉用料，受到欢迎。

莱钢在会上介绍用钛球护炉的经验，620m^{3}高炉炉役后期，炉缸发生异常侵蚀。1993年用承德钛球护炉，加钛球钛负荷6.5~10kg/t，铁水含钛0.1%升高到

0.14%。钛球从炉顶加入，第三天很快见效，炉缸侧壁温度下降，高炉用钛球护炉在无中修等条件下，炉龄达到11年以上。

与会专家对钛精粉冷固球团护炉效果好并扩大护炉料的矿源，给予充分肯定。

会后组织代表游泰山。重登泰山，通观雄伟壮丽的山势。在南天门、天街门前、玉皇顶上、日观峰巨石上、西神门前摄影留念。

下午下山游岱庙。岱庙是历代皇帝登临泰山祭典之地，规模宏大，其与北京故宫、曲阜孔庙并称为中国三大古建筑群。庙内有四合院式的行宫，为历代皇帝泰山行祭时住所。殿内供奉东岳大帝神像，古木参天，五棵高大古柏，至今已两千多年。

高炉喷煤工作会议

1997年3月18~20日，参加在莱钢召开的全国高炉喷煤炼铁工作会议。莱钢介绍了高炉提高喷煤比的经验。会议主要讨论大力提高喷煤比为中心，积极推动精料、高炉长寿、高风温、高压炉顶等技术的全面进步，促进我国炼铁技术总体上尽快赶上世界先进水平。

新建大于1000m³高炉论证会

2001年8月12日，应莱钢邀请在莱钢新兴大厦会议室参加莱钢《1260m³高炉工程可行性研究》论证会。与会的有徐矩良、刘云彩（首钢）、吴启常（北京院）、伍积明（重庆院）、汤传盛（包钢）、杨光（马院）以及鞍钢、攀钢、唐钢、北京科技大学、浙江大学等单位的专家教授。莱钢主要领导和各有关厂处负责人均出席。莱钢技术中心副主任刘元和主持会议，山东冶金设计院作可行性研究报告。根据莱钢发展需求，结合现有财力、人力、资源等条件，先建一座1260m³大高炉是可行的。设计指标为：高炉利用系数大于2.0t/(m³·d)，入炉焦比低于350kg/t，矿石品位为55%~60%，采用富氧大喷煤、高风温（1200℃）等成熟的先进技术，一代炉龄不中修20年。

专家们认为，莱钢建设大于1000m³（1260m³）大高炉很有必要，设计指标力求先进，但要留有余地，对高炉本体设计提出一些积极性建议和补充。公司总经理赵雁彬在会上讲话：高炉设计可搞大一点（1500m³左右），采用高炉长寿，炉缸新结构等重大技术，需要投资比较能承受得起，风温要高于1200℃以上，入炉矿石品位不低于60%，经过努力可以做到的。任浩副总经理提出对原、燃料的条件高要求，各设计系统要进行经济分析，力求实效。设计指标要先进，努力争取炉龄达20年。山东冶金设计院姚朝胜院长认真听取大家意见，表示尽力完成可行性研究。

专家系统鉴定会

2002年6月20日，参加莱钢在新兴大厦召开750m³高炉智能控制专家系统

鉴定会。与会的专家有周传典、徐矩良等人。该系统是2001年6月莱钢与浙大研究员刘祥官协作指导下在1号高炉（750m³）安装运行。利用计算机大量数据运算顺行时的各项参数，将高炉运行参数和计算最佳参数作比较，作出对高炉行程的判断。该系统750m³高炉［Si］、［S］预测命中率达到95%以上，给高炉操作者提高判断炉况发展的依据，获得良好效果。专家们对该系统给予充分肯定，认为依靠计算机来优化决策和科学管理的方式应予提倡，并到高炉现场观摩该系统操作实况。

会后我和周部长夫妇，徐矩良总工等到莱钢后山漫步观景，别有风情，谈及共同为国家炼铁发展努力奋斗几十年，以及炼铁日新月异，繁荣发达，感到由衷的高兴和欣慰。感谢冶金工业部领导和同志们长期以来对我的信任和关爱，终生难忘。

临行前与莱钢罗登武副总经理，总工办刘元和主任座谈莱钢炼铁生产和未来发展方向等情况，兴奋不已。满怀信心，美好莱钢明天将更辉煌。

炉衬结厚座谈会

2008年莱钢二铁厂高炉发现砖衬结厚，影响生产。同年1月28日，我和首钢齐树森、钱世崇（设计院）、太钢罗英溥、唐钢刘国民、北科大程树森在长治钢铁厂讨论高炉护炉后齐集莱钢，研讨二铁高炉结厚问题。王子金厂长主持讨论会。专家们认为可能与烧结矿粉末多、边缘过重、冷却强度大等有关。提出洗炉，调整操作制度，提高烧结矿强度，原、燃料分级入炉等建议。我在住所新兴大厦与公司技术中心郭怀功副主任等深入讨论二铁高炉结厚问题，取得共识。

2.7.2.6　技术进步与发展

高炉技术进步较快

750m³ 高炉投产以来，发展较快。2号高炉五年来大都处于正常状态。1号高炉1995~1968年受原、燃料等条件影响，曾两次结瘤。高炉汽化冷却，炉皮破损严重，影响高炉强化。几年来，随生产条件的改善和技术进步，有了较大变化：坚持贯彻精料方针，狠抓原、燃料管理，采用小球烧结，稳定烧结矿碱度，加强高炉槽下筛分，同时炼焦寻求合理的配煤比等措施，烧结、焦炭质量得到明显提高；通过喷煤系统改造，扩大喷煤能力，喷煤比提高到150kg/t；优化高炉操作；提高顶压至120kPa左右，采用长风口，缩小风口直径，吹透炉缸中心，保持稳定顺行和合理的煤气流分布；实行低硅铁冶炼；高炉改为软水密闭循环冷却，满足高强度冶炼和长寿的需求。同时，采用先进的检测技术为安全生产提供保障。通过以上技术改造，高炉冶炼得到强化，主要技术经济指标进入全国同类型高炉先进行列。1996年1号，2号高炉利用系数分别为1.82t/(m³·d)、2.06t/(m³·d)。2001年两座高炉利用系数，入炉焦比，分别达到2.34t/(m³·

d)、2.49t/(m³·d)，370kg/t、367kg/t，平均喷煤比达152kg/t的先进水平。

跨越式发展

2010年，在吕鲁平带领下，重访莱钢，工厂已发生巨大变化。二铁厂除2×750m³高炉外已续建1×900m³、3×1000m³大型高炉，原一铁厂4×100m³级高炉已淘汰，2×1200m³代替2×120m³高炉，后扩容为2×1880m³，与另新建的1×3200m³高炉，统由莱钢集团银山型钢公司管理。

10月中旬，参加了莱钢技术中心在新兴大厦组织转底炉生产金属化球团的技术讨论会。该设备已在3200m³高炉一侧建成，正筹备生产。该工艺流程尚待完善。通过长期实验和改进，盼望正常生产。

随后郭怀功等为我组织技术讲座，着重讲授高炉上下部调节的重要环节。理论上分析大料批的极限值。课堂标出高炉软熔带、块状带沿高度压差变化的交叉点相应的批重。这是最佳值，引起赵红光、王子金两位厂长的关注。会后王子金厂长陪同参观新投产的3200m³高炉以及新建的转底炉。莱钢炼铁进入近代化生产，跨越式发展，形势喜人，令人钦佩和赞扬。

我这次在新兴大厦会见了在莱钢工作的郭怀功、李强之、赵红光、许善玉、杨军等校友，师生久别重逢倍感亲切。他们为莱钢的发展作出了重大贡献，无限快慰。

长期来我和莱钢同志们结下深厚友谊，受到公司总工王认清、副总经理罗登武及总工办刘元和主任等热情接待和帮助，深表谢意。

参观了莱钢临近的莱芜市钢铁厂。其有4座100m³级高炉，生产条件较好，总体生产水平较高。生铁大都供上海钢厂炼钢。厂内见到炼铁王惠起校友。他负责生产技术工作。我向他们学习和交流座谈，收获良多。后来该厂归属山东泰山钢铁公司，拥有2座1780m³高炉，正向近代化生产迈进。

2.7.3　我与张钢

张钢原张店钢铁（总）厂，山东钢铁集团成员之一，山东冶金总公司直属，地方钢铁骨干企业，“七五”期间有2×128m³、2×100m³高炉4座。2001年11月原5号高炉（100m³）原地扩容改建420m³，至2007年全厂拥有高炉4×128m³，1×420m³共5座。改革开放后，小高炉全部停产，2010年建成一座近代1350m³高炉，已投产，奔向现代化生产。

2.7.3.1　访张钢炼铁厂

张钢炼铁厂在省内有较高的知名度。“文革”后首次到张钢参观访问，受到领导和同志们热情接待。炼铁厂有4座100m³级高炉生产，秩序井然，技术装备良好，生产水平较高。由于炼铁车间副总工邹德三、技术科尤敬义（校友）科

长等，重视技术革新和改造，厂发展较快。

（1）建有 24m² 烧结机，机头机尾采用重力摆动板式密封。烧结带冷后的烧结矿，经破碎筛分处理，大于 5mm 的供高炉使用，小于 5mm 的返回烧结。成品和混料场储备的烧结矿，先经筛分再送高炉。槽下改为微机程序控制与称量自动补偿。

（2）加强动力系统水冷却，扩大软水处理能力，增加电动鼓风机，逐步淘汰汽轮风机。

（3）焦炭整粒系统的狼牙破碎机改为切焦机，减少出粉率 8%~10%。

（4）高炉引进节能型进风装置，汽化冷却。热风炉采用喷涂技术，七孔高效格子砖，汽化冷却。烟道余热回收。

1989 年 100m³、128m³ 高炉利用系数为 1.93~1.67t/(m³·d)；入炉焦比为 582kg/t；风温为 889~869℃；喷煤比为 59~38kg/t；矿石品位为 51.95%~51.74%；熟料率达 77.76%~77.62%，居同类型高炉较好水平。

2.7.3.2　应邀讲学

（1）厂领导对我讲学，很重视。开始安排在厂会议室进行，为了配合全厂职工技术培训，改在俱乐部大礼堂讲课，贴海报，大力宣传鼓励人员听讲。我结合张钢生产条件，分期、多次讲授烧结、炼铁新工艺新流程、新技术应用等，受到热烈欢迎。

期间尤敬义等陪同到临近的淄博钢铁厂参观，受到在该厂工作的炼铁校友赵万金亲切接待。厂有 22m³ 高炉一座，高炉汽化冷却，利用蒸汽取暖，有顶燃式热风炉三座，剩余高炉煤气烧锅炉。1988 年 3 月年产 3 万吨球团矿车间投产。解决小高炉长期原料不精、吃百家饭的被动局面，熟料率提高 50%，综合入炉矿石品位提高 5%，增产 20%，焦比下降 25kg/t，入炉料化学成分波动减小，炉况稳定顺行。1989 年高炉利用系数为 2.79t/(m³·d)，入炉焦比为 648kg/t，风温为 916℃，矿石品位为 55.34%，熟料率为 87.64%，达到较好水平。师生久别重逢，共叙情谊。

（2）1989 年 6 月 2 日省冶金总公司技术科程科长，谭嘉麟高工陪同到张钢轮回讲学。在厂领导悉心安排下，分次进行专题技术讲座，内容包括高炉精料、提高喷煤比和矿焦混装等新技术，以及优化高炉操作等。俱乐部满座，课后提问答辩反响热烈。时逢北京发生“六四”政治风波，讲课没有影响。

在张钢受到厂长白怀珍和副厂长李松柏（校友）等热情关怀和款待。假日技术科杨永新工程师（校友）等陪同去齐国故都参观。东行至辛店镇参观姜太公祠。太公姜尚齐国开国之君，振兴国家不遗余力，齐人崇敬怀祖，特为他建衣冠冢。北行到淄博古城齐都镇，是三千年前齐国的封地。齐桓公当政时，临淄也成为列国中最繁华的名都。古城残垣尚存，夯筑的痕迹依稀可辨，千年沧桑，如今都城遗址已成农田，难以想象是齐桓公行使最高权力之处。

在宫城北门外，一座土丘就是春秋时著名政治家、贤相晏婴冢。陪伴他的除丛生的野树，只有几块无名的石碑。

大城东北角齐景公的墓葬处，墓室东北西三面是规模巨大的殉马坑。齐桓公生前爱马，挥金如土，死后随葬六、七岁的壮马 106 匹。全坑殉马 600 匹以上。随葬马处死后整齐排成二列，井然有序，昂首向外侧卧，呈临战状态，十分壮观，令人惊叹。

管仲墓就在北山庄村头。墓周围荒凉寂寞，杂草丛生，他是中国历史上不可多得的政治家和思想家，受人崇敬。

随后主人带我去淄川参观名著“聊斋志异”作者蒲松龄故居。蒲家庄在两条小街的交角，延伸到月亮门，门上方悬挂着“聊斋”的匾额。小院西北隅水池边黑色大理石座上是汉白玉的蒲松龄坐像。月亮门内院有三间青砖瓦房，左侧挂一绿字铜牌，上书“聊斋”。1640 年蒲松龄就出生在这间蒙古族的房间里。房中正面墙上悬有“聊斋”的匾额，其下是蒲松龄画像。室内摆放他用过的旧木家具，桌上笔砚和一个手炉。床上摆放粗布被褥，让人联想到他生活的贫困和艰难。西院是展览室陈列着蒲氏家谱、年谱、蒲松龄手迹及各种不同版本的《聊斋志异》。

蒲松龄秉性耿直，嫉恶如仇，借用狐妖鬼神的故事，无情揭露社会的黑暗，怒斥贪官污吏，抗议权贵的不仁。他将 491 篇故事聚为一集，称为《聊斋志异》，被誉为中国文言小说之冠。

蒲松龄墓位于石隐园东南蒲氏宗族的墓地，墓前立有“柳泉蒲先生”黑色大理石墓碑。一代文学巨匠在此沉睡 280 多年，不断来人拜谒和凭吊。

2.7.3.3　张钢快速发展

1988 年，尤敬义、邹德三等开展 100m^3 高炉矿焦混装试验，取得成功。其中 4 号炉槽下使用称量车，装矿入受料斗，焦仓焦炭装入称量漏斗，混装时同时进入料车中，此时不要混合均匀，否则倒运混合反而不均匀，因此掌握矿焦混装的动态混合状况是混装效果的关键。

张钢与淄博市桓台县山东跃昌球团公司合作生产质量较好的球团矿，促进张钢精料水平的提高。对该公司领导任道江创业精神表示钦佩。

1990 年 1 月，厂领导邀我在武警招待所参加喷涂料的鉴定会。现场经过不断改进和创新，热风炉等使用喷涂料，对炉壳的保温、防腐蚀等效果良好，得到专家们的肯定和好评，建议推广使用。

进入 21 世纪张钢炼铁又有了新进步。

3 号、4 号高炉（128m^3），调整风口布局和装料制度，采用大矿批，正分装，煤气利用更充分，炉况顺行稳定，利用系数达 3.5t/(m^3·d) 以上，焦比降到 510~530kg/t。5 号炉（420m^3），于 2001 年 11 月投产后通过提高入炉料品位、使用无水炮泥等措施，取消了放上渣操作及增加出铁次数，出净渣铁，规范炉前操作，改善料柱透气性等，利用系数达 2.6~3.0t/(m^3·d)，综合焦比下降到 532kg/t 的良好水平。

2010 年 10 月，吕鲁平陪我到张钢参观，张店钢铁总厂已改名为山东钢铁集团淄博张钢公司，炼铁厂新建一座 1350m^3 近代高炉以及配套的烧结和焦化设施，已建成投产，成为张钢发展的新里程碑。原小高炉已逐步淘汰不见了。为了张钢长远发展不甘落后，上级领导英明决策，拆旧建近代大高炉是完全正确的，令人钦佩。

我住在张店城内宾馆。张店街道整洁，楼房四起。充溢现代城市气息。晚间主人设宴款待，好朋友杨永新等均来参加，久别重逢，共叙情谊，忆往在张钢的岁月，无限怀念。

次日由李松柏陪同参观新高炉。其生产有序，投产顺利，较快达产达效。工作人员大部来自老厂，通过培训已逐步掌握大高炉生产技术，可敬，可喜。祝贺张钢取得跨越式发展。

我和厂领导同志们进行座谈，向大家介绍大高炉冶炼的一些基本规律，谈到要科学冶炼、责任炼铁、严守岗位、精心、优化操作，张钢炼铁发展前景无限美好，敬祝张钢更加兴旺发达。

临别前，旧地重游，张店的明天会更灿烂。

2.7.4　我与日钢

2.7.4.1　千万吨级的民营企业

日照钢铁公司位于山东黄海之滨日照市石臼所，是由河北钢铁民营企业家董事长杜双华本着与时俱进、认真求实、团结协作理念，到日照兴建的钢铁厂，于 2003 年 3 月 31 日开工建设，9 月 28 日第一座高炉竣工投产。经过 7 年的发展，已成一家配套齐全的千万吨级民营钢铁联合企业。现为山钢集团主要成员，产能超过山东钢铁的一半以上，约居全国第九位。

炼铁厂配备 60 万吨机械化焦炭堆场和 5 台堆取料机，高炉有 2×450m^3、2×530m^3、2×600m^3、2×1080m^3、800m^3 级等共 16 座，铁水年产能力 1400 万吨，全部采用 pw 型无料钟炉顶，高炉顶压为 150~180kPa，采用重力加干式布袋除尘。配套 16 台 TRT 余压发电系统。全部为球式热风炉，实现空气煤气双预热，风温可达 1150~1220℃。炉前采用同侧液压泥炮及液压开口机。采用轴流压缩机，风压达300～360kPa以上。采用中速磨煤机2×33t/h、6×55t/h共8台，喷煤制粉能力为200kg/t，实际喷煤比达到190kg/t以上。

烧结厂拥有4台大型堆料机，8台取料机和5台堆取料机。2×400万吨的混匀料场，配备$2×60m^2$、$1×75m^2$、$2×90m^2$、$6×180m^2$、$2×360m^2$烧结机共13台。$180m^2$、$360m^2$烧结机分别配备烟气脱硫，余热发电装置。

固废综合利用厂处理含锌的含铁粉尘，生产还原铁球，建成转底炉海绵铁生产线两条，设计年处理厂含锌粉尘原料2×20t，金属化率达70%，粉尘脱锌率达80%。

2.7.4.2　讲学与座谈

技术特色

2010年10月中旬在吕鲁平陪同下到日照钢铁参观访问，受到日钢公司总工程师谢国海亲切热情接待和款待。住日照市良友君豪大饭店，参观$1080m^3$高炉现场，倾听主人介绍日钢炼铁概况，炼铁分一、二两厂，有$450～1080m^3$大小高炉16座。其基本稳定顺行，秩序良好。高炉利用系数平均在$3.2t/(m^3 \cdot d)$以上。入炉焦比约400kg/t。煤比高于130kg/t，矿石品位为56%左右，风温为1150℃，烧结、球团率分别为80%和90%。以资源的高效和循环利用为核心，以减量化、再利用、资源化为原则，以低能耗、低排放、高效率为基本特征，符合可持续发展理念的经济增长模式转变。铁前借鉴国内先进企业的经验，探索、总结，整理出一系列专有技术，如：优选配料、全褐铁矿烧结生产、全赤铁矿精粉球团生产、高比例高铝矿烧结技术、酸性烧结矿生产、炼铁优化炉料结构、经济冶强冶炼、高炉余压发电、铁前循环经济等。这些形成日钢技术特色，大大提高了企业技术水平，创造了巨大经济效益。对日钢炼铁系统取得的成就，表示祝贺。

在座谈会上我提出众多高炉和烧结群体，是否会带来生产管理上的难度。他们回答：日照钢铁始终坚持以经济效益为中心，坚持不懈追求企业效益最大化的方针，随着科技的进步，逐步实现现代化生产。

技术讲座

第二天谢总和炼铁厂领导为我组织技术讲座。应主人要求，我向全炼铁系统科技人员做了高炉冶炼钒钛磁铁矿理论和实践的报告。

我国攀西地区蕴藏丰富的高钛型钒钛磁铁矿，铁钛精矿含TiO_2高，高炉冶炼高钛渣（TiO_2）高达25%～35%，由于（TiO_2）过还原，炉渣变稠，严重影响钒钛矿开发利用，成为世界性冶炼难题。

20世纪60年代，冶金部组织技术攻关组，先在承德$100m^3$高炉进行攀矿冶炼模拟试验，取得成功。总结出低硅、渣口喷吹等技术措施。之后在西昌410厂

$28m^3$ 高炉进行攀矿冶炼试验，与承德试验效果一致，为攀钢建设提供科学依据。

1980年攀钢1号高炉 $1000m^3$ 正式投产，出现泡沫渣、粘罐、铁损高等一系列难题，再次攻关。认识到抑制 TiO_2 还原，关键是提高炉内氧势，同样氧势小高炉可行，而大高炉就不足了。因此配用部分普通矿，把（TiO_2）降到23%左右，同时提高冶炼强度，富氧大喷吹后，泡沫渣等就自然消失了。攀钢高炉在入炉品位仅为47%的不利条件下，利用系数达到1.97t/(m^3·d）以上，开创了国内外大型高炉（1000~$2000m^3$）用难冶炼的特殊矿、低入炉品位达到高利用系数的典范，其生产水平达到国内外普通矿冶炼的先进水平，在高钛型钒钛矿高炉冶炼技术方面处于世界领先地位。

攀钢的成就催人奋进，坚信日钢的明天将会更好。

课后炼铁厂长及主管技术人员在日钢餐厅设便宴招待，切磋交流，称赞讲课效果好。受到鼓励和启发，盼望下次再来讲学，共叙友谊，结成良缘。事后在餐厅门前，集体合影留念。

临走前由谢总陪同参观新投产的一座转底炉，处理含锌粉尘，生产海绵铁球。该生产初获成效，在国内少见。

在日照钢铁公司大门额牌前，与吕鲁平、谢国海总工合影留念。

2.7.4.3 告别日照，顺访临沂

厂领导派车送我们游览日照市和港口码头。日照港原为石臼所深水良港，可泊巨型轮船，环境优美。山东省早就计划在此建大型钢铁联合企业，如今建有日照钢铁，终成现实。登上码头渡船，茫茫大海，一望无际，海阔天空。记得我在20世纪60年代曾随山东省冶金厅马彩佼副厅长到此考察，当时一片荒凉，今非昔比，感慨万千。港口大广场一片春色，车流不息，货运繁忙，高大灯塔。耸立岸边，凭海边栏杆，眺望四周，景色迷人。住地周边高楼大厦，绿树成荫，清凉海风迎面而来，是休闲、疗养的胜地。

晚间谢总到饭店宴请，他希望我们多留几天，师生情谊深重，令人感动。

第三天我们告别日照钢铁。此行日照钢铁给我们留下了深刻印象。归途路过山东滨州海得曲轴有限公司。探讨钛白粉生产的残渣（TiO_2 32.17%），精选提高 TiO_2 品位的可能性。当天到达鲁南重地临沂，住沂景假日酒店。临沂江鑫钢铁公司炼铁厂有 $500m^3$ 高炉两座，实施高富氧（富氧率3.5%）、喷煤比140kg/t，获得高系数、低焦比（380kg/t）的喜人成果。临沂天高气爽，游览了整洁市容和公园，鲁南风光，景色美观。次日回到济南。

2.7.4.4 日钢的转型升级

2016年，为了促进山钢集团的转型升级，推动钢铁产业的低碳、绿色发展，

山东省决定在日照钢铁精品基地建设省第一座 5100m³ 高炉。这在山东炼铁史上具有里程碑意义。

同年 12 月 1~2 日，中国钢铁工业协会高炉生产技术专家委员会下半年年会在日照市召开，日照公司副经理王子金以及协会、鞍钢、首钢、宝钢、武钢等 70 多名专家和代表出席会议。委员会就加快我国大型高炉的技术进步、实现信息共享、日照有限公司提出的 1 号 5100m³ 巨型高炉如何顺利开炉、快速达产以及投产后长期稳定顺行等 22 个问题进行交流。日照公司认真听取建议，努力为特大高炉安全顺利开炉、高效稳定生产奠定坚实基础。

会议期间，专家和代表参观了正在建设的 1 号 5100m³ 高炉施工现场。

2.7.5　我与青钢

青钢原为青岛钢铁厂，地方钢铁企业，后改称青岛钢铁公司（以下简称青钢），搬迁组建后改现名，始建于“大跃进”年代。

2.7.5.1　初访青钢

20 世纪 60 年代，我参加冶金部在青岛冶金建筑学校的冶金院校教学工作会议，顺便参观青岛钢铁厂。其小高炉建在山丘上，条件较差。

1996 年炼铁厂迁址重建。2002 年止，拥有高炉 2×350m³、1×420m³、1×500m³ 共 4 座，2006 年分别改造为 1×350m³、3×500m³，由于厂区为航空限高区，限制高炉大型化和应用新技术。

21 世纪青钢实行环保搬迁，在青岛市黄岛区泊里镇新址组建青岛特殊钢铁公司。炼铁作业部一期工程：2015 年、2016 年配套建设 2×240m² 烧结机、2×65 孔 7m 顶装干熄焦炉、2×1800m³ 高炉分别建成投产。

2.7.5.2　再访重建青钢

20 世纪末，我到迁址重建的青钢铁厂参观，受到厂副总工刘泉兴（鞍钢调来）热情接待。他介绍青钢从历史及规模上都处于初步阶段，经验不足，指标不够理想。1996 年 1 号高炉投产以来，炼铁系统生产工艺不断配套和理顺，工序和装备逐步提高和完善，生产水平逐步上升。1999 年高炉利用系数达到 2.79t/(m³·d)，全焦冶炼焦比为 545kg/t，主要措施包括：

（1）突出精料，优化炉料结构。高炉采用进口矿，逐步淘汰土烧结和省内黑旺等低品位矿，不断提高和改善 2×50m² 烧结机产品的质量。采用合理的炉料结构，确保矿石入炉品位 60%以上。

（2）强化冶炼，改善煤气利用。采用大批料、分装、提高风压、吹透中心、不放上渣、低硅铁冶炼（[Si] 0.4%~0.6%），改善煤气利用，煤气 CO_2 含量达

到17%~18%以上。

(3) 大力提高风温。热风炉通过双预热，提高助燃空气和高炉煤气温度350℃和250℃，实现1150℃以上高风温。

(4) 炉前技术进步。主沟材质改进为免烘烤铁沟捣打料，撇渣器采用捣打碳素料，使用优质有水和无水炮泥等。

(5) 重视高炉长寿和煤气干式除尘。冷却系统采用软水闭路循环冷却，炉缸采用陶瓷杯和自焙炭砖结构。除尘采用煤气干式布袋除尘新工艺，收到环保节能的好效果。青钢高炉技术进步，令人振奋。我提两点意见：

1) 解决焦炭供应不足问题。目前焦炭不能自给，外购焦炭品种杂，成分波动，严重影响高炉稳定顺行，亟待处理。

2) 尽快实行高炉喷煤。高炉长期全焦冶炼，直接影响生产水平，克服资金、场地等困难，力争高炉早喷煤。2002年青钢高炉终于实行喷煤，获得可喜成果。煤比高达110kg/t以上，焦炭供应和质量均有新的进步。2006年青钢500m^3高炉生产又上了新台阶，利用系数为3.5t/(m^3·d)，最高为3.7t/(m^3·d)，焦比为380~390kg/t，矿石品位为58%~59%，风温高于1100℃，居全国同类型高炉先进水平。

通过环保搬迁，新区1800m^3高炉长期稳定顺行，状况良好，综合燃料比维持在500kg/t左右，取得技术和成本的双赢。

2.7.6 参加青岛的两次会议

2.7.6.1 参加中国金属学会青岛年会

1963年6月，我接到中国金属学会在青岛召开年会暨第二届代表大会的通知。院办公室主任李文健找我，道及靳树梁院长也去青岛开会，他正在秦皇岛冶金部疗养院养病，让我先到秦皇岛接靳院长陪同一起前往青岛。嘱托我沿途尽力照顾靳院长的身体健康，学校就不另派人陪同了。当即交给我一封介绍信，如遇到困难可出示请求帮助。学校已和冶金工业部驻天津办事处联系好，抵达天津后他们负责安排去青岛。

我受重托，在青岛开会报到前一天去秦皇岛接靳院长，并陪同到天津。冶金工业部天津办的同志已在车站等候，随即送我们到市内高级宾馆——国民饭店休息。我到服务台办理入住手续，服务员见靳院长身着简朴，看不出是一位高级领导，要求稍等。我拿出介绍信，他打开一看，信上写明靳树梁，东北工学院院长，一级教授，行政六级……当即失声，原来是首长。立即招呼服务人员领靳院长上楼到贵宾房休息，并告知，一切不用过问了。宾馆全面负责接待首长，你可临时到普通客房休息或自由行动，今晚买好火车票，准时送站上车去青岛。

第二天抵达青岛，会议已来人接站。我向会议领导报告靳院长病情和健康情况。靳院长、我及冶金部刘彬副部长等领导及学会主要负责人共住同一宾馆，靳院长住高级单间。为了方便照顾，安排我和刘部长秘书刘克宽同住一室，走廊近处可见靳院长卧房。

刘部长等领导对靳老很敬重。宾馆离会议大会堂不远，每次靳院长参加大会，来回都派车接送。靳院长对自己要求很严格，坚持步行赴会，拒乘专车，司机无奈还是奉命驾空车跟随靳院长，一路伴行，令人感动。

这次中国金属学会年会规模较大，出席大会的有冶金工业部刘彬副部长，学会主要领导陆达、靳树梁、王之玺、叶渚沛、李公达等。与会炼铁界专家有蔡博、章光安、张省己、李镜邨、马彩佼、庄镇恶、李马可、张越、张寿荣、杨永宜、成兰伯、朱其文、袁孝惇等人。

大会由学会秘书长王之玺主持。刘彬副部长讲话，阐述解放以来钢铁工业较快发展，取得新成就，为社会主义建设做出重要贡献，希望钢铁界再接再厉，争取更大进步，特别攻坚克难，要有新的突破。

大会宣读重要论文，叶渚沛所长做了炼铁“三高”理论的学术报告，受到重视和欢迎。

会议进行分组报告和讨论。我参加炼铁学委会，由主任蔡博主持，会上宣读论文，介绍炼铁技术的进展，交流经验，讨论今后发展方向，取得共识。几位炼铁老前辈殷切希望发扬艰苦奋斗光荣传统。争取炼铁有新面貌、新跃进。叶渚沛所长在分组会上做了“三高”理论的补充发言，代表们对高风温、高压表示赞同，但对高湿分还有些保留意见。

最后大会进行选举，代表投票，选出新一届学会领导机构。王之玺同志作了总结讲话，会议胜利结束。

会议历时十余天。每天下午多数代表集体到海边游泳，我跟随宾馆住的领导和随行人员到专用海边浴场游泳。浴场环海，海水一望无际，为了安全，划有警戒线。领导们游兴很浓，鞍钢马宾经理远游深海，往返千米以上。我不善游泳，主要在较浅水域游动，同志们教我游泳，短短的十余天，学会了仰泳等，非常高兴。不远处，偶尔还看到杨得志将军也在游泳。

青岛面向大海，环境清幽，风景秀丽，这里是一幢幢欧洲风格（德国）别墅式小楼。我们住的宾馆临近大海，每天早上漫步海边大道，观赏海景，锻炼身体。就近参观海边的水族馆，内部鱼类繁多，目不暇接。游览了青岛最美的栈桥。四百多米的栈桥伸向大海，南端建有精美俊秀的回澜阁。登阁可望碧波万倾的大海，倾听汹涌澎湃的浪涛声，成为青岛一绝。

我随北京钢院张文奇院长等漫步街头。街道整洁，两旁绿树成荫，商贸繁荣，车流不息，别有风格。青岛的美丽令人赞叹不止。

会后组织代表乘海轮游览著名崂山。其位于青岛市区四十公里的黄海之滨，山势以主峰崂顶为中心，山海相连，峰雄坚秀，象形怪石比比皆是，山上林木苍郁，花繁草茂。伫立海边松林旁，领略迷人的山海风光。崂山为道教名山，山间道观众多，各具特色，与泉清石奇的自然风光相映成趣，崂山多矿泉，泉水甘洌。

会议结束返程，恰逢胶济铁路因水患，客运中断，一时无法正常运行。会议领导建议靳院长乘海轮北上，再换火车回沈阳，我陪同靳院长上船。轮船行驶中，风浪很大，颠簸厉害，我呕吐不止，卧床不起，靳院长行动如常，过来慰问，差人送饭。本应我照料领导，反而他照顾我，令人感动，深感不安、内疚、失职。第三天轮船靠塘沽港码头，上岸办理转车手续，乘火车平安返回学校。

2.7.6.2　参加澳矿使用技术研讨会

1997年12月3日参加澳大利亚国际公司驻青岛办事处召开的“97青岛罗泊河铁矿产品使用技术研讨会”。会议主要由吕鲁平负责协调组织。与会的有邬高扬，张兴传、孔令坛、王筱留、崔顺安、邓守强等人。住青岛海景花园大酒店，香园楼门上挂有“欢迎你，来自海内外的朋友”布幅标语。旧朋好友，相叙一堂。

会上澳大利亚罗泊河矿业专家介绍了该公司矿区位于罗泊河一带，储量丰富，品质优良，现代化开采，运输方便，重信誉，保质，保量，价格合理。希望在中国扩大用户，请中国专家们予以关照、协助。

与会代表对罗泊河矿在中国销售有助于我国钢铁工业的积极发展，表示赞赏。只要坚持讲信用，讲质量，价格合理，平等互利，相信在中国会有更多用户。

会后专家们乘轮游黄海，访岛上渔村。游船驶向无涯大海，海阔天空。两侧不时出现大小岛屿。不久船停靠在竹岔岛上。走入渔村，有几十户人家，房屋都是石基，青砖红瓦建筑，排列整齐，生活比较富裕。村头有一所小学。希望后代受到更好的教育，将来过上更好生活。这里空旷，寂静，清幽，可以尽情享受大自然的原野情趣，令人心旷神怡。

离开黄海渔村，乘车重游青岛。来到栈桥。时隔多年，栈桥似乎失去了昔日的光辉，在海边新起的高大、新颖楼群的对照下，显得矮小、陈旧。站在回澜阁上面望青岛市区，现代建筑鳞次栉比，造型独特优美。耸立在黄海之滨，好像城市就坐落在海面上。青岛不断向更高层次迈进。

游青岛完毕，我和邬高扬等老友告别，依依不舍。之后各自返回原单位。谢谢主人的热情招待。

2.7.7　我与胶东地区铁厂及其他厂

2.7.7.1　烟台铁厂

烟台铁厂地处烟台市牟平区，属烟台小钢联，全国小高炉（$13m^3$）生产摇篮基地和先锋。其工作特优，高炉利用系数高达2~4t/(m^3·d）以上，开创小高炉生产新局面，闻名全国，成为全国小高炉一面光辉旗帜和楷模。

20世纪60年代建厂以来，我曾数次到牟平铁厂考察学习，厂内拥有$13m^3$高炉3座，高炉矿料主要是球团和部分土烧，矿石经选别后，品位达57%~58%。通过混匀、造球、焙烧成球矿，然后产品再经破碎、筛分、整粒，得到10~25mm的球团矿，送往高炉冶炼。期间，创造性地将部分燃料和熔剂（焦粒和石灰石粉）配加球团矿料中，经过造块，焙烧得到双层结构的球团，其外形类似球团矿，表层为赤铁矿再结晶和铁酸钙交织结构，核心是以铁酸钙和硅酸盐液相粘结的烧结矿结构，称之为双层结构球团。它的还原性很好，使小高炉获得优良的效果，60年代风靡球团界，为以后鞍钢研究生产双球烧结提供参考。

烟台铁厂原料的精心准备和处理，为高炉炼铁制定、贯彻“高、熟、净、匀、小”精料方针提供先例和经验，功不可没。

铁厂重视技术革新，炉皮改为钢壳结构，外部水冷，采用球式热风炉，风温提高到900℃以上，为小高炉高风温创造了条件，高炉喷煤又加大风机能力等。

工厂强化生产管理，严守岗位，计量准确，精心操作，稳产、高产，提高各项技术经济指标。1989年利用系数为4.36t/(m^3·d)，冶炼强度为2.36t/(m^3·d)，入炉焦比为567kg/t，喷煤比为40kg/t，风温为978℃，熟料率为100%。

铁厂工程师王晓东介绍铁厂近况：全厂斗志昂扬，发扬小高炉光荣优良传统，坚持生产，不断前进。

2.7.7.2　诸往铁厂

1989年10月我和虞蒸霞到济南开会。经胶东回程之便，吕鲁平介绍到乳山县诸往铁厂参观。我们受到厂长王义亭和在厂工作的崔顺安校友热情接待。食宿安排在办公楼内。现场有大于$55m^3$高炉一座，周边有原、燃料存放处理场，矿石来自省内的黑旺、金岭等矿，质量不高，在场内经冲洗、手选、混匀、破碎、筛分，用皮带机送往高炉使用。焦炭外购，成分不稳定。全厂在领导悉心经营下，生产取得不断进步，各项技术经济指标达到良好水平，扭亏为盈。

厂领导指派专人陪同参观胶东沿海景点，游览向往已久的蓬莱阁仙境。蓬莱阁仙境是丹崖山上建筑群的总称，山门前有三座红柱绿瓦雄伟庄严的古牌楼，横额写着“丹崖仙境”。蓬莱阁是主体建筑，伫立在丹崖山顶，“蓬莱阁”巨额匾

悬挂在主阁殿门上中央。眼下长山诸岛在蒙蒙的海雾中若隐若现，有飘飘欲仙的感觉。蓬莱阁有八仙塑像。八仙过海的故事就源于此。传说八仙酒醉来到蓬莱阁，在万顷碧波上朝天而去。蓬莱阁西侧，围墙的一角伫立一块石牌，刻写渤海、黄海分界处，没有围墙、界桩，难辨两海界在何方。

坐在蓬莱阁山下海堤上，俯视身下海水波澜壮阔，使人心潮澎湃。清凉海风拂面而来，令人陶醉，流连忘返。

次日驱车到半岛东北海岸重地威海参观，城市群山环抱，面临大海，环境优美，空气清新是观光、游览、休养的胜地。

记得 1986 年 8 月，秋高气爽，吕鲁平邀我、孔令坛、齐宝铭等到威海疗养院看望因病疗养的杨永宜同志，事先由王义亭等妥善安排。看到老友病情好转，逐渐恢复健康，甚是高兴。陪同他参观市容和欣赏周边美景，留下美好回忆。

这次重游威海，市中心焕然一新，周边新楼、疗养院林立。广场威海公园，雄伟门牌楼竖立上方，庄严美观，与大海遥相对映，蔚为奇观。园内繁花如锦，绿草成茵，景色迷人。

威海是军事要塞，威海卫海军领导机构驻地，北洋水师提督署（司令部）设在近岸刘公岛上。乘渡轮登上刘公岛。岛上绿树成荫，地势险要，环境独好。有一座单层数间瓦房建筑，门前为红木柱走廊，窗明、室亮，修缮一新，庄严朴素，就是北洋水师提督署原地。

走进提督署大门，门额悬挂“中日甲午战争展览”横匾，室内展出甲午战争经历和书画。

最后一天到胶东荣成市南端石岛参观，该岛四面环海，面积不大，绿树葱郁，花草茂盛，风景优美，生活宜人，码头设施齐全。一年四季，大批台湾渔船来此停靠，避风，给养和休闲，两岸同胞一家亲，受到热烈欢迎。

岛上风平浪静，饱赏大海绮丽风光，静坐岛上，仰望云天，海阔天空，别有情趣，身心爽快，日落方回。

2.7.7.3　参加铝碳砖座谈会

1993 年 10 月 21 日，我应邀到威海参加全国第八次镁碳砖、第五次铝碳砖应用座谈会暨订货会，住威海空军疗养院。河南省冶金规划设计院熊选仁高工和湖南冷水江铁厂总工林家生等在会上介绍上列两种砖的冶金性能和成功应用情况，特别铝碳砖已在高炉较普遍推广使用。与会人员众多，两种耐火砖进行生产技术交流，高谈业务，情况热烈，反响良好。

会后组织观赏威海美景，我和林家生等到威海成山卫参观。成山卫是山东半岛东部海防前哨，可见雷达和哨所，形势险要。岛东端头为成山角，山上树木成林，四周环海，波浪滚滚，一望无际，一时风起云涌，惊涛骇浪，天下奇观。

第3章　在华北地区的学术活动

3.1　在北京市的学术活动

3.1.1　我与首钢

3.1.1.1　自强不息的首钢炼铁

首钢位于北京市石景山区，前身为石景山钢铁厂，“文革”前名为石景山钢铁公司，原来只有炼铁，1958年后才建设矿山、炼钢和轧钢，1966年改称现名。1920年由原龙烟铁矿公司动工兴建日产250t的高炉，解放前原有高炉1号（413m^3）、2号（516m^3）两座，1982年扩建为576m^3、1327m^3、1036m^3、1200m^3 4座，2003年后全厂拥有2×2536m^3、1×1726m^3、1×2100m^3、1×1036m^3 5座，全国重点钢铁企业。

几十年来我到首钢参加生产、科研、教学活动，同公司炼铁、烧结领导及同志们结下深厚友谊和不解之缘。

1947年我在北洋大学三年级，暑期与同学左凤仪、苏成云等人组合，由冶金系主任魏寿昆教授推荐到石景山钢铁厂实习。学校承担去北平单程路费，一切费用自理，住公司山上职工宿舍（今首钢宾馆地址）。当时华北钢铁公司总经理陈大受、炼铁部主任安朝俊都是北洋老校友，告知北洋实习学生免收一切费用。

我们到1号高炉实习，炼铁厂肖泽宇生产科长负责安排，高润芝、李镜邨、赵克春等为值班工长（工程师）。他们对高炉生产很有经验。

炼焦厂长是北洋校友宣炤，在他关照下，通过洗煤、配煤、炼焦炉了解原燃料对高炉冶炼的重要性，顺便去邻近的门头沟煤矿参观。第一次下井看采煤，感到新奇。

炼铁实习，从高炉结构、装料、设备维护到出铁、出渣全过程，我认真学习和记录。炉前铁水奔流，火花溅放，壮丽情景，扣人心弦。事后写出实习报告，上交学校，完成学习的一个重要环节。

通过长期技术创新艰苦奋斗，首钢炼铁的高炉各项技术经济指标达到或接近国内同类型先进水平，为推动我国炼铁事业做出了重大贡献。

（1）矿石混匀、筛分、分级入炉首开先例：在50年代初期，将赤、磁利国矿分开，庞家堡矿入仓分别进行混匀，两种矿含铁波动分别降低，由33.3%降到

8.0%，27.8%降到14.3%。经过筛分，小于10mm矿粉为1.42%~3.23%，小于25mm焦炭占1.13%~4.49%，给高炉冶炼带来明显效果，加之矿石也分级入炉先行，改善了煤气利用，惊动炼铁界。

（2）烧结改造成功：1950~1951年两个土烧结锅生产烧结矿，后增加15个由人工抬料改为皮带上料，产量仅满足30%。在烧结总工刘汇汉等主持下，1959年9月开始用带式烧结机生产烧结矿，改变首钢历年来以生矿为主的生产面貌，1990年以后高炉熟料率逐步提高到100%，焦比大幅度下降。

为了稳定烧结矿的化学成分，逐步扩大堆取料场，一烧5×62.5m^2，二烧2×75m^{2}生产热烧结矿，周围环境污染严重，地处北辛安的二烧结车间，烟雾漫天。公司领导果断将二烧热矿生产改为带式机上冷却，每台烧结、冷却面积分别为75m^{2}和67.5m^2，产品满足需求，这在我国较大烧结机上带冷是首例，明显改善了环境，场地一片蓝天，空气清爽，人们拍手称赞。

烧结厂拥有7台带冷烧结机，结束热矿生产历史，使用整粒冷矿，并创新采用自动控制配料、装设厚料层（700mm）松料器、控制料温等烧结新技术，走在全国前列。

（3）最早引用无料钟炉顶：1979年12月15日，首钢新2号高炉投产，采用无钟炉顶，这在我国是首例。

无钟炉顶具有设备简化、安全可靠、布料任意方便、大力改善煤气利用等优点，是高炉炉顶装置的一次革命，引起炼铁界高度重视。

无钟炉顶布料，开始利用溜槽转动夹角（α）的变化，进行单环布料，将料批合理地布在料面上，获得高炉顺行、提高煤气利用、CO_2含量高达20%的良好效果。随后采用多环布料等，充分发挥其作用，将布料技术推向新高度、新水平。不久在全国大、中、小高炉全面推行，首钢功不可没。

（4）最早使用顶燃式热风炉：1970年首钢先后在“018”试验高炉和济南铁厂100m^{3}高炉上进行顶燃式热风炉半工业试验，效果良好。

1979年首钢新2号高炉（1327m^3）正式采用了4座大型顶燃式热风炉，风温达到1200~1250℃，是世界上第一个（组）把顶燃式热风炉应用于1000m^{3}以上高炉的实例。该项目不仅为首钢热风炉技术的发展闯出一条新路，还和卢森堡鲍尔沃土公司、美国科伯斯公司签署了该技术的转让协议。

（5）最早高炉喷吹煤粉：1964年，首钢高炉喷吹煤粉试验成功，很快得到推广。高炉喷煤大幅度降低焦比，节约炼焦煤，合理利用煤炭资源，并与高风温、富氧、大喷煤相结合，成为高炉强化冶炼的重大新技术。

1981年首钢高润芝副总奉命到英国等出售高炉喷吹煤粉及顶燃式热风炉两项专利技术。

（6）高炉强化冶炼的排头兵：首钢高炉强化冶炼，自强不息，冲破束缚，坚持以精料为基础，以顺行为前提，贯彻全风、高温、多喷吹和稳定的操作方针，并对旧设备首先进行了无钟炉顶和顶燃式热风炉等十余项技术改造，促进高炉生产更上一层楼，再创世界先进水平，获得强化冶炼和降低燃料的双赢。

3.1.1.2 高炉解剖

为了加快我国炼铁技术的发展，提高高炉操作技术水平，以及开展高炉冶炼基础理论研究，1979 年 10 月冶金工业部在首钢组织 23m^3 试验高炉进行我国首次解剖试验研究。参加研究的有首钢（钢研所）朱加禾、朱景康、艾魁升、区佩兰、侯德成等，北京钢院孔令坛等，东北工学院杜鹤桂、李永镇、邓守强；鞍钢安云沛、戴嘉惠等，攀研院刘光厚、詹星、于有谋，包钢阿日棍，酒钢蔡化南，鞍山热能院崔秀文等，鞍山钢院刘秉铎等，包头钢院王承祥，山东冶金研究所等单位的几十人。首钢负责统筹安排。

停炉采用水冷法，用测温片石墨盒测温，用芯样管沿炉身高度分层及断面上取样并测定料层分布。炉腰开始显露出整个软熔带全貌，直至半个炉缸铸成整体移出炉外，并钻取炉底积存渣铁样，历时一个多月。

解剖工作繁重，同志们轮流倒班，朱景康、艾魁升、侯德成、区佩兰、戴嘉惠等同志，日夜坚守在作业岗位，不辞辛劳，为完成解剖任务，做出了突出贡献。我们负责软熔带解剖和试样分析工作。

首钢高炉解剖顺利完成，为今后高炉解剖提供可借鉴经验。

解剖结果表明：（1）证实了炉料运动的分层状态和熔融带的存在。（2）揭示了烧结矿、焦炭在炉内分布及变化规律，对精料方针的具体要求更加明确。（3）焦炭的各相同性及丝质状构造在高炉中选择气化不明确，各组分均逐渐受侵蚀，因而没有表现出组分有规律的富集和减少，这对炼焦配煤方案有重要的指导意义。（4）炉内上下部煤气运动不一致分布，丰富了上下部调剂配合的理论基础和应用分析。（5）保存了风口区的原形，为分析风口区的物质运动创造了条件，透液性很差的焦末层存在，有助于分析风口烧坏的原因。

对于该研究项目，1981 年冶金工业部授予参加单位科技成果二等奖。

参加单位根据各自承担的任务，在实验研究的基础上，提出高炉解剖的总结报告（论文），首钢负责编辑，1981 年由“首钢科技”增刊（二册）发行。我们提交软熔带形成过程和冶炼过程烧结矿的矿相研究两篇论文。

在解剖现场与首钢马善长、高道静、刘德铨、张庆瑞、张洪都等同志交流叙谈，感谢他们的关怀和帮助，并和全体参加解剖同志在试验现场合影留念。

期间我和外单位同志们同住金顶街首钢第二招待所，朝夕相处，交流工作，结下深厚友谊。

金顶街依山傍水，距厂北门、东门不远，乘 332 路公交车或到苹果园转地铁

可进城，501 路公交车穿过厂内，交通便利。早上我在住所门外跑步锻炼，晚间街上散步，还可到北辛安逛商店。下班工人有的在店铺喝杯白酒，消除一天疲劳，安居乐业，生活愉快。招待所对客人服务周到，倍感温暖。我多次来首钢，到此住宿。金顶街给我留下美好的回忆和难忘的印象。

3.1.1.3　讲学

1954 年原苏联专家肖米克关注包钢白云鄂博矿冶炼问题，提出高炉含氟炉渣高碱度冶炼。包钢先后在首钢 $78m^3$、$11m^3$、$17.5m^3$、$413m^3$ 高炉上进行包头矿的冶炼试验，我几次前往参观学习，与此同时，首钢高炉正在推行炉顶调剂、炉料分级入炉、加湿鼓风三大技术措施。为了提高职工的技术操作水平，首钢举办技术学习班，邀我上课。我按肖米克“炼铁学”全教程，系统地给学员讲授，受到热烈欢迎和领导的重视。

我每到首钢，炼铁厂领导陈家华、刘云彩等按惯例为我在厂内会议室安排技术讲座，讲授内容包括国内外炼铁技术动态、炼铁新工艺、新技术、强化冶炼经验、国外炼铁、烧结考察报告、近期研究成果等。大家兴趣盎然，课堂提问讨论，情况热烈。

“七五”期间炼铁厂领导李连仲、魏升明等陪同我到首钢几座高炉轮流参观学习。1989 年矿石品位为 57.8%，熟料率为 99%，1 号高炉（$576m^3$）利用系数为 $2.01t/(m^3 \cdot d)$，焦比为 570kg/t。其他三座大高炉生产水平较高，其中 4 号高炉（$1200m^3$）最好，利用系数为 $2.589t/(m^3 \cdot d)$，焦比为 395.6kg/t，喷煤比为 143.3kg/t。2 号高炉（$1327m^3$）接近以上水平。3 号高炉（$1036m^3$）指标稍差，正迎头赶上。

首钢具有相当高的高炉生产技术水平，值得很好学习。以 2 号、4 号高炉为榜样，优化操作，坚持高风温、富氧大喷煤、高压，实行标准化操作等，争取更大进步。厂领导组织交流座谈，商讨生产关键环节和努力方向。

改革开放后，公司刘水洋副总经理特邀我在设计院大厅向公司职工报告国内外炼铁技术的发展和展望，会场座无虚席，反响强烈，表达对我的鼓励和信任，深受感动。

事后与设计院的张福明、钱世崇等高工座谈讨论，受到热情接待。

烧结副总刘汇汉是我北洋老校友，多次邀我到烧结厂参观访问。烧结厂长曹穆民、任修仲高工为我安排技术讲座，给烧结同志讲课。讲解国内烧结新技术、新工艺，介绍宝钢投产前，在湘钢进行烧结矿生产试验。当时宝钢烧结长久不过关，冶金工业部组织攻关组，我本人也受邀参加，最后接受武钢烧结经验，采用低水、低炭（特别是前者）的烧结制度，问题迎刃而解获得成功。听众很感兴趣。

到首钢工学院参观访问，朱加禾院长请我做技术报告并进行教学、科研交流。

3.1.1.4　参加会议

“三高”理论讨论会

20世纪50年代，我国著名冶金专家、中科院化工冶金研究所长叶绪沛先生提出高炉“高风温、高压、高蒸汽”三高理论，震动中外，引起李富春副总理等高层领导的重视。其指示冶金工业部、中科院双方，在首钢宾馆进行讨论。双方激烈争辩，面红耳赤，贯彻双百方针，但不伤和气。冶金工业部同志对“三高”理论充分肯定，但对“高蒸汽”尚有保留意见，认为过多蒸汽 H_2 利用率可能下降，热耗增加，可能出现负面影响，有待进一步探讨，化冶所的同志表示异议。

全国炼铁科技会议

1990年8月，冶金工业部在密云水库疗养院召开炼铁科技工作会议，我和首钢同志一起与会。疗养院二层楼房，位于库岛上，有石廊与陆上连接，广阔水库水面上，微波荡漾，周围绿树成荫，环境优美，无限风光。时值炎夏，一边开会，一边消暑，讨论科研规划，完成任务，别有情趣。临走时与长沙矿冶研究院朱君仕副院长、洛阳耐材研究院邢守渭副总，自动化研究院马竹梧总工等在岸边合影留念。

全国炼铁工作及高炉喷煤会议

1991年3月21~26日，冶金工业部在十三陵（水库）招待所召开全国炼铁工作暨高炉喷煤会议，与会代表近百人。招待所三层建筑，一楼会议厅，二、三层住客人。

会议总结了近几年炼铁技术进步，重点讨论和提高高炉喷煤比问题。我在会上介绍高炉富氧大喷煤加喷水煤浆技术的研究成果，引起大家的兴趣。

十三陵水库山清水秀，景色宜人。在广场竖立高大方形纪念塔，顶上挺立劳动群体塑像，塔正、侧面刻有毛泽东题写“十三陵水库”和“十三陵水库纪念塔”红色大字。

临走前我与付松龄、林仁灿等同志在招待所门前合影留念。

新技术鉴定会议

1994年1月10日，我参加首钢高炉新技术鉴定会。与会专家有徐矩良、宋阳升、周取定、孔令坛等十余人。专家们对首钢高炉喷煤粉新工艺、试验高炉解剖研究、高炉无钟炉顶装置、新二号高炉上料自动控制系统等逐项审议和评定。专家们认为以上项目，居国内先进水平，创造性地获得成功，对推动我国高炉炼铁技术进步做出了重大贡献。

全国高炉喷煤及工作会议

1996年4月9~11日，我参加在首钢总公司召开的全国高炉吹喷煤暨炼铁工

作会议。冶金工业部殷瑞钰副部长在会上做了加速发展高炉喷煤技术，带动炼铁系统技术进步，促进集约化发展的报告。我在分组会上讨论发言，会议开创了炼铁技术进步的新局面，继续贯彻1993年唐山、1994年太原及1995年苏州会议提出的方针。

国际氧煤钢铁会议

1997年6月26日，在北京西郊魏公村皇苑大酒店召开国际氧煤炼铁、炼钢会议，首钢人员和我等有关代表参加会议，日本东北大学万谷志郎等教授也与会。会议由中国金属学会主持，大会宣读论文。我在炼铁分会场上宣读高炉氧煤喷吹单独供氧与综合强化燃烧的研究论文（英文）。

会后金属学会组织代表到著名佛教圣地潭拓寺参观游览。潭拓寺位于石景山西，距门头沟数十公里，丘陵山区，大门有三道拱门，右侧墙上挂有潭拓寺门牌，门额题有“勅建岫堂禅寺”字样，历史悠久。

潭拓寺为单层佛堂，内有佛像，僧人侍候管理，游客络绎不绝，前来跪拜，祈祷好运。寺前有棵近百年老榆树，圆柱挺立，游人云集，伫立观赏，兴叹不已。我和汤清华、汪琦、童文辉等兴致勃勃地沿寺庙周围走在奇花野草参天大树荫下，享受古寺、古树绮丽风光，陶醉其中。中国金属学会苑国立同志，一直陪同游览，和她参观了有名的帝王树。其相传是历代满清皇帝种植，已都成林。

临走时和同志们合影留念。

我多年到首钢学习访问，受到各级领导和同志们的热情接待。我向他们学习开拓创新、进取的精神、朴实的工作作风以及先进技术，受益匪浅。

公司领导、老前辈、老学长安朝俊现场传授高炉操作技术，高润芝及刘正五等副总给予亲切关怀和指导。烧结、炼铁的领导和同志亲自陪同下厂调研，并在生活各方面予以照顾。公司领导刘云彩等青年技术骨干尊重老师。冶金部拟在“018”高炉上进行全氧冶炼试验。当时缺氧气，推我以师生关系到首钢主管生产赵长白副总理求援，她在首钢厂东门经理办公室接见我。关于申请供氧，她也很抱歉，目前首钢氧气还不够用，不能如愿，并指示助手李文秀要招待好老师，派车送回城。对她的热情接待深表感谢。

首钢周边石景山、古城、杨庄大街、苹果园、金顶街等地域风光无限好，人缘、地缘，令人留恋。

3.1.1.5　建设新首钢

随着改革开放的跃进和需求，首钢总公司分别建设了迁安和京唐两大钢铁分公司。

首钢迁安钢铁公司

河北唐山市迁安地区司家营铁矿资源丰富，是首钢重要的矿源基地，经过采选建设，生产优质铁精矿供首钢烧结用料，部分就地供应链箅机—回转窑生产酸性氧化球团矿，直接运往高炉，矿山扩大生产，就地建钢铁厂。1 号、2 号（2650m^3）和 3 号（4000m^3）高炉分别于 2004 年 10 月、2007 年 1 月、2010 年 11 月建成投产，命名首钢迁安钢铁公司，成为首钢总公司重要组成部分。2016 年高炉利用系数 2.2t/(m^3·d)，焦比 340kg/t，煤比 145kg/t，居全国平均先进水平。

首钢京唐钢铁公司

为了改善首都环境，中央领导批示决定，首钢石景山厂址除保留首钢总部（总公司）、总经济、设计、研发、环保及无污染第三产业等单位外，全部移地外迁，选定唐山曹妃甸，填海造地，新建年产 800 万吨钢现代钢铁联合企业——首钢京唐钢铁公司。第一期工程建设两座近代化 5500m^3 巨型高炉，配套新建 2×550m^2 大型烧结机和国内首条 504m^2 带式焙烧机球团生产线，2010 年建成投产。与此同时，首钢石景山厂全部停产外迁。从此首钢总公司拥有迁安、京唐二大钢铁生产基地。

2012 年 5 月 17 日，随学校离退休党支部老师专程赴曹妃甸首钢京唐钢铁公司参观访问。途经唐山河北联合大学，由该校副校长吕庆陪同，一路饱赏滨海美丽风光，跨桥过海到达目的地。两座高大雄伟的高炉矗立在渤海之滨，在主人的带领下参观二号高炉生产全过程，原、燃料从码头皮带运到储料场，经储存、混匀、平铺、截取，送往高炉。装备技术国内一流，值班操作室、仪表齐全崭新，全自动控制，各环节不断取得进步。2010 年 3 月 1 号高炉生产指标：利用系数为 2.37t/(m^3·d)，焦比为 269kg/t，煤比为 175kg/t，燃料比为 481kg/t，矿石品位为 60%，富氧率为 3.86%，风温为 1300℃，顶压为 0.274MPa，渣量为 280kg/t，达国际先进水平。

不久首钢总公司资源办公室（石景山杨庄大街 69 号）陈汉宇部长（东大校友）特邀我参加首钢国际贸易工程公司矿业进出口公司对进口矿的讨论。原首钢面貌已非昔比，触景生情，思念不已。

3.1.2　我与北京相关单位

3.1.2.1　中冶京诚工程技术公司

中冶京诚前身为冶金部北京钢铁设计研究总院，原址在宣武区白广路，新址在北京市亦庄经济技术开发区建安街 7 号。我访问该院，受到院领导刘文秀、施设，副总设计师邱佶以及炼铁设计室刘重模、李国鑫、吴启常、戴杰等设计精英的热情接待。学习他们先进的设计理念、新工艺、新流程等，同时向他们介绍国内外炼铁技术发展动态，报告国外考察炼铁所见所闻，很受欢迎，和他们结下了深厚友谊。戴杰还介绍我结识德国杜伊斯堡大学凯斯曼教授。凯斯曼教授邀我讲

学并参观德国克虏伯等钢铁厂。

我和费成金设计师（弟子）同住院内职工宿舍，后来住院内招待所，在职工食堂就餐，生活条件方便，印象深刻。新任院长施设，对老师关注备至，批给高炉剖面设计图纸资料，带回学校供学生毕业设计参考。那年我到北京会议中心参加中国金属学会钢铁年会，住房比较紧张，见到施设，提出可否住你院招待所，同车来回参加会议。他当即指示炼铁设计室全强主任，安排招待好老师。当晚全主任送我到设计院对面高级宾馆住，感到不安，立即退房回到院内招待所住。对领导的关爱表示衷心感谢。

3.1.2.2　北京钢铁研究总院

北京钢铁研究总院位于北京市海淀区学院南路76号，以下简称钢研院。冶金前辈李公达首任领导，“大跃进”后蔡博任该院炼铁研究室主任。我向他学习，利用电炉法开展钒钛磁铁矿铁、钛分离的研究，他的助手陈美俊、梁文阁等来承德钢铁厂进行电炉冶炼钒钛矿试验，取得一定成果，随后他进行含钛球团护炉试验等，也有建树。

钢研院科技公司周建刚开展高炉喷煤浓相输送及高风温建材等研究，邀我参加讨论，与杭钢协作进行喷煤浓相输送工业试验，获得成功，最后通过冶金部技术鉴定，全国试用。

1990年3月，冶金部在钢研院宾馆会议室召开高炉全氧冶炼论证会。会议由部炼铁处长宋阳升主持，与会的有徐矩良、吴启常（北京钢铁设计院）、钢研院有关炼铁专家和本人等10余人，北京钢院秦民生教授，根据加拿大卢维高教授等设想，介绍高炉全氧炼铁试验方案，与会同志对此感兴趣，大家建议在试验高炉上进行试验。

1999年8月31日，在钢研院会议室参加冶金部几项炼铁科研项目的鉴定评议。出席会议的徐矩良、宋阳升、吴启常、钢研院张成吉院长等人。会议重点讨论无水冷却式高炉料面径向测温系统，优于传统的水冷结构，采用Ni、Cr、Co钢复合材料，寿命长达2~4年；大冶铁矿弱磁精矿造球，不采用润磨，球团质量良好，节省费用；炉前渣、铁口浇注料中添加SiC以及超微粉等添加剂，效用明显提高。以上成果值得肯定。

与炼铁研究室沙永志主任，研讨科研究课题并向全室介绍国内外炼铁技术进步等。2007年我和沙主任参加在国谊宾馆（西城区）召开的北京重大产业技术开发专项评审会议，讨论莱钢高炉长寿技术经验。莱钢领导亲来会上倾听专家评议，很重视。

杜挺研究员陪同参观钢研院氧气炼钢及国家重点轧钢实验室。齐渊洪博士（主任）陪同参观他工作的冶金过程与环境工程技术中心，以及先进钢铁流程及材料国家重点实验室。

1989 年，钢研院李文采院士邀我参加他的博士研究生周渝生毕业论文答辩。与会有北京钢院曲英教授、冶金工业部陶晋副司长，以及杜挺、邓开文等专家，我担任主席。论文优秀，其答辩通过，高级技术人才培养工作结出硕果。

20 世纪 80 年代和 21 世纪上旬先后受到钢研院领导李世英、张成吉、干勇等热情接待。1980 年 5 月与院党委张同舟书记共同参加中国金属学会访英代表团，教益良多。我曾参加干勇院长博士论文答辩。听说我来北京，干院长和齐渊洪亲自到宾馆住处看望，令人感动。院技术顾问邵象华院士多方关注和帮助，深表感谢，我经常到钢研院招待所住宿。其服务周到，非常满意。

离钢研院东北方向不远即是冶金建筑研究总院。我多次到该院招待所（宾馆）参加冶金科技规划等讨论会，冶金学家师昌绪等均与会，受益甚多，招待所食宿等良好的服务，印象较深刻。

3.1.2.3　北京科技大学

北京科技大学原北京钢铁学院（以下简称北科大），与我校同属冶金工业部，来往较多。1958 年前后，该校炼铁教研室董一诚主任等邀我在教学大楼进行技术讲座，讲解大炼钢铁，怎样建小高炉等，并参观学习炼铁实验室建设。不久杨永宜教授邀我向炼铁师生做有关高炉强化冶炼理论的专题报告。

1984 年 6 月，我参加该校图书馆举行的中法国际学术会议。东工曾梅光教授、包钢徐敬尧、高工等与会，会上听了法国专家等有关钢铁冶金发展的报告等。

1989 年博士生薛向欣在完成博士论文《高炉渣中硅钛氧化物的热力学行为》时，专程到北京钢院冶金物理化学系有关专家请教征询意见，并留该院进行论文修改等。感谢该系教授的鼓励和帮助。

90 年代中国炼铁学会在北科大举办全国炼铁技术培训班，由刘述临秘书长负责组织，我住该校宾馆（招待所），负责部分炼铁技术讲座。学员大多来自钢铁厂，积极踊跃，情绪热烈。

1993 年 6 月 18 日，冶金部在北科大召开冶金系统第五次学位申请评议会，我和李华天、关广岳、陆钟武、闻邦椿等教授与会，会议由冶金部教育司长崔宝璐主持。会上审查和讨论了冶金院校申请博士、硕士学位授予权，取得一致意见，通过授权。

1997 年在北科大召开中国金属学会炼铁分会工作会议，北科大校长杨天钧主持，重点讨论进一步开展学会学术活动等问题，并进行学术交流，同志们踊跃发言，提出一些积极的建议。

在北科大受到炼铁教研室董一诚、周取定、孔令坛、齐宝铭、刘述临、高征

铠、王筱留、宋建成、张谦象、顾飞老师及戚以新等的热情接待。孔令坛在卢维高教授邀我访问加拿大麦克马斯特大学期间，关照我生活、工作诸方面无微不至，助我顺利完成访问任务，不能忘记。

我几次拜望北洋大学恩师北科大魏寿昆教授。他给我们讲授主要专业课和实验教学，不辞辛劳，恩重如山。我送他一本专著《高炉冶炼钒钛磁铁矿原理》，他高兴地看到弟子们已逐渐成长，勉励有加，享年 106 岁，永远活在我们心中。

我看望了家住钢院的同窗北洋校友陶少杰、付松龄同志，互相问候道安，畅叙友谊。

我专程到钢院探望病重的杨永宜学友。其在家静养，家属拒绝接见，杨教授推门而出见了我。不久他病危住北京医院治疗，我又赶往看望，他对我说："我要先走了"。听完后，我心如刀割，暗自流泪告别，从此我失去一位亲密战友，业内失去一位优秀的炼铁专家。

北科大北京东部管庄校区原为北京冶金工业部干部管理学院。其院长毕梦林、副院长姜乃芳几次邀我讲学，受到热情接待。管庄校区环境清静优雅，冶金工业部培养干部的摇篮，地位重要，后归属北科大，改为该校分院。

3. 1. 2. 4　北方工业大学

北方工业大学原为北京钢校和北京冶金专科学校，地处北京西郊西黄村，与首钢近邻。我在首钢时，几次到该校学习访问，受到校教务主任崔祖耀（北洋校友）热情接待。他邀我做学术报告，并参加专业设置、发展规划等讨论。北科大和他们关系密切，常派教师前往上课。该校走在职业教育前列。

3. 1. 2. 5　中国金属学会

由于参加学术活动较积极，我被中国金属学会选为学会理事、常务理事、炼铁分会副理事长、荣誉理事等。学会 1980 年 5 月指派我参加访英代表团，1981 年指派我出席加拿大多伦多国际钢铁学术会议，2000 年 5 月鼓励我参加北京华润饭店召开的中国钢铁大会技术交流会。被邀参加历届中国钢铁年会，多次受到学会荣光、张有礼等同志热情接待和安排，与学会感情深厚。

我来到北京，一般都在学会停留，向学会秘书长陶少杰、康文德等了解学术活动动态，讨论学术活动，受益很多。此外在业务主任王维兴等的帮助下，交流科技情报，提供资料，并联系部冶金情报标准研究所参阅国内外有关资料。

学会办公室帮助我解决生活、交通等问题，成为我在北京的另一个家。我和同志们相处融洽，感到分外亲切，他（她）们夸我是学会的积极分子。大家亲如一家，让人思念不已。

3.2　在天津市的学术活动

3.2.1　我与天铁

天铁是全国重点钢铁企业。20 世纪 70 年代，天津市为了解决炼钢缺铁问题，依靠邯邢地区丰富的矿石资源，选择在河北西部太行山涉县建铁厂（天津铁厂），产品供应炼钢，随着企业的发展，改为现名。该处为昔日刘邓八路军抗日革命根据地。厂区依山傍水坐落山坡下，青山绿水，风景秀美，邻近就是涉县重镇-更乐村，有铁路专线直通天津，组成纽带。

炼铁厂分为两部分，老厂（一铁）原有高炉 $1\times300m^3$、$2\times550m^3$、$1\times600m^3$、$1\times750m^3$ 共 5 座，后扩建为 $4\times700m^3$、$1\times450m^3$。新区（二铁）建有 $2800m^3$ 高炉一座。公司为了降成本、增效益，撤销炼铁厂、烧结厂，炼铁、烧结老区整合为第一炼铁厂，拥有 5 座中型高炉和 $4\times60m^2$、$1\times126m^2$、$1\times132m^2$ 6 台烧结机。炼铁、烧结新区整合为第二炼铁厂，拥有一座 $2800m^3$ 高炉和一台 $400m^2$ 烧结机。两个炼铁厂将发挥各自优势在优化炉料结构，实施低成本炼铁。

3.2.1.1　参加调研

1976 年 1 月，受冶金部委托，我和天铁总工程师李寿彤二人到涉县天津铁厂了解生产情况。

我俩在厂工程师李承运陪同下，到现场车间参观访问，了解情况。高炉建成投产不久，由于受原、燃料条件的限制，操作管理及装备技术等种种原因的影响，生产指标较差，强化程度低，特别受到“文革”的影响，生产难度较大。

在这种情况下，职工们的情绪还是比较稳定的，热情不减，坚守岗位，顾大局，努力恢复生产。记得在厂门口，发给我们工作服的保管员是一位年轻姑娘，工作特别认真、热情。我们在现场边走、边看、边问，了解生产中存在的问题，和同志们座谈，共同探讨难题和解决途径。在厂内做了多次技术讲座和讨论，讲解高炉精料、炼铁原理和冶炼操作方针，希望尽快掌握高炉操作先进技术，大力提高原、燃料质量，外购焦炭要分类堆存等，采用高风温、喷吹煤粉等成熟、先进、可靠、有效的新技术，促进生产稳步上升。铁厂同志们艰苦奋斗、斗志昂扬、克服困难、努力完成任务的创新精神，值得我们很好学习和赞扬。

临行前将调查结果，上报冶金部。

3.2.1.2　讲学与访问

20 世纪 90 年代初，应天铁邀请访问讲学，受到公司总工程师齐树人的热情接待，他从包钢新调来，长期在鞍钢、包钢从事高炉技术工作，经验丰富，他传授炼铁新理念和高炉操作有效经验，促进天铁炼铁技术进步。

这次到天铁来，炼铁生产出现新气象，3号高炉1988年3月大修由550m³扩容到600m³，采用了一系列新技术：无钟炉顶、水冷自焙炭砖炉底、陶瓷燃烧器、热风炉应用双预热系统和自动控制风温，主卷扬上料系统采用可编程序控制等，具有80年代的技术装备水平，已生产8年，单位产铁4745t/m³。

1号、2号、4号高炉分别于1988年、1990年开始喷煤，喷煤比为35~50kg/t，炉料结构是高碱度烧结矿配加块矿，酸性土烧结或硅石，风温为880~980℃，利用系数为1.4~1.5t/(m³·d)，入炉焦比为520~570kg/t。其主要技术经济指标与国内同行先进比还有差距。喷煤比、入炉矿石品位、风温等还需进一步提高，要充分发挥生产潜力，把强化冶炼提高到新水平。公司为我组织炼铁、烧结技术讲座，针对天铁炼铁实况，重点讲解：精料的重要性，千方百计提高入炉矿石品位；认真贯彻提高冶炼强度，同时要降低焦比的冶炼方针；提出高炉上下部调节的重要环节；坚持推行高风温、富氧喷煤、高压等成熟先进技术；精心高炉操作；加强管理；维护设备等。听众情绪高涨，讲课受到热烈欢迎。

临走前齐总等陪同，观赏更乐镇容。漫步街道乡间，太行风光，别有兴致。本地盛产核桃，瓜果也多，商贸兴旺。当地人就业天铁众多。铁厂造福子孙后代，功不可没。

3.2.1.3　技术进步

我和天铁副总李干全相互学习交流，交往较多。大约在21世纪初天铁通过优化工艺结构，提高设备性能，改进高炉操作，使炼铁整体水平得到提高，高炉各项技术经济指标有了长足进步。2001年，利用系数为2.316t/(m³·d)，入炉焦比为412.78kg/t，煤比为135.8kg/t，风温为1073℃，接近国内同类型先进水平。

取得优异成果的重要原因：（1）矿石品位由54%提高到56%，2011年达60%以上；生产优质高碱度烧结矿，烧结品位提高到55.35%；（2）采用板壁结合的冷却结构和无钟炉顶，十字测温和炉顶成像技术及煤粉浓相输送等先进装备；（3）不断提高炉顶压力，2002年3号、4号高炉炉顶压达到了0.087MPa和0.092MPa；（4）高炉喷煤经过扩建和改造，发展较快，1988年高炉喷煤后，煤比由16kg/t增加到100kg/t，焦比由574kg/t下降至464kg/t，高炉冶炼强度和利用系数都显著提高。高炉喷煤风口前理论燃烧温度降低，利用风温、富氧或脱湿来补偿，一般按2050~2200℃控制。天铁喷煤高炉坚持高风温1000℃以上。1995年天铁5号高炉进行初步的富氧喷煤试验，仅三个月煤比提高到165kg/t，焦比下降到394kg/t。2002年一季度全厂煤比达150kg/t，只要有较高富氧率，喷煤比可以到220~250kg/t；（5）坚持全风温操作，不用风温调节炉温，充分发挥高风温、富氧、大喷吹（煤）的威力；（6）正确运用上下部调剂，保持炉况稳定顺行。

2006年3号高炉大修扩容（700m^3），通过提高风机能力，加强生产管理，精料入炉，精心操作，提高设备运转效率，充分利用高顶压、高风温、富氧喷煤、低硅铁冶炼等成熟新技术，在原、燃料质量下降的市场形势下，炉况保持稳定顺行，各项技术经济指标不断改善。2008年4月，利用系数达到3.197t/(m^3·d)，平均风温1231℃，焦比338.37kg/t，煤比152.38kg/t，燃料比490.75kg/t，取得良好的经济效益。

新区6号高炉（2800m^3）采用烧结矿加焦丁分级入炉，无料钟炉顶，本体全薄壁冷却和水冷炉底，联合软水密闭循环冷却系统，三座顶燃式热风炉等先进技术。通过提高原、燃料质量，调整上下部调节制度、高风温（1185℃）、高富氧率（2.53%），加强管理等一系列措施，保证高炉稳定顺行，充分发挥大高炉优势。2011年1月，利用系数达2.22t/(m^3·d)，焦比为333kg/t，煤比为150kg/t，走在全国大高炉生产前列。

天铁大高炉技术进步，全厂欢欣鼓舞。他们勇于进取，奋发向上的精神，是我们学习的榜样。

3.2.2　我与天津钢管

天津钢管制铁公司位于天津市河东区津塘公路396号，主要生产直接还原铁(DRI)，供生产优质无缝钢管原料用。21世纪公司直接还原炼铁厂从国外引进两套回转窑DRI技术（二步法）的基础上，进行大量改造，技术上有了很大进步。该厂领导邀请赵庆杰老师和本人，前往访问参观。

该技术分两步：(1) 细铁精粉→造球→球团生产→氧化球团；(2) 氧化球团→回转窑→DRI。

现场看到，两座回转窑并列，窑长各为70米多，直径4米多，机器设备齐全，场面较大。回转窑法经过技术改造，采用两步法，生产比较稳定，特别各岗位严守操作制度，调试及时，生产相对稳定，比过去大有改进。试产结果表明，最好年份产量超过设计能力的20%，煤耗仅900~950kg/t(DRI)，煤气产热发电进一步降低能耗。DRI：TFe>94%，金属化率93.6%，S、P低于0.075%，SiO_2约1.0%，生产指标在世界同类装置中优先。

由于回转窑法设备投资高，运行费用高，生产、控制及维护要求高，占地面积大，生产规模难以扩大（最大15万吨/(年·座)），因此回转窑法在资源条件适宜地区，对中、小规模DRI生产可能得到应用，但难以成为我国发展的主工艺。

为了保证优质钢管的需要，光靠直接还原铁厂的供料，是满足不了的，因此公司建有1000m^3高炉一座，解决无缝钢管生产缺铁问题。

向主人告别，在此学习不少，祝贺其取得新成就，并感谢热情款待。

3.3 在河北省的学术活动

3.3.1 我与唐钢

唐钢是国家重点钢铁企业，河北省最大钢铁联合企业，冀东大地一颗钢铁明珠。

唐山地区矿藏、煤炭、白云石资源丰富，已探明铁矿石储量在60亿吨以上，全国三大铁矿区之一，司家营矿为唐钢主矿源。

唐钢始建于1943年，当时叫唐山制钢株式会社，抗日战争胜利后改称为华北钢铁公司唐山制钢厂，解放后，成立唐山钢厂，1975年改称现名。

3.3.1.1 地震前后的一铁厂

唐钢炼铁厂由南（一铁）、北（二铁）两区组成。南区为老厂，原有100m^{3}高炉4座，至2004年分别扩建为2×450m^3、1×400m^3，2007年新建3200m^{3}高炉一座。北区为新区，1989年、1993年分别新建1260m^{3}高炉两座，后分别扩容至2000m^3，1998年新建2560m^{3}高炉投产，2007年大修扩建为3200m^3，与炼铁配套先后建1×180m^2、2×210m^2、1×265m^{2}烧结机4台，16m^{2}球团竖炉两座，焦炭由新建50孔大容积炼焦供应。目前（2017年）唐钢炼铁厂南、北二区拥有高炉2×2000m^3、2×3200m^3 4座在线生产。

唐钢炼铁经过60多年的发展和壮大，开拓创新，改善环境，各项技术经济指标处于国内先进水平，厂区环境优美，正以“自强、奋进、创新、奉献”的企业精神，朝着国内领先、国际一流、高效、低耗、环保型现代化企业目标大步迈进。

1976年唐山大地震，唐钢众多职工蒙难，厂房、设备、铁路等工业设施严重受损，广大职工抹干眼泪，重建家园，在全国各方支援下，不到一个月就开始恢复生产。

灾后不久，我到唐钢南区第一炼铁厂参观，受到厂长张瑞函的热情接待。厂内4座100m^{3}级高炉全部恢复生产，逐步恢复震前水平。唐钢自强不息、勇于进取、不懈努力奋斗的精神，令人钦佩和敬仰，值得很好学习。

80年代我到唐钢第一炼铁厂学习，厂貌有了很大改观，2×104m^3、1×124m^3、1×122m^{3}高炉进行技术改造，上料电子秤改用数字毫伏表直接显示，分辨率及精度大大提高；高炉值班室加装透气性指数表，方便掌握炉况，以及烧结采用高炉煤气点火器等。为了合理利用煤炭资源，降低生铁成本，增加高炉调剂手段，正筹建3号、4号高炉喷煤设施，争取尽早投产。

高炉采用高品位矿（56%）、高熟料率（100%）、高冶炼强度（1.5t/(m^3 ·

d））、高风温（1000℃）等技术措施。1989 年高炉利用系数平均为 2.6t/(m^3·d)，二号炉高达 2.8t/(m^3·d)，入炉焦比为 580kg/t，最低为 569kg/t，居全国同类型高炉先进水平。

我在讲课中，赞扬他们取得炼铁优异的业绩，宣传其 100m^3 级高炉生产的先进经验，盼望争取再上一个新台阶，同时介绍了高炉炼铁新技术、新工艺和今后发展方向，听众热情，很受欢迎。

21 世纪初，一铁厂 100m^3 级小高炉改造扩容至 2×450m^3、1×400m^3。1994 年在 122m^3、104m^3 高炉喷吹煤粉，先用无烟煤，后利用 N_2 惰化系统，喷吹烟煤成功。2004 年在南区 450m^3 高炉上实施提高烟煤配比及烟煤与无烟煤混合喷吹技术，取得良好效果。2005 年，烟煤配比提高 60%，混合喷煤既提高原煤的可磨性，又提高煤粉在风口前的燃烧率，煤比（160kg/t）达到唐山地区领先水平。

一铁厂将焦粉磨至 3mm 以下配加 10% 固体、1% 液体黏结剂，压制成湿球，烤干与矿石一起加入 400m^3 高炉，进行加焦球生产试验，结果表明，每吨铁配加 10kg/t 焦球，高炉顺行，压差略有升高；焦球置换比约 0.75，获得降焦、低成本的良好效果。

唐钢南区一铁厂 400~450m^3 高炉采用高风温、富氧大喷吹（煤）、精料等先进技术以及优化操作和管理等一系列措施，主要技术经济指标有了新突破。2006 年 2 号高炉（450m^3）利用系数为 4.023t/(m^3·d)，入炉焦比为 365kg/t，煤比为 159kg/t，风温为 1170℃，富氧率为 1.8%，顶压为 116kPa，入炉矿石品位（TFe）为 58.51%，熟料率为 86.56%，国内领先。

随着建设科学发展示范企业的进程和建设新唐钢的要求，调整结构，节能环保，将南区一铁 400m^3 级高炉于 2008 年全部拆除，并建设近代 3200m^3 高炉一座以及配套的烧结喷煤等系统。

3.3.1.2　新建二铁与会议

新建大高炉

为适应改革开放形势，唐钢大型化、现代化、机械化发展，迫切要建大高炉。根据当时现有条件，1989 年 9 月公司领导决定在北区第二炼铁厂始建华北地区 1 号 1260m^3 大高炉一座，与炼铁配套新建 180m^2 烧结机一台以及炼焦制气厂和棒磨山铁矿。高炉采用高压炉顶、自焙炭砖炉底等较成熟技术，于 1991 年建成投产，这是唐钢发展史上的大事，也是炼铁跨越式发展的里程碑。

高炉投产后，进展顺利，唐钢摸索大高炉生产技术和经验，在低硅铁冶炼、炉前技术、热风炉用热管换热器预热助燃空气等都取得进展。我到唐山矿院开会时，几次到唐钢，由二铁技术科韩桂英工程师等陪同参观大高炉建设，并参加讨论。

与此同时，二铁厂建 2 号 1260m^3 高炉，采用无钟炉顶、软水密闭循环冷却系统、热风炉热媒式余热回收以及富氧大喷煤等先进技术，进一步提高大高炉生产技术水平。

中国金属学会炼铁年会

1993 年 8 月 7 日，中国金属学会炼铁学术年会在唐钢召开，学习唐钢地震后迅速恢复大发展的新局面。与会代表踊跃，北京地区人员最多，冶金部周传典副部长、徐矩良、刘琦、宋阳升出席会议，其他与会的有北科大孔令坛、刘述临，钢研院张士敏以及北京钢铁设计院、首钢等代表数十人、武钢张寿荣、酒钢蔡化南、八一钢厂楼辉映等领导，以及湘钢、宝钢、本钢、东工（本人、李永镇等）等。

周部长在大会讲话，通报近年来全国炼铁生产和技术发展概况，并指明今后努力方向，着重谈到唐钢遭到大地震空前严重灾难，损失惨重，但唐钢人没有被压倒，含着眼泪，从废墟上站起来，迎着困难，不怕牺牲，艰苦奋斗，在全国各方支援下，重建家园。唐钢努力拼搏，仅 28 天就炼出第一炉钢，一年后全部厂矿相继恢复生产，第一炼铁厂几座 100m^3 高炉很快恢复到震前较好水平，同时决定建设两座 1260m^3 大高炉，开创唐钢炼铁大发展的新纪元，其中 1 号高炉已于 1990 年投产，2 号高炉也已建成，正准备开炉生产，令人振奋。唐钢自强不息，勇于进取的精神值得赞扬和学习。

唐钢领导在会上介绍，大地震后快速恢复生产和扩建改造的过程，新建 1260m^3 两座大高炉和相应配套的设备，取得了阶段性的重大胜利，成为唐钢大发展的新起点。1 号高炉投产以来，通过抓精料、改善炉料结构以及优化操作和管理等一系列措施，提高了强化冶炼的程度，利用系数已超过 2.1t/(m^3 · d)，进一步改善原料质量，实施高炉喷煤等，为实现高炉“高效、低耗、优质、长寿”努力奋斗。

大会宣读论文，交流各地炼铁、烧结生产技术和经验，我在分组会上，介绍国内外炼铁新动态，同时为唐钢新建大高炉称好，1 号高炉炉身、炉腰部位备有炉外冷却装置，确保生产安全，建议扩建烧结设备，生产高碱度烧结矿，高炉尽早喷上煤粉等。

代表们热烈讨论对唐钢地震灾后坚忍不拔、攻坚克难、勇往直前、敢于胜利的精神和坚强信念，深受教育和鼓舞，表示唐钢值得钦佩和学习，是炼铁界的骄傲和光荣。

会后全体代表参观 1260m^3 高炉现场并往地震灾区观看受灾情况，吊唁受难同胞。

期间我和杨兆祥、沈峰满及其他代表同住唐钢招待所，畅叙友谊，留下深刻印象。不久前我和李殷泰老师来唐山开会，也住在这里。有一天晚上，李老师半夜发现小偷光临，走廊高喊捉贼，惊动房客，记忆犹新。

同年12月10日，2号（1260m³）高炉点火投产，装备技术优于1号高炉，生产进一步发展壮大。

叶国庆校友新从武钢炼铁厂调唐钢二铁任副总工程师，师生情厚谊深，与唐钢结下不解之缘。他主持唐钢二铁厂生产工作，对大高炉操作很有经验，座谈大高炉操作。

造衬技术鉴定会

1994年12月21日，唐钢二铁厂召开1260m³高炉炉身下部造衬技术鉴定会，与会专家有徐矩良、张士敏、刘泉兴、全太玄和我等15人，叶国庆等人列席会议。

会议对唐钢二铁1号1260m³高炉采用造衬与安装冷却器相结合的新型造衬技术应用17个月，不仅高炉寿命达到主攻目标，节省中修费，而且基本杜绝了炉皮开裂烧穿事故。叶国庆对该技术进行了补充说明，经过讨论和评议，专家们认为该技术新颖，具有创新性，应该肯定，居国内先进水平。会后参观高炉现场，并进行座谈。1号高炉采用大模块冷却，虽然有漏水等问题，但也是新尝试，应进一步深入研究。

21世纪初唐钢北区二铁厂1号、2号高炉由原来的1260m³大修扩容到2000m³，采用并罐无钟炉顶、铜冷却壁新设备、新技术，同时进行低硅铁（[Si]0.43%以下）冶炼，高炉操作炉型等监控和应用，改进炮泥质量等，生产有了新进步。2006年高炉利用系数平均2.3t/(m³·d)，入炉焦比为374kg/t，煤比为145kg/t，风温维持在1170℃以上。

3.3.1.3　建设现代化大高炉

1998年9月，二铁厂新建3号高炉（2560m³）投产，采用炉缸、炉底炭砖—陶瓷杯复合砌体，并罐式无钟炉顶、板壁结合冷却方式等新装备，并优化操作，狠抓精料，采用富氧喷煤等先进技术。2007年取得高炉利用系数达2.25t/(m³·d)，综合焦比为477kg/t，煤比为125kg/t的优良业绩。

2007年，炼铁厂南区淘汰三座400m³级高炉，并通过技术集成和自主创新建设了首座现代化新1号3200m³高炉，采用薄壁内衬，炉腰、炉身下部用铜冷却壁，炉缸、炉底炭砖陶瓷杯结构，矩形出铁场4个铁口，特别采用煤气干法布袋除尘和明特法水渣工艺，引人关注。此外，采用俄罗斯卡鲁金顶燃式热风炉，外加两座预热炉，全烧高炉煤气，设计风温1250℃，新1号高炉始建于2006年8月，于2007年9月8日点火送风投产。

唐钢二铁厂新2号3200m³高炉是原3号2560m³高炉原地大修扩建的，2007年11月12日投产，采用并罐无钟炉顶，炭砖—陶瓷杯复合炉底，霍戈文式高

温热风炉，薄壁炉衬，软水密闭循环炉体冷却系统等先进技术。

1号、2号3200m^{3}高炉投产后，进展都比较顺利，生产水平逐步提高，到2011年利用系数、入炉焦比、煤比、燃料比分别达到2.21t/(m^3·d)、2.54t/(m^3·d)，340kg/t、319kg/t，159kg/t、161kg/t，529kg/t、523kg/t，走在全国大型高炉的前列。

2002年，我到唐山开会之余，参观唐钢新1号高炉，看到煤气干式布袋除尘运行良好，非常高兴，称赞唐钢的胆量和勇气。长期来受到唐钢领导和同志们的热情关怀和厚爱，参与技术攻关和讨论，受益匪浅，深表谢意。

唐钢有丰富资源，有人才，有技术，有得天独厚、优越的地理条件，必将鹏程万里，前途无量。

3.3.1.4 我与唐钢毗邻单位

河北理工大学

河北理工大学先后名为唐山矿冶学院、唐山工程技术学院、河北联合大学，今改现名。为河北钢铁服务，培养高科技人才。

1989年4月，唐山工程技术学院召开钢铁冶金专业评审会，应邀代表有东工李殷泰、王舒黎、姜永林和我及北科大曲英教授等人，住开滦煤矿招待所。唐山大地震，该校是震中心重灾区，学校原教学楼和实验室等已荡然无存，教职工伤亡多，炼铁室主任李荣华以及邵洪林等教师罹难，只留下张仁贵等人。遇到炼钢储钟炳教授，是我北洋同班学友，侥幸免难，相拥称安。东工来此任教的炼钢宋实老师，劫后余生，重相见，欣喜不已。代表们参观了恢复和新建的教学和实验场所，校领导介绍学校概况，新建的教室和钢铁实验室基本可以满足教学、科研的需要，同时新聘了多位钢铁专家，如全太玄高工等，形成一支较有水平的师资队伍，能胜任培养高科技的钢铁专业人才。经过讨论代表们认为学校遭受空前灾难下，坚忍不拔，攻坚克难，在旧废墟上很快恢复，重建家园，值得高度赞扬，目前钢铁冶金专业已符合教学计划培养人才的条件。希望进一步充实实验设备和师资力量，推动教学科研并肩前行。

会后代表们参观唐钢钢铁生产现场，形势感人。回校参观地震遗址，一片瓦砾，满目荒凉，残留零星的树木，摇摇晃晃，呈现哀思。中心立有地震遗址纪念石碑一块，碑上刻写："一九七六年七月二十八日三时四十二分唐山七点八级"，中间突出"地震遗迹"四个篆体大字，下面注明"国家地震局，唐山市人民政府"字样。代表们在碑前默哀，悼念地震死难同胞。

会议结束，代表们受到学院领导接见和招待。校党委书记吕方润是我北洋同届毕业老校友，他又红又专是我们学习的榜样。我们久别重逢，共叙旧情。他送我一份中央组织部文件（厅字［84］12号），规定我们1949年参加"华北各大学毕业生暑期学习团”学习政治理论，结业后即分配工作的，可以享受干部离休待遇，感谢他的关照。

会议结束，主人陪同我们到河北遵化市马兰峪参观游览清东陵。这里安葬着清朝顺治、康熙、乾隆、咸丰、同治五个皇帝及他们的后妃。陵区苍松翠柏，郁郁葱葱，风景优美，朱墙金瓦的陵寝在秀美的山前东西排开。

孝陵是陵区的主陵，是顺治及二位皇后的陵寝，红墙黄瓦，威严庄重。东侧是景陵，顺治子康熙安葬处，建有专门的景陵妃园寝。康熙年间社会安定，经济繁荣，人丁兴旺，对恢复和发展社会生产力有一定的促进作用。

孝陵西侧一公里处是裕陵，是乾隆地下宫内安葬处，建筑壮丽，工艺精湛，居各陵之冠。乾隆继承祖父康熙和父亲雍正开创的盛世，励精图治，使清朝达到强盛的顶点。裕陵西行至普陀峪就到达埋葬咸丰之妃慈禧太后的东陵。出东陵大门左侧，风水墙外有一座顺治皇帝生母孝庄文皇后的残破陵墓。她先后辅助三代皇帝，为大清江山费尽一生心血，是清初著名政治家，受到人们和史学家的肯定、崇敬和怀念。

归途中，想到封建皇朝，大肆挥霍，劳民伤财，不胜感叹。

2002 年 1 月 10 日，河北理工大学邀我参加钢铁冶金专业申报硕士学位授予权的讨论。我受聘为国务院学位评定委员会，材料冶金学科评议组成员，责无旁贷。根据评定硕士点的条件和内容，学校大有希望。学校把材料整理好，向上级申报，等候结果。校长张玉柱热情地接待了我们。满怀信心，希望申报成功。

会后到老校友吕方润家，看望老人家。他已离休，安度晚年。他精神矍铄，身体健康，忆北洋往事，怀念不已。临别相拥不舍，谨祝健康长寿。

唐山助纲炉料有限公司

20 世纪 90 年代我在唐钢学术会议上见到唐山工程技术学院工作的原东工炼铁研究生刘树钢，他已离开学校，自主到唐山技术经济开发区创立唐山助纲炉料有限公司，从事技术开发工作，设计了 28m^2 TCS 圆环型球团竖炉。该结构有利于提高球团质量、产能和环保，已得到承德钢铁厂新新钒钛公司认可，同意在承钢现场建炉试验。该技术思想还用于低热值煤气大型节能环保 TGS 石灰窑，征询老师意见。该项目新颖，具有独创性，应予充分肯定和鼓励。新生一代年轻有为，快速成长，前程无量，我感到由衷的高兴。

曹妃甸京唐钢铁公司

2012 年 5 月 17 日，东大离退休钢铁党支部组织党员 18 人到唐山以南沿海曹妃甸循环工业区参观首钢京唐钢铁公司新投产的 5500m^3 现代化高炉，中途抵达唐山，受到河北理工大学领导热情欢迎，吕庆副校长亲自负责接待，住矿务局宾馆。门前地震废墟上已修建广阔柏油大马路，街道两旁高楼林立，绿树成荫，商贸崛起，人来人往，呈现一片繁荣景象。唐山今非昔比，发生翻天覆地的变化，

俨然成为一座大中型现代化城市。

当晚吕校长在宾馆设便宴招待，主客围坐一堂，畅叙两校师生情谊。席间见到博士研究生胡宾生，毕业后不久来此任教。他对烧结科研颇多建树，很受重视，很快就提升为副教授。师生相逢，倍感亲切和怀念。

次日胡宾生自驾车陪同我和虞蒸霞游览唐山市容，并到新修的市内大广场观光。广场一侧竖立几座列有大地震遇难同胞万人名单的纪念碑，庄严可观，无限悼念，提醒不要忘记唐山大地震的惨景。

新近唐山增添不少景观，广场对面跨过精美的小红桥，参观新建的公园，景色秀美，游客不绝，是人们休闲的好去处。随后离别唐山，在吕庆副校长陪同下去往曹妃甸目的地参观访问（参看首钢篇）。

3.3.2　我与宣钢

宣钢始建于1919年3月，临近宣龙（龙烟）铁矿区，矿藏丰富，以烟筒山、庞家堡矿产的鲕状及肾状赤铁矿而闻名，供应龙烟钢铁厂（后改称宣化钢铁厂和现名)。炼铁厂分一铁（西铁区)、二铁（东铁区）二处，一铁厂有300m^{3}高炉两座，二铁厂有两座300m^{3}高炉、一座450m^{3}高炉。1989年在二铁厂首建宣钢第一座1260m^{3}大高炉，以后扩建为1350m^3。随着优化改造和需要，宣钢续建了几座大高炉。到2013年炼铁厂拥有近代化大型高炉2500m^{3}两座、1350m^{3}和1800m^{3}各一座共4座。由于宣钢生产主要是炼铁，产品供应外地炼钢，因此长期困扰了宣钢进一步的发展。改革开放以来，炼钢上马，工厂得到新生和腾飞，成为我国重点企业和华北地区重要钢铁基地之一。

3.3.2.1　生产实习

1956年春季，我带学生到宣钢实习，从北京南站乘火车到河北宣化。当时天寒地冻，白雪弥漫，我们住在职工集体宿舍，睡热炕，温暖但不习惯。我们到炼铁现场实习，几座小高炉正在生产，装备较齐全，半机械化操作，土法烧结，炉前出铁，沙模铸块，工人和技术人员操作熟练，技术精良，生产秩序井然，显示老炼铁厂的风貌。师生和工人劳动生活一起，学习炼铁技能，受益良多，顺利完成实习任务。

我给现场人员讲授了炼铁基本理论、新工艺、新技术，受到欢迎。

我有一位北洋老校友胡汝坤，在庞家堡任矿长，我想带学生参观矿山，几次联系不上，没有去成，很遗憾。

“七五”期间，我到张家口市参加冶金部科技司刘克刚司长主持的科研规划会议，会后到宣钢一铁厂参观300m^{3}级高炉。生产完整性较好，在中小高炉具有传统性和代表性，装备较齐全，包括：考贝式热风炉，煤气湿式除尘、炉顶双钟、料车上料，槽下筛分，称量车运行，炉前用铸铁机，冲水渣，炉体水冷，$700m^3$/min 风机。技术经济指标较好，利用系数为 1.45～1.65t/(m^3·d)，冶炼强度为 0.8～0.9t/(m^3·d)，入炉焦比为 550～580kg/t，喷煤比为 87～117kg/t，风温为 910～924℃，矿石品位为 54%，熟料比（土烧结为主）为 99%。采用玻璃钢冷却塔冷却高炉循环水，高炉值班室安装煤粉喷吹监视记录仪表，土烧结机械化混料，增设造球盘等设备。

3.3.2.2　讲学

干部培训班

宣钢总工办、技术处组织炼铁干部培训班，邀请我和东工老师轮流讲学，受到校友、主任工程师陈兆明热情接待。食宿安排在距讲课地点钢研所不远处站前宾馆。我讲授高炉炼铁对精料的新要求、冶炼新工艺、新技术及其应用等，课后组织讨论和答疑，听众情绪热烈、兴奋。

期间，陈兆明和我谈及，几年前和他一起分配到宣钢工作的同窗好友殷之申和同事（北钢毕业）在高炉大修完毕，开炉前进入炉内测料面，被烘炉上升煤气熏到，不幸去世悲痛不止，痛失优秀弟子，心情沉痛，哀思难断。

钢研所

1988 年 3 月宣钢钢研所窦庆增、吴仁林二位所长邀我给全所和部分厂内有关人员讲学，并进行科研工作交流和讨论。我重点介绍烧结、炼铁的科研工作和方向，探讨烧结分级入炉、槽下筛分、高炉富氧喷煤、高压、高风温的理论和实践及研究的具体课题。听众很感兴趣。此外研究所对选题立项征求意见，进行专项讨论。我上午讲课，下午讨论，和同志们结下深厚友谊。所领导包括赵玉清等对我生活关怀备至，特别对我的信任和厚爱，令人感动和难忘。

临行前由吴仁林、陈兆明夫妇陪同参观第二炼铁厂，其中两座 $300m^3$ 高炉（5 号、6 号），生产设备和一铁厂高炉基本相同。经过技改，主要技术经济指标有些进步，利用系数达 1.7t/(m^3·d)，入炉焦比最低降到 458kg/t，喷煤比和风温分别高达 160kg/t 和 1003℃。为了适应高炉扩容需要，5 号、6 号高炉分别采用 $900m^3$/min 和 $850m^3$/min 较大鼓风机，明显增产和降焦。与此同时加强高炉标准化操作，合理控制生铁含硫和硅，提高生铁合格率，稳定造渣制度，提高入炉风量，改善高炉顺行，利用系数为 1.732t/(m^3·d)，折合综合燃比为 577kg/t。

专题讲座

公司负责科技的李亚男总工，几次邀我去讲学，针对大高炉建设，进行专题讲座，主要介绍提高高炉喷煤比、高富氧高风温、低硅生铁冶炼、高炉长寿等技术，受到热忱欢迎。李总亲自安排我住厂内舒适的宾馆，休闲时和他交谈宣钢发展前景和生活等问题，情同师生。

3.3.2.3 参加大高炉评审会

1989年宣钢第二铁厂建成公司第一座1260m^3大型高炉，是全国当时同类型修建的四大高炉之一，12月8日点火开炉。投产不久，公司邀请我和国内炼铁设计、修建、生产等有关专家参加大高炉生产评审会，公司高炉指挥部副总韩景瑞校友热情接待。新高炉采用无钟炉顶，皮带上料，软水闭路循环冷却，霍戈文内燃式热风炉，陶瓷燃烧器，炉前水冲炉渣等。同时使用机烧、球团和块矿，装备和生产技术有了较大进步，专家们对宣钢发展大高炉表示赞同，提出了一些补充技改的建议，大家对高炉喷煤十分关注，力促尽快上马。对喷煤的具体方案包括用煤、磨煤、输送煤等进行了重点讨论，当前应充分利用成熟经验，把生产尽快搞上去。会议开阔大家的视野，取得圆满成功。

3.3.2.4 炼铁技改突飞猛进

烧结厂为了适应大高炉机烧的需要，努力提高烧结的质量和产量。将50m^2烧结机改造成86m^2。三台28m^2平面步进式循环烧结机改成两台36m^2烧结机。采用烧结新技术；厚料层（600mm），低SiO_2烧结等。烧结品位提高2%，SiO_2下降1%，利用系数提高，质量改善。几座4m^2、8m^2竖炉生产球团，供应高炉，功不可没。

进入21世纪以来宣钢生产突飞猛进，1260m^3高炉已扩容1350m^3，通过改善原、燃料条件，提高操作水平以及喷煤系统的改造，采用煤粉浓相输送，新型混合器，合理选择分配器和喷吹支管等形式，保证煤粉与空气最佳混合，喷煤比达150kg/t。喷煤和高风温等有助降低生铁含硅量，[Si] 降到0.4%，炉底、炉体各部位软水密闭循环冷却工艺日臻完善，漏水可检处理等。

2001年，6号高炉（300m^3）采用无钟炉顶-顶燃式热风炉，模压小炭块炉缸、炉底等多项新技术，使用900m^3/min离心鼓风机。达到日产量751t，利用系数为2.51t/(m^3·d) 的好水平。

5号高炉（300m^3）也采用WZ型无钟炉顶，使用烧成铝炭砖、微孔模压小炭砖，陶瓷杯综合炉底、炉缸以及4~6段采用铜冷却壁等，装备水平大步向前。随着近代化大高炉（1800m^3、2500m^3）和大烧结机（360m^2）兴起和建成，通过优化改造，东、西二铁区的中小高炉将逐步停产处理，完成历史任务，迎接宣钢的灿烂前程。

我多次到宣钢，路过长城八达岭车站，瞻仰竖立站台上的詹天佑铜像，他是中外著名的铁路专家，他身负修建险要铁路的重任，车厢连接的挂钩是他发明的，向这位功勋卓著的工程专家致敬。

3.3.3 我与承钢

承钢原为承德钢铁厂，始建于1954年，是中国钒钛磁铁矿提钒及高炉冶炼技术的发祥地。经过60多年的建设发展，已形成年产850万吨钢、2万吨钒产品、6万吨钛精矿的生产能力，被誉为中国北方钒都。承德地区蕴藏丰富的钒钛磁铁矿，分布在大庙、黑山和马营等铁矿区。1988年黑山铁矿开始露天开采，目前是承钢主要矿石供应地，部分提供全国各地高炉护炉用料。原矿 TiO_2 含量约8%，较攀枝花矿低，磁选后钒钛铁精矿含 Fe 61%~62%，V_2O_5 0.78%，TiO_2 8.2%。“七五”期间有高炉 $100m^3$、$255m^3$、$300m^3$ 各一座，随着科技进步和创新，高炉不断扩增，快速发展。从1989年新建 $1260m^3$ 大高炉开始，至今炼铁厂已拥有高炉 $1\times1260m^3$、$1\times450m^3$、$3\times2500m^3$ 共5座，成为河北钢铁集团核心钢铁企业之一。

3.3.3.1 解决钒钛磁铁矿高炉冶炼问题

冶炼难题

承钢高炉冶炼钒钛磁铁矿，渣中含 TiO_2 16%~18%，由于钛渣还原变稠，高炉难行，被迫采用低温，酸性渣操作，维持高炉顺行，但生铁含硫不合格，成为生产瓶颈，严重困扰承钢炼铁的发展。1962年负责承钢工程设计的北京黑色冶金设计院董效迂和承钢赵克春两位高级工程师亲临东北工学院求助老领导、著名炼铁专家靳树梁院长，协助解难。靳院长召集炼铁教研室老师献计献策，决定先在实验室进行钛渣冶金性能研究，寻求适宜炉温和渣碱度，获得炉渣流动性和生铁脱硫的有益参数，提供现场工业试验参考。

马钢承德矿试验

1963年3月，我和王文忠老师会同北京黑色冶金设计院、承钢、马钢等单位，组织在马钢二铁厂 $255m^3$ 高炉上用承德精矿烧结矿进行工业试验。现场马钢负全责，试验按炉渣不同 TiO_2 含量分阶段进行。结果表明，高炉渣中 TiO_2 含量20%~25%，渣碱度提高到1.2~1.4，控制较高炉温，生铁含硅0.6%~0.8%，并使用精料、高风温、低硅等，高炉可以维持顺行，获得含硫（0.07%）合格、含钒高的生铁。当渣中 TiO_2 降至15%~18%，效果进一步改善，给承钢高炉生产带来生机。

承德攀枝花矿模拟试验

1965年2~8月，冶金部组织以周传典为组长的试验组，在承钢 $100m^3$ 高炉上用调节承德钒钛磁铁矿和钛精矿配比，模拟攀枝花矿进行工业试验，经过艰苦奋战，最终获得成功。攀上高炉冶炼钒钛磁铁矿的新高峰（详见攀钢承德试验篇）。同时可完全解决承钢高炉冶炼钒钛磁铁矿的难题，期间东北工学院全力以

赴，承担实验室研究和翻译编印钒钛译文集等，并派出大批师生和化验等有关人员参加现场试验，功不可没。现场试验开始，我到承钢参加冶金部王之玺司长召开的试验方案论证会，然后回校讲课，前期现场试验未去。后来因工作需要才去，我参加试验领导小组，与庄镇恶、叶绪恕、李身钊等成员一起，我负责试验测试和总结工作。大家同住承钢招待所，吃的是杂粮、小米稀饭和素菜，一心为完成任务，早起晚归不辞辛苦，奔走在试验现场，无人喊苦，充满团结，奋斗争取胜利的集体主义精神，深受教育。

3.3.3.2 讲学

20世纪80年代，我几次到承钢参观学习和讲课。其生产重点集中在3号（$255m^3$）和4号（$300m^3$）两座高炉上。

经过技术改造，4号高炉设备比较先进，采用PC-584微机控制上料系统，布袋除尘，炉顶液压传动，液压矮泥炮，改造型热风炉（空气热管预热器，陶瓷燃烧器，霍戈文式炉顶）等，转炉钢渣综合利用，取代部分熔剂入高炉，高炉顺行，具有经济、社会、环保三方面效益；利用焦丁替代大焦入炉，炉况顺行，3号高炉风机由$700m^3/min$改为$850m^3/min$，冷风管由700mm改为800mm，促进强化冶炼程度的提高。

高炉主要技术经济指标：利用系数为$1.7 \sim 2.0t/(m^3 \cdot d)$，冶炼强度为$1.0 \sim 1.2t/(m^3 \cdot d)$，入炉焦比为560~615kg/t（未喷煤粉），保持良好水平。

在此期间，炼铁厂领导邀我给烧结、炼铁讲课，结合现场（厂）技术改造和条件，我讲解主要内容，包括：（1）精料要精，当前石灰石用量高达283kg/t，急待生产质量良好的熔剂性烧结矿和高碱度烧结矿，与酸性球团配合，力求合理炉料结构；（2）尽力应用成熟有效的先进技术，推行高风温、富氧喷煤等，特别是喷煤，以煤代焦是方向，不可放松，力争快速建设喷煤系统，争取高炉及早喷上煤粉；（3）切实掌握高炉冶炼钒钛矿有效机制；（4）优化高炉操作和管理，确保高炉顺行。听众踊跃，情绪热烈，课后讨论、答疑，受到热烈欢迎。课后，承钢生产副处长郑生武给予多方协助和关注，邀请我到他家作客，师生情谊难忘。

3.3.3.3 参加学术会议

参加工业流程研讨会

1996年9月7日，参加中国金属学会在承钢召开的钢铁工业流程研讨会。与会的有全国钢铁界专家100多名。会议对常规高炉-转炉-连铸-连轧生产流程进一步优化进行技术分析和讨论，我参加炼铁流程的研讨。

炼铁流程分高炉、直接还原、熔融还原三种，高炉的特点是技术完善、成熟，效率高，能耗低，产品质量好，设备大型化、长寿化，缺点是必须用焦炭；直接还原的优点是流程短，没有焦炉，污染较少，缺点是对原料要求严，矿石必须品位高、脉石少、熔点高，有害元素低，高温下不炸裂，还原好不易粉化；熔融还原是以煤代替焦直接用粉矿炼铁，既无炼焦又无烧结、球团厂，使炼铁流程简化。已工业化生产的有奥钢联的 COREX 工艺，韩国、我国宝钢等建有该工艺试验厂。

三种流程比较：所有直接还原的能耗都比高炉高，气基还原工艺必须要有天然气。熔融还原用煤和氧，能耗高，有待进一步研究。当前应该大力发展高炉流程，改进方向是：提高喷煤比，以煤代焦，可减少焦炭用量 40%~50%，加强焦炉污染的治理等。

会议研讨取得了共认，鼓励高炉向大型化迈进。期间我和炼钢姜钧普教授交换了意见，受益良多。

参加炼铁信息技术交流会

1999 年 8 月 11 日，全国炼铁信息网华北组在承德召开第八次炼铁技术交流会。会议由承钢主办，我被邀请参加，住承德宾馆。会议由冶金部负责人通报国内炼铁生产概况。大会进行专题报告和技术交流。代表们对用承钢钒钛磁铁矿护炉很感兴趣，组织专题讨论，寻求最佳护炉料（矿）源。会后参观承钢炼铁现场。承钢炼铁今非昔比，高炉扩建，不断壮大，生产有了很大进步，操作中完全掌握了高炉冶炼钒钛磁铁矿新技术。

近年来承钢通过创新，烧结矿中配加高钒、高钛精矿和部分 MgO 改配在球团矿中，大大提高了烧结矿质量。此外，大高炉冶炼采用“优化平台-漏斗料面装料制度”“超低硅铁冶炼”“大炉腹煤气量送风制度”“严格出渣出铁管理”等技术，获得重大进步，2016 年 10 月，4 号高炉（$2500m^3$）利用系数为 2.62t/($m^3 \cdot d$)，煤比为 150kg/t，燃料比为 515kg/t，创历史最好纪录。

3.3.3.4　重游避暑山庄

1965 年，参加完攀钢承德试验，我和重庆设计院章天华高工二人到承德外八庙环列于避暑山庄七座金碧辉煌、雄伟壮丽的喇嘛庙、布达拉宫等处游览参观，昔日供觐见清帝的各少数民族、王公皇族居住和从事宗教活动地方，尽兴而返。1988 年我和虞蒸霞随同凌源钢铁厂旅游团游览承德避暑山庄（见凌钢篇）。1996 年 9 月钢铁工业流程研讨会后，集体游览避暑山庄。我和高征铠教授等畅游湖畔，心旷神怡。随后游览了大佛寺，门楣上方高悬“金轮法界”四字匾一面，入内巍坐千手如来佛塑像，金光闪闪，堪称奇景。门前与徐矩良、吴玺茂等合影留念。1999 年，开完炼铁信息技术交流会后与那树人等再次漫游避暑山庄，共叙师生情。

21世纪以来，承钢总工程师周春林几次邀我访问讲学。承钢发展快速，正在修建现代化大型高炉，生产蒸蒸日上，令人振奋和骄傲。在现场参观了由刘树钢等设计、与承钢合作新建的圆环型球团竖炉。他们开拓创新，勇于进取，求实的精神，令人赞佩。

3.3.4　我与邯钢

邯钢位于国家历史文化名城——邯郸，1958年建厂，历经50多年的艰苦创业，现已成为国家重要的优秀板材和型棒线材生产基地，河北钢铁集团核心企业。

邯钢炼铁部（厂）先后高炉：294m^3（1号、2号）、620m^3（3号）、900m^3（4号）、1260m^3（5号）、380m^3（6号）、2000m^3（7号，从德国克虏伯公司引进二手设备，扩容而成），2009年7月新建8号3200m^3高炉投产。改造后2017年邯钢炼铁部拥有2×2000m^3、1×1000m^3、1×3200m^3高炉4座。

3.3.4.1　*初访邯钢*

1967年，我从涉县铁厂调研回来，首次访问邯钢，受到烧结厂党委书记唐治强校友的热情接待。参观烧结现场，有几台中小型带式烧结机在生产。从烧结备料、配料、混料、点火烧结工序全过程和设备较完整。生产有序，产品质量良好，重视技术改造和创新。一烧车间一种半干法循环流化床脱硫工艺使用的喷头获得国家实用新型专利权。

随后唐书记陪同下到炼铁厂参观，几座300m^3级高炉在生产，值班工长赵伟铎和唐书记是同班学友，一起分配来此工作的。见到老师很高兴，他介绍高炉生产概况并陪同参观。高炉生产良好，主要技术经济指标在同类型高炉中是优秀的，曾受到领导的表彰。与值班同志们进行座谈，学经验，为他们取得技术进步称好。师生一起讨论技术，谈情谊，不忍离去。赵伟铎因工作需要不久就调到石家庄市任河北省民革副主委，河北省政协副主席。

1989年我到天铁涉县铁厂讲学，归途中参观邯钢，受到邯钢领导热情接待，住邯钢宾馆。我参观了炼铁现场，高炉1号、2号（294m^3），3号（620m^3），4号（900m^3）在生产，5号（1260m^3）正待投产。

1号、2号、3号高炉进行技术改造：（1）常压炉顶改为小高压，顶压为30~80kPa；（2）冷风管道用纤维毡保温；（3）在10座热风炉上安装单板机自动调节烧炉；（4）烧结矿筛改为双层筛；（5）3号高炉上料卷扬系统采用PC可编程序控制器等，提高系统可靠性。

与此同时推广大料批分装，采用高风温（>1000℃），高熟料率（>95%），较高矿石品位（54%），较高喷煤比（70kg/t），较高顶压（44kPa），以及精心操作等一系列措施。1989年1号、2号高炉利用系数达2.2~2.4t/(m^3·d)，入炉焦比为468kg/t，居全国同类型高炉先进水平。全国620m^{3}高炉有莱钢、重钢等几家，指标均不理想。邯钢620m^{3}高炉生产较好，利用系数为1.598t/(m^3·d)，焦比为502kg/t，全国领先，外部前来学习。

3.3.4.2　邯钢先进管理经验

邯钢以精细化为核心推行系统化管理。在抓炼铁管理过程中，不仅对高炉的单一管理，而是整个铁前系统化管理，确保各工序、岗位，同一目标，分工协作，做好各自工作。提出“持之以恒，实干苛求，精心管理，把提高效益放在第一位，实现多层管理向集体经营，促进生产高效发展”。冶金部号召所属企业向邯钢学习推行，创新管理理念。

莱钢620m^{3}高炉产能低，指标落后。以邯钢620m^{3}高炉为目标，坚持加强企业管理与推行技术进步并重的方针，近几年来烧结和炼铁都有了明显进步，各项技术经济指标接近和超过同类型高炉水平。

3.3.4.3　讲学

邯钢领导组织技术讲座，我做了国内外炼铁技术发展的报告。邯钢炼铁谋发展，高炉要逐渐大型化，先建1620m^{3}高炉，诸多不足，不尽人意。后续建4号(900m^3)、5号(1260m^3)大高炉。特别后来省政府决定在唐钢、宣钢、邯钢三处兴建260m^{3}高炉，为邯钢建设大型高炉创造新局面，意义重大。

我讲解了大型高炉建设的几个问题，对精料要求更高，千万不能忽视烧结、炼焦等配套工程。

大高炉生产的基本环节是要注意炉内气体动力学的特征，核心问题是要不断改善炉料透气性和控制煤气流的分布。重视原燃料质量，重点要提高强度和筛除粉末。大型高炉采用高压操作的重要性，有必要发展矮胖、多风口、适当小风口的炉型等，邯钢建设大高炉是完全正确的，当然要量力而行。听众踊跃，受到热烈欢迎，课后进行座谈、讨论、答疑，意浓友好。

不久省冶金厅魏亚总工在邯钢召开邯钢发展规划座谈会，我被邀参加。会上魏总介绍省领导初步设想，将邯钢建成冀南重要钢铁基地，要扩展现有规模，要建更大高炉和配套设备，集思广益。

代表们对邯钢科学发展、续建大高炉、取得的积极成果，予以肯定和赞赏，建议下一步应建2000m^{3}以上高炉。邯邢地区矿产丰富，得天独厚，前程无限美好。

会后在同志们陪同下，大家参观邯郸市容。邯郸是一座三千年历史的文化名城，漫步街头，广阔马路，整齐、清洁，两旁高楼林立，人来车往，热闹非凡。最负名胜古迹丛台，位于市区中华大街中段，以此为中心开辟成园林，景色宜

人，从台古风犹存，成为邯郸的象征。登上最高层的武灵台，凭栏远望，太行山逶迤百里，俯视邯郸市区，高楼栉比，其繁华程度远过于历史上的赵都。

老城的南门内——回车巷是廉颇和蔺相如故事的发生地。有一座临街青砖瓦房，山墙镶嵌一块黑色大理石，上刻“蔺相如回车巷”，牌下有一座石碑，刻记蔺相如以国家利益为重，给廉颇回车让路，以求将相和好。

邯郸还是一座革命城市，是晋冀鲁豫边区的首府，刘伯承、邓小平都曾长期在这里生活和战斗。

安阳钢铁厂和邯钢炼铁同步开始，安钢建设是300m^3级高炉，长年很少变化，邯钢连建620m^3、900m^3、1260m^3大型高炉，产能比安钢大几倍，已发展相当规模大钢铁厂，而安钢滞后了。1989年底，随安钢公司领导和同志们到邯钢学习发展大高炉生产的经验，受到邯钢和炼铁领导以及同仁们的热烈欢迎。邯钢炼铁张有德高工介绍大高炉修建经过和经验，并陪同参观4号900m^3和正待投产的1260m^3高炉，从装备到工艺，大开眼界，高炉作业正常，指标较好。4号高炉利用系数达2.0t/(m^3·d)，焦比在400kg/t以下，喷煤比保持在150kg/t。目前邯钢正筹建更大高炉（2000m^3）。

邯钢大高炉建设的成绩，引起安钢领导同志们的震动，上了生动一课。

期间我看望分配来此工作的张有德、毕耜友、赵丽霞等学生。他们奋发有为，为邯钢炼铁的发展，发挥了重要作用，感到由衷高兴。师生情意重，难以忘怀。

3.3.5　我与石钢

石家庄钢铁厂始建于1957年，国内及省唯一的大型特殊钢生产联合企业。

石钢炼铁厂“七五”期间有150m^3、300m^3高炉各一座，到2010年逐步扩建3座350m^3，一座420m^3高炉，经优化改造，现有480m^3、580m^3和1080m^3高炉各一座，适应企业发展的需要，实施强化管理和技术改造，为企业实现“绿色石钢，精品石钢，和谐石钢”的发展承担重要责任。

1983年，我首次应石钢邀请到炼铁厂参观访问。当时有150m^3、300m^3高炉正在生产，技术装备良好。利用系数为1.7~2.3t/(m^3·d)，冶炼强度为1.0~1.2t/(m^3·d)，入炉焦比约为580kg/t（未喷煤），风温为900~1050℃，达到国内同类型高炉平均先进水平。

通过技术改造：扩建300m^3高炉，提高生铁产量，采用高温内燃式热风炉，全液压阀门，陶瓷燃烧器，煤气干式布袋除尘，实现程序自动控制上料等新设备和设施；新上一台28m^2烧结机，将土烧改为机烧，改善入炉料质量，提高机烧比例；新上2万立方米煤气柜，回收高炉煤气，节约能源，净化环境。

厂领导组织技术讲座，我讲授烧结、炼铁新技术，并介绍了国内外一些高炉炼铁操作经验，引起听众的兴趣，课后组织讨论，交流心得，反响强烈。

铁厂求真务实，开拓创新，虽然生产受到客观条件的限制，但厂领导和同志们力争上游，勤奋工作，充满生机，追求进步，留下深刻印象，值得很好学习。

20世纪90年代，全国炼铁情报网华北组在石钢召开炼铁技术交流会，我被邀参加。我第二次来石钢，工厂干净、清洁，面貌一新，各方面都有了较大进步。会上石钢炼铁厂领导作了几年来炼铁生产、技术发展的报告，着重介绍了做好系统管理，保证高炉稳定顺行的措施，特别重视矿石、合理配矿等，有效控制入炉料有害元素的含量，碱金属负荷偏高时进行阶段性排碱。此外，积极进行环保设施改造和污染治理建设，从环境污染严重的烧结工序为重点，原有62m^{2}烧结机配套有烟气脱硫装置。为改善周围环境，计划将烧结机搬迁到距主厂区70km外的井陉矿区，合并建设一台大型烧结机，同时配套建设烟气脱硫系统等，高炉出铁场、铁口、铁沟、铁罐等粉尘排放点增设除尘等设施。

大会进行技术报告和经验交流。代表对石钢经验，倍感兴趣并赞扬。

3.3.6 我与解放军2672工厂

3.3.6.1 就地建铁厂

20世纪70年代解放军铁道兵团2672部队在河北邯郸武安市驻地，利用当地矿产资源，兴建一座炼铁厂，并以该部队番号命名。以后该工厂移交地方管理，由新兴铸管有限公司接管，发展为公司第一炼铁厂，有高炉1×100m^3、1×168m^3、1×361m^3 3座，还包括午汲铁厂1×100m^{3}一座，经过改造扩容，现公司拥有2×420m^3、2×500m^3、1×308m^{3}高炉5座。

1976年1月，我和天铁总工程师李寿彤，从涉县天津铁厂调研归来，顺道访问2672工厂，看望该厂领导原冶金部钢铁司处长肖明伟。见到老领导，又是同行，倍感亲切，格外高兴。

我们参观现场。其有几座100m^{3}高炉在生产，土洋结合，半机械化操作，卷扬料车上料，炉前铸块，水冲渣，生产有序，稳定顺行，各项技术经济指标达到小高炉中上游水平。

工厂执行解放军严格生产管理制度，出铁场干净，整洁，地面备品、工具排列整齐，重视环保，感觉良好。

肖处长组织技术座谈会，我在会上介绍中小高炉冶炼技术和经验，对解放军的严格要求，留下深刻印象，值得很好学习。

临别对主人盛情款待，深表谢意。

3.3.6.2 科学发展，技术创新

20世纪90年代初天铁涉县铁厂齐树人总工邀我讲学。随后，解放军2672工

程指挥部总厂副厂长王惠起邀我讲课。他新从莱芜市泰山钢铁厂调此工作，不久前曾见面。在天铁李承运高工陪同下，受到他和总厂、烧结厂总工的白铭、李玉明等热情接待，他们都是东工校友，勤奋工作，为工厂的发展做出了积极贡献。

厂区面貌有了很大变化，空间扩大，建有炼铁和烧结厂，厂容整齐、清洁，生产蒸蒸日上，一片生机。

白铭陪同参观炼铁厂。该厂有 100m^3、118m^3、306m^3 高炉在生产，运行正常。高炉装备：双钟、卷扬料车上料、槽下筛分、冷却壁软水冷却。采用考贝式热风炉，蓄热室上下层用五孔高铝和黏土砖，机烧烧结。1989 年高炉熟料率约为 86%，矿石品位为 55%，风温为 899℃，利用系数为 2.0t/(m^3·d)，入炉焦比为 560kg/t，煤比为 50kg/t，居全国同类型高炉较好水平。300m^3 级高炉，由于设备故障等原因，休风率高达 8.24%，冶炼强度为 0.92t/(m^3·d) 和喷煤比为 22kg/t，熟料率达 99%，风温为 908℃，利用系数仅为 1.34t/(m^3·d)，入炉焦比高达 678kg/t。

李玉明陪同参观烧结厂，厂房建在山坡下，地势较高。该厂有几台烧结机，最大为 50m^2，带式烧结机上，前半部分烧结，后半部分带冷，既节省投资费用，又生产冷矿，并改善环境，效果良好，独具风格。首钢新二烧新建 75m^2 带冷烧结机时其相关人员曾来此参观学习，吸取经验。

烧结厂很重视环保，对除尘等做了很多工作，收到成效。

总厂为我组织技术讲座，白铭主持。我讲授国内外烧结、炼铁生产技术发展动态；烧结、炼铁新工艺，新理论；分专题：精料、烧结工艺操作、高炉高风温、高富氧、高喷煤等新技术以及高炉炉况调节等。课后组织讨论、答疑，听众热情高，反响强烈。

工厂生产条件好，特别技术力量较强，按科学发展，冶炼规律，生产逐步健康奔前，值得称颂和学习。不久钢铁生产会有更大进步，前程辉煌。

课后王惠起厂长及白铭等陪同参观全厂区，并观赏太行山周边绮丽风光。

临走前，王厂长召集在厂东工校友包括陪我来的李承运同志，设便餐宴请老师。师生欢聚一起，忆母校，谈往事，情深谊重，无限怀念，互祝身体健康，工作顺利，相拥告别，期待后会有期。

3.4 在山西省的学术活动

3.4.1 我与太钢

太钢是国家重点钢铁企业，我国最大的以生产优质板材为主的特殊钢生产基地。公司前身为 1932 年筹建的西北炼钢厂。炼铁厂始建于 1934 年 8 月，建有 146m^3、291m^3 两座高炉，解放后扩建改造，1960 年 1 月山西省最大 1053m^3 高炉建成投产。80 年代有高炉 330m^3、165m^3、324m^3、1200m^3 4 座。2004 年改造为 1

号（$330m^3$）、2 号（$296m^3$）、3 号（$1200m^3$）、4 号（$1650m^3$），并拥有 $2\times100m^2$、$2\times90m^2$ 烧结机 4 台。2006 年增建 5 号高炉（$4350m^3$），1 号、2 号中小高炉逐步淘汰。2011 年 3 号炉大修后扩容至 $1800m^3$，4 号易地大修改建成 $4350m^3$ 改称 6 号高炉。2017 年拥有高炉 $2\times4350m^3$、$1\times1800m^3$ 三座，走在国内高炉大型化前列。各项技术经济指标达国内同类型高炉先进水平。

3.4.1.1　早年实习

1953 年暑期，我们东工首批炼铁研究生 6 人，在原苏联专家马汉尼克副教授指导下，学习期满，通过毕业考试和答辩。专家嘱咐毕业后组织到国内有关钢铁厂参观和生产实践。7 月份我们先到汉口华中钢铁公司，介绍到黄石市大冶钢厂实习，先后参观了矿山和电炉炼钢。时值炎夏，气温很高。住钢厂简易招待所，晚间睡铺臭虫困扰，难以入眠。随后直往太原钢铁厂，一路坐票，长途跋涉，不顾疲劳到达目的地，住太钢职工宿舍。

太钢炼铁厂是老厂，有两座 $200m^3$ 级高炉在生产，周边还有成排土高炉的遗迹。高炉装备、设施较齐全、生产秩序井然、正常，全国不多。矿料主要是土烧结，圆型烧结锅一字排开，半机械化轮流间歇生产，质量一般，国内少见。周围环境污染较严重。高炉生产铸造铁为主，炉前铸块。我们在高炉边劳动、边学习自主操作，受到实践锻炼。

休闲时在住处门前操场与职工们打篮球，并举行篮球友谊赛，和太钢同志们结下深厚友谊。在马钢工作的李宗泌、李国成等同志都是当时他们在太原学习时认识的。

3.4.1.2　讲学

（1）1981 年参加太钢全国烧结技术经验交流会后，太钢烧结副厂长马炳汉邀请访问讲学。我介绍国内外烧结和球团等造块技术进展概况以及鞍钢细精矿烧结的经验和采用烧结新技术等，受到热烈欢迎。课后进行座谈，学习太钢烧结经验，特别是高碱度烧结的生产，期望生产球团矿取得良好的进步。

（2）1984～1985 年冶金部钢铁司与中国金属学会炼铁学委会在太钢联合举办全国重点企业炼铁技术骨干培训班。聘请国内先进的企业代表，有关领导、专家、学者、技术人员等为培训班教员，分专题介绍国内外炼铁工业的发展及理论研究的情况，收集讲稿汇编“炼铁文集”成册出版。

1985 年 8 月 12 日，我在太钢培训班讲的专题是“高炉解剖”，重点介绍首钢 $23m^3$、攀钢 $0.8m^3$ 试验小高炉解剖全过程，包括：停炉方法，炉内原、燃料分布状况及行为，软化、熔融、滴落带部位状况；风口回旋区原始状态等，对加快我国炼铁技术发展，提高操作技术水平以及开展高炉冶炼基础理论研究等有重

要参考价值，引起学员们的关注和兴趣。

讲课完毕，太原秋高气爽，主人陪同参观太原名胜古迹——晋祠等。

（3）1998年太钢召开4号高炉大修论证会。会后炼铁厂长程友三组织技术讲座。我在厂会议室讲授炼铁新技术、新工艺，重点讲优化高炉操作，掌握上、下部调节关键环节。努力做到“上稳”“下活”合理煤气流分布，维持高炉顺行。此外对高风温、富氧、喷煤等成熟技术不放松，争取高炉生产更上一层楼。听众热情，反响强烈。课后组织座谈、交流、答疑，谈论太钢炼铁美好前景。

（4）2006年，我和徐矩良同志参观新建4350m^{3}高炉后，赞赏之余，应公司领导刘复兴、梁津源、杨子柱、杜洪阳之请，讲解了大高炉强化冶炼问题。基本环节要研究炉内气体动力学特性，核心问题是要不断地改善炉料透气性和控制煤气流分布，特别对精料有更高要求，引起领导们的关注和重视，太钢正在这方面努力，很可喜。

3.4.1.3 炼铁技术进步

技术革新

“七五”期间我到太钢访问，高炉1号（165m^3）、2号（324m^3）、3号（1200m^3）等在生产，通过技术创新和改造，出现新面貌。

1987年，国内首次在3号高炉的炉腰、炉身下部安装软水闭路循环冷却的立冷板并建有软水循环系统，同时该区域内使用碳化硅砖等炉身长寿技术、运行很稳定。

21世纪初访问太钢炼铁厂，南区有1×330m^3、1×296m^3，北区有1×1200m^3、1×1650m^{3}高炉生产，技术装备不齐。近年来重点抓了精料、喷煤、强化冶炼操作等工作，生产水平逐年提高。2003年全厂高炉利用系数为2.266t/(m^3·d)，入炉焦比为367kg/t，煤比为116kg/t，燃料比为483kg/t，风温为1098℃，综合品位为60.28%，居全国先进水平。全厂有烧结机2×90m^2、2×100m^2 4台，烧结矿配比提高到80%以上。球团矿比例15%左右，炉料结构趋于合理；提高烧结矿MgO含量，改善炉渣性能；采用小球烧结技术；烧结品位提高到59%；加强筛分；加强原料管理，改善焦炭质量。

建设小高炉喷煤系统，具有自动连续、均匀、低压浓相输送喷吹的特点，煤比稳定在130kg/t，最高月达到144kg/t，对3号、4号高炉喷煤系统改造，增建3号喷煤系统，具备喷煤130kg/t能力。

采用新装料制度，2000年各高炉基本上全正装，4号高炉进行无料钟多环布料，炉况顺行，煤气利用率提高，2003年全厂高炉煤气CO_2达20%左右。

太钢炼铁的快速进步，令人振奋和高兴。我在厂技术讨论会上发言，对厂取得的优异成果表示赞赏。

高炉大型化

太钢炼铁向现代化生产进军，赶超国内外先进水平，努力实行大型化、机械化、自动化、高效化，坚决淘汰落后的中小高炉，建设大于 2000m^3 的大型高炉，配套大烧结机、大焦炉以及大球团焙烧机，扩大矿源，使用进口矿，在保证精料基础上，认真贯彻“高效、优质、低耗、长寿、清洁（绿化）”等技术方针，争取高炉长寿 20 年，满怀信心。太钢炼铁的明天会更辉煌。

改革开放以来，太钢领导解放思想，敢想敢干，学习宝钢建设经验，冲破戒律，建设大高炉，委托中冶赛迪工程技术有限公司（原重庆钢铁设计研究院），设计炉容 4350m^3 高炉一座。与此同时，太钢配套设计新建 450m^2 烧结机一台，7.63m 大型焦炉一座，并与宝钢签订合同，对方全面负责人员培训和技术指导。太钢通力协作，新高炉和烧结、炼焦先后于 2006 年建成投产，开创太钢炼铁的新纪元。

2006 年 11 月下旬，太钢设计院总工程师杨子柱邀请冶金部钢铁司徐矩良总工和我两人到太钢观摩新建 5 号新高炉（4350m^3）生产系统。我们住太钢招待所，受到公司副经理刘复兴以及杨子柱、杜洪阳（公司副总）、梁津源等领导盛情款待，并由设计院阎贵军高工陪同参观访问。

新建的 4350m^3 高炉巍然屹立在厂北区，为华北第一座最大高炉。投产不久，秩序井然，运行基本正常，值班室仪表新颖，自动控制、调节，焕然一新，生产指标接近宝钢水平。炉前机械化程度高，防尘环境也好，全面学习宝钢生产、管理经验，尽快掌握大高炉生产技术。

参观新建的大炼焦炉。其全国领先，产品供大高炉用，推出热焦仍用水冷，影响焦炭质量，恶化环境，急待干熄焦设施上马。

参观新建的混料场，改善和解决太钢多年来炉料堆存、混匀等问题。球团、大型烧结机建在矿山，扩大峨口球团矿生产规模，争取高炉精料再上新台阶。

参观后向公司领导汇报考察观感，认为太钢巨型高炉建设是成功的，成为炼铁跃进新的里程碑；对领导的果断决策和智慧魄力表示钦佩，其提出了建设国际一流水平的钢铁厂，令人振奋；感谢领导对我俩的信任和关怀。我向各位领导赠送我 80 寿辰论文集一册，谨此留念。祝太钢更加兴旺发达。

临别前杜洪阳副总和阎贵军陪同下到太原西南古城平遥文化旧址参观。古城历时已数百年尚保留昔日风貌。古城墙街道，雄伟四层飞檐楼阁立在其中，两旁老旧商铺林立，门前挂灯结彩，蔚为奇观，城内设有衙门亲民堂，门前红灯高挂。左联“吃百姓之饭，穿百姓之衣，莫道官可欺，自己也是百姓”。右联是“得一官不荣，失一官不辱，勿说一官无用，地方全靠一官”。表明为官亲民，不忘百姓。参观旧平遥县署审案模拟现场，审官在上，被审人低头跪在堂下，十分威严，宛如封建衙门审判重现。我和徐矩良在景点前合影留念，尽兴返回太钢。

3.4.1.4　参加会议

全国烧结会议

1981 年 10 月，冶金部烧结、球团情报网在太钢召开全国高碱度烧结矿技术经验交流会。与会代表 200 多人，冶金部钢铁司副司长陈瑯环就当前我国钢铁战线的形势作了报告，称赞了我国烧结大幅度增产并不断改善质量，要求进一步提高质量，降低消耗，改进环保治理，研究合理的炉料结构——高碱度烧结矿配加酸性炉料问题，对我国高炉生产、发展有重要意义，值得研究和推广。

大会宣读高碱度烧结矿的成矿机理及高炉冶炼效果等论文 20 多篇。太钢烧结厂介绍了 1979 年 8 月烧结矿碱度提高到 1.4~1.5，1980 年保持在 1.6~1.8 水平。高炉使用后，焦比降低约 30kg/t，产量提高 8.2%左右。我在会上报告了铁酸钙在烧结还原过程变化的研究成果，引起关注。

会后参观了太钢烧结厂，会议对推动我国生产高碱度烧结矿，起了很大作用。

高炉软水闭路循环冷却系统技术鉴定会

1989 年 4 月 28~30 日，冶金部科技司主持召开太钢高炉炉身下部冷却壁软水闭路循环冷却系统技术鉴定会。相关 24 个单位近 50 名代表到会。会议听取太钢和北京钢铁设计院的报告并到现场考察。代表们经过认真讨论认为：太钢 3 号高炉炉身下部冷却壁软水闭路循环冷却系统的工业试验是成功的，为我国高炉冷却技术填补了一项空白，国内首创。建议在今后推广中应采用适当的检漏技术，进一步提高自动控制水平。

高炉铝碳砖应用技术交流会

1992 年 6 月 17 日至 18 日，冶金部科技司在太钢召开高炉铝碳砖应用技术现场交流会。与会的有全国钢铁企业、设计院所、山西、河南、湖南省厅等单位代表近 100 名。

研究单位、生产厂、用户等代表在大会上介绍高炉铝碳砖——高炉内衬更新换代的新材料；生产新型优质高炉铝碳砖，为高炉内衬更新换代作贡献；有不烧铝碳砖在包钢高炉试验和应用及太钢 1200m^3 高炉应用烧成铝碳砖情况等内容。代表们对铝碳砖应用技术进行广泛交流，并参观了太钢 1200m^3 高炉施工现场。冶金部科技司副司长陶晋在会上做了总结，他指出：高炉铝碳砖能发展到现在和它的高性能、高质量以及廉价是分不开的。要研究新品种，把产品档次再提高，巩义市节能耐材厂是以优质产品，良好服务，取得用户信任，应该称赞。

我们在实验室开展高炉炉身下部铝碳类耐火材料的侵蚀机理研究，包括未烧和非致密铝碳材料。通过试样失重和残余强度的氧化试验发现，几种铝碳材料在

1200℃，CO，CO_2，H_2O 及含 CO_2、CO 混合气氛下均有保护性氧化的特性，因此铝碳砖可以在高温适宜的部位使用。

我向太钢炼铁厂介绍实验成果并提出未焙烧的铝碳砖性能也好，建议用在中小高炉。太钢 1200m^3 高炉成功使用焙烧过的铝碳砖，走在我国大高炉使用铝碳砖的前列。

4 号高炉大修论证会

1998 年 8 月 27 日，参加太钢 4 号高炉大修论证会。与会专家有武汉钢铁设计研究院银汉、首钢魏升明、鞍钢金宝昌以及连城等，太钢有关单位包括高炉炉长卫计刚等也积极到会。会议由炼铁厂长程友三主持。4 号第一代 1350m^3 高炉 1991 年 11 月投产后，准备 2000 年大修扩容改造进行论证。

太钢设计院在会上介绍 4 号高炉第二代大修初步方案，炉容拟扩至 1650m^3，选用一系列先进实用技术：采用并罐式无钟炉顶；配备新风机；炉底、炉缸采用陶瓷杯结构，软水密闭循环冷却；风口增加到 24 个，双铁口，双出铁场，取消渣口，炉前增设摆动流槽，为便于除尘，将开口机改为液压-气动矮式，并增设一台轮法冲渣装置；热风系统采用外加燃烧炉的双预热装置；浓相输送喷煤；煤气干法除尘等，装备具有 20 世纪 80 年代末水平。

专家们听了介绍，很高兴，高炉大修采用一些成熟先进技术是完全正确，应该肯定，值得称赞。充分吸取 3 号高炉大修经验和教训，太原地区缺水，引进国外干法除尘装置，对煤气温度控制等，开始不甚理想。经过改善，已正常运行。冷却系统要重新设计，完善排气等功能；大力改建喷煤系统，开发应用浓相喷煤等，保证喷煤能力 150kg/t 以上。银汉、魏升明等还介绍了武钢、首钢大修改造经验。

会后炼铁梁津源副厂长陪同专家到五台山参观游览。

五台山位于山西五台县东北部，中国佛教四大名山之一，它由五座山峰环抱而成，北台最高，海拔 3058m。五座山顶风光各异，山上山下树木森森，自然风光秀颐，保存唐代以来寺庙 47 座。

台怀镇是五台山的地理和佛事中心山门竖立有“五台圣地”大牌坊，塔院寺大白塔，高 70m，造型优美，气势雄浑，成为五台山的标志。寺南山海楼，1948 年毛主席、周总理在渡黄河，路过五台山，曾在此居住，现开辟为陈列馆，前面是镇海寺，入内三圣殿中供奉文殊、普贤、观音三位菩萨，见到唐代彩塑菩萨，文殊骑狮等形象。

菩萨顶是五台山五大禅寺之一，从台怀沿陡峭的 108 级石阶步步登高，至端顶，仰望三门七楼高大的画木牌楼，宛若天堂的大门，回首下望，108 级石阶如悬挂空中的天梯，台怀四周殿宇相望。经过半小时攀登，不感燥热，山风徐来，灵峰圣境，令人心旷神怡。

龙泉寺山高林茂，一泉长流，寺前108级白玉石阶，通体洁白，形态秀颐。原为爱国名将杨家将的家庙，后改为寺院。

福集寺在台怀北侧。宋辽金沙滩大战后，杨五郎抗拒奸官刁难陷害和不满皇帝昏庸，愤然削发为僧，出家太平兴国寺。圆寂后将祠改为五郎祠，后祠遭毁，又在福集祠重建五郎塑像，昂头端坐，内穿铠甲，外披僧衣，虽削发为僧，仍威望轩昂。

当天留宿五台山，第二天游览金阁寺，钟楼无量殿以及参观一座庙宇，门外墙面两侧标有“大法无比”四个大字，入门观看，优雅别致。当日回程出西南山门，门口耸立高大雄美的大牌坊，上面有“佛教圣地五台山”字样，门前合影留念。

返程中途参观阎锡山故居，然后返回太钢。谢谢主人热情招待。

临走前，太钢服务公司经理金福财，邀请来参加高炉大修论证会的母校老师和同学金宝昌到他处作客，并陪同参观太钢服务设施。师生共叙友谊，欢欣不已。

4号高炉大修炉体系统方案讨论会

2011年3月14日，我与魏国老师应太钢总经理刘复兴的邀请，参加太钢4号高炉（1650m^3）大修炉体系统方案讨论会。与会的有来自全国有关钢铁设计院、大型厂家、研究院所、高校等代表专家数十人。

会议由太钢炼铁厂长王红斌主持。中冶赛迪工程技术有限公司提交4号高炉大修炉体系统初步方案。太钢总经理刘复兴讲话：公司谋求快速发展，拟利用4号高炉大修机会，易地扩容建第二座4350m^3 高炉，改称6号高炉。这次会议对大修炉体系统设计方案进行论证，请专家们献计献策，修改，补充，求真务实。

代表们对设计初步方案进行广泛讨论，提出许多有益参考意见，应该很好吸取现有5号高炉（4350m^3）经验，加强高炉中上部冷却系统装置，采用优质耐火材料等。宝钢领导郭可中、武汉钢铁设计研究院银汉等专家介绍宝钢、武钢大高炉炉体结构，采用霍戈文高温热风炉等先进技术，引起重视，供参用。

开完会，顺利返校。

我在太钢受到各级有关领导和同志们热情关怀和帮助，深表谢意。公司总工程师王一德院士、彭程汉副总（北洋校友）、山西省冶金厅甘成钊副总（东工校友）等，关注并鼓励我在太钢的活动，畅叙友谊，不能忘怀。

在太钢工作的东工校友马炳汉、金福财、肖佐汉（计划处）等对老师关怀备至，铭记在心。

3.4.2　我与临钢

临钢原临汾钢铁公司，山西省地方重点企业，太钢集团成员之一。地处晋南重地，周边矿产焦煤资源丰富，晋南最早钢铁产地之一，历史悠久。

3.4.2.1 访问与讲学

20 世纪 80 年代，临钢副经理马继忠（东工校友）邀我去讲课，炼铁分厂原有 $2\times113m^3$、$1\times311m^3$ 高炉三座。1986 年 7 月、2000 年 12 月 5 号（$311m^3$）、6 号（$380m^3$）高炉先后投产。2007 年拥有 $2\times380m^3$、$2\times311m^3$、$1\times113m^3$ 高炉 5 座。

装备与技改

参观 5 号高炉、双钟炉顶、料车斜桥上料、汽化冷却、渣口二三套为水冷、改进型蓄热室热风炉、陶瓷燃烧器、干式布袋煤气除尘、负荷为 $24m^3/(m^2\cdot h)$、处理能力为 $5.53m^3/h$ 的 10 个箱体。1989 年利用系数为 $1.5t/(m^3\cdot d)$，冶炼强度为 $1.05t/(m^3\cdot d)$，入炉焦比为 700kg/t，风温为 810℃，矿石品位为 53.5%，熟料率为 84.81%。1988 年起，由于炉体冷却设备烧坏严重，同时炉基温度升高，给生产和安全带来严重威胁，生产指标下降。因此停炉进行较大中修。

炉体破损主要原因：（1）施工质量有问题，由于工期紧，许多材料不能按期到位；（2）炉喉结构不合理，钢砖工作面和背面温度分布不均匀；（3）高炉操作不当，过多使用发展边缘的装料制度等。延长高炉寿命是迫切任务。

烧结分厂长李宗石陪同老师参观烧结现场，有两台 $24m^2$ 烧结机，分别于 1977 年、1978 年建成投产。由于装备水平不高，生产能力较低，主要技术经济指标远落后全国同类型企业的先进水平。1985 年烧结利用系数为 $1.04t/(m^2\cdot h)$，作业率为 66.31%，TFe 51.66%，FeO 16.08%，转鼓强度为 79.49%，合格率为 34%。

为适应高炉精料要求，对现有烧结工艺和影响生产严重的关键设备进行改造。选用 $38m^2$ 的带式冷却机取代振动式冷却机，用漏斗将散料直接落入水封槽内代替集灰污染和设备磨损严重的胶带机干式输送等。改造后烧结产量增加，成本降低，熟料率提高 13%以上。之后又改造混匀料场，采用先进电除尘设备等，对全国中小烧结厂技术改造有一定的参考价值。

讲学

临钢组织技术讲座，针对现场优势和存在问题，讲解炼铁、烧结新工艺、新技术，中小高炉生产经验，生产管理和操作等。

临钢具有资源优势，生产有很大潜力，认真贯彻高、熟、净、匀、小的精料方针。提高烧结品位（54%）；生产高碱度烧结矿，取消高炉石灰石用量；提高风温（>900℃）；高炉喷吹煤粉；优化操作，降低休风率等，把焦比降到650kg/t以下。除设备再改造外，采用强化烧结成熟的新技术：原料混匀、配料、蒸汽预热混合料、加生石灰、成品冷却、整粒、筛分等，进一步提高烧结质量和产量。

学员认真听讲，反响强烈。

课后与学员们座谈、讨论和答疑，受到领导高度重视。

不久，马继忠副经理调任山西省冶金进出口公司副经理。炼铁分厂领导和李宗石厂长全力盛情接待。

访新临钢

21世纪初，访问组成的新临钢。第一座380m³ 6号高炉，于2000年12月建成投产。接着1号、4号高炉分别扩容到311m³和380m³，6号高炉优化专家系统的应用，生产指标逐月迅速攀升。全厂不断提高A级利用系数的标准，对高炉操作的各项参数进一步优化，推动高炉生产的继续进步。2002年3号（113m³）、6号（380m³）高炉生产指标分别为：利用系数3.038t/(m³·d)、2.94t/(m³·d)；入炉焦比570kg/t、541kg/t；风温918℃、1018℃；富氧率0%、0.64%；入炉品位56.32%、56.87%；熟料率93.52%、95.19%。

2007年新临钢炼铁厂5座高炉累计有效容积为1180m³，烧结机为105m²，高炉平均利用系数为3.608t/(m³·d)，生产在跃进，前程看好。

3.4.2.2 参观临汾市容

李宗石陪同参观临汾市。它是华夏历史，唐尧帝王建都平阳所在地，现存尧庙的五凤楼，三层殿檐下大上小，气势极为雄伟，是尧王与大臣们议事地方。

参观城区南比尧庙更为古老的丁村遗址。该遗址发现人类牙齿化石和旧石器等。

临汾东南晋城地区煤铁资源、地势优厚等原因，素以产铁闻名，用煤和木炭土法炼铁。主人带我们邻近寻访小、土高炉，未能如愿。

1987年1月由临钢生产处长卢盛贵夫妇陪同游览市里洪洞县的大槐树，地处要道，北达幽燕，东接齐鲁，是移民的集散地（广济寺）。该大槐树枝繁叶茂，已是第三代了。传说明代苏三起解去往太原时经此地，并在大槐树下歇脚。押差（崇公道）在此给苏三卸枷。如今广济寺早已荡然无存，不远处建有广胜寺。十几层高的尖塔耸立一旁，风景优美。坐在塔前树下，悠然自在。

离开广胜寺到洪洞县城内参观苏三监狱，乃全国仅存的明代监狱。青灰色砖墙高大，监门上方立有绿字黑底“苏三监狱”牌匾一块，门洞低矮，深长，进入时颇有阴森之感。内院门上悬有虎头，是关押重犯和死囚地方。狱内有一排终年不见阳光的狭小窑洞。靠窑洞西头，当年苏三就住在阴湿的土炕上。院中央有一孔眼小的水井，旁有水槽，犯人用水和洗衣之处，眼井叫苏三井。以后经其夫王景隆相救，才得雪冤。1920年洪洞县司法科还保留苏三的案卷。

看到明代暗无天日的监狱，不胜感慨。苏三的冤情和遭遇，令人深思。在监狱门前与卢处长夫妇合影留念，感谢临钢的热情款待。

3.4.3 我与长钢

3.4.3.1 炼铁开拓创新

长钢原长治钢铁厂，始建于战争年代的老厂，位于山西省长治市郊区故县，山西省地方重要钢铁企业，首钢集团成员之一，以下简称长钢。

全厂“七五”期间拥有高炉 $2\times83m^3$、$2\times100m^3$、$1\times300m^3$ 5 座，2002 年扩容 $2\times100m^3$、$1\times300m^3$、$2\times350m^3$，2011 年改造为 $3\times400m^3$、$2\times1080m^3$。

炼铁厂生产初期，设备基础条件差，经营管理落后，全厂高炉 1989 年利用系数在 2.2t/(m^3·d) 以下，入炉焦比为 620kg/t，风温为 670℃，最高为 740℃。2002 年前炼铁始终处于被动局面。$350m^3$ 高炉长期不顺，利用系数不到 2.7t/(m^3·d)，各项技术经济指标仍处于全国同行业的较低水平。

近年来炼铁厂致力技术和管理创新，实现突破性进展。3 号、6 号高炉于 2000 年 8 月、2001 年 11 月先后扩容 $350m^3$ 投产。8 号、9 号两座 $1080m^3$ 高炉于 2004 年 9 月和 2006 年各自建成投产。$1000m^3$ 级高炉成功实现了高利用系数、高煤比、低硅低硫、优质低耗的“两高一低”冶炼操作。9 号炉月均利用系数高达 3.518t/(m^3·d)、8 号炉月均喷煤比为 210kg/t，生铁合格率为 100%，一级品率达 85%以上，高炉焦比、煤比、风温达到全国同类型高炉一流水平，实现了质的飞跃。

2007 年 5 月下旬，《炼铁》杂志编辑委员会在青海西宁市召开编委和编辑部工作会议。我以编委副主任身份代表编委会做了近期编辑工作的总结报告。结识了与会的长钢炼铁厂长高雪生同志，归途中在西安转机候机室，畅叙友情，记忆犹新。

3.4.3.2 护炉讨论会

2007 年 12 月 28 日，高雪生厂长邀我参加 8 号高炉（$1080m^3$）护炉讨论会。与会专家有齐树森（首钢）、罗英溥（太钢）、刘国民（唐钢）、钱世崇（首钢设计院）、程树森（北科大）等人，同时本厂总工张爱民，生产、设备副厂长石金奎、冯宏斌以及炉长等有关人员参加了讨论会。会议由张爱民总工主持。

长钢 8 号高炉 2004 年投产到 2007 年三年多，各项技术经济指标较好。由于炉缸耐火材料质量差，炉缸温度升高，存在生产安全隐患，高炉不能全风作业，虽然采取各种措施，但仍不能阻止炉缸温度的频繁升高。

当时炉缸 F 点温度从 635℃升高到 961℃（最高时 1153℃），对应此处的二段 7 号、8 号冷却壁组水温差分别从 0.5℃升高到 0.7℃、0.9℃，热流强度分别达到 35550kJ/(m^2·h)，54039kJ/(m^2·h)。为此休风凉炉，对 8 号冷却壁组进行拆分，实施单独供水冷却，经过 7~8 天低强度生产，F 点温度下降到 820℃。正南方向 11

号冷却壁水温差0.6℃较稳定，东北方向H点温度一直较高，为720℃左右。

三年间进行护炉：不同标高处开孔灌浆，防止冷板与炉壳、碳砖之间串煤气；安装铜冷却棒；控制水温差和热流强度；加钒钛矿，风口喂线定向护炉；改变送风制度，斜风口（5°）一半改为直风口，缩小风口面积；控制冶炼强度操作等。

专家们对8号高炉炉缸温度升高问题，进行了全面分析和讨论。

我在会上发言：1）厂领导对8号高炉炉缸炉底温度升高的决策和处理是正确的，应予肯定。2）温度升高重要原因是炉底和炉缸冷却壁碳砖间隙串热煤气结果；耐火材料质量差，碳砖导热系数仅为4.6W/(m·K)，达不到设计标准，陶瓷杯复合棕刚玉材料抗碱、抗渣性能差，变形膨胀，微孔碳砖致密不足，被渣和碱金属侵蚀环裂。3）采取护炉措施：

（1）用钒钛炉料（矿）。使用含钛炉料能有效降低炉缸冷却壁的水温差，炉缸温度愈高，(TiO_2)还原更多，护炉效果更好。正常情况铁水含[Ti]控制在0.13%~0.15%或更高。渣中(TiO_2)为1%~2%，重钢2000m^3，梅钢（山）1280m^3、武钢1513m^3等高炉，[Ti]分别控制在0.2%、0.18%、0.14%以下，入炉TiO_2量9~15kg/t，护炉效果良好。马钢300m^3高炉，[Ti]控制在0.14%~0.15%，(TiO_2)2%~4%，适当提高[Si]降低[S]，防止炉缸烧穿。8号高炉可增加钒钛矿用量，维持[Ti]0.13%~0.15%或更高，相应提高[Si]含量(>0.4%)。

（2）加强炉缸、炉底冷却。太钢4号高炉在炉底面上插入冷却水管，强化炉底冷却。加强对炉缸水温差的监控管理，水温差大于1.5℃时，立即报警处理。武钢3号炉1984年，炉缸二段冷却壁水温差超过安全限度，立即酸洗冷却壁，通高压水，提高[Si]等应急措施，水温差就降至2℃以下，同时冷却壁进出水双壁改单壁，铁口二侧冷却壁强制冷却，水温差高处，相应减小风口直径，确保炉缸安全。

（3）控制热流强度。8号高炉热流强度偏高。梅钢等高炉提出热流强度安全期小于33494kJ/(m^2·h)；报警值为33494~50241kJ/(m^2·h)；警戒线为50241~62802kJ/(m^2·h)；大于62802kJ/(m^2·h)为事故。

控制热流强度和水冷却紧密结合，使冷却壁温度保持125~135℃，形成渣皮护炉。

（4）优化高炉操作。运用上、下部调节，调整煤气流分布，保持炉况稳定顺行，切忌边缘气流过分发展，适当降低冶炼强度，炉前要维护好铁口，保证渣铁正常排放。与此同时，提高原、燃料质量，减少操作的负面影响。

由于8号高炉炉缸侵蚀严重，已进入特护期，不能追求产量，维护适当冶炼强度。长钢领导和炼铁同志们有能力、有办法，按科学发展观，相信8号炉的炉缸升温难题，一定可以逐步解决，迎着美好未来，奋勇前进。

事后由石副厂长陪同参观炼铁现场，对长钢炼铁生产取得的长足进步，表示钦佩和赞赏。我向全厂做了高炉标准化操作的技术报告，包括遵循成熟先进技术，对装料、送风、造渣、热制度进行规范操作，推动炼铁生产健康、跃进，受到热烈欢迎，备受领导重视。

我们住厂招待所，服务周到，受到公司领导、炼铁高雪生厂长、张爱明总工以及其他厂领导和同志们的热情厚爱和款待，表示衷心感谢，祝长钢炼铁鹏程万里，更加辉煌。

3.5　在内蒙古自治区的学术活动

3.5.1　我与包钢

包钢是我国高炉冶炼特殊矿（白云鄂博矿）大型钢铁联合企业之一，国家重点钢铁企业，重要稀土金属生产基地，后又成立为包钢稀土钢板材有限公司。包钢1957年7月开工建设，1959年9月26日1号高炉（1513m^3）建成投产，至1981年炼铁厂拥有2×1513m^3、1×1800m^3 高炉3座。经过长年扩建改造，2015年公司拥有2×2200m^3（1号、3号）、1×1780m^3（2号）、1×3000m^3（4号）、1×2500m^3（5号）。2016年包钢稀土钢板材公司增建2×4150m^3（7号、8号）高炉，2017年经调正拥有1号、4号、5号、6号（2500m^3）、7号、8号共6座超大高炉。

白云鄂博矿山是包钢铁矿石原料基地，距厂区150公里，是一个含有铁、稀土、铌等多种矿产共生的大矿床，其稀土金属储量世界首位，矿石品位33.97%，稀土品位6.12%。其中氟、钾、钠等有害元素较多，高炉铁口侵蚀厉害，风、渣口大量烧坏，频繁结瘤，给生产带来严重灾难。

渣中含有 CaF_2，FeO 分层还原易汇成铁流而烧坏风口。钾、钠降低熔化温度，料柱中粉末增加，是结瘤的主因。加剧了钾、钠的危害作用。

几十年来包钢会同国内外科研部门、大专院校对白云鄂博矿开发利用进行大量的试验和研究，攻坚克难，不断探索，终于掌握了特殊矿高炉冶炼规律，冲破技术难关，取得决定性胜利，走上健康发展的道路，令人欢欣鼓舞。

我多次到包钢访问学习、进行讲学、参加技术攻关和科学研究，受益匪浅。

3.5.1.1　科研与攻关

含氟炉渣的性能实验研究

1953年跟随原苏联专家肖米克副教授学习。他对我国白云鄂博矿开发利用很关心。由于该矿含有 CaF_2，炉渣自由 CaO 相对少，冶炼时应提高渣碱度。通过含氟炉渣冶金性能的实验研究，发现炉渣流动性好，熔化性温度低。属于短

渣，具有易熔、易凝、难重熔的特点。

1954年3月，在石景山钢铁厂（首钢前身）78m^{3}高炉上进行白云鄂博矿冶炼试验，结果表明：配入1/3或2/3白云鄂博矿，炉渣碱度为1.25~1.5，黏土砖侵蚀严重；用高碱度渣（全碱度3.0，含F 0.9%）可进行100%白云鄂博矿冶炼，并得到较好的低Si、低S生铁。

技术攻关

粉碎“四人帮”以后，我访问包钢炼铁厂，受到厂长张福云热情接待。进厂门，偶见一位新分配来此职工，我一愣，这不是“文革”期间迫害我的学生吗！他立即对我说，我过去政策性不强，老师受苦了，致以歉意。我回言，事情已过去，大家都是受害者，随即离开。张厂长会同技术科赵国治、吴海瀛、柴国安等陪同参观炼铁现场，并邀我讲课，参加高炉技术攻关讨论，降低氟、钾、钠等有害元素，特别要降低矿石含F量，防治碱害。研制优质风渣口，维持炉况顺行，这样高炉也就新生了。

我和技术科同志们来回烧结厂，建议生产低F烧结矿。烧结厂全力以赴，生产优质产品，为炼铁攻关服务。

富氧喷煤试验

1977年，现场研制高压水螺旋钢管风口成功，基本解决风口大量损坏问题。1980年经过55m^{3}高炉试验和大高炉攻关，基本解决了高炉结瘤问题。同时烧结厂试验成功生产高碱度烧结矿。1988年高炉熟料率提高到89.8%。高炉顺行，产量质量大幅度提高，1991年高炉利用系数为1.472t/(m^3·d)，综合焦比为594.2kg/t。包钢基本掌握了白云鄂博矿冶炼技术。

高炉进一步强化，采取了一系列新技术。特殊矿高炉富氧喷煤技术90年代初被冶金部科技司列为重点科研项目。参加该项目的有包钢、北科大、东工等7个单位。东工承担包头高炉富氧大喷吹合理炉料结构的实验研究，以及参加现场实验，并单独与包钢科技处签订“高炉富氧大喷吹”“高炉矿焦混装配加球团的实验研究”课题合同。

通过实验研究，我们提出包头特殊矿氧煤喷吹，煤粉燃烧机理和特性，并研制新型氧煤枪等，此外，还进行包钢高炉合理炉料结构的实验研究。结果表明，高炉矿焦混装配加球团，同样可改善块状带气体力学特性和高温软熔带性能。混装还改善料柱的高温还原，减轻球团自身高温性能不良影响。包钢炉料球团配比在30%~40%时，混装效果最好。

以上研究成果得到包钢现场认可。

包钢高富氧喷煤粉试验于1990~1992年在1号高炉进行。我参加试验计划的讨论。采用单管计量和自动控制，中心加焦等新技术。刘新老师参加现场试验，协助试用氧煤枪，风口前氧浓度升高到6.3%，增加煤比为20kg/t，富氧率高达

3.93%，利用系数为 $1.726t/(m^3 \cdot d)$，煤比为 152.2kg/t，获得建厂以来最好水平。

试验得到炼铁厂和技术处领导汪大弘、罗敬逊以及徐广尧、王学普高工等大力组织和安排。他们为此做出了积极贡献。

氟和碱金属限量的研究

为了进一步探讨包钢高炉渣中氟、钾、钠含量对其冶金性能的影响，经科技处审批立项进行实验研究，测定渣中 F、K、Na 不同含量的黏度、熔化性温度、表面张力，得出 3 种元素允许最低限量，并测试现场炉渣进行对比。

实验表明：CaF_2 比 K_2O+Na_2O 影响要大；为了有效改善包钢高炉渣的冶金性能，CaF_2 要求降到 4%以下，同时也降低 K_2O+Na_2O 含量。当 CaF_2 和 K_2O+Na_2O 分别降到 2.52%和 0.19%左右时，炉渣黏度和熔化性温度可接近普通高炉渣的水平；CaF_2 降至 2.52%或更低，对改善渣表面张力，有明显效果。

碱度对低氟烧结矿强度影响研究

与包钢烧结厂协作，对不同碱度低氟烧结矿的矿物物相组成和显微结构、强度实验表明，碱度由 1.35 提高到 2.5 时，显微结构由斑状过渡到交织，黏结相中铁酸钙类矿物增多，玻璃质减少，碱度为 1.72～1.96 时硅酸二钙大量出现，但随碱度进一步增高而减少，碱度升高改善低氟烧结矿的物相组成，优化其结构，降低气孔率，改变气孔大小分布，从而提高烧结矿强度，优化粒度组成。碱度控制在 2.0 以上，低氟烧结矿强度明显提高，受到厂领导的重视。

3.5.1.2　讲学

（1）改革开放初期包钢炼铁厂邀我讲课。我结合生产攻关讲授白云鄂博矿冶炼难点及解决的途径。F、K、Na 有害元素含量多，风渣口大量烧损，铁口侵蚀严重等主要是“三害”结果，其中，F 危害最大。

长沙矿冶研究院、选矿厂降氟取得了新进展。烧结厂不负众望，生产低氟烧结矿，不断满足高炉攻关需要。炼铁厂处理 K、Na 有方。我在课堂上介绍酒钢、八钢（乌鲁木齐）高炉处理碱金属危害的经验，优化高炉操作，维持炉况顺行，减少换风口休风率，研制优质风口等。讲课反应强烈，群情振奋。

（2）1986 年包头开完会，包钢炼铁李实权厂长热情邀我去讲学。此时，高炉攻关生产有了新进步，利用系数达 $1.26t/(m^3 \cdot d)$，突破长期低于 $1.0t/(m^3 \cdot d)$ 水平，风、渣口破损等有所缓和，同时高炉已初步建成喷煤系统，开始喷煤，新风口还在研制，烧结质量不断提高，对此我讲解要求再接再厉，坚持不懈与“三害”斗争进行到底。

（3）同年八月包钢培训处，包头钢院培训中心为我安排技术讲座，学员来自包钢炼铁厂、烧结厂、钢研所、设计院以及包头钢铁设计研究院。我系统讲授

烧结、炼铁新理论、新工艺、新技术。上午上课，下午组织讨论、答疑。听众遵守纪律，热情活跃，反响强烈。

8月16日炼铁厂党委书记巴图（蒙族）、厂领导周焕威在厂办公室接见我，称赞我来厂讲学，特代表全厂职工为我颁发“包钢炼铁厂荣誉职工称号”证书。对厂领导给予的荣誉和鼓励，深表谢意和难忘。

（4）1989年8月12日应包头市冶金界（包钢培训处、炼铁厂、包头东风钢铁厂、包头市金属学会、包头钢院）邀请，于14~16日在包头钢院图书馆二楼教室进行讲学。参加者很多，盛况空前。东风钢铁厂（现更名为包头稀土铁合金公司）技术科副科长阎冰美，炼铁车间正副主任刘跃林、刘海城，千里山钢铁厂高炉车间主任杨梦林，工段长崔振东等赶来听课。我介绍国内外炼铁、烧结技术发展的新动态，赞扬包钢高炉技术攻克的决定性胜利，展望中小高炉发展的美好前景，群情兴奋，热烈欢迎。

课后进行技术交流，畅叙友谊，并组织人员到包钢炼铁厂参观，受到厂领导热情接见。包钢炼铁走出困境，前程如锦，令人格外高兴。参观高炉后与巴图书记、周焕威厂长、包头钢院吴志华、那树人等在炉前合影留念。与千里山、东风钢铁厂听课人员进行座谈后，相互道别，在包头钢铁学院大门前合影留念。

3.5.1.3　参加会议

全国节能技术交流会

1986年7月，在包头钢院技术培训中心参加全国炼铁信息网华北组和内蒙古金属学会联合召开的炼铁节能技术交流会。与会人员有包钢有关单位、冶金部包头钢铁设计研究院、呼和浩特炼铁厂、包头钢铁设计院等自治区有关领导和人员。我在会上做了国内外炼铁技术进步和展望的技术报告。代表们交流技术经验，共商未来节能措施，会后参观包钢炼铁、烧结厂，还到东风炼铁厂了解稀土铁合金生产情况。这是内蒙古难得的一次炼铁盛会。

富氧喷煤鉴定会

1992年9月12日，在包头宾馆（第一招待所）参加包头特殊矿高炉富氧喷煤技术课题鉴定会。与会专家有冶金部徐矩良、梅（山）钢李国安、鞍钢汤清华、东工王师、包钢王振山、包头钢院那树人等。包钢总经理毕群到宾馆看望专家。会上科技处罗敬逊副处长介绍在冶金部和兄弟单位支持协作下，组织本课题研究攻关经过，炼铁汪大弘厂长报告现场试验取得的优异成果。

专家们经过评审，一致认为，本项目获得非凡成就，开创了白云鄂博矿高炉冶炼的新局面，炉况稳定顺行，富氧1%，增产3%，增加煤比17~19kg/t，利用系数突破1.7t/(m^3·d)，成为包头矿强化冶炼的新里程碑，意义重大，予以充分肯定和赞扬。该项目1993年12月冶金部颁发科技进步一等奖荣誉证书，1995

年12月获国家科技进步二等奖。

会议结束后，由汪厂长、罗副处长、赵国治高工等陪同徐矩良、李国安和我几人参观白云鄂博矿，受到矿党委书记热情款待，并介绍矿山建设情况。白云鄂博矿储量8亿吨，包钢矿源基地，可长期供应。矿石含稀土等多种金属元素，综合利用，任重而道远，争取更大进展。在主人陪同下大家参观主矿和东矿采场，看到祖国的珍贵宝藏，满山露头的特殊矿石，感到自豪和骄傲，令人振奋。

归途中，顺道游览内蒙古绮丽的草原风光，驱车到内蒙古腹地百灵庙。这里是战略要地，抗日前哨，闻名中外。建有双层飞檐的阁楼庙宇，外观美丽庄严大方，充满内蒙古色彩，不远处竖立一座高大雄伟纪念塔，是为纪念乌兰夫在此起义而建，塔座一侧横卧一匹石战马，二位石雕战士像，骑在马背前后，手挥刀冲锋向前，威武无比。我们和汪厂长、赵国治等分别在百灵庙前，凭纪念塔栏杆合影留念，然后游览内蒙古召河草原，饱赏草原美丽风光，与罗处长、王振山在草原庙前合影留念，尽兴而归。

中国金属学会炼铁年会

1995年8月31日，参加中国金属学会在包钢召开的炼铁年会。来自全国炼铁界精英欢叙一堂。会上冶金部周传典副部长讲话，他通报了包钢高炉技术攻关，在全国有关单位和专家、科技人员通力支援、团结奋斗，终于攻克了白云鄂博矿高炉冶炼的难题，取得了决定性胜利，为我国特殊矿冶炼，综合利用又建立奇功，值得称赞。借鉴包钢精神和经验，进一步推动我国炼铁技术更上一台阶。会上包钢介绍炼铁技术攻关的经验，烧结厂长周同藻讲解了成功生产低氟烧结矿的经过，为高炉解难立了汗马功劳。大会宣读近年来我国烧结、炼铁新成果的重要论文，代表们进行技术交流，对包钢攻克高炉冶炼技术难关表示钦佩，深受鼓舞。

会后代表们参观包钢高炉现场。我和武汉钢铁设计院王丽华、宣钢吴仁林等东大校友游览了包钢内海等。师生相见，格外亲热。

铝碳砖生产应用座谈会

1996年1月11~13日，冶金部在包头稀土公司第一招待所召开高炉用铝碳砖生产应用技术座谈会。到会有全国有关单位几十人，我被邀参加。座谈会由冶金部科技司负责人主持。近十年来，有中国特色的高铝砖在许多高炉上开发与应用，取得成功。特别在大型高炉（太钢、包钢）取得突破性进展。会上包钢介绍1513m^3高炉应用铝碳砖取得喜人成果，振奋人心。代表们要求进一步提高铝碳砖的质量，扩大品种，满足高炉长寿的需要。大家参观了包钢高炉现场，对铝碳砖应用前景，充满信心。座谈会开得很成功。

3.5.1.4　烧结生产功绩

包钢高炉攻坚克难，降低烧结含氟量。随着选矿工艺的不断改进，铁精矿品位升高到58%，氟含量降到1.8%左右。1990年以后，长沙矿冶研究院等选矿攻关突破进展，精矿品位达到61.7%，氟降低到1.2%~1.0%，为烧结厂生产低氟优质烧结矿创造条件。

白云鄂博铁精矿由于粒度细，F、SiO_2 含量低（1993年分别降到1.05%、3.47%），烧结性能较差，成品率、生产率、强度都低，加一些生石灰或提高料温等，可提高烧结产量。

烧结厂有烧结机75m^2 4台（二烧），180m^2 两台（一烧）。投产后，生产自由碱度（CaO-1.47F）/SiO_2 为1的自熔性烧结矿，烧结料透气性差，垂速低，不易烧透，烧结矿结构疏松，多孔薄壁，强度低、粉末多。1974年起烧结厂与国内科研所协作，先后试验成功生产高碱度、高氧化镁、低 SiO_2 烧结矿，基本解决了烧结矿强度低、粉末多的问题，改善烧结矿冶金性能。1984年烧结品位提高到49.07%，FeO 11.61%，烧结碱度1.6，粒度小于5mm的占3.94%，特别烧结含氟降到1.84%，为白云鄂博矿高炉冶炼攻关成功，选矿和烧结厂功不可没。

包钢中央试验室等研究表明，含氟细精矿适于采用球团工艺。隧道窑式（1967年）和国外进口162m^2 带式球团焙烧机（1973年）先后在烧结厂投产。

由于含氟铁精矿球团，焙烧熔点低，以使用带式机为宜。

隧道窑式球团产量低，技术经济指标差，该车间1981年后报废、拆除。

162m^2 带式球团焙烧机，由于作业率低，设备故障多，球团质量不好，特别车间污染严重，长时间生产艰难，1986年后开始正常，1991年球团产量达到设计能力，生产率利用系数为0.76t/(m^2·h)，作业率为86.65%，转鼓强度+6.3mm 92.75%，还原膨胀率为13.44%。球团质量：TFe 61.21%，F 0.143%，碱度0.15，基本满足冶炼要求。

使用氟含量2%以上的铁精矿生产球团。焙烧废气中氟含量高达2000mg/m^3 以上，泄漏出的HF、SO_2 污染物浓度超过标准数十倍，严重损害职工健康。1986年球团生产改用部分无氟和低氟铁精矿，生球氟含量降低0.5%以下，同时对抽风系统进行技术改造，车间的氟污染问题得以缓解。

在烧结厂受到厂党委副书记朝鲁（蒙族）、张文军副厂长等盛情接待，陪同参观烧结、球团现场，并座谈讨论，他们日夜奔忙，不辞辛苦，全心全意为炼铁攻关服务，令人感动。我学到很多，师生情谊，不能忘怀。

3.5.1.5　访包钢冶金研究所

包钢冶金研究所前身为包钢中央实验室，后更名为钢铁研究所，今改称现名，是包钢的技术研究中心。

我几次访问该所，受到阿日棍（蒙族）、黄继业、高士英高工等热情接待。阿日棍曾和我一起参加过冶金部科技规划调查组工作，情谊深厚。他们会同公司科技处安排我在科技大厅进行技术讲座。

他们陪同参观新建的烧结、球团试验室。这里进行球团工艺研究，得出含 F 细精矿适于采用球团工艺的结论，并进行含 F 球团带式焙烧工艺的研究。该研究国内领先。参观炼铁喷煤试验室，正在进行不同煤种燃烧试验，寻求高炉富氧大喷煤的最佳方案。

所领导组织座谈，交流科研成果，探讨课题立项和研究方向，受益良多。黄继业和高士英是早期东工毕业的，现已成为所内技术骨干，见到老师，无比兴奋，对老师关怀备至。新任研究所所长的邬虎林从包钢炼铁厂（副厂长）调来，再次相见，很是高兴。他强调所校协作，共同提高，促进包钢炼铁科技更大进步。欢迎他到东工做客。

3.5.2　访包钢外单位

3.5.2.1　包头钢铁学院

东工与包头钢铁学院同归冶金部管辖，校际来往频繁，关系密切。

我在包钢，一直以来得到包头钢院的关切和帮助，受到包头钢铁学院校领导崔宝璐、贺友多，冶金系暨炼铁教研室负责人吴志华、那树人及科研处等盛情接待和欢迎。

讲学

我到包头讲学，通常被安排在钢院校部培训中心。他们提供良好的讲课场所，协助组织听众，并关照生活和休息等。1986 年 7 月在培训中心开完炼铁情报网会后，钢院与包钢为我组织技术讲座。讲座盛况空前，受到热烈欢迎。

1989 年 8 月 14~16 日，包头市冶金界（包括钢院）邀我在钢院图书馆二楼进行技术专题讲座，周围地方钢铁厂都派人来听课，反响热烈。

同年 8 月 17 日，校领导正式聘我为包头钢铁学院兼职教授，并颁发荣誉证书，同时为我举行技术报告会。有关师生参加，情绪热烈。

交流科研和教学工作

我和钢院长期协作，共同进行科研。20 世纪七八十年代与钢院王承祥老师、吴志华老师分别参加首钢、攀钢试验高炉解剖研究工作。王老师承担炉内石墨盒测温工作，很有成效。我和那树人教授、崔大福老师等参加包钢高炉技术攻关及富氧大喷煤试验，顺利完成任务。贺友多副院长重视科研工作，介绍他的科研成果和研究方向。冶金系组织交流科研、教学经验。

适逢八月秋高气爽，吴志华、那树人等陪同游览观赏包头黄河大桥和成吉思汗陵等景地。

黄河大桥横跨宽阔黄河，长百余米，雄伟壮观。凭桥栏杆四面眺望，晴空万里一望无际，豁然开朗。桥下黄河滔滔流水，气壮山河。河岸一侧，沙丘成山，车行受阻，脚踏沙丘，沙深掩膝，向上攀登，来回滑倒，到达顶部，奇趣无比。黄河两岸，景色迷人，美丽风光无限好。

前往伊金霍洛旗成吉思汗陵参观。陵前一片草地，有大小陵三座，廊房相连，一字排开，正中最大为成吉思汗陵。陵呈圆型，上层六方檐角上翘，锥形拱顶，美观大方，很有气魄，左右两处为陪陵，单层略小，但也十分讲究。平日陵门紧闭，不能进内参观。皇陵前为大广场，入口处竖立高大石牌坊，中门上额题有“成吉思汗陵”字样的牌匾，引人注目，步石阶而上，进牌坊门，直通陵园。

建皇陵，供游人瞻仰，体现蒙族人民不忘先祖，对领袖的无限崇拜、热爱和怀念。返回钢院，领导和同志们对我亲如家人，情深谊厚，留下美好回忆和感激之情。

2010年9月10日教师节，那树人向我敬礼致贺，寄赠诗一首：“功业丰盛意未休，铁水作墨写春秋，学界众望称泰斗，无畏人生觅封侯”，溢表师生深情。

3.5.2.2　包头钢铁设计研究院

包头钢铁设计研究院隶属冶金部，承担我国西北地区钢铁设计工作，竭诚为建设包钢服务。其地处包头新区钢铁大街东部。我常住面临钢铁大街的包钢招待所，距设计院不远，多次到该院参观访问，向炼铁设计室学习、交流，受到炼铁设计工程师高清志（后调秦皇岛分院）、王玉成、孟心华（女）等热情接待。我向他们介绍国内外炼铁技术发展动态，很受欢迎。王玉成致力于煤气干式布袋除尘设计，在涟钢 255m^3 高炉试运行，取得成效，然后在太钢、包钢等大高炉推行该项新技术，获得成功。请教于他，受益良多。我和他参加柳钢球式高温热风炉的鉴定会，包头设计院也出了力。1982年后由王小功、朱蒙、姜凤山（均为东工校友）等接替该院炼铁设计室工作，和他们交往很多，互通信息，进行技术讲座，畅叙师生情谊。假日他们陪老师游览包头新区，观赏新建的市府大楼和广场等。后来朱蒙调任包头副市长，念念不忘老师，每逢元旦假日等寄来贺年片，令人感动。他们勤奋工作，尊师重道，令我难忘。

我在包头受到包钢毕群总经理、王振山叶绪恕副总、炼铁、烧结、研究所、科技处各级领导和同志们热情关怀和款待，不能忘记。

3.5.2.3　呼和浩特炼铁厂

呼和浩特炼铁厂是内蒙古自治区地方重点炼铁厂，建于20世纪中叶，以下简称呼铁厂。1986年我和邓守强老师包钢回程，顺路游览了包头五当召，引人入胜，然后直奔呼和浩特炼铁厂参观。受到该厂领导和王亚飞副总热情接待，被安排住在厂招待所。

炼铁生产情况

厂内有高炉两座，1 号（55m^3）在生产，2 号（118m^3）正准备开炉投产。经技改，装备有球式热风炉，1 号炉采取高炉煤气闭路调压反吹，可多回收煤气，2 号炉风温自动调节；铸铁机改为滚动固定式，降低设备故障率，高炉上料程序化，并能自动补偿炉料装入量；2 号炉采用汽化冷却及节能型进风装置，采用高压节能水泵等。

高炉生产条件比较艰难。1989 年矿石品位为 48.7%，生矿用量较多，熟料率为 67%，石灰石用量高达 527.8kg/t，利用系数为 1.4t/(m^3·d)，焦比为 921.75kg/t。生产有待改善与提高。

讲学

厂领导组织讲课。我在课堂大力宣传精料的重要性和必要性，当前要认真贯彻精料方针，在高、熟、净三字上狠下功夫，努力提高土烧结、土球团的产量和质量，外购较高品位的矿石，并混匀、筛分；改善热风炉燃烧制度，将风温提高到 900℃以上；介绍国内中小高炉生产技术经验，积极创造条件，努力增产和节焦。内蒙古缺铁少钢，呼铁厂已为家乡本土发展做出重要贡献，呼铁厂在厂党委领导下，团结奋斗，学习包钢攻坚克难的精神，既定的目标一定会达到，明天将会更好。课后组织讨论、答疑，受到热烈欢迎。

讲课结束，厂长兼党委书记、王亚飞等陪同参观呼市最负盛名的古迹昭君墓。公元前 33 年匈奴呼韩邪单于来长安，愿和汉朝联姻和好时，王昭君挺身而出，自愿充当民族友好使者，下嫁匈奴，无私地献给了民族友好事业，可敬可佩。她死后，尸骨埋在与丈夫放牧的草原。

昭君墓位于呼市南部 9 公里处，北依大青山，南邻大里河，面向土默川草原。墓身由黄土建成，墓前和墓顶各有一攒尖式六角亭。墓前东侧路旁伫立一石碑。上有董必武题写的“昭君自有千秋在，胡汉和亲见认高，词客各摅胸臆感，舞文弄墨总徒劳”的碑文。表征对昭君的敬仰和怀念。墓周苍松翠柏，花草茂盛，沿环形墓石阶可登上墓顶。我们在凉亭前合影留念。

回厂时游览了呼市五塔寺名胜以及市区人民会堂等景观。

次日在王亚飞等陪同下参观大青山草原。面包车北行 2 个多小时到达目的地。时近中午，主人先安排就餐，在草原酒店手扒羊肉招待，赠送我割肉小刀一把。大盆热腾的羊肉摆放桌上。我们按蒙族习惯一手抓住羊肉，一手拿刀割羊肉食用。我平日不习惯吃羊肉，但草原羊肉不膻，味道十分鲜美、可口。

饭后，到蒙古包喝奶茶，稍作休息，躺在蒙古包中羊毛毡上，眼望锥形有木杆支撑的包棚正中亮窗，窗外是高远湛蓝的一洞之天，身下是无边的大草原，别

有一番情趣。不远处，乌兰察布大草原就展现在面前，它像一幅巨大的绿色地毯，铺向天边，尽头是一条蓝天和绿地的分界线，眼前绿草茵茵。草场辽阔、空旷。沼泽地寂静、水草丛生。蓝天白云下，马群自由奔跑，联想到“天苍苍，野茫茫，风吹草低见牛羊”的诗句。悠闲的丹顶鹤，可爱的百灵鸟，自由飞翔。感受到大自然的壮美，胸怀开阔，心志超然，谢谢主人盛情款待，难得一游。

1995 年我往包钢参加学术会议，从赤峰乘机到呼和浩特中转，借机去呼市炼铁厂访问，受到副厂长段爱平等热情接待。我看到生产有了很大进步，感到由衷高兴。事后在他的陪同下，看望在呼市工作的东大炼铁校友。见到内蒙古计量测试研究所所长胡书捷。他对母校情深意浓。他陪同我参观呼市。内蒙首府，经过几年建设，高楼大厦，马路广阔整洁，已成为一座现代化城市了。

第 4 章　在中南地区的学术活动

4.1　在湖北省的学术活动

4.1.1　我与武钢

武钢于 1955 年 10 月动工兴建，1958 年 9 月 13 日 1 号 1386m^3 高炉投产，遵循标准型设计，续建 1536m^3、1513m^3 和 2516m^3 3 座高炉，1991 年建成国内首座 3200m^3 高炉，随后不断扩建和改造，目前拥有高炉 3×3200m^3、1×2600m^3、1×2000m^3 和 1×1536m^3 共 6 座，是我国重点大型钢铁联合企业。

4.1.1.1　带学生在武钢实习

1959 年，我带学生到武钢实习，从汉口港码头乘轮渡到下游对岸青山区红钢城，住江边武钢第二招待所。在炼铁厂副厂长周传典、全国劳动模范李凤恩关怀安排下，到炉前熟悉大高炉的技术装备和生产程序。武汉天气异常炎热，炉前劳动汗流浃背，劳动服湿透。很多工人光膀休息但无人叫苦，坚持工作。

武钢炼铁技术革新，建有除尘良好的出铁场，采用水冷、碳砖和薄炉底等先进技术，使用优质球墨铸铁冷却壁和软水密闭循环冷却工艺，国内领先。

同学们听了劳动模范李凤恩的先进事迹，然后开始炉前生产劳动。在现场人员的关怀帮助下，克服酷暑等困难，顺利完成实习任务。厂领导请我讲课，介绍苏联精料以及新技术应用等内容，受到欢迎。

临走参观长江大桥。长江大桥 1957 年新建成通车，成为万里长江第一桥，跨越武昌蛇山和汉阳龟山之间，正桥长 1156m，一桥两层，上层是公路桥，下层通铁路，沟通大江南北，从此天堑变通途。坐在桥头，观望江面对岸，无限兴奋，为祖国建设叫好。

临别我乘轮船到马钢访问，周厂长带着一对儿女到汉口港为我送行，并顺道游览了汉口著名商业街汉江路、小商品市场汉正街。

4.1.1.2　讲学及技术交流

炼铁和干训班讲座

1980 年 6 月，在重庆开完会，乘轮船到武汉。武钢总工北洋校友张寿荣到武

汉码头接我，安排住武钢宾馆（第一招待所）。在他陪同下到炼铁厂进行讲学和技术交流，并参观烧结厂。受到厂长孙梦先及许传智等热情接待，并学习低碳、低水和厚料层等烧结先进经验，受益良多。

1981 年武钢炼铁厂和职工大学干部培训班组织专题技术讲座，刘淇副厂长等邀请我讲课。讲课内容包括高炉精料、炼铁和烧结新工艺、新理论，重点讲授精料技术和高炉喷吹煤粉，为期一周，上午讲课，下午讨论和答疑，听众踊跃。讲课受到领导重视和听众的热烈欢迎。

1984 年 6 月 20 日，武钢技术干部研修室邀请我到公司讲学，顺利完成任务。期间受到武钢职工大学吴德发、吉世华讲师以及炼铁厂杨希福、武汉钢院傅世敏等东工校友热情关照，非常感谢。

技术中心讲学和交流

1997 年访问武钢技术中心受到于仲洁副主任的热情接待，陪同参观有关研究室，邀我讲学和技术交流，委托东大协助培养耐材室的徐国涛攻读博士研究生，研究课题为“提高铁水预处理耐材质量的研究”。我为导师，中心薛啟文、耐材公司杨熹文高工指导。经过其本人几年学习和实验研究，任务按期完成，受到好评，为新型耐材的研究和开发提供了依据。2000 年 5 月，徐国涛在东北大学通过博士答辩，获得了工学博士学位，开创了厂校合作的良好先例。我向中心做了炼铁技术报告、座谈交流，结下了深厚的友谊。

随后由徐国涛等陪同参观武昌市。武昌是全省行政、文化中心，辖区有高校 20 多所，著名武汉大学坐落于珞珈山，大门直达校园，庄严美观、环境优雅。参观了毛主席在武昌举办的中央农民运动讲习所旧址，毛主席办公和讲课大礼堂，并参观了高挂“伟大的中国共产党万岁，伟大的领袖毛主席万岁”对联的毛主席无产阶级司令部所在地。

东湖为武汉著名景区，湖面山色，风景秀丽，山上有刘备郊天台，相传刘备率群臣来此祭天。山上立有刘备郊天台石碑一块，翠柏青松围绕四周。

4.1.1.3　参加学术会议

国际炼铁科技讨论会

1985 年 9 月 5~11 日，陪同澳洲斯坦迪教授参加武钢在第四招待所召开的第一届中国国际炼铁科技讨论会。会上云集国内外炼铁界精英和嘉宾，宣读近年来国内外炼铁科技进步的论文。我在会上做了“高炉无料钟炉顶布料的模拟研究”报告，提出布料的数学模型，受到关注。会后座谈和讨论，研讨炼铁科技发展前景，畅所欲言，会议开得生动活泼，富有成效。部分代表到武钢烧结、炼铁现场参观。晚间主人举行盛大宴会招待嘉宾，欢庆会议取得成功，席间北洋老校友王之玺、张寿荣、金心、陶少杰和邬高扬相聚一堂，机会难得，对武钢精心组织和热情招待深表感谢。

冶金部学位评议会

同年12月24~25日参加冶金部在武钢第四招待宾馆召开的部第三批学位评议会。与会的有国务院学位委员会学科评议组成员、部领导和部属各高校代表70余人。冶金部教育司负责人王祖诚等主持会议。会议总结过去两届评审的成果，重点讨论了扩大各高校硕士研究生评审点，同时向国务院学位评定委员会申请放宽博士学位评审范围，坚持标准，做好准备。会议取得共识，争取部学位工作更上一个台阶。

会后代表们游览了黄鹤楼，它与南昌的滕王阁和岳阳的岳阳楼为江南三大名楼。1953年研究生班毕业，我暑期毕业考察和实习，首站到汉口华中钢铁公司筹备处联系，门上布告：气温高达40℃以上停止办公。第二天才办好赴黄石大冶钢厂实习的手续。当晚轮渡到长江对岸蛇山附近临江之角的黄鹤矶上，游览著名的黄鹤楼。面临大江，崇楼峻阁，飞檐翘首，宏伟壮观。晚上灯火辉煌，楼下品饮小吃，欣赏文娱歌唱，十分热闹。良久返回汉口住宿休息。1955年筹建长江大桥，蛇山成为南端架桥基础，旧址黄鹤楼被拆除，1982年以清代式样为蓝本异地重建，楼高五层，高51m，层层飞檐，如楼似塔，金黄琉瓦熠熠，雄伟端庄，雍容华贵，其气势胜过当年。

全国炼铁学术会议

1986年4月，冶金部在武钢第四招待所宾馆召开全国炼铁学术会议，各地代表集叙一堂。我见到多年不见的学生马积棠、吴仁林和梅作涛等，格外高兴。这是改革开放以来炼铁第一次重要会议，会上冶金部领导王之玺报告了全国炼铁生产概况和良好的发展形势，呼吁继续勇往直前争取更大的胜利。代表们深受鼓舞，认真讨论，交流生产技术经验，畅谈美好明天，团结奋进，共同为我国炼铁健康快速发展努力奋斗。

会后，与会东工炼铁校友甘成钊、冯汝明、梁文阁、林家生、陈兆明、杨永新、郭秉兴、张兴传、李伯华、文学铭、秦宗元、肖景汉、于殿良和张三印等欢聚一堂，畅叙师生情谊，盛况空前。

全国炼铁工作会议

1992年4月27~29日参加冶金部在武钢第四招待所召开的全国炼铁工作会议。部属重点企业，部分地方骨干企业、各省市自治区冶金厅局、总公司各科研、设计院所等60多单位的100多代表与会。会议总结交流1991年经验的基础上，要求全面改善炼铁技术经济指标，向优质、低耗、高效、长寿迈进。科技司韦俊贤处长发了言，宝钢、梅山、马钢、包钢、首钢、武钢、攀钢、鞍钢、唐钢以及安（阳）钢等单位进行经验介绍。刘述临、邓守强老师就氧煤枪和中心加焦做了国外动态介绍。代表们热烈讨论，提出以精料为基础，增加喷煤比，风温

保持1000℃以上，优化高炉操作，炉龄大于八年，一代炉役内，单位容积产铁不低于5000吨而努力奋斗。

会议由部钢铁司总工徐矩良做了总结，强调增产的同时，不要忘记降低焦比。期间我和张寿荣谈了在实验室用光磁处理冷却水，取得明显的优质效果，他当即通知给水厂领导到招待所与我讨论光磁处理改善冷却水质问题。他们表示，根据武钢供水条件，认真研究。

全国青年炼铁学术会议

1994年12月28日，中国金属学会炼铁分会和武钢在武汉钢院召开“首届全国青年炼铁学术研讨会”，主旨为培养、鼓励年轻一代炼铁精英。到会代表100多人，我也被邀请。会议提交论文包括原料11篇、高炉操作29篇、设计与科研51篇，共90多篇。会上宣读了高为民等的《强化全精矿烧结混合料制粒的研究》、朱仁良的《宝钢二号高炉操作技术的进步》、杨佳龙的《谈武钢中心装焦技术》等优秀论文。整体论文水平都有较大提高，显示年轻一代的英姿和水平，可喜可贺。我在会上做了高炉喷煤燃料特性微观分析的技术报告。会议进行座谈、交流，新老炼铁界欢叙切磋，共同提高，显示我国炼铁兴旺发达，兴奋不已。

4.1.1.4　参加技术鉴定会

防爆节能技术

1999年5月4日，在武钢宾馆参加冶金部安全环保研究院大气污染研究所召开的防爆节能高浓度煤粉收集技术鉴定会。到会专家有徐矩良、冶金部安环司领导等数十人。该项目研究高浓度煤粉的零爆炸性和收集回收高浓度煤粉技术，在武钢高炉喷煤和除尘系统试验获得成功。专家们参观了武钢高炉现场，并给予高度评价，认为其居国内先进水平，具有推广使用价值。

专家系统开发与应用

2000年11月15日，参加武钢4号高炉专家系统开发与应用鉴定会。出席专家有冶金部徐矩良、马钢原经理陈明仁、重钢原副经理郭秉杜等人。会议由徐矩良主持。武钢为增加高炉生产的稳定性。提高铁水质量、提升炼铁自动化水平，与芬兰RAUTARUUKKI公司联合开发武钢4号高炉（2600m^3）冶炼专家系统。我国专家系统已做了大量工作，颇有成效，但软件开发环境还不尽如人意。4号高炉冶炼专家系统是一种基于规则的系统，内容分炉温、炉型管理，高炉顺行、炉缸中渣铁平衡的控制与管理4部分，用软水密闭循环冷却、无料钟、内燃式高温热风炉及完备的计算机控制技术等，以及合理的炉料结构，为开发在线运行的高炉过程计算机控制系统提供了必要保障。

4号高炉专家系统开发应用对稳定炉况和降低焦比等发挥重要作用。从1998

年4月到2000年4月，[Si] 和硅偏差分别从0.615%、0.069下降到0.575%和0.029。1997年8月到2000年6月，焦比由439.9kg/t下降到411.1kg/t，煤比由91.17kg/t提高到109.3kg/t。专家们到现场观摩，经过认真讨论，认为武钢与国外协作，在4号高炉开发与应用的专家系统卓有成效。该系统在我国大型高炉首获成功，对促进高炉稳定顺行，改善能量利用，降低焦比，提高喷煤比等应予肯定，该项目居国内先进水平。

会后专家们游览了东湖楚台景区。进大门登石阶上山见楚庙。这是古楚国辖地，俯瞰东湖，群山环抱一片绿色，广阔湖面微波荡漾，美丽风光景色迷人。

高温热风炉陶瓷燃烧器

2006年3月下旬，武汉冶金建筑研究院高级工程师戴方钦邀我参加高温热风炉陶瓷燃烧器的技术鉴定会，住武钢宾馆。与会有炼铁和耐火材料等专家。该燃烧器具有高纯度多火孔无焰，能使用高炉煤气，空气过剩系数稳定在1.02~1.05之间等特点，是解决顶燃球型热风炉大型化的关键技术之一。得到国家科研基金资助，建立热工实验室，拥有系列专利成果，在全国30余家钢铁企业高炉热风炉应用，提高风温50~200℃。该技术特别适用于顶燃式热风炉。项目得到专家们一致好评，建议推广使用。会后参观该院实验室，了解耐火材料检测、炼铁系统、不定型耐火材料以及高炉热风炉炉衬在线维修等技术。其为我国炼铁发展贡献力量，值得称赞。

临走前戴方钦陪同参观新建湖北省博物馆。该博物馆是三层建筑一字排开，雄伟壮观，周围树木青翠，环境特别优美。之后驱车赴汉阳参观张之洞与汉阳铁厂博物馆。汉阳铁厂是中国钢铁工业的摇篮。屹立武钢汉阳钢厂重建的汉阳铁厂门楼，额上“汉阳铁厂”4个大字闪闪发光，很醒目。馆内展现旧汉阳铁厂全貌图片及厂史简介。

1890年6月，两广总督张之洞在汉阳大别山（今龟山）建铁厂，1894年6月28日开炉炼铁，该厂是当时亚洲最大的钢铁联合企业。1908年盛宣怀将汉阳铁厂、大冶铁矿和萍乡煤矿合并组成汉冶萍煤铁厂矿股份公司，改为商办。1914年第一次世界大战爆发时，汉阳铁厂为黄金时期，开办高炉250t和100t各两座，30t平炉七座，日产生铁700t、钢210t。1924年汉阳铁厂因受外部影响全部停产。

1937年抗战爆发。次年国民政府将汉阳铁厂设备及大冶铁厂、铁矿部分设备运往四川重庆大渡口重建。难以拆运的设备炸毁，从此一代雄厂唯留英名传世，从崛起到没落，让人感叹，抚今追昔，牢记历史。归途游览了汉阳归元寺，这里百尺茂林，千竿修竹，是一座具有园林特色的佛教寺院。寺内有天王殿、藏经阁等。大雄宝殿是主殿，内正中供有释迦牟尼像。罗汉殿，光绪年间重修，呈田字形，四周排列500罗汉，塑像精美，形态神情各异，神采飞扬，栩栩如生。

四川新都、苏州西园、北京碧云寺和昆明西山等处的 500 罗汉塑像各有千秋，各具特色，都极有价值的艺术珍宝。谢谢主人的盛情招待。

4.1.2　访武钢外单位

4.1.2.1　武汉钢铁学院

武汉钢铁学院现更名为武汉冶金科技大学，原冶金部直属，现归湖北省管理，以下简称武汉钢院。

学术交流

我在武钢期间常和武汉钢院炼铁老师交流和协作，他们大都是我学生校友，交往甚笃。我通常住武钢四招宾馆，平日也住钢院招待所，宾馆距钢院不远，来回方便，受到炼铁教研室刘子久主任和付世敏教授等热情欢迎，见到久别重逢的周世倬教授。他曾在东工进修，如今已成为教授骨干。他们陪同参观了炼铁、烧结等实验室。学院自力更生，建有高炉喷煤等实验室，很有生机。主人邀我讲课，介绍国内外炼铁发展概况，很受欢迎。然后与教师们进行座谈，交流教学科研情况。主人安排我住学校招待所高级客房，同志们常来住处看望，畅叙师生情谊和工作。

技术讲座

1998 年 6 月上旬，武汉钢院领导邀我讲学，住院招待所宾馆。刘子久教授等安排我在院图书馆报告厅讲座，专题讲授高炉精料、烧结，炼铁新工艺新理论以及高炉喷煤新技术等。讲座历时一周，听众除本校有关师生外，武钢设计院也来人听讲，在该校工作的研究生王铁、游锦洲等来回奔忙。他们兴高采烈地欢迎老师讲学。课后进行座谈、讨论和答疑，反响强烈。周世倬教授同来听课，送我近照一张，表达思念之情。会后付世敏、游锦洲和王铁等陪同，游览古三国赤壁大战重要地区——蒲圻城（现改名为赤壁市）。蒲圻城背靠长江，乘游艇环绕千岛湖，湖面广阔，四周青山绿水，美丽风光，景色迷人。参观千岛湖水浒城，当地为颂扬水浒传中梁山英雄好汉的英勇行为而取名。街道整洁，两旁多为瓦房商店，张灯结彩，招揽游客，建有双层的狮子楼，楼上挂有“狮子楼”三字旗帜，檐下大红灯笼高挂，引人注目，吸引游客。聚义亭建在城区中心，大门广开，门额上挂有“聚义厅”三字门牌。入门走廊赤色圆形木柱。前后排列，气势磅礴，威严无比。大厅排座，模拟宋江与众好汉们共商大业。漫步水浒城，别有风趣。

随后到蒲圻长江岸边赤壁矶观赏赤壁古战场景地。景地树木茂盛，陡壁上刻有红色“赤壁”两个大字。历史记载，赤壁在湖北江汉间有五处，其中一处在蒲圻县西八十公里的赤壁山。过江到北岸古老小镇黄州，游览著名文化古迹“东坡赤壁”胜地，步上石阶，满园春色，门洞额上嵌有“东坡赤壁”的匾牌，风景奇美，是苏轼贬官做诗等活动场所，与三国的赤壁不同。当晚宿蒲圻，次日乘车到湖南参观江南第三大名胜“岳阳楼”，面临洞庭湖，崇楼大小三层，飞檐翘角，建筑雄伟壮丽，顶楼上有岳阳楼三字，底层红柱支撑，通廊宽敞明亮，周围大树与广场环形花园相互辉映。凭二层栏杆，向南眺望洞庭湖，湖上泛舟，渔人下网，一片繁忙。美好风光，赞叹不已，别有情趣，尽欢而归，感谢领导和同志们盛情款待。

4.1.2.2　武汉钢铁设计研究院

讲学与技术交流

武汉钢铁设计研究院2005年更名为中冶南方工程技术有限公司，位于武钢青山区红钢城一侧，直属冶金部，承担中南、南方钢铁厂设计任务，直接为武钢建设服务。我是该院的常客，看望炼铁室王丽华、总设计师室杨务本和《炼铁》杂志编辑部郭秉兴等弟子和校友，并学习科技开发处郝运中创新全国闻名的自焙碳砖等技术。日常和同志们座谈交流，介绍国内外炼铁新技术等，受到热烈欢迎。之后受到顾德章院长等亲切接见，学习他们炼铁设计新理念、新设计。和该院资深炼铁专家银汉等座谈交流炼铁技术，几次在太钢炼铁会议上聆听他的发言，启发良多。随后炼铁设计室林致明（弟子）工程师亲邀我讲学。我介绍炼铁科技发展前景等，院领导也亲临听讲，深受欢迎。

聘任《炼铁》编委副主任

1981年冶金部委托武汉钢铁设计研究院负责《炼铁》杂志的编辑出版工作。1982年4月创刊问世，郭秉兴负责具体工作，与我交往很多。我协助撰写论文投稿炼铁杂志。2003年7月，设计院总工潘国友兼任《炼铁》杂志主编。黄琳基任副主编（执行），负责日常工作。我聘任为编委会副主任委员，从此来往更密切。2007年随主办单位中冶南方总部迁往武汉市东湖新技术开发区大学园路33号。闲暇间到东湖之滨的东湖宾馆游览。该宾馆是毛主席武汉常居之所，并接待其他国家领导人。馆内高树如云，鸟语花香，鹭飞鹤翔，自然环境十分优美，政治人文资源丰厚。

2007年5月24~26日，《炼铁》杂志第六届编委会会议暨创刊25周年纪念会在青海省西宁市召开，与会有企业、高校、研究院、《炼铁》杂志编委及代表，以及我、虞蒸霞等共54人。我代表编辑部主持会议，中冶南方工程技术公司副总经理兼总工、《炼铁》编委会副主任潘国友出席会议并讲话。期间代表们经过热烈讨论一致肯定办刊成绩，提出提高刊物质量的有益建议，最后黄琳基做了会议总结。

会后，黄琳基陪同代表参观全国重点文物保护单位塔尔寺。地处西宁市西南的塔尔寺，是中国喇嘛六大寺院之一，依山势起伏，建筑宏伟，气势磅礴。寺内

殿宇辉煌，经堂庄严，佛塔林立。进入山门，在寺前不大的广场上伫立着八大如意宝塔。大金瓦寺是主殿，小金瓦寺，为护法神殿，殿内造型奇异的金刚力士佛像数十尊。院内墙壁绘满各式精美的壁画，寺内圆柱均围裹着兽皮。大经堂为寺宗教组织最高权力机构。堂内有 108 根木柱支撑，柱上都雕有精美图案，外裹彩色鲜艳的毛毯，内设蒲团上千个，可供众多喇嘛集体诵经之用。游人络绎不绝，信徒磕长头，全身扑倒在地，双手、头、双脚五体投地，然后爬起来向前走三步，再双手过顶，重复叩拜。游览刚察县的青海湖，是国家级自然保护区，我国海拔最高，面积最大的内陆咸水湖。附近水草丰美，环境幽静，景色绮丽，湖泊中心的海心山上，林木葱郁。湖边口岸和栈桥可乘游轮观鸟，领略青海湖风光。沙滩上散落酷如蒙古包的帐篷，供游人休闲观赏。这里是我国原子弹研究重地，令人忆念。

参观西宁市东关清真大寺。该寺历史悠久，规模宏伟，建筑绚丽，是我国西北四大清真寺之一，是青海省伊斯兰文化交流的中心。西宁博物馆和中国藏医药文化博物馆各具特色，令人赞赏。临走前在西宁铝厂任干部处长的炼铁学生张建国闻讯赶来宾馆看望老师，并赠送当地土特产。远别重逢，兴奋不已，说不尽的师生情，相拥依依惜别。

为纪念《炼铁》杂志 2012 年创刊三十周年，我为杂志题写贺词：题为“贺《炼铁》杂志三十周年”，拙书“炼铁行业先锋，学术苑中奇葩”两行字，署名“东北大学杜鹤桂二零一一年六月”，刊登于《炼铁》杂志 2012 年第一期。

4.2　在湖南省的学术活动

4.2.1　我与湘钢

湘钢是全国重点钢铁企业，华菱集团主要成员，始建于 20 世纪中叶。

炼铁厂“七五”期间有高炉 $750m^3$ 两座，经过扩建和改造，2003 年拥有高炉 $2\times1000m^3$、$1\times750m^3$ 3 座；2015 年拥有高炉 $2\times2580m^3$、$2\times1800m^3$、$1\times1080m^3$ 5 座；2018 年 $2\times2580m^3$、$2\times1800m^3$ 等 4 座大高炉坚持生产。正稳步向千万吨级产量规模奋进。

4.2.1.1　情系湘钢

探讨高炉加湿鼓风

20 世纪 60 年代，湘钢炼铁厂在孟庆辉厂长领导支持下，高炉长期应用加湿鼓风，炉况稳定顺行，取得良好的技术经济效果，成为提高高炉生产技术的主旋律。首次到湘钢参观学习，与孟厂长等商讨，肯定高炉加湿鼓风有利稳定顺行，同时对提高风温，增强 H_2 还原利用率是一项有效措施。向他介绍了鞍钢高炉鼓风不加湿，相应提高了干风温度，效果比加湿鼓风更好的经验。厂长听之有理，认真考虑，后来就不再坚持使用加湿鼓风。

调查科技进展

1972 年 7 月中旬，我和冶金部科技规划调查组成员（包钢阿日棍、首钢刘德铨、鞍钢刘振达、本钢葛玉荣及刘述临老师等）共 8 人，到全国重点企业湘钢调查科技进展，厂领导很重视由科协等单位介绍科技工作，明确今后努力方向。并提供资料，大家很满意。16 日全体成员专程到韶山参观毛主席故居，向伟人致敬。

参加宝钢投产前烧结实验

1988 年 12 月冶金部科技司炼铁处长庄镇恶通知：宝钢新建高炉计划明春投产，但烧结工业试验结果，转鼓指数等指标不合格，未达标，事关重大，情况紧急，电告全国有关专家赶来湘钢，协助烧结攻关试验，完成任务，要求立即报到。

我们住湘钢招待所，对中南矿院负责提交的试验报告进行分析讨论。武钢烧结厂长孙梦先根据本厂烧结实践表明，配料中碳和水的含量至关重要，实施低碳、低水操作是烧结的关键。建议宝钢烧结料中碳和水含量降下来。遵照孙厂长意见，几经试验，取得明显成效，特别低水效果更好，转鼓指数等指标完全符合设计规范要求。试验成功了，完成了攻关任务，保证了宝钢新建高炉投产的必要条件，孙厂长功不可没。

傍晚北洋老校友金心（宝钢副总）约我到湘江游泳。我们在大江野游，兴趣盎然，美丽的湘江风光无限好，令人依恋不已。

4.2.1.2　讲学与会议

技术讲座

1988 年来，宝钢烧结攻关试验结束后，湘钢技术协会俞根荣、潘群扑等领导邀我讲学。我先参观现场两座 750m^3 高炉生产，厂方重视技术改造：焦炭进行整粒，大块焦（150~300mm）破碎后大于 80mm 减少 78.9%，40~60mm 和 25~40mm 分别增加 119.9%和 81.1%；原料槽下筛分；上料系统及热风炉换炉采用微机控制和陶瓷燃烧器等，生产有了一定进步，但总体水平不高，其中 1 号炉利用系数为 1.05t/(m^3·d)，冶炼强度为 0.69t/(m^3·d)，入炉焦比为 655kg/t。喷煤比为 61kg/t，2 号炉经大修改造后，采用无钟炉顶，水冷立砌碳砖综合炉底等新技术，更换鼓风机，风量由 1300m^3/min 增加到 2000~2200m^3/min，效果明显，在原料结构及条件未变情况下利用系数达 1.49t/(m^3·d)，冶炼强度提高到 0.92t/(m^3·d)，入炉焦比下降到 595kg/t，生产有很大起色。

高炉生产被动，技术经济指标不够理想，关键是原料不精，入炉矿石品位仅 49.6%，用的生矿多，熟料率低（1 号、2 号炉分别为 32.4%和 48.9%），石灰石

用量大（1 号炉分别高达 350kg/t），严重困扰高炉生产。

厂科协在科协图书馆组织技术讲座，由我讲授高炉精料技术和先进的操作制度。结合湘钢生产条件，特别强调精料基础的重要性，改善高炉原燃料条件，是改变湘钢炼铁新面貌的根本，坚定贯彻高、熟、净、匀等的精料方针，必要时外购富矿，进行合理配矿等，千方百计把入炉矿石品位提高到 50%以上，实施生产高碱度烧结矿，提高熟料率，少用或取消石灰石入炉量，此外，正确运用高炉上、下部调剂手段，优化操作。课后组织讨论和答疑，听众意浓兴趣高，反响强烈。

由科协俞、潘两位陪同参观湘钢全厂区。新建办公大楼，标志湘钢快速发展，坚信湘钢会有更好的未来。

耐材技术研讨会

1994 年 8 月 1~4 日，冶金部钢铁司邀我到湘钢参加耐火材料技术研讨会，研讨炼铁用耐火材料发展方向，优化材料品种以及改进现有材质等。钢铁司徐矩良总工做了高炉（热风炉）对耐材性能要求的报告。专家李庭寿就开发耐材新品种，满足炼铁新技术发展需要作了长篇发言。20 世纪 80 年代我国已开发应用了氮化硅结合碳化硅砖，并取得明显效果。现已制造出赛隆结合的碳化硅砖，另外，结合我国资源，发展高炉用铝碳砖和自焙碳砖也获得良好效果，其他新开发高炉用微孔碳砖都达到 80 年代产品水平。

高炉热风炉用的低蠕变砖、各种组合砖以及炉前铁沟料、炮泥等质量不断改善，满足高炉大型化和高压操作的需要。

炼铁用耐火材质的进步，促进高炉长寿，冶金部李庭寿、宋阳升、王泽田编写炼铁用耐火材料新进展论文集，分发各单位供参考。

会后参观炼铁厂，现场一片新气象，生产秩序井然，高炉主要技术经济指标已接近全国同行先进水平，炼铁生产有了长足进步，尤其使用精料更为突出，令人振奋。炼铁厂又组织技术讲座，我讲解高炉采用高风温、富氧喷煤等先进技术。湘钢炼铁将会更上新台阶，受到热烈欢迎。

4.2.2　访湖南其他地区

4.2.2.1　瞻仰韶山

湘潭向韶车站到韶山有铁路专线，我和同志们乘车再次参观毛主席故居。几间农舍，一字排开，左边房为毛主席家，门上挂有“毛泽东同志故居”字样牌匾。入内厨房、卧室较为宽敞，摆设整齐良好。出大门为小广场，对面有一池塘，塘岸垛树成行，绿色葱郁，塘上荷叶、荷花漂浮，水树交融，优雅别致。池塘另一边为打谷场，呈现一派农村自然风光。

参观了毛泽东同志纪念馆，内部展览毛主席全家和参加革命事迹，壁上贴满毛主席各种活动图片，包括为革命牺牲的毛泽民、毛泽覃等亲人，肃然起敬，同时表示沉痛悼念。韶山乡亲们为毛泽东一家革命作出的牺牲感到无比悲痛和崇敬，永远怀念，牢记心中。

长沙是中南重地，交通枢纽。抗日战争，长沙大火，损失惨重。毛泽东长期在此学习和活动。刘少奇、彭德怀都是湖南人。新修建的长沙火车站，焕然一新。站前广场、公园和大厦相映成趣，景色优美。游览了五一广场和热闹区，赏心悦目，精神愉快。

4.2.2.2　中南大学及长沙矿冶研究院

经五一大道通过湘江橘子洲大桥（湘江一桥）直达岳麓山区。沿江二环路到岳麓山风景区，观赏爱晚亭和岳麓书院等名胜。靠近湘江橘子洲，是昔日毛泽东常来活动游览的地方，山坡上下，翠木苍松，风景十分秀丽。路过湖南大学，直奔中南矿冶学院（后改名为中南工业大学，中南大学）拜访院长、北洋大学恩师陈新民教授。多年不见，师生见面，倍感亲切，向他问候，感谢培养。老师谈笑风生，格外高兴。恩师德高望重，学识渊博，受人敬仰，不愧为科学院院士。然后，会见了傅崇说、张祥麟等教授，打探在加拿大麦克马斯特大学相处进修的粉末冶金专家谭爱纯教授（女）是否回校执教。学校团烧教研室付菊英、黄天正等老师陪同参观了球团、烧结实验室，他们为炼铁团烧造块进行大量实验研究，做出了贡献。会后进行座谈交流，赞扬他们开拓创新，努力为高炉精料技术进步服务。参观了岳麓山美丽校景，临走前，陈新民院长设便餐招待。谢谢恩师厚爱，祝恩师健康长寿，工作生活愉快，全家幸福，就此告别。长沙矿冶研究院离中南矿冶学院南边不远，凑此良机前往看望该院副院长朱君仕，我们共同参加承德、西昌、攀枝花矿技术攻关冶炼试验，并在攀钢密地选矿厂相见，建立了深厚友谊。到达该院后，不巧朱院长因公出差未归，在其同事们陪同下参观了该院选矿实验室。该院为攀矿，酒钢镜铁山矿突破难选的瓶颈，为两矿山选矿创新研究取得卓越成果，作出了特殊贡献。我是慕名而来，兴高采烈，深受鼓舞和鞭策，向优秀杰出专家们学习致敬。

4.2.3　我与涟钢

涟钢原为涟源钢铁总厂，位于湖南省娄底市，是我国地方骨干钢铁企业，湖南华菱集团重要成员之一。炼铁厂“七五”期间有 300m^3 高炉三座，到 2012 年前拥有高炉 5 座（2×323m^3、2×380m^3、1×329m^3），经扩建改造，2016 年拥有现代化大型高炉 2200m^3、2800m^3、3200m^3 各一座，走向全国大型化高炉行列。

4.2.3.1　讲学

1987 年 11 月，涟钢宋焕威厂长邀我讲学。他亲自到长沙火车站接我（老

师），格外热情地接待我。他主持涟钢工作奋发有为，解放思想，敢想敢干，以科学发展观，团结全厂职工狠抓高炉原燃料，狠抓管理，狠抓新技术应用，生产蒸蒸日上，规模不断扩大，进步很快，逐步走向先进行列，有力地改变了地方落后企业的面貌，几度受到省市领导的表扬。

参观现场，几座 323m^3 高炉生产，采用双钟炉顶料车上料，炉前水冲渣等，未喷煤，入炉矿石品位约 50%，熟料率达 80%以上，高炉利用系数为 1.6t/(m^3·d)，入炉焦比 590kg/t 左右，生产指标不但全省领先，同时也达到全国同行平均先进水平。工厂组织技术培训班，由我系统地讲解烧结、炼铁的基本原理。传授冶炼新工艺，新技术，并介绍国内外高炉强化冶炼的先进经验，课后进行讨论和答疑，受到热烈欢迎。

课后，厂办主任等人陪同游览南岳衡山，位于湖南省衡山县城西北。早上从厂出发，约两小时抵达山门广场，住近处宾馆，山门竖立飞檐绿顶雄伟大牌坊一座，上书“天下为公”四个大字，华丽美观。衡山为道教圣地，广场左侧有座道教观，拱门上有“十方玄都观”红色题字，挂有湖南省道教协会门牌。拱门右联“遵道南行但到半途须努力”，左联“会心不远要登绝顶莫辞劳”。

衡山苍翠葱茂，共有 71 峰，数百处景点。日出、云海、雪景和蛙会是衡山四大自然奇观。祝融峰之高、藏经殿之秀、方广寺之深、水帘洞之奇称衡山四绝。登山沿台阶逐步而上，途经“忠烈祠”，祠名为蒋中正手书，内有书画展览，壁上有“去年今日割台湾，四百万人同天痛哭”等题字，让中国人牢记甲午战争的耻辱。到达祝融峰殿，拱门两侧有“寅宾出日”“峻极警天”八个大字，步台阶登上祝融高峰，高 1300.2 米，为观日出和云海的绝佳之处。伫立绝顶，风云四起，凭栏杆倚坐，晴空万里，气势磅礴，通观天下，如置身于世外。绝顶一侧，夹有 2~4 字样的火炬平台。围栏雕刻精致，正面横写“重于泰山”四个红色大字。顺石阶而下，衡山威严非凡，望日台就在祝融峰东北不远处，直通南天门下山。下得山来，参观方广寺。其深藏于山中隐而不露。门前两旁林荫大道，景色迷人。出来参观革命烈士纪念馆，馆内陈列湖南革命烈士文物，记载衡山农民协会主要活动及斗地主、打倒土豪劣绅等情况。不远处就是毛泽覃革命烈士陵墓。

到西岭湖景区游览藏经殿，周围古木参天，植物品种多达 500 余种。傍晚回到宾馆住地，主人按道教习俗以全素食宴请招待。丰盛的各种菜肴摆上桌面，前所未见，频频举杯，尽情品尝，难得机会，感谢主人的盛情款待。

4.2.3.2　推广煤气干式布袋除尘技术

第二天顺利返回涟钢。宋厂长很重视技术革新和改造，其开拓创新，开发和应用新技术，不遗余力。湿式净化煤气，不但含尘量随炉顶压力变化而波动，而且由于大量喷水，损失了大量有用的热量，同时大大增加煤气的含水量，不仅降低煤气发热值，而且对热风炉等加热设施的寿命也不利。

高炉煤气采用干式布袋除尘，克服湿法除尘的缺陷，煤气质量好且稳定，具有节能、省投资、降低生产经营费用和解决环保问题等优点。

宋厂长果断决定与包头钢铁设计院同窗学友王玉成高工等协作，早期开发干式布袋除尘技术。1985 年在涟钢 2 号高炉（$329m^3$）试验成功，将布袋除尘技术提到一个新水平，推动这项技术的发展。1987 ~ 1988 年涟钢又分别在 3 号、4 号两座 $314m^3$ 高炉推广使用该技术，成为该技术应用成功的先锋，不久全国 13 座 $300m^3$ 级高炉煤气采用全干式布袋除尘工艺流程，发展很快。

1988 年全国有关钢铁设计院和生产单位闻讯派人前来涟钢参观学习干式布袋除尘新技术，10 月鞍钢设计院安福威、济钢崔顺安等十余人聚集涟钢，我也赶来，宋厂长介绍开发和应用煤气干式布袋除尘过程与经验。王玉成介绍包头钢铁设计院设计全过程与重要环节。其他单位与涟钢人共同讨论取得共识，认为开发应用该技术，卓有成效，大有前途，不限于中小型高炉，而且应努力在大型高炉试行。

宋厂长热烈欢迎其他单位人员参观指导，与同志们在厂办公室门前合影留念。

近年来，高炉煤气布袋除尘工艺技术装备日臻完善，配套齐全，工艺合理，有力地提高运行的可靠性，大型高炉顶压高，操作稳定，配合余压发电装置（TRT），采用干式布袋除尘工艺是炼铁节能的一项重要措施。太钢 3 号高炉 $1200m^3$，大胆采用该项技术，取得良好效果。随后，包钢大高炉等也接踵而来。该技术成为煤气净化系统的一朵奇葩，意义深远，贡献巨大。涟钢早期开发应用该技术功不可没。

20 世纪末，涟钢已有了很大发展，我再次到涟钢访问学习高炉强化冶炼经验。炼铁坚持增产，节焦并重方针；稳定炉料结构，提高烧结球团和自产焦炭质量；优化操作制度，提高顶压和风量；强化原燃料筛分，并以炉况稳定顺行为中心，加强生产调节和管理。全厂 $300m^3$ 级高炉，利用系数达 2.8 ~ 3.0t/(m^3 · d) 以上，入炉焦比突破 400kg/t 以下，创历史最好水平，居国内同行先进水平。正向新建近代化大型高炉生产迈进，前景一片光明。

2006 年东大培训单位举办全国高炉长寿技术研修班。涟钢派高炉邬捷鹏工程师来校学习。其千里迢迢慕名赶来，充满对东大的信任和求知欲望。我和他早在涟钢认识，共叙友谊，得知涟钢有了长足进步，正筹建发展大高炉，前程一片灿烂，兴奋备至。深深怀念涟钢同志们对我的关爱，祝涟钢日新月异更加辉煌。

4.2.4　我与冷水江钢铁厂

冷水江铁厂后改名冷水江钢铁总公司，位于湖南省冷水江市，为省地方骨干

钢铁企业。

炼铁厂“七五”期间有高炉 175m^3、100m^3 各两座。经过几十年的扩建改造，2016 年，拥有高炉 1×600m^3、2×450m^3、2×530m^3 共 5 座，成为地方钢铁企业的强力军。

4.2.4.1　学习与建议

1987 年 10 月，涟钢宋厂长告知西邻冷水江铁厂总工程师林家生（他同窗好友）主持几座小高炉生产，工作积极努力，奋发图强，采用多项先进技术。我希望和他联系协助进一步提高。不久，林家生亲临涟钢接我去冷水江铁厂参观访问，并陪同参观 175m^3 和 100m^3 几座高炉。高炉生产秩序良好，但冶炼指标不满人意。利用系数为 1.24~1.29t/(m^3·d)，焦比为 839~868kg/t，原燃料条件差，矿石品位为 45.78%~46.56%。熟料率为 43.07%~48.75%，最低为 40.4%，生矿比高。

为了谋求生产进步，按现有条件，采用多项先进技术：为了节水、节电，减少环境污染等采用煤气干法除尘；为了大喷煤粉，以煤代焦，降低焦比，节约能耗，进行喷煤技术改造，新建喷煤设施一套；为了实现高炉采用中性和酸性渣操作，以利高炉顺行，降焦增效，1986 年从宣钢引进炉外铁水预处理设施一套，进行炉外脱硫；为了充分利用高炉剩余煤气，采用煤气加热锅炉供蒸汽，带动风机送风，风量达到 400~500m^3/min；高炉采用汽化冷却，自焙碳砖，铝碳砖内衬和改进式顶燃式热风炉以及热管等节能新技术。

以上各项新技术的应用对提高高炉生产水平是有帮助的，但成效不明显。我向全厂讲解国内外高炉炼铁动向，介绍小高炉生产经验，认为高炉生产的前提要搞好精料，原料是基础，没有精料，高炉不可能有大的作为。冷水江铁厂原燃料条件差，虽然采用了多项先进技术，但没有充分发挥作用，要快速提高水平是困难的。当务之急，要下决心千方百计搞好原燃料，提高矿石品位，增加熟料率，少用生矿，生产将会有新突破。这些建议受到厂领导和同志们重视和欢迎，反响强烈。会后林家生等陪同参观了冷水江市容和景区，游览冷水江波月洞等名胜。坐在洞内观赏洞外风景，别有风趣。厂领导设便宴招待，感谢主人的盛情款待。

铁厂的同志们艰苦奋斗，特别是 21 世纪开始，高炉逐渐发展壮大，小高炉被淘汰，建起 600m^3 级高炉，同时相应建了烧结等原燃料配套设备，生产突飞猛进，全厂矿石品位达 53%~54%，熟料率达 85%~90%以上，及时采用高风温、富氧、喷煤等先进技术，2015 年全厂高炉利用系数平均为 3.1t/(m^3·d) 以上，入炉焦比低于 430kg/t，风温大于 1100℃，居全国同行先进水平。当前铁厂炼铁生产正沿着近代高炉正确、康庄大道，健康快步前进，前途光明辉煌。

4.2.5 参加张家界炼铁会议

4.2.5.1 金属学会炼铁年会

1987年10月，我在冷水江钢铁厂访问结束后，赴湘西张家界参加中国金属学会炼铁学术年会，住张家界宾馆。与会有全国炼铁专家李马可、徐矩良等约50人。炼铁学会主任蔡博同志主持会议。会上成兰伯同志介绍鞍钢高炉利用热风炉自身余热预热助燃空气和应用新型陶瓷燃烧器，提高风温的经验，受到与会者的关注。宝钢金心和武钢设计院姜达二位同志介绍铸钢冷却壁的优点和制造使用情况。通过专家们技术报告和交流，推动炼铁科技的进步。

会后游览了张家界风景区，这里原是湘西偏僻小县大庸，群山阻隔，交通闭塞，人迹罕至，一直未被开发。20世纪80年代初，枝柳铁路穿过，这里是一个巨大公园，森林覆盖率高达92%。奇峰、古松、青溪、山花、珍禽、异兽齐全，被誉为天下奇观和人间仙境。我和金心等人上山，通过弯弯山路，蜿蜒溪流，一直在陡峭的山峰间穿行，经曲折盘旋，登上海拔1200多米的黄狮寨。这里是一块宽广的平地，四周都是悬崖峭壁，脚下一片绿色海洋，呈现一派原始风光和野趣。金心爬山乏力不敢再登高了。回程游览金鞭溪，它是黄狮寨和腰子寨山谷地上一条风景秀丽的溪流，两旁群峰奇秀，岩谷幽深，林木遮日，溪水潺潺，落差处湍流腾飞，泛起洁白如雪的浪花，满谷山草野花，放出阵阵幽香，保持着大自然的原貌。漫步于野山密林中，空气甘鲜，充分享受大自然的乐趣，尽兴而归。

4.2.5.2 炼铁新技术讨论会

1988年10月中旬，赴张家界参加冶金部炼铁信息网召开的近年炼铁新技术应用讨论会。我途经北京，因买不到卧铺票，只能买硬座票上车。半夜车行长沙、株洲间，打盹瞌睡醒来，发现挂在衣钩上的上衣口袋里，带有全部钱、粮票、证件和车票等的钱包被偷了。顿时心慌意乱，不知所措，连声喊怎么办。天亮从怀化站下车，我向车站值班领导说明情况，我身上仅有几元零钱。领导凑数帮我办理一张去张家界的硬座票，顺利抵达目的地。负责会议的情报网负责人本钢李业惇副所长立即为我解决食宿问题，同志们安慰我，令人感动。这次旅途遭遇，由于不慎，粗心大意所致，深刻教训，不能忘记。

这次会议全国炼铁界刘琦、张士敏、齐宝铭、金心和刘秉铎夫妇等共70多人参加，盛况空前。大会进行技术讲座和经验交流，我在教室讲解高炉大型化、高效化、自动化以及炼铁新技术应用等情况，备受欢迎，会议开的轻松有序。

会后，分别到张家界景区游览参观，我和袁进恩、邓守强、宋建成、孙宝坤、林洙烈和尤敬义等去游猛洞河。先到湘西深山坳里的古镇王村，在村头古旧的青石码头登上游轮，驶入猛洞河。河流像一条绿色的彩带，蜿蜒于群山深谷，

两岸景色不断变化，美不胜收。船到猴儿跳，两岸山峰紧靠，猴子可一跃而过。山峰下，斜坡地，几百猴子争食、跑跳和嬉戏。大自然充满活力，生机盎然。

回程时游览湘西四大古镇之一的王村。从码头顺街拾级而上，古镇依山傍水，半掩在绿树丛中，青石板铺设的狭窄街道两旁都是古旧建筑，富有浓厚的土家风情。电影“芙蓉镇”拍摄现场——王村米豆腐店就成为游客热衷观览地方。拍摄原景场是一栋三进临街旧房，房主是位老妇，门旁挂一醒目大牌，上写“刘晓庆米豆腐店”来招揽游客，收取拍照景地费。

王村地处深山，交通闭塞，几乎过着与外界隔绝的生活。改革开放以来，这里的山水景观和古老的传统民族作为宝贵的资源发展旅游业，今天人民的生活已明显改善。

4.3 在河南省的学术活动

4.3.1 我与安钢

安钢为我国地方骨干钢铁企业，河南省钢铁核心基地，厂区靠近京广铁路安阳火车站东侧，交通便利，中原钢铁战线上的一颗明星。

4.3.1.1 初访安钢炼铁厂

解放后炼铁厂拥有几座255m^3高炉，经过逐年扩建改造分别为：“七五”期间3×300m^3、1×255m^3；1999年5×300m^3、1×380m^3，另建烧结机5×28m^2、1×90m^2；2005年5×350m^3、2×380m^3；2005~2013年先后建起大型高炉1×2200m^3、1×2800m^3、1×4747m^3，并配套建成烧结机1×360m^2、1×410m^2、1×500m^2。2015年全厂拥有三座大于2200m^3，以及3×600m^3、2×450m^3、1×500m^3高炉9座，跻身于全国大型钢铁联合企业行列。

“文革”末期，首次参观访问安阳钢铁厂。炼铁厂几座255m^3高炉在生产，秩序井然，人们精神饱满，生机勃勃。高炉主要技术经济指标居上游，走在全国同类型高炉先进行列。烧结矿主要是机烧，熟料率保持在80%以上，入炉矿石品位约50%，同时重视生产管理和操作技术，着力稳定炉况顺行，冶炼技术全面。与现场技术人员座谈、交流，受益良多，向厂介绍有关高炉冶炼的一些经验，受到欢迎。

4.3.1.2 讲学

“七五”期间，公司副经理马智明邀我到安钢讲学。我讲学期间受到炼铁厂窦庆和、张清江领导以及厂技术负责人周殿华等热情接待。

讲课前到高炉现场参观，厂区面貌一新，1号、2号（300m^3），3号（255m^3）高炉在生产，4号（300m^3）高炉在兴建，准备投产。全厂生产水平有了明显提高，水淬处理炉渣，三座高炉共用两台铸铁机，同时出渣铁，生产正常。热装铁水，送往二炼钢厂。高炉利用系数在 2.0t/(m^3·d) 以上，入炉焦比为 550kg/t 左右（未喷煤），冶炼强度为 1.1~1.2t/(m^3·d)，风温为 970℃，最高达 1063℃，入炉矿石品位为 54%~55%，熟料率为 88%，居全国同类型高炉先进水平。

炼铁厂组织技术培训班，安排厂内专用教室（平房），请我讲课。我结合现场条件，按计划分别讲解高炉精料的要求和处理，高炉生产工艺和操作（重点是上下部调节），新技术应用和强化管理等。学员们认真听讲，课后进行讨论和答疑，兴高意浓。我提出合理的炉料结构，生产优质高碱度烧结矿以及尽快实施高炉喷煤等建议，受到厂领导和同志们热情支持。

安钢炼铁的进步和领导高度重视精料有重要关系。早在几年前，公司马副经理为了生产高碱度烧结矿，先在所属的水冶铁厂建设一台小型烧结机进行试验，产品供应 300m^3 的高炉，效果良好。事后在烧结厂几台 28m^2 烧结机上推广实施。烧结厂宋书亭厂长等采取烧结配料中配加生石灰、消石灰等多项烧结先进技术，烧结矿质量和产量有了明显提高，基本满足高炉生产的需求，同时还创造开发生石灰配消器及热水添加系统等专利设施。

东大校友周殿华同志接待我讲学。他工作勤奋积极，有魄力和作为，是安钢优秀的青年技术骨干。

4.3.1.3　调研

安钢生产成绩卓著，但发展受限，与同时起步的邯钢相比，差距较大。邯钢逐步建设大型高炉，炼铁生产突飞猛进，不断扩大规模，而安钢建大高炉却停滞不前。马副经理请有关人士、专家商讨对策。1989 年 8 月，安钢组织本厂领导和同志们并邀请我们外来代表到邯钢观摩学习，在邯钢领导和技术科等负责人陪同下参观现场大高炉。邯钢张有德高工详细介绍大高炉建设过程和取得的成就。我们边看边问，很受启发，广开眼界，解放思想，满载而归。

邯钢学习回来，安钢领导组织讨论，一致认为，最大收获是提高对建设大型高炉的重要性和必要性的认识，增强了信心。根据安钢现有的条件，安钢设计院张清江院长提出先建 1200m^3 高炉的建议。经分析研究，以安钢目前财力，技术力量以及原、燃料可外购等条件，建设 1000m^3 级高炉是适宜的，请设计院做好初步设计方案上报河南省府审批。

会后，马副经理陪同游览安阳商朝都城遗址殷墟，安阳是著名的历史文化古城，尤以殷墟闻名世界，殷墟位于安阳市区西北缘的小屯。当时殷的规模很大，横跨洹河两岸，面积达 24 平方公里，商朝灭亡，商都殷也化为一片废墟，故称殷墟。殷墟出土了大量文物：10 万多片甲骨刻，大量青铜器、生产工具、生活用品。这些均为珍品，展示三千多年前商都的生活。参观了殷墟博物苑，院内大

殿古朴、壮观、典雅，表征出商代的建筑风格。

驱车参观洹河北岸的袁世凯墓，南端是一高大的望柱，其上有雕刻精细的花纹和图案，前行路旁有几对文武石像及石狮、石马、石虎，俨然是封建帝王陵墓，还有两行仪仗队，这又像大总统墓了。前行墓门内正中是大殿，两侧有配殿。红墙绿瓦，相映成辉。过大殿有三座门，中间门上挂有墓徽，门内高大台基上是圆形大墓，全部用钢筋水泥浇筑，墓周有围墙，整个陵区苍松翠柏，浓密蔽日，郁郁葱葱。

隔日周殿华等陪同到安阳南22公里汤阴县城岳飞故里岳庙参观，庙大门上分别悬挂"百战神威"和"宋岳忠武王庙"匾额各一块。登上石阶，大殿内有岳飞塑像，高约丈余，金盔金甲，腰佩宝刀，浓眉俊目，威武凛然，一副英雄气概。庙内还有长子殿、四子殿、孝娥殿。长子岳云随父从戎，其塑像少年英俊，雄武健壮。寝宫现为展览室，迎面有巨大石刻"还我河山"。室内展出岳飞手笔"满江红"等石刻。走出大门，在石阶之旁有秦桧、万俟卨、王氏、张俊、王俊五具铁像，蓬头垢面，反缚双手，面北而跪，他们是金兀术的奸细，陷害岳飞的祸首，遗臭万年。英雄家乡父老在汤阴县中心广场建立岳飞戎装威武骑马铁像，基座上写有"精忠报国"四个大字，以表达对民族英雄的崇敬和缅怀。

4.3.1.4　参加论证会及鉴定会

大高炉论证和初步设计会议

1990年上半年，安钢邀请我参加筹建大高炉论证和初步设计会议。与会的还有北京（现中冶京诚）、重庆（现中冶赛迪）、武汉（现中冶南方）三大钢铁设计院等单位。会上安钢领导介绍了拟筹建1200m^{3}高炉的意见并提交了安钢设计院拟定的初步设计方案（草稿）供讨论。代表们对安钢拟建大高炉一致赞同，认为当今安钢条件下，筹措资金和人力资源等，可以解决原、燃料供应等难题，必要时可以进口。对设计方案提出一些修改意见，要求设计指标不宜过高。最后决定由北京钢铁设计院负责高炉主体部分设计，少部分设计由武汉设计院承担，会议结果申报上级批准。

长久没有得到上级批示，安钢大高炉建设就此搁浅。直到2005年允许高炉扩容至600m^3，大高炉建设开始有了生机，随着改革开放潮流，奋勇前进，同年建成2200m^{3}首座大型高炉，2013年3月建起4747m^{3}巨型高炉。安钢几代人的梦想终于实现了，大家欢欣鼓舞。

HY型钟阀炉顶鉴定会

1992年6月4日，参加安钢高炉HY型钟阀炉顶技术鉴定会。周传典副部长亲临到会。该炉顶是把双钟密封作用和承受炉料摩擦分开，在双钟上面加几个密封阀，炉料先经过密封阀进入小料斗，密封阀关闭后开启小钟，这样大小钟只起布料作用。整个技术具有结构简单、维护量小、炉顶密封性好、布料稳定可靠、煤气利用改善等优点，有近20座高炉采用，授予国家专利，该技术投资加大，未克服大钟布料故有缺点，有时卡料，有待进一步改善和提高。

热风炉、高炉卷扬变频调速鉴定会

1994年11月1日，冶金部科技司在安阳第一招待所召开JZSD热风炉、高炉卷扬变频调速鉴定会，我和刘宗富教授被邀请参加。会议由安钢公司承办，出席有冶金部徐矩良等专家代表21人。代表们对安钢完成此两项技术，具有创新、经济效益明显等，受到肯定和好评。

21世纪以来，安钢炼铁生产跨越式发展，发生了翻天覆地的变化。2200m^3、2800m^3、4747m^{3}大型高炉先后建成投产，开创了安钢炼铁发展的新纪元。主要技术经济指标排在国内同类型高炉前列，掌握了现代高炉强化冶炼新技术：以高炉顺行为中心，稳定原料质量为前提，以活跃炉缸为基础，以抓炉前出铁为手段，以精心操作为保证，达到指标优化的目的。

展望安钢炼铁前程，鹏程万里。

我在安钢多次参观、访问，受到马智明和白副经理以及各级领导窦庆和、张清江、宋书亭、周殿华等同志们的亲切关怀和帮助，深表感谢。

4.3.1.5　安阳水冶炼厂

安阳水冶炼厂简称水冶铁厂，国内闻名，直属安钢，位于安阳西侧60～70km处，有铁路相通，临近红旗水渠。

“文革”后到水冶铁厂参观学习，厂内有100m^{3}高炉4座，坐南朝北一字排开，料车垂直上料，通过料钟，装料入炉。1号高炉热风炉为外燃式，燃烧室与蓄热室分开，其他高炉热风炉均为考贝式。高炉原、燃料用的是土烧结、土球团、土焦等，各项经济技术指标居全国同类型高炉先进水平。

铁厂同志们在较艰苦的条件下，不怕困难，勤奋工作，创造好的业绩，令人钦佩，充分体现河南老乡勤劳、勇敢的优秀品质。

食堂里，职工们端着饭碗不坐而蹲凳上吃，有的边走边吃，别有风趣。街上偶尔见到新郎赶马车迎娶，新娘闷闷不乐，听说是父母包办，当时婚姻还没有充分自由，需要大力宣传婚姻法。

1988年随马智明副经理到水冶铁厂参观新建一台小型烧结机，试验生产高碱度烧结矿，结果良好。产品送往安阳炼铁厂高炉使用，很受欢迎。再次参观高炉现场。技术装备有了较大进步，4座高炉（3×100m^3，1×120m^3）采用双钟、钟阀炉顶、卷扬上料，共用三台铸铁机。高炉主要技术经济指标：利用系数为1.928t/(m^3·d)，1984年达2.258t/(m^3·d)；冶炼强度为1.274t/(m^3·d)；焦比为686kg/t，1988年为583kg/t；矿石品位为55.97%，1987年为61.19%；熟

料比为 100%。

铁厂经过技术改造，2002 年拥有高炉 $120m^3$ 3 座，$100m^3$ 1 座。生产上了新台阶：喷煤比约 90kg/t，风温提高到 999℃，矿石品位高于 57%，利用系数达 3.1t/(m^3·d)，焦比为 475kg/t（最低 417kg/t），充分发挥小高炉生产活力，居全国同类型高炉先进水平。

4.3.2　访河南省其他地区

4.3.2.1　洛阳行

中日钢铁学术会议

1985 年 4 月 26~27 日赴洛阳参加中国金属学会第三届中日钢铁学术会议。与会中日钢铁专家数十人。会上我宣读了“高炉下部炉料运动及渣铁排放”的论文，其他中外专家报告了烧结球团、炼铁新工艺、新理论的研究成果，受到热烈欢迎。期间结识了日本八木顺一郎、雀部实等教授以及桑原守助手等，进行座谈交流，建立友谊。

会后中日专家到城区王城公园，观赏正在举办的一年一度的牡丹花会。时逢牡丹盛开季节，花圃内、马路旁，到处都是盛开的牡丹，有花朵硕大的，有小巧玲珑，还有珍贵的绿牡丹，五彩缤纷，同一颜色，深浅浓淡也不相同，堪称花卉奇景，受到客人们高度赞赏。

洛阳人民以花为媒，引来中外游客赏花、游览，进行贸易洽谈。雍容华贵，国色天香的牡丹也为洛阳社会经济的发展做出贡献。

洛阳工学院

1993 年 11 月，洛阳工学院邀我参加该校培养研究生和申请硕士授予点等的讨论。受到热情接待，院领导开拓创新力争上游创造有利条件，争取早日实施既定目标。

我顺便访问冶金部洛阳耐火材料研究院，受到热情接待，拜访了著名耐火材料专家钟香崇。我和他曾在冶金部科技司共同搞过规划，是良师益友。邢守渭院长和陈肇友高工等陪同参观试验室，受益良多。

游览洛阳

洛阳是我国七大古都之一，具有三千年历史，留下多处名胜古迹。工学院同志陪同参观游览。

龙门石窟是世界文明的石窟艺术宝库。龙门山和香山夹伊洛河缓缓北流。陡峭的崖壁临江而立，布满洞窟，尤其是两岸龙门山上都是佛龛。南行第一石洞是潜溪寺，主佛阿弥陀佛，是初唐风格。进万佛洞，两壁刻佛一万五千尊，洞内原有飞天石刻和一对雄狮，已被西方列强盗走。奉先寺是龙门最大的露天石窟，主佛卢舍那可称珍品，是盛唐时期雕刻的代表作，成为龙门石窟的标志物。龙门石窟留记了劳动人民长达几个世纪的光辉创造，也留下了西方列强野蛮豪夺的累累罪痕。

过江到郁郁葱葱的香山，有座古代香山寺，是唐代大诗人白居易晚年闲居的地方，死后安葬在那里，立有墓碑。

游览著名的关林。关林是三国名将关羽首级埋葬处。孙权处死关羽，深畏刘备起兵报复，将关羽之头送洛阳，企图嫁祸曹操，曹操认破，以王侯之礼将关羽人头放入沉香棺椁葬于洛阳南门之外。与文圣孔子同级待遇，墓园称为关林。关林殿宇建筑宏大，大门上高悬金字“关林”匾额，仪门到大殿有护围甬道，104个大小石狮分列甬道两旁。大殿和拜殿相连是关林之主体建筑。正面是关羽坐像，威风凛凛，器宇轩昂，寝殿后有八角碑亭，碑面正文是“忠义神武灵佑仁勇威显关圣大帝林”，碑后就是关羽的墓冢。参观了洛阳古墓博物馆，看到很多古墓出土珍贵文物。

1997 年与冶金部徐矩良、宋阳升等郑州会议后，到洛阳参观白马寺，它是佛教传入中国后建立的第一座寺庙，曾为中国佛教中心，被称为中国佛教的“祖庭”。洛阳老城建筑为红墙琉瓦，山门高大雄伟，门额红粉墙上高悬黑底衬托的“白马寺”三个金黄大字。大佛殿有古钟，钟声是古洛阳八景之一。大雄宝殿莲花座上主佛三尊，中为释迦牟尼，端庄凝重，两旁十八罗汉，形态各异，栩栩如生。寺院东侧有 13 层方形砖塔，造型雄伟，高耸入云，名为齐云塔，是珍贵的历史文物。到处充满浓郁古刹幽深和神秘的宗教色彩。在寺前与冶金部韦俊贤、魏松民、熊爱丽等人合影留念。

我随天津铁厂李干全总工、通钢烧结厂长崔长富等再次观赏龙门石窟。

4.3.2.2　太行振动机械公司

太行振动机械公司原为 1984 年始建的河南新乡市太行振动机械总公司，1998 年改制为股份制企业，位于太行山脚下河南新乡小冀镇，现已发展成为国内一流，国际知名的高新技术民营企业。该公司先后为我国冶金、矿山、煤炭等行业提供了数万台（套）振动机械，共完成 500 多座高炉，300 余项烧结、矿山需用筛分、给料、输送设备的设计、制造。

20 世纪 80 年代后期，该公司创办人黄全利、黄金荣（女）兄妹（后分别任董事长），在马钢听我讲课，听到高炉原、燃料筛分的重要性，无比兴奋。当场表示会不负众望，开发更好的振动机械为冶金服务，并邀我前往公司参观指导。

1988 年 5 月太行振动机械厂正式聘任我为技术顾问。

冶金部徐矩良、宋阳升等和我从湘钢开会回来，路过新乡到太行振动机械厂参观。黄全利总经理接待我们。公司办公大楼金科大厦很有气魄。走进工程机工

车间，正在进行宝钢等大型振动筛带料试验等，业务繁忙。

参观了进口的数控加工，振动电机测试中心及公司科技大楼。楼内振动机械设计研究所被国家有关部门认定为乙级设计单位，设计人员每人一台微机工作，有较完备的计算机硬件和较先进的应用软件，保证产品质量。

临走前与领导、同志们座谈，认为公司已初具规模，有了良好开端，鼓励再接再厉，生产更多、更好的筛分设备。

1995 年 11 月 6~7 日，应邀参加太行振动机械总公司在郑州嵩山饭店召开的 2BTS1842 型振动筛技术鉴定会。与会的有冶金部宋阳升，北科大朱允言教授等，以及工作人员近 60 人，声势浩大，河南省副省长张士英亲临讲话，对民营企业积极支持。该项目是太行振动机械股份有限公司与北科大、武钢炼铁厂共同开发。BTS 系列下振式高级振动筛在武钢 3200m^3 高炉应用，取得满意结果。经讨论，与会专家一致肯定该成果，并认为其意义重大，可以推广。

会后由太行振动机械厂黄金荣陪同参观郑州黄河风景区：该景区中华民族炎黄子孙发源地，位于黄河南岸，树木葱郁，环抱女娲塑像。近处山上高塔屹立，风景优美。我和黄金荣，武汉钢院胡传安教授，北京设备研究院王文达总工等分别摄影留念。

1999 年 1 月，应邀参加河南太行振动机械股份有限公司成立大会。“太行振动”创建以来，在党的改革开放政策的指导下，逐渐发展壮大。经上级领导批准，改制为股份制。总经理黄全利主持成立大会。省领导和各界有关人员共六十余人到会祝贺，盛况空前。由全国少数民族优秀企业家黄金荣接任董事长，全面负责公司工作。迁移新建办公楼。门上分别为“太、行、振、动”四个红色大字，旁侧厂房，横写“打造太行品牌，发挥龙头作用，建立产业集权，促进经济发展”红色大字的标语。新建现代化联合厂房，门前左右分别耸立“文明安全节约团结奋进”和“质量第一，诚信至上”的红色标牌。

会前我从新乡到小冀镇，主人安排住小冀度假村宾馆。门前为小冀名胜京华园，园内周边苍松翠树，布满盆花，广场还有长颈鹿等塑像，供游人赏乐。对面是高楼大厦，树木葱茏，景色美丽，别有风趣。感谢主人，特别是黄金荣董事长，对我关照备至。她长期从事振动机械的开发和制造，尽心竭力，给国家做出重要贡献，难能可贵。

2003 年 12 月 25~27 日，太行振动机械股份有限公司邀我到郑州亚龙湾大酒店参加 TDLS38100 大型椭圆等厚振动筛新产品鉴定会。虞蒸霞随我前往。与会的北科大朱允言等教授专家均参加该会。会议由河南省科技厅主持。该产品居世界首创，应用于首钢京唐 550m^2 烧结机，是世界上最大的 80m^2 特大型双层振动筛，达到国际领先水平。全体评委一致通过鉴定。

会后安排部分专家前往晋南“皇城相府”参观，顺路与宝钢文学铭等游览全国重点文物单位——巩县石窟。岩壁上下雕刻成排石像。隔壁为石刻大型佛像。前面树立一块“河洛神迹”石碑。

相府位于晋南阳城县北留镇，原为康熙皇帝老师清代名相陈延敬的府邸。其建筑依山优势，层楼叠院，错落有致，造型独特，气象万千，规模宏大，保存完好，实属罕见，是清代北方第一文化臣族之宅，难得一游。

游览结束，原路返回，顺道参观新建焦作黄河公路大桥，桥面宽广，两旁栏杆，直通对面，望不到尽头，气壮山河，蔚为壮观。桥头北端安有黑色石板一块。上刻“喜庆黄河大桥建设成功通车”（小字），中刻“柳岸巡舟茅津渡，千载古谣几多愁，春风化雨龙凤舞，长虹卧波盛世圆”横写四行大字。而后乘兴返回郑州。

4. 3. 2. 3　巩义市耐火材料厂

20 世纪 90 年代初访问河南省巩义市节能耐火材料厂，受到热情接待。该厂与武汉钢铁设计研究院、冷水江铁焦总厂共同合作，研制高炉铝碳砖，取得成功。该铝碳砖成为高炉内衬更新换代的新型耐火材料。参观现场生产工艺全流程，产品性能优良，应用前景广阔。

1993 年 3 月 16 日该厂正式聘我为技术顾问。

路过郑州市，随同冶金部周传典副部长及王秘书三人游览河南嵩山中岳胜地。其山势巍峨高峻，峭峰连绵，气势雄浑，名胜古迹众多。少林寺距登封市西 12 公里，成为中国佛教界有着极高地位的禅宗祖庭。有“天下第一名刹”之称。正门两侧红墙中央各有圆窗，门额“少林寺”三字为康熙手笔。入山门有大小名石碑数十块，火毁的几座大殿已修复。天王殿内四大金刚脚踏妖魔鬼怪，大佛殿中央是佛祖释迦牟尼，大雄宝殿内供奉三位大佛。藏经阁由赵朴初题写匾名。后面方丈院为禅宗祖师居住地方。最后是大殿“千佛殿”，殿内高大巨幅彩色壁画，有“五百罗汉”神态各异。这里是几百年来少林僧众列排练武场所。地面上洼坑处处，显示少林武功排练付出的巨大艰辛。

由少林寺西行不远为闻名中外的塔林，历代有名高僧圆寂后，都建立一塔作为纪念。有 230 余名主持、名僧安葬于此。一座座佛塔拔地而起成林，景色壮丽，气势恢宏。

回程欣赏嵩山东部太室山景区，参观“嵩山书院”，这里古木苍松，书院古色古香坐落其间，大门上额有“嵩山书院”四个大字。历代文人学士常来此著书讲学和游览隐居。景色优美，幽静无比。

临走与周部长等在书院古树前合影留念。

参加铝碳砖鉴定和研讨会

1994 年 6 月 1 日，参加巩义市第二耐火材料厂在郑州嵩山饭店召开微孔铝碳

砖鉴定会。第二耐火材料厂研制出致密型（微孔）的高级铝碳砖，气孔率很低，透气度为 0，抗渣性好，特别是抗碱侵蚀性良好。可用于高炉炉身下部、炉腰、炉腹及炉缸、炉底等重要部位。其外形规整，造价低，得到评委们的认可和好评。

高炉铝碳砖于 1990 年通过省级技术鉴定，1991 年、1992 年冶金部先后在郑州、太钢召开该产品技术、应用推广会。

1995 年 11 月 1 日，参加巩义市节能耐火材料厂在郑州嵩山饭店召开的第七次铝碳砖研讨会。

厂长董书通和高工熊选仁等在本次研讨会上介绍推广应用概况及今后努力方向。产品具有良好的导热性、抗渣性、抗碱性。1989 年产品用于湖南冷水江铁焦总厂 180m^3 高炉炉腹以上部位，获得成功。该厂 1 号高炉（175m^3）在炉身下部、炉腰、炉腹关键部分均采用高铝碳砖内衬。1991 年包钢 2 号高炉（1513m^3）炉身中部偏下处试用铝碳砖，经实测，砖衬侵蚀不多。1993 年太钢 3 号高炉（1200m^3）从风口区、炉腹、炉腰、炉身下部全部采用烧成的铝碳砖，效果良好，促进加快全国大中高炉的推广应用。中小高炉大部用不烧铝碳砖，不仅比烧成的经济，且外形尺寸准确，重烧收缩很小。烧成铝碳砖收缩尺寸几乎为零，多数大中高炉坚持用烧成铝碳砖。

高炉要长寿，对产品质量有更高要求，满足高炉不同部位的需要。

参加炭块陶瓷复合耐材应用推广会

1999 年 9 月 6~8 日，河南省巩义市主持召开了“高炉炭块陶瓷砌体复合炉衬等新技术应用研讨与推广会”。会议由郑州华宇耐火材料集团公司承办。来自全国钢铁行业的生产企业、科研设计院、大专院校和有关部门 96 个单位，100 多名代表出席了会议。华宇副总经理，总工程师何汝生邀我参加。宝钢文学铭，上海大学郑少波等校友均与会。

国家冶金工业局冶金科技发展中心主任王燚主持了会议，该局处长苗治民，巩义市领导，冶金部徐矩良、潘荫华、省冶金厅总工张森，鞍钢副经理李长义等在会上讲话，我也发了言。

我和武汉钢铁设计院黄义生主持编写会议论文集，并撰写了前言。

会上鞍钢介绍了在 2580m^3 高炉上全部采用国产炉衬材料，成功地开发了半石墨化自熔炭块陶瓷砌体复合炉衬技术。1992 年来该技术已在太钢、邯钢、安钢、津巴布韦等国内外多家推广应用，成绩显著。实践证明，运用该技术，解决炉缸“环形断裂”和“象脚状”异常侵蚀，高炉寿命可达 10 年以上。

郑州华宇集团等单位，充分利用国内资源，开发了刚玉、黄刚玉莫来石质和复合棕刚玉质等陶瓷砌体和炭质材料。其价格较低，产品质量接近国外同类型的先进水平。

今后要进一步加强基础理论研究，发展适合国情的高炉炭块陶瓷体复合炉衬技术理论。

代表们对高强度、高韧性高炉水冷却壁等新技术也很感兴趣。会后代表们考察了巩义市南河渡工业区、华宇集团公司供应邯钢 2000m^3 高炉刚玉莫来石和三明钢铁厂 380m^3 高炉复合棕刚玉陶瓷杯产砌现场。代表们对华宇集团公司对会议大力支持和热情接待深表感谢。

会议结束，随同徐矩良、天津铁厂李干全总工等再次游览少林寺。寺门前小溪和灌木林尚在，前面旅游品商店、小旅店、快餐馆等鳞次栉比。参观寺内和塔林等景色后，趁机观看盖世无双的少林武功。很多国内青少年和慕名而来的外国朋友来此习武。路旁有院落，一群孩子正在操练，入练功房观赏坐禅健身形成的少林拳和独特的武术表演。

回程参观登封市东的中岳庙，是古代祭祀中岳神的场所。高大皇宫式建筑天中阁，米红色的三孔门洞，中门上有“中岳庙”三字，门旁挂着河南省道教协会，郑州市道教协会两块门牌，沿女儿墙观赏中岳全景，与北科大徐利华等尽兴而归。

4.3.2.4　郑州其他活动

（1）访问省冶金研究所：1988 年回郑州，访问省冶金研究所。看望该所高工谢振远（东工炼铁毕业），他利用漏斗效应原理，开发高炉漏斗式炉顶，布料特别均匀，在多座 100m^3 级高炉使用，降焦 4%~10%，增产 6%~15%。他在家休养，由所总工陪同前往。师生久别重逢，倍感亲切。祝贺他取得成就，鼓励他把成果撰文投稿《钢铁》杂志，在 1992 年第 8 期公开发表。

（2）参加郑州二次能源研讨会：1989 年 4 月 15~19 日，参加冶金部情报网中南组、西北组在郑州召开的炼铁二次能源利用研讨会。论文交流主要内容是：应用热管换热器回收热风炉烟气余热；韶钢第一台热管换热器概况；高炉节能新技术的介绍；高炉热风炉余热利用的现状和发展趋势等。我对鞍钢高炉利用热风炉自身能源余热预热助燃空气，强化燃烧，提高风温的经验，做了补充发言。

（3）参加高炉耐材及冶炼座谈会：2000 年 10 月，参加冶金部在郑州新世纪大厦召开全国高炉用耐火材料及冶炼座谈会。与会有北科大洪彦若教授，鞍山矿山院蔡薄光等数十人。会议由冶金部科技司主持。鞍钢高工张殿有等介绍高炉成功使用半石墨化自熔炭块陶瓷砌体复合炉衬的成功经验。明确开发新耐火材料的重要性。

4.3.2.5　游开封

开完冶金部耐材冶炼座谈会后，我和虞蒸霞会同徐矩良等到古七朝都城汴京

开封一游。

参观驰名中外的被称为开封标志的铁塔。塔高 50 余米，八角 13 层，每层都有门窗，飞檐挑角，转角处均有挂铃，随风叮咚作响。塔顶北望，豫东平原，一片翠绿，南望开封古城，一览无遗。眼前古老的中州大地，是历史上的黄泛区，生机勃勃，呈现出一派兴盛繁荣的景象。

参观市区东南禹王台。明代开封屡遭黄河水患，在台上建了一座禹王庙，改称禹王台。这里碧水环绕，林木葱茏，环境十分优美。

繁塔始建于北宋，高九层，雄伟壮观，几经变化，今日繁塔是大小两塔的组合，构成奇特身态。塔前宫殿广场展出直径 5m 4188 朵双色大立菊，蔚为奇观。

相国寺位于市中心繁华区，宗教的皇家寺院，帝王生辰等重大庆典都在这里举行。成为中外文化交流的重要窗口。

大街北行，参观北宋皇宫遗址——龙亭。朱红色廊柱之上是双檐殿顶，正门檐上竖立“龙亭”二字门牌，飞檐高翘，展翅欲飞，金黄色琉璃瓦，灿烂辉煌，七十余级石阶通接大道。“龙亭”把身影倒映在大道两旁的碧水中，庄严雄伟。北宋和金六代王朝皇宫都建在这里。沿石阶上行，翘首仰望，月台周围有白石栏杆，殿顶参差交错，檐角彩雕，形象逼真。石阶中间雕有精美的云龙图案。昔日在旧皇宫御花园建有亭阁，每逢节日大典，皇帝生辰，地方官员在此朝贺，因此称“龙亭”，逐渐形成现在的格调和规模。

从“龙亭”下望，大道东西各一湖，分别为北宋名将杨业和奸臣潘美的故宅。人们常怀念杨家将，英雄们不朽功勋。

第 5 章　在西南地区的学术活动

5.1　在重庆市的学术活动

5.1.1　我与重钢

重钢位于重庆市大渡口，又称大渡口钢铁厂，始建于抗日战争初期，新中国成立之后改为现名，是我国重点钢铁企业。其主要设备于 1938 年从汉阳铁厂（每座日产 100t、250t 高炉各两座，30t 平炉 7 座）及大冶铁厂、部分铁矿设备搬迁到此。重钢成为当时后方重要钢铁生产基地。解放初期修建的成渝铁路是由重钢大渡口厂生产的钢轨铺设而成。我国著名炼铁专家靳树梁、马彩佼等均在该厂工作过。“七五”期间，重钢拥有高炉 $1\times600m^3$、$1\times645m^3$、$1\times1200m^3$ 3 座外加 $1\times104m^3$、$1\times116m^3$ 两座。2009 年前曾拥有 $620m^3$、$645m^3$、$750m^3$、$1200m^3$、$1350m^3$ 各 1 座。随后由于大渡口厂区紧临长江沿岸山区，空间较小，环境欠佳，给生产、交通、生活诸方面带来诸多不便，难以大发展；上级领导选定重庆市长寿区江南镇为重钢新址。那里面靠长江，地势较平坦，有发展余地，且交通、运输便利，周围环境良好，成为了重钢的新基地。除重钢铁业少数几座小高炉外，将原公司全部搬迁到新址。目前新址已有 3 座 $2500m^3$ 高炉投产。重钢的前景更加辉煌。

5.1.1.1　*初访重钢*

20 世纪 70 年代，冶金部钢铁司领导介绍重钢高炉喷吹天然气，这是我国高炉喷吹燃料的首例，引起大家关注。不久我和北京钢研院炼铁几位同志到达重钢调研。工厂面临长江，江岸陡斜，山坡上下建有房舍和职工住宅，蔚为壮观。上山抵达炼铁厂，住厂招待所，参观了 $620m^3$ 高炉现场。厂领导介绍了炼铁生产情况，由于条件较差，高炉吃生矿多，生产指标不尽人意。四川天然气资源丰富，在高炉上喷吹天然气，设备简单。高炉设一围管，天然气从外部引来，与围管相接，管底有支管，分别连通喷枪，插入直吹管（特制），或从风口插入，进口总管安有流量计，整个喷吹工艺简便安全可靠。

高炉喷吹天然气收到一定效果，但不显著，随着天然气喷吹量增加，效益渐减，喷吹量大时，炉顶煤气 CH_4 含量增加，风口有时出现涌渣，炉况变差，主要是由于冷天然气喷入后，炉温不足，燃烧不完全，天然气裂化程度低。苏联乌克

兰大高炉，喷吹天然气120~130m^3/t，鼓风富O_2率达29%~30%。因此，喷吹天然气需要有高风温富氧等相配合。

高炉喷吹天然气实际上是喷吹还原气的前奏，应该引起重视。我们和重钢现场的同志座谈，交流了看法，介绍国外高炉喷吹天然气的经验，同时提出几点进一步提高喷吹天然气效果的建议：（1）要改善原、燃料条件，用精料；（2）坚持高风温、高富氧率，寻求合理的喷吹量；（3）优化高炉操作，防止喷天然气边缘发展，正确运用上下部调剂手段，保持炉内合理煤气流分布。重钢同志们的创新精神值得学习。

城市依山傍水建筑而成，故有山城之称，具有光荣革命传统。期间与同志们参观了歌乐山中美合作所（白公馆），渣滓洞革命烈士纪念馆，抗日战争时期毛主席、周总理战斗和生活过的红岩革命纪念馆，桂园，曾家岩五十号，新华日报社旧址及旧防空洞等。

“文革”中期鞍钢炼铁厂准备高炉喷吹天然气，随同厂军代表老姚同志、老工人张登礼、钢研所刘振达副所长专程前往四川参观天然气裂化。先到泸州化工厂了解天然气裂化全过程，然后赴重钢参观高炉喷吹天然气。由于天然气气源不足，高炉已停喷。

我们住在雄伟壮观的重庆人民宾馆（大礼堂）。张登礼师傅首次住宾馆客房，忆苦思甜，很受教育。

5.1.1.2 参加会议

全国重点企业炼铁工作会议

1980年3月17~22日参加冶金部在重庆钢铁公司召开的重点企业炼铁工作会议。有20家企业、12所院校的代表参加，代表们住在重钢宾馆。会议总结了1979年全国炼铁的成绩，重钢、首钢、鞍钢等介绍抓精料、提高风温等技术进步，我就进一步提高高炉冶炼水平发言。

会议讨论了今后努力方向：提高原燃料质量、加强混匀、筛分、增加熟料率，生产高碱度烧结矿等；提高风温1050℃以上，固定风温，调节喷吹物；积极开展喷煤粉，以煤代油，以煤代焦；努力提高生铁质量，实行低硅铁冶炼；积极探索高炉操作规律，在上、下部调节方面下功夫，提高煤气利用率和炉顶压力，力求降低焦比。

这次会议为我国高炉生产奠定了基本方针，形成良好开端。

全国炼铁学术会议

1984年6月14~18日，重钢等组织在重庆钢铁设计研究院召开中国金属学会炼铁科研学术会议。会议由炼铁学委会主任蔡博等主持。来自全国各地高校、研究院所、设计院、企业等43个单位110名代表参加会议，杨永宜、金心、李马可、李国安、刘琦等到会。会议收到论文88篇，包括炼铁原料、高炉冶炼理论、特殊矿冶炼、直接还原等。会上宣读论文：无钟炉顶布料规律，包钢高炉结瘤原因及防止途径等。我在会上做了钒钛磁铁矿还原、软化和滴落特性的研究报告。

代表们百家争鸣，畅所欲言，交流科研成果，学术空气活跃，并提出许多有关炼铁工序全面节能和其他有益的建议。

5.1.1.3　讲学

重钢郭秉柱副经理邀我到炼铁厂讲课。我参观了3号（$620m^3$）、4号（$645m^3$后改$750m^3$）高炉。其技术装备一般，生产水平不高，利用系数为1.1t/(m^3·d)左右，入炉焦比约700kg/t，全焦冶炼，原、燃料条件较差，矿石品位为47%~48%，熟料率为65%~68%，石灰石用量高达100kg/t以上，与全国同类型高炉比略有逊色。

不久，高炉采用高碱度烧结矿，解决了大量使用块矿冶炼问题。

为了提高经济效益，新建5号（$1200m^3$）高炉投产。设计采用的装备水平和各项技术经济指标均较高，节约投资，保证高炉高效、低耗、长寿。开始投产就用钒钛矿护炉，实施炉壳喷浆，炉身上部喷涂，安装铜冷却棒，炉壳局部喷水及优化操作等，高炉工作稳定正常，炉况顺行，指标明显改善。

厂领导组织技术讲座。结合现场条件，我讲学内容包括：炼铁、烧结的技术进步；采用新技术进行强化冶炼；优化高炉操作，正确运用上下部调节制度，提高煤气利用率；介绍邯钢$620m^3$高炉先进经验等。讲课分几次讲授，受到热烈欢迎。最后我提出几点建议：

（1）狠抓精料，加强筛分，提高熟料率，可用部分进口矿。

（2）尽快实施高炉喷煤，结合高风温、富氧高压等大力降低焦比。

（3）加强生产管理，切实掌握高炉“上稳”“下活”等重要准则。

建议得到领导和同志们的高度重视。

大约21世纪初，$750m^3$、$1350m^3$高炉先后扩建，生产条件得到进一步提高和改善。2006年矿石品位为54.89%，熟料率为93%，烧结、球团、生矿入炉配比约为70∶23∶7，达到合理炉料结构，焦炭质量较好：灰分为13.5%、含硫0.5%、$M_{40(25)}$ 79.65%、M_{10} 7.01%，风温为964~1084℃。$750m^3$、$1200m^3$高炉，利用系数，焦比，煤比分别为2.766t/(m^3·d)、2.462t/(m^3·d)，421kg/t、449kg/t，125kg/t、92.92kg/t。重钢高炉走在全国同类型高炉先进行列。

2011年$2500m^3$高炉投产以来，生产突飞猛进，主要技术经济指标已接近或达到国内大型高炉的先进水平。重钢炼铁的明天会更加辉煌。

5.1.2 访重庆其他单位

5.1.2.1 重庆大学

1984 年参加炼铁科技会议后，访问了重庆大学。

重庆大学是教育部直属单位，简称重大，设有冶金材料专业。我们来往甚多。

参观校园

该校地处重庆沙坪坝，嘉陵江畔，环境优美。我在重大期间受到冶金材料系张丙怀主任、裴鹤年教授等热情接待。校内广阔，新旧教学大楼，相映生辉，各种建筑设施齐全，呈现一座名校的风貌。我看望了在哈工大一起学习俄文的黄希祜教授。他编写的《钢铁冶金原理》教科书受到同行们的好评。久别重逢，格外高兴。祝他身体健康，为冶金教学做出更多贡献。

临别时，感谢主人的盛情款待，在校门口合影留念。

讲学与学术交流

1988 年 7 月，应重大邀请到冶金及材料工程系讲学，住重大宾馆。系主任张丙怀教授主持讲座。我分别做了炼铁、烧结工艺和理论新进展及最新的研究成果的学术报告，受到热烈欢迎。会后组织几次座谈大家交流教学、科研诸多方面的经验，特别是共同参加攀钢科研意愿很高。

7 月 13 日，重大校长顾乐观聘我为冶金及材料工程系顾问教授，面授聘书，以此为纽带加强院校合作和交流。同时我受聘国务院学位委员会学科评议组成员，希望对重大申请学科博士点予以关注。我尽职为之。

重庆历史悠久，名胜古迹颇多。事后由主人张丙怀、徐楚韶等陪同到南温泉游览。山清水秀，绿树成荫，花卉遍地，山中别墅，隐约可见，小桥流水，划船而过，沿河岸，石栏围住大树，凭栏观景，景色美丽、迷人，重庆著名胜地名不虚传。

回程中顺道参观了嘉陵江与长江汇合处、朝天门大码头与解放碑。这里依山傍水，市中区是西南地区工商业重地和交通枢纽。重庆港（朝天门）码头，气势磅礴，沿码头石阶登上朝天门，四周为重庆港务局、海关、客运站、公交站、重庆饭店、海员招待所等。一路美好风光，游人、旅客熙攘，热闹非凡。漫步街道，不远处广场巍然矗立高大雄伟的解放碑，它是重庆市的一大标志，闻名内外。四周商场、宾馆、餐馆、娱乐场所融为一体。

主人好客就近餐馆，便餐招待。所食全是重庆当地菜谱，香喷可口，味道极好，至今不忘。

讲学结束，主人已为我买好重庆至武汉回程票。临走时张丙怀、裴鹤年、鄢毓章等前来送行。早上到朝天门码头，乘江船而下，观赏长江三峡风光。两岸山峦连绵不断，江雾中时隐时现。船过江陵、丰都，晚间停靠万县。前面三峡，航道多险，不宜夜航。次日凌晨，起锚航行。

船过白帝城已临奉节夔门。瞿塘峡西口，直到巫山大溪镇，全长 8km，为三峡中最短一峡，两岸悬崖峭壁，江面狭窄，最窄处不足百米，仰望长空，云天一线，俯视江面，水流湍急，十分惊险壮观。沿岸著名古迹有白帝城（刘备兵败托孤处）、孟良梯（相传杨部将孟良为盗回北宋名将杨业的尸骨在绝壁上凿石穿孔架木为梯）、风箱峡（峭壁空穴原安放形似风箱之物）等。

过巫山城进入巫峡，有 12 峰，千姿百态。其中神女峰最高，宛如少女，立于云雾缥缈之中，时隐时现，更有浓郁的神秘感。两岸风景优美，大诗人屈原、李白等曾游此留诗。

不久船行进入湖北境巴东，过秭归香溪进入最长的西陵峡（75km），有不少浅滩暗礁。经过整治，结束了川江千古不夜航的历史。峡两岸奇峰矗立，清泉四溢，真是无峰非峭壁，有水尽飞鸟。

南津关是三峡的东口，过此，地势逐渐开朗。前面就是举世闻名的长江葛洲坝。葛洲坝像一条巨龙横卧江面，气吞山河，截断巫山云雨，三峡出平湖的夙愿终于实现了。船行抵武汉港汉口码头终点，随后转乘火车回沈阳。

5.1.2.2　中冶赛迪

中冶赛迪（原重庆钢铁设计研究院），冶金部五大钢铁设计院之一，承担全国重点钢铁企业设计工作，拥有一批资深的设计人员。向他们学习，受益良多。

1991 年 9 月，重庆钢铁设计研究院邀我讲学，受到院党委书记徐浩杰（东大校友）的热情接待。副院长桂中岳亲自在会议大厅主持讲座。见到好多旧识和好友。讲学内容为国内外炼铁技术新进展及近年研究：高炉矿焦混装，攀钢高炉高钛渣中氧化物氧势的行为和强化冶炼应用新技术，以及该院驻攀钢设计队郭庆第队长委托新设计高炉炉顶布料的模拟研究结果等，受到热烈欢迎。

会后组织座谈交流，向与会的炼铁设计专家们曾新荣、沈介平、鲁世英等学习新的设计技术。当时，章天华、项仲庸正在为宝钢设计工作。我和他们是攀钢承德试验的战友。我每次到重庆院都得到炼铁科长李锡培的关照，与陈茂熙、伍积明、何汝生等高工谈工作、讲友情。长期以来，我和重庆院的同志结下了深厚友谊。

我住院内招待所贵宾室。同志们陪同游览市中区，重庆宾馆等商业中心，观赏大会堂、市政府、劳动人民文化宫等建筑，漫步街道，心旷神怡。

临别前，徐书记安排，由炼铁科同志陪同到闻名内外的鬼城——丰都一游。早上，从朝天门码头乘船到丰都，县城靠长江北岸，鬼城就坐落在突起的丰都山

(双桂山)。入口处树立高大三层屋檐、雄伟、壮丽的大牌楼，门楣上竖立“鬼城”二字直牌匾，往下是“天下名山”横匾。其气势磅礴，令人敬畏。山脚处立有乙丑年“双桂山”三个大字的石碑。就坐石凳，观赏迷人山景。

鬼城中有跨江奈何桥，连接入门牌楼，桥上铁栏杆吊挂，桥面木板，美观别致，凭栏杆，俯视江水滔滔流过，赏心悦目。

参观阴曹地府。在世时作恶者要下到十八层地狱，上刀山、下油锅，受尽折磨，虽然是民间传说，领略一下阴曹地府的场面，也是十分惊目。傍晚乘船回到住所。

5.1.2.3　重庆特钢

1995 年 4 月 25 日，参加中国金属学会在重庆特钢阳江金属制品回收公司召开的第五届常务理事会。冶金部领导陆达、殷瑞钰、王之玺与钢铁专家常务理事 50 多人与会。会议由学会秘书长陶少杰主持，讨论学会过去工作及规划未来，推动国家钢铁发展。与会者受到重庆特钢的热情安排和招待。

次日组织全体常务理事到重庆市南岸参观重庆新开发区。沿区高楼大厦平地而起，新区一片繁荣。重庆发展很快，令人振奋。

27 日，代表们游览重庆市容。晚间登上山顶公园，观看重庆夜景，天高气爽，满城灯火灿烂，一片辉煌。我和桂中岳、肖纪美、邢守渭等专家在山上合影留念。

28 日，我随王泽润厅长常务理事们游览重庆西部历史悠久、驰名中外的旅游胜地——大足石刻。悬崖峭壁上石刻众多、大小和形状各异的佛像。登上石阶，崖边围栏内坐立成排石刻大佛像，栩栩如生，天下奇观。这里石刻比四川新都更胜一筹。

5.2　在四川省的学术活动

5.2.1　我与攀钢

攀钢现改名攀钢集团攀钢钒公司。攀钢为我国自行设计、制造设备并施工建设的特殊矿冶炼的大型钢铁企业，是西南地区最大的钢铁、钒、钛生产基地。

攀钢钒炼铁厂拥有高炉 3×1200m^3、1×1350m^3 和 1×2000m^3 5 座。此外，还拥有攀钢西昌钢钒公司炼铁厂 1750m^3 高炉 3 座。

5.2.1.1　投产前系列研究

攀钢承德模拟试验

1965 年 2~8 月，进行承德 100m^3 高炉模拟攀枝花矿的冶炼试验。

试验初期，我因需在校内给学生讲课，没有去。开始到承德现场参加冶金部召开的试验方案论证会。记得当时我在会上提出 TiO_2 渣还原变稠，要注意低价钛还原生成 TiC、TiN 的问题，引起关注。试验中期学校庞文华副院长亲自动员我去参加承德现场试验。我因为正在讲专业课，不便去。她有些动气，指令这是工作需要，立即前去。我到承德向试验组领导周传典报到，承担新技术测试和总结等工作。试验按炉渣中 TiO_2 含量：20%、25%、30%、35%分 4 阶段进行。(TiO_2)20%期，高炉渣铁可畅流，生铁含硫合格。(TiO_2)25%期，出现炉渣黏稠，出铁、出渣不均匀，黏渣与大泻。通过降低生铁含硅量，风、渣口喷吹精矿粉，加锰矿等措施，高炉基本顺行。(TiO_2)30%期，炉渣严重变稠，难流、采用渣口连续喷吹，并较大幅度降低生铁含硅量，解决了顺行及均衡出铁、出渣问题。此时焦比降到 730~760kg/t，生铁含硫下降到 0.07%~0.073%。(TiO_2)35%期，进行有关消稠制度、消稠物料和喷吹重油、高风温、高湿分等条件试验。

承德试验低硅、渣口喷吹等技术成为高炉高钛渣冶炼成功的诀窍，从而确定了攀枝花钢铁基地高炉冶炼工艺流程的可行性，最后我参加起草试验总结工作。

攀钢西昌 410 厂 $28m^3$ 高炉冶炼试验

继承承德高炉模拟试验后，参加西昌 410 厂 $28m^3$ 高炉攀枝花矿冶炼试验。1965 年 11 月，我和王文忠、陆旸、袁进恩、车传仁、李桂新前往报到，食宿在 410 厂内。到厂的还有承德试验的一批主要工作人员。周传典仍为试验领导小组组长，我为试验领导核心组成员之一，担任新技术组组长，奔忙炉前后，参加劳动，负责取样分析等工作。试验一期、二期为太和和攀枝花烧结矿冶炼，第三期为条件试验，如喷生石灰、高湿分鼓风、高强度冶炼试验等。现场采用承德试验技术措施，结果表明，渣中 TiO_2 含量为 28.5%~30%（最高达 35%）时，高炉顺行，渣铁畅流，生铁含硫合格，铁损由承德试验的 10%降至 5%左右，焦比降到 650kg/t，验证了承德试验方针的正确性。进一步为攀枝花建设提供科学依据。

期间指派我代表试验组到冶金部科技司王之玺总工程师汇报试验成功结果，得到部领导的肯定和嘉许。从成都飞往北京途中，飞机出现故障，不能越过秦岭，半途被迫返回，虚惊一场。

西昌生活条件艰苦，刚到西昌，水土不服，常闹腹泻，月余才适应。西昌原为西康省会，贫穷落后，为彝族同胞聚集地区。城市一条街，楼房少见，大都是土坯房。很多彝族同胞身披“彩尔网”，蹲坐屋檐下宿夜。他们家住山顶上，我和车传仁前往探望，简易民房，室内除一大锅外，一无所有，吃的是苞米和咸肉。男女光着上身，仰卧山坡晒太阳，定期下山逛街，无工作，要让他们过上小康生活任重而道远，当前四川领导正为他们脱贫攻坚做艰难工作，坚持不懈，帮助他们下山，住新居，奔小康。

假日周传典约我一起到市区观光，与彝族同胞同桌用餐，相敬如宾，尊重少

数民族。

试验期间，中央领导彭真、郭沫若等先后到试验现场视察指导，亲切关怀和问候，对试验成功表示满意。彭真夫妇伫立炉前，听取试验组领导汇报得知铁损过高，就插话，“铁给谁贪污了”，引起一阵欢笑。彭德怀代表三线（攀钢）建设指挥部来厂考察试验。专车停在路旁。厂领导通知，今天有三线领导来参观，不宣传、不声张。彭悄然离去。

为了响应毛主席号召：“不建设好三线（攀钢），我睡不好觉”的壮语，北京、辽宁、山东等5省市各提供500辆运输汽车。每天沿山公路上满载机器、设备、货物的运输车辆，穿过崎岖山路，运抵攀钢建设指挥部——大渡口，蔚为奇观。

期间厂领导指派我参加攀钢建设基地勘察、定位工作。坐在运输汽车驾驶室里从西昌一路翻山越岭，跋山涉水，上下盘旋，到达川滇交界处的金沙江南岸滇境大渡口。这里是深山幽谷，人烟稀少，有铁索桥连接金沙江北岸弄弄坪（四川）。一片坡面，已选定为未来攀钢生产基地。我首次到攀枝花，人地生疏，车行走在金沙江畔，遇见几位身着满清时代朝服的老人，挥手要求停车。他们在车灯上抚摸良久才离去。他们与世隔绝，才如此感到新奇。

我们住在渡口仁和攀钢建设指挥部，领导和专家介绍了攀钢建设计划。我为开采祖国宝藏，建设宏伟的攀钢，感到无比骄傲和兴奋。

中央已批准在大渡口两岸设立攀枝花市，归属四川省管辖。有关铁路交通运输、生活管理、技术培训等各方面都在有序积极安排和筹建中。过铁索桥到北岸弄弄坪勘察厂地面积不大，约几十平方千米。讨论厂区平面布置，以紧凑实用为原则，我建议把炼铁系统包括储料场、烧结、焦化、高炉紧靠在一起，方便皮带转运。希望金沙江水源，水厂尽早建成。

隔日回到西昌。不久，410厂党委书记刘洪恩在食堂传达中央5·16号文件，宣布彭、罗、陆、杨反党集团罪行，开始“文化大革命”。试验组主要领导被点名公开批判，我等也以“反动学术权威”受监视，试验被迫停止。在厂方帮助下，乘坐长途交通车撤离西昌，途径冕宁、石棉大渡河、汉源、雅安到达成都，路上三天，身心疲惫。

410厂0.8m^{3}小高炉解剖试验

为了适应攀钢高炉生产发展的需要，深入探索钒钛磁铁矿冶炼的一些基本理论和炉内冶炼过程的实况。1982年10~11月，在西昌攀钢410厂0.8m^{3}小高炉进行钒钛磁铁矿解剖的研究。参加工作的有攀钢潘竞业、徐鸿飞、李身钊、詹星，北京化工冶金研究所戚大光、李道昭，东北工学院杜鹤桂、王文忠、余琨，包头钢院吴志华，鞍山热能院崔秀文等。攀研院副院长汤乃武任试验组长。攀钢副经理刘培志亲临指导。410厂党委正副书记崔良臣、董学恩以及厂长、试验副组长罗宗林等全力支持和关注。

试验借鉴首钢 23m^3 高炉解剖经验，为了有效保持炉内钒钛矿动力特征，防止水冷造成的塌料、炉料再氧化，K、Na 流失及原料淬冷的细化并预防氮冷造成下部高温区 TiN 含量的变化，决定采用氩氮冷却的方法。

高炉解剖夜以继日，其中有所交流和创新。大量 Ti(C，N) 在炉腹带生成，进入风口平面达到最大值。风口间死区是 Ti(C，N) 浓度最大区域，该处渣铁几乎全部被一层极薄的、古铜和金黄色的 Ti(C，N) 包裹，进入炉缸下部 Ti(C，N) 急剧下降。

软熔带位置、形状和形成过程与普通矿有异。钒钛烧结矿比普通烧结矿难熔，渣铁分离晚，终渣熔化性温度高，给高炉冶炼带来一定困难。炉料运动，块状带分层下降情况及 K、Na 在炉内的循环富集，大体与冶炼普通矿相似。

根据解剖结果，我们初步弄清了高炉冶炼钒钛磁铁矿的基本物理化学过程，特别是 Fe、Ti、V、Si 在炉内的行为以及攀钢焦炭在炉内的结构变化等。

我们住在 410 厂职工生活区招待所，生活有了很大的提高。山下原西昌钢铁公司办事处已改为招待所，有医疗所和普通病房。我曾因病住院。生活区南门前马路直通市区。对面为原西南钢铁研究院。多次到该院参观学习，交流经验。眼前火车奔驰而过。

西昌为凉山自治州首府，市区日新月异，街道整齐清洁，两旁楼房四起，商贸兴旺，行人车流不息。彝族姑娘在饭馆接待客人，生活有了改善。西昌面貌焕然一新。

1983 年 12 月 6~8 日，在成都省冶金厅招待所召开攀钢 410 厂 0.8m^3 小高炉解剖试验鉴定会，与会的有重大林衍先，包钢叶绪恕及王喜庆、李道昭、周大光等人，专家们认为该项目研究是成功的。其加深了专家们对钒钛磁铁矿高炉冶炼过程的认识，对提高钒钛磁铁矿冶炼技术有重要意义。该项目获 1984 年冶金部科技进步三等奖。会后代表们游览了青城山等名胜。

5.2.1.2　攀钢高炉强化冶炼新技术

控制渣中 TiO_2 含量和氧势

1970 年 7 月攀钢 1 号高炉（1000m^3）投产。初期渣中 TiO_2 含量 26%~29% 出现泡沫渣（渣流入渣罐产生大量气体，使炉渣成泡沫状，剧烈上涨，甚至溢流罐外）、粘罐（钒钛铁水随温度下降，黏度剧增，粘结铁罐）、高铁损（渣中带铁）等严重现象，生产不正常。冶金部组织攻关，长时间未见效，后来配加部分普通矿石，适当降低渣中 TiO_2 含量，保持 23%~25%，解决了以上难题，生产很快走上正常。

我在攻关过程中，体验到上述问题还是与高钛渣 TiO_2 还原变稠有关。小高

炉（$100m^3$，$28m^3$）高钛渣冶炼试验，渣中 TiO_2 高达 35%，也可顺利过关，主要是吹透炉缸，贯通中心，氧势充沛，有力抑制 TiO_2 过还原。大高炉（$1000m^3$），吹透炉缸相对较难，同样冶炼条件，氧势明显不足。适当降低（TiO_2）含量，相对增加了氧势威力，提高抑制 TiO_2 过还原能力，最终取得成功。为此，大高炉高钛渣冶炼要控制适宜的 TiO_2 含量。配加普通矿等维持渣中（TiO_2）23%左右。新建高炉炉容不宜过大（$2000m^3$ 以内）。

理论研究

提高炉内氧势是高炉冶炼钒钛磁铁矿的关键环节，因此和攀钢协作，在实验室大力开展氧势抑制 TiO_2 过还原等理论研究。

1984 年起先后组织杜钢、吴俐俊、邹安华、张子平等研究生先后完成钛渣中 FeO、SiO_2、MnO、V_2O_5 等氧化物对抑制 TiO_2 还原的影响研究，其中 FeO，MnO 作用明显。此外对高炉泡沫渣成因（郭兴敏），含 MnO 高钛型炉渣起泡行为，Ti 在渣铁间迁移过程（沈峰满），初始滴落渣氧位（余仲达），炉内 Ti(C，N）生成（杜钢），渣中 TiC 氧化规律（丁跃华）等一系列对渣中 TiO_2 还原影响进行研究。并对攀钢高炉渣铁氧势测定试验研究（张子平），作为高炉冶炼钒钛磁铁矿重要理论依据和基础，同时与攀钢钢研所合作，开展高炉氧势对炉内各带及钛渣性能的研究，促进钒钛磁铁矿冶炼技术进步。成果分别在“金属学报”“钢铁钒钛”公开发表，受到攀钢领导和国内同仁们高度重视和肯定。1995 年组织杨兆祥、李永镇、王文忠、施月循教授将理论研究和其他有关科研成果凝炼成专著《高炉冶炼钒钛磁铁矿原理》。感谢车荫昌教授的审查与指导，国家自然科学基金委张玉清教授的推荐和帮助，1996 年由科学出版社发行。

大料批、分装布料试验

1979 年随着攀钢高炉三大技术难关的解决，利用系数突破 1.4t/(m^3·d）的设计水平，结束了长达 10 年的艰难攻关，且有待进一步提高强化程度。

我建议在攀钢高炉试用普通矿冶炼成功的技术，得到公司王喜庆总工等认可，同意炼铁厂、科技处与学校签订炉顶布料、富氧大喷吹等几项科研协作合同。

1981 年至 1982 年，丁学勇同学模拟攀钢 3 号高炉（$1200m^3$）钟式炉顶 1：15 比例缩小模型进行布料模拟试验，测定了大料批、分装等装料制度，得出矿、焦堆角，径向矿焦比分布相互影响的参数。试验表明增大料批，炉中心易受堵，采用分装可缓解。批重不能任意加大，应控制在一定范围，和其他分装等互相配合，保持合理的煤气流分布。

1983 年 3 月带领徐家庆、唐恺两名学生到攀钢毕业实习，开展高炉大料批、分装试验，受到炼铁厂领导马家源、王安慧、胡庆昌、苏志忠等大力支持。我向全厂有关同志介绍国内外炉顶布料成功经验和实验室大料批、分装等实验结果，同时介绍辽宁北台钢铁厂 300m^3 高炉已取得的成果。最后，厂领导同意，决定在 3 号高炉进行大料批、分装冶炼试验。

3 号高炉炉长热情主动，召集全班人员共同制定试验方案。试验开始，矿批由 19t 加大到 20t，分装率逐步提高，炉况顺行，渣铁畅流，渐显效果，大家很高兴。随后意想不到，一天白班，随着一声巨响，高炉炉身下部烧穿，炉料涌满炉台，幸好无人伤亡。高炉试验被迫停止。公司负责生产的王副总经理听说，声色俱厉责问“谁搞试验的，损失几万吨铁谁负责?”，厂领导通知我，买机票，劝我暂且回沈阳，事故由厂里处理。当时我感到震惊和委屈。高炉烧穿与试验毫无关系且大料批有助保护炉墙。用晚期高炉搞试验考虑不周到，但我坚信试验有前途，坚持不走，要求尽快修复高炉，重新试验。高炉经抢修，几天后恢复正常。按原计划重新开始试验，矿批从 19t 加大到原 20t，炉况正常，一直加大到 22t 左右，分装率提高到 40%~60%，高炉稳定顺行，渣、铁畅流，焦比降低 3%~5%，产量提高 3%~4%。试验最终获得成功，不久全厂推广。

5.2.1.3　学术会议

第七次资源综合利用会议

1984 年 3 月，在攀钢第二招待所参加第七次攀枝花资源综合利用科技工作会议，方毅副总理已 6 次亲临渡口指导，深受鼓舞。这次会上，一些单位提出制取富钛料（TiO_2：65%~94%）的成功经验，重庆大学介绍利用高钛渣生产水泥的经验。由于水泥标号不高，难以推广。

同年 10 月 12 日，参加攀钢大料批、分装等 5 项科研成果鉴定会。姚其美、王喜庆、马家源、苏志忠、裴鹤年等专家与会，对炼铁取得的优异成绩给予肯定和好评。

第九次资源综合利用会议

1987 年 3 月，到西昌邛海宾馆参加攀枝花第九次资源综合利用科技工作会议。重点讨论直接还原北方流程，北京矿冶研究院等经过半工业试验，解决了含钠浸钒球团还原粉化问题。攀研院在 410 厂开展以褐煤为能源的回转窑直接还原工艺研究，初步解决能耗、结圈等问题。

攀矿综合利用需要创新突破。会后与王文忠等参观西昌导弹（卫星）发射基地，大开眼界，为我国航天事业叫好。

攀钢国际学术会议

1989 年 11 月 14~16 日，参加在攀钢南山宾馆召开的钒钛磁铁矿开发利用国际会议。与会的有苏联、南非、日本、新西兰等国家和国内有关专家数十人。攀钢总经理赵忠玉在会上报告，介绍我国高炉冶炼钒钛磁铁矿取的非凡成就，欢迎国内外专家来攀钢进行技术交流和合作，为国际钒钛磁铁矿开发利用创造更好的

未来。南非霍尔和原苏联谢夫林先生等分别做了提取矿石中钒、铁和高钛渣物理化学性能的报告。王喜庆、马家源、周取定、杨兆祥等做了专题发言。我在会上介绍了攀钢高炉大料批、分装的试验研究。李身钊、盛世雄、徐鸿飞、王文忠、徐楚韶等与中外宾互相交流，共叙友谊。会议开得很成功，尽欢告别。会后炼铁厂领导易善永、石维勋等邀我参加全钒钛冶炼（不加普通矿）的讨论会。我认为小高炉已实现了全钒钛冶炼，大高炉应该有作为，不断改善原、燃料质量、降低渣量，采用高富氧、大喷吹，穿透炉缸，强化氧势，全钒钛矿冶炼有望实现。

同年 4 月 20 日，在公司副总苏志忠陪同下，征求公司领导对我们在攀钢工作的意见，受到经理赵忠玉的亲切接见。赵忠玉经理赞扬了东北工学院师生对建设攀钢所做的努力，当场赠送给东北工学院嵌有攀钢全貌的玻璃镜框一面，并亲笔题名留念。

4 号高炉多环布料试验鉴定会

1996 年 5 月 30 日，冶金部在成都蓉城大厦组织攀钢 4 号高炉无料钟炉顶多环布料试验研究鉴定会。与会专家有齐宝铭、张丙怀、张士敏、郭庆第、张卫东等。专家们一致认为无钟炉顶多环布料技术对改善煤气流分布，提高料柱透气性，保证高炉长期稳定顺行，强化冶炼，增产、节焦起了明显作用。在 $1000m^3$ 级国产无料钟高炉的布料技术上处于领先水平，利用系数提高 $0.05t/(m^3 \cdot d)$，焦比降低 17.1kg/t，综合煤气 CO_2 上升 0.4%，经济效益显著。专家们对此成果给予肯定。

会后主人王喜庆、孙希文、范云东等陪同代表们参观新都石刻、宝光寺 500 罗汉塑像及广汉金雁湖等胜地。

5.2.1.4　无钟炉顶多环布料试验

布料参数设计模拟试验

80 年代中期，我与攀钢设计处签订高炉无钟布料试验课题合同，接受重庆钢铁设计院攀钢工作队长郭庆第委托，利用实验室无料钟炉顶模型进行布料模拟试验，建立了节流阀料流特性，单环-多环布料等优化数学模型，供新高炉设计参考。

多环布料试验

为了充分发挥攀钢无料钟高炉的布料作用，1993 年 10 月研究生谢国海按攀钢 4 号高炉（$1350m^3$）1∶7 比例缩小的无钟炉顶模型，开展多环布料和中心加焦实验研究，得出多环布料矿焦分布，明显优于单环，同时结合中心加焦，效果更明显。

1994 年 4 月，参加攀钢 4 号高炉（$1350m^3$）无钟炉顶多环布料工业试验。

我向厂介绍国内外高炉实施多环布料的新进展和成功经验。同时介绍实验室攀钢高炉多环布料的模拟实验结果。此外，具体说明多环布料的环数、溜槽倾角、档次、料批转数等调正和正确布料规范。厂长孙希文很重视，理解多环布料实情，纠正过去简单的做法，指示 4 号高炉进行试验认真贯彻执行。

炉长范云东全动员，对上料系统设备、计量仪表等严加调试和校验，力求精确、调准无误，制定切实可行的试验新方案。高炉党支部李书记，动员全炉人员严守岗位，全力以赴，完成试验任务。公司副总苏志忠和孙厂长亲临指导，任试验组长，坚守在炉旁。试验开始不久，炉况出现不顺，效果不明显，议论纷纷，有人想打退堂鼓，建议暂缓试验。劝我先回沈阳，总结经验再干。我回答“不”。试验遇到困难，特别炉况波动，可能与上料设备、计量、仪表运行有误等有关，应重新精心调试和校正，这是试验成败的关键。国内外都有成功的经验，攀钢也一定能做到，有信心完成任务。我不能回沈阳。孙厂长坚定支持我意见，嘱咐调试好设备和仪表，继续试验。参加试验的攀研院付卫国高工和党支部李书记等积极响应，鼓足干劲继续干。不久，经过各方面努力，高炉呈现稳定顺行，煤气利用改善，主要技术经济指标逐渐提高，利用系数达 1.795t/(m^3·d)，焦比下降至 579kg/t，创 4 高炉投产以来最好水平。试验初步告捷，取得成功，为强化攀钢高炉冶炼增添新的一页，同时该技术利用调正溜槽倾角和内外环角差相结合定档位，属国内首创，得到同行的肯定和推广应用。

试验期间，我受到炼铁厂领导孙希文、高红旗、党委书记刘书证、总工盛世雄及刁日升等热情款待。我住攀钢第二招待所，每天由厂车接送上下班，午间和他们在厂食堂一起用餐。临走前刘书证书记赠我诗一首：“千里迢迢来讲学，学识博大桃李多，年近古稀攀炉峰，多环布料结硕果”。炼铁领导和同志们对我的关爱和鼓励，亲如家人，铭记在心。

4 月 5 日，公司领导王喜庆、苏志忠陪同我参观雅砻江大桥、二滩水电站和攀钢黏土矿，看到正在修建的宏伟水电站，气势磅礴，造福子孙后代，兴奋不已，为祖国大好河山赞美，向勇敢、勤奋的建设者们致敬。

5.2.1.5 高炉喷煤研究

高炉提高冶炼强度，大喷煤既强化又增强氧势，成为冶炼高钛型钒钛磁铁矿的核心技术。

攀钢高炉冶炼强度高，风量大，炉缸活跃，有利强化煤粉燃烧，容易接受大喷煤量，使回旋区横向发展，消除风口不活跃区，增强氧势，减少 TiO_2 的过还原，强度愈高，允许喷煤量愈多，氧势增强，保持高炉顺行和强化。

1967 年首钢 516m^3 高炉冶炼钒钛磁铁矿喷煤试验失败，成为“禁区”。失败主要是没有保证煤粉充分燃烧。

1993年在攀钢支持协作下，开展提高煤粉燃烧率的实验研究。研究生魏国进行煤种、喷煤比、煤粉粒度及富氧率、添加剂、混喷、煤粉燃烧率等实验研究。用攀西地区无烟煤（務本-红坭）和烟煤（宝鼎），风温1100℃，富氧率3%，烟煤燃烧率明显高于无烟煤，灰分增加，燃烧率下降，喷煤比从60kg/t到90kg/t下降不明显，继续增加，下降幅度加大。随煤粉细磨粒度的减小，燃烧率提高，200目（200目=75μm）比例从50%增加到80%，燃烧率提高28.76%。当前烟煤等细磨已没有必要。粒度范围可适当放宽。提高富氧率（1%~5%），煤粉燃烧率明显增加，综合效益更好，特别喷吹无烟煤，适当提高富氧率。

煤粉中添加助燃剂对提高燃烧率有良好作用，试验表明，较好的有Na_2O、生石灰、MnO_2、$MgCO_3$、$MnCO_3$等。红坭、宝鼎两种煤平均每增加1%Na_2O，燃烧率分别增加3.6%和3.0%。生石灰和MnO_2也比较实用。不同助燃剂各有利弊，选用时需全面考虑。

高炉混煤喷吹（烟煤、无烟煤结合）可显著提高燃烧率。试验得出烟煤配比在30%~60%范围内效果好。

攀钢高炉确保煤粉完全燃烧的技术方针，在1号高炉（1000m^3）进行喷煤试验。由于采取均匀喷吹，高冶炼强度、低喷煤强度、合理上下部调剂和合适的热制度等，煤粉得到充分燃烧，突破喷煤“禁区”，取得成功。随后通过煤粉混喷，适当富氧，高风温，高冶炼强度，合理操作制度等，不断提高喷煤比150kg/t以上。2000年1~3月全厂喷煤比为135.77kg/t，高炉利用系数为2.293t/(m^3·d)，入炉焦比为432kg/t，成果优良。

5.2.1.6 相关研究

现场测定渣铁氧势（位）

1995年4月，根据氧势实验测定，采用氧探头-氧浓度差电池，携带东大自制耐材保护管探头，到攀钢1号炉下渣沟测炉渣氧位两次，2号炉撇渣器后测铁水氧位一次，测得数据比实验室测定的低得多，可能受到环境等影响，有必要进行多次测定取平均值。测得数值有助于分析TiO_2还原和泡沫渣等形成过程，允许提高渣中TiO_2含量的可能性，逐步实现全钒钛矿冶炼具有重要意义。

配加萤石、锰矿试验

参加2号炉（1200m^3）配加萤石和铁锰矿等冶炼试验，结果表明渣中加1%CaF_2可降低高钛型高炉渣的黏度，有助于初渣滴落性能改善，为强化顺行创造了条件。高钛渣增加MnO含量，有利于抑制TiO_2还原。由于铁锰矿供应问题，试验被迫暂停。

耐火砖抗蚀性研究

在炼铁厂刁日升总工和科技处廖代华支持下，研究生徐国涛进行高钛渣耐火材料抗蚀性能的实验研究。攀钢现场高钛渣试验表明，耐火材料中抗侵蚀性能最佳的是铝碳砖，刚玉莫来石陶瓷杯砖与高铝砖次之，黏土砖和刚玉砖较差。

高钛渣 TiO_2、SiO_2 活度测定

2001 年，炼铁厂为新建高炉专家系统参考并充实钒钛矿冶炼的理论研究，刁日升总工授意进行钛渣 TiO_2、SiO_2 活度研究。新课题，有难度，经研究生薛向欣实验室测试，取得初步结果。

1997 年 5 月，炼铁厂因连年高炉强化冶炼有新的提高和进步，参加新技术总结和讨论，受益匪浅。

5 月 10 日，盛世雄总工陪同再次参观二滩水电站。此时 1 号机组已试生产，途经协助建电站的外国专家生活区，设备齐全，环境优美。外国专家享受应有待遇，受人敬重。

同年 12 月 18 日，冶金部在攀钢驻京办事处召开攀钢全钒钛磁铁矿高炉强化冶炼新技术鉴定会，徐矩良主持会议，代表们对该项目给予高度评价，开创了国内外大高炉困难冶炼的特殊矿、低品位达到高利用系数的典范，高钛型钒钛矿强化冶炼新技术处于世界领先地位。我承担理论研究及指导新技术在高炉应用得到肯定。该项目先后获冶金部科技进步特等奖、国家科技进步一等奖。

向烧结厂学习

多次到烧结厂参观学习，受到厂领导徐本友、韩宝峰、李贤干、石军等同志们的热情接待。钒钛铁精矿烧结产率低、强度差、低温还原粉化率（$RDI_{-3.15}$）高。经努力，攻难克坚，烧结混料实施燃料二次分加，采用低 C、低水、厚料层、配加生石灰等先进技术，生产高碱度、高氧化镁烧结矿，显著提高产量和强度。同时，烧结矿经过 6 次筛分及产品表层喷洒卤化物稀溶液（3%$CaCl_2$）等，$RDI_{-3.15}$从 60%降到 10%以下，大幅度提高 130m^2 烧结机生产水平，满足高炉高钛渣强化冶炼的需要，攀钢烧结厂功不可没。

5.2.1.7 与攀枝花钢铁研究院的深情

攀枝花钢铁研究院前身为冶金部西南钢铁研究院，迁址渡口市金沙江畔，为了直接服务攀钢而更名，归属攀钢领导，以下简称攀研院。

我在参加承德、西昌和小高炉解剖试验中，与攀研院李身钊、徐鸿飞、詹星等同志朝夕相处，结下了深厚的友谊。我多次访问攀研院，受到了院领导和同志们热忱欢迎。炼铁室主任李身钊为我安排技术讲座，介绍国内外炼铁技术发展动态。我们讨论科研课题，交流科研经验，共同参加现场攻关试验等。我参观了炼铁、烧结研究室和全院有关研究单位，受启发很大。1984 年 4 月 24 日攀研院聘我为该院技术顾问。

看望了研究院老领导、老朋友汤乃武、姚其美等同志，学习他们为建设攀钢

做出的贡献。

星期天徐鸿飞等邀我到家做客，畅叙师生深情厚谊。长期来我为攀钢建设做了些服务工作，受到公司各级领导和同志们的热情支持、欢迎鼓励和款待，终生难忘。

王喜庆、马家源、苏志忠、胡庆昌、易善永等，不忘师生情，在工作、生活上多方给予帮助和关爱，他们的家属常来招待所住处看望，唠家常和邀请到家做客。苏志忠嘱咐接待科领导要安排好杜教授的食宿等，叮嘱说："他是请来的客人。"韩宝峰、谢国海、丁跃华等见到老师，谈工作，忆往事。设计处的黄爱平带爱人、孩子举家前来拜访，令人感动。

晚饭后，天高气爽，走出招待所大门到邻近娱乐广场散步，观看职工们休闲打篮球，下棋，玩扑克。他们大都是远离家乡，不辞辛劳前来支援攀钢建设的，是受敬爱的人，向他们学习致敬。

5.2.1.8　重访大西南和攀钢

2007 年 11 月 15~17 日，我到成都参加中国金属学会钢铁年会，住西南交大宾馆。与会的有中外来宾代表数百人，盛况空前，冶金部翁宇庆副部长和奥钢联代表等分别做了最近 5 年我国钢铁品种的变化和熔融还原 COREX 和 FINEX 工艺发展等报告。炼铁分会场分别宣讲精料、节能减排、直接还原等论文，交流经验，我在会上就有关炼铁技术发展发了言。

18 日攀钢炼铁厂通知在成都参加学术年会的技术科科长李劲明，由他陪同我重访攀钢。首次乘机到达攀枝花机场。山上机场不大，但可通民航，也是奇迹。

我又住进喜爱的第二招待所。我是这里的常客，几年不来，楼房依旧，环境幽静优美，触景生情，几颗攀枝花树依然挺立在庭内，想念常为我服务的同志们。

新任炼铁厂长谢俊勇和刁日升总工在厂内亲切接待。现场已发生巨大变化，老领导和旧朋好友多数已离岗不在了。厂内生产一片兴旺景象，蒸蒸日上，各项技术经济指标不断提高，秩序井然，年青一代干的更出色，令人振奋。

高炉生产技术有了新的进步，已用上新球团矿，炉料结构更趋合理，球团中配加部分钒钛磁铁精矿，减轻了烧结矿中钒钛铁精矿的负荷，改善烧结矿质量，成为攀钢精料的新亮点。

次日到新建的球团厂参观，回转窑焙烧生产出含钒钛铁精矿酸性氧化球团，质量良好，冲破钒钛铁精矿球团产生灾难性膨胀的旧论点。

随后在刁日升陪同下游览了攀枝花市容。市区已发生翻天覆地的变化，仁和已换新貌，金沙江沿岸，修整一新，厂区江边文体楼、工矿俱乐部依然屹立。新建金沙江大桥，桥头景致美观大方，南北山上新住宅兴起，一片美丽风光。市区街道宽阔整洁，高楼连片，行人车流不息，市政府大楼、图书馆、电视大楼等相互呼应，绿树掩映，商贸兴旺，顾客盈门。新建攀枝花公园，游人不断，攀枝花大学已开学，教育文化设施俱全。过密地大桥，攀钢公司选矿厂，规模宏大，全国首屈一指，近处钢城门户——金江火车站热闹非凡。攀枝花市已是具有亚热带风光的文明、整洁、优美的现代化城市。

临别前谢厂长安排到云南丽江和大理游览，然后从昆明回沈阳。

21日晚抵达云南纳西族世代聚居地——东巴文化之乡丽江古城。住丽江宾馆，晚上观赏美丽夜景，白天近眺优美的玉龙雪山，游览闹市中心四方街，参观木氏土司的庄园、府第、议事厅、水封寺等。府第大门入口处，墙面有明代徐霞客题字："宫室之丽拟于王者"。府内、庭院各具特色，良辰美景，引人入胜。出府外品尝普洱茗茶，游人络绎不绝，来此一游，难能可贵。

23日到白族文化的重要发祥地之一——大理。乘船游洱海。洱海位于苍山东麓，北起洱海的江尾，南至下关、紧紧依伴苍山，水城长达42公里，形成大面积的高原湖泊，秀丽妩媚，海面微波荡漾，风和日丽，一望无际，海阔天空，沿岸风景如画，尽收眼底。

游览了古城西北不远象征古老文化的崇圣寺，大理三塔耸立在原崇圣寺山门前，三塔气势雄伟，浑然一体，把自己的雄姿清晰地倒映在公园的潭水之中，潭水微风波澜，倒影在水面飘动，画面绝妙。浓郁的少数民族风情，充满迷人的魅力，风、光、日、月的明丽风光，令人陶醉。在大理留宿一夜。第二天到昆明，次日，向陪同我的厂办公室宋红岩主任和张志刚工程师道别，乘机返回沈阳。谢谢她（他）们一路对我的关照和厚待。

5.2.2 我与攀成钢

攀成钢原成都钢铁厂，现为攀钢集团成员之一，位于成都市青白江区。2006年10月15日，从攀钢调来的公司董事长黄爱平邀我讲学，虞燕霞同行，抵达成都双流机场，受到攀成钢炼铁厂秦舜副厂长等热情欢迎和接待。当天安排在市内宾馆休息，我把几本纪念80寿辰的论文集送给他们。他们很高兴。第二天在厂技术科同志陪同下，顺道参观杜甫草堂和武侯祠等名胜。

5.2.2.1 游览蓉城美景

杜甫草堂位于成都西门外浣花溪畔。这里清溪环绕，林木葱郁，景色宜人。过去曾来此一游。唐代大诗人杜甫避乱流亡到成都，在此建立茅草屋，居住近四年，写诗200多篇。原居茅草屋早已不复存在。

踏进正门，门额上有"杜甫草堂"四个大字，入内有高大榕树、过石桥和

回廊，十分清幽雅致。主殿诗史堂建筑朴素无华，堂中有杜甫立身塑像，大雅堂修缮一新。门外环形花坛，杜甫塑像坐在其中。周围繁花如锦，花草铺地，景色喜人，堂后与工部祠相连，内有明清石刻和杜甫泥塑像。左侧是草堂书屋，现存各种版本的杜诗展览；右侧是草堂纪念碑，圆尖茅草顶棚内，立有黑色大理石碑，碑面刻写白色大字“少陵草堂”。后有荷花池，芳香宜人。杜甫官卑从政十年，生活清寒，看到官僚权贵们的贪婪和腐败，满腔激愤写下长诗《兵车行》《丽人行》等，直斥统治者，深刻反映他所处年代的社会黑暗和人民疾苦，被后人尊为诗圣。

随后到成都南门外的武侯祠参观。最初纪念蜀汉丞相的武侯祠和祭祀刘备的昭烈庙相邻，明初将武侯祠并入昭烈庙。清代重建，昭烈殿后建诸葛亮殿，形成今日武侯祠前昭烈后武侯合庙的格局。

入大门，额上有“武侯祠”三个大字，左右门联：三顾频烦天下计，一番晤对古今情。迎面松柏森森，丛中矗立着 6 座石碑，最大一座刻有“蜀丞相诸葛亮武侯祠”，非常精湛。

步入二门，额上有“汉昭烈庙”字样，迎面是刘备殿，高大宽敞，气势雄伟，正中端坐蜀汉皇帝刘备塑像，身边是其孙刘湛塑像，人们不能宽恕其子刘禅昏庸降魏，将他开除代之以刘湛。东西配殿分别有关羽、张飞塑像，殿宇东壁挂有诸葛亮的“隆中对”，献计联吴、抗魏、蜀汉建国的总方针。

出刘备殿就是诸葛亮殿，正中是诸葛亮塑像，两旁有其子诸葛瞻和孙子诸葛尚塑像。殿前有钢鼓三面，据说白日用以做炊，晚间用之报警，临阵用于指挥，真是奇妙。

刘备殿西侧红墙夹道，有封土高 12m 的刘备墓。刘备病逝于白帝城，运回成都安葬于此，墓中还葬有甘、吴二位夫人。

走出武侯祠到邻近锦里参观，是一道街巷，街口大门，额匾上写“锦里”二字，门前红灯满挂，门旁左右对联：容聚五洲乐古今，史标三国辉秦汉。巷内红灯高挂，还有书画展览，别有景致。人们念及蜀汉时代情景，谈论刘备、诸葛亮良多。

5.2.2.2　讲学与研讨

当天主人送我们去青白江厂区招待所住。炼铁厂长范儒海热情接见，详细介绍厂史和发展情况，厂内拥有高炉 100~300m^3 4 座，其中 100m^3 高炉建有 3 座球式热风炉，风温可达 900℃以上。300m^3 级高炉技术装备较好，采用烧结焦丁混装，上料系统全部微机控制等技术，生产水平上游，主要技术经济指标较好。由于地处城区，受环保等影响，扩大炉容，提高生产规模受到一定限制（2008 年 4 座高炉改造为 365m^3、335m^3、410m^3 及 350m^3）。

四川省普通铁矿短缺，品种杂多、成分波动大。当前高炉生矿用量多，熟料率偏低，给企业正常生产和经济效益带来一定影响。为了稳定高炉矿源基地，争取利用攀西地区丰富的钒钛磁铁矿资源，且成分稳定，价格又低，有利于提高攀成钢经济效益。

通过在烧结（$28m^2$ 烧结机）和球团中配加一定比例的钒钛铁精粉，提高入炉原料中 TiO_2 含量，2004 年 7 月在 3 号高炉（$335m^3$）渣中含 TiO_2 分 8%、10%、12%几个阶段试炼时，都取得良好效果，高炉利用系数分别达 2.85t/(m^3·d)、3.15t/(m^3·d)、2.9t/(m^3·d)，炉况基本顺行，获得成功。(TiO_2) 含量大于 12%之后，出现炉缸堆积，至 15%时，炉况失常，试炼被迫中止。

渣中含 TiO_2 15%，还需要继续试验，寻找最佳的工艺条件，为今后攀成钢大量使用钒钛磁铁矿打下基础。

秦舜副厂长组织技术讲座，我重点讲解高炉冶炼钒钛磁铁矿的理论和实践，包括：攀钢、承德、西昌试验概况以及强化冶炼新技术等。

高炉冶炼钒钛磁铁矿还原生成大量高熔点 TiC(3150℃)，TiN(2950℃) 及其固溶体 C、N 化合物 Ti(C,N)，使渣变稠，难以放出，造成炉缸堆积，炉况失常、渣中严重带铁，为此，为了改善钛渣流动性，采用酸性渣冶炼，但生铁含硫高，不合格，造成顺行和脱硫的矛盾，成为世界性的难题。因此减少和抑制 TiO_2 的过还原，防止 Ti(C,N) 生成是高炉冶炼钒钛磁铁矿的关键和核心问题。前者可降低生铁含硅和炉温，后者可加大氧势和氧化来解决。

高炉低钛渣冶炼（TiO_2<10%），在马钢、重钢、水城（TiO_2 3%~4%）等都取得良好效果。同时加入 TiO_2 炉料，使渣中 TiO_2 达 1.5%~3%，可获得护炉的满意结果。

承钢 100~$300m^3$ 高炉长期进行中钛渣（TiO_2 16%~18%）冶炼，生产指标接近普通矿的全国先进水平，生铁含硅控制在 0.25%~0.4%，渣中 CaO/SiO_2 保持 1.3~1.4。

攀钢承德高炉（$100m^3$）高钛渣（TiO_2≥20%）模拟冶炼试验表明，(TiO_2) 20%可以做到渣铁畅流，生铁合格，(TiO_2)25%出现渣铁黏稠难流和“大泻”，降 [Si]<0.6%并进行渣口氧化喷吹等措施获得解决。针对 (TiO_2)30%炉渣严重变稠、难流，引起炉缸堆积，采取大幅度降 [Si] 至 0.35%~0.4%，同时增强炉缸氧势，问题得到较好解决。

继承德试验技术方针，在攀钢西昌 410 厂 $28m^3$ 高炉进行渣中含 TiO_2 28.5%~30%（最高达 35%）全攀枝花矿冶炼试验，效果良好，甚至更好。

攀钢高炉（$1000m^3$）生产初期，渣中 TiO_2 达 27%~30%，出现泡沫渣等严重问题，后配加部分普通矿石，渣中 TiO_2 下调至 23%~25%，相对增强了炉内氧势，问题得到顺利解决，需注意大小高炉的区别。

为了提高冶炼强度，强化高炉高钛渣冶炼，攀钢采用合理布料（大料批，分装等）制度，进行全高风温、富氧大喷煤，精料等新技术，取得明显成效。

讲课两天，课后讨论、答疑，听众活跃，反响强烈。

此外，厂领导组织座谈，交流生产技术经验和答疑，见到新调攀成钢工作的原攀钢炼铁副厂长高红旗，很高兴。我邀他坐一起，以便正确理解同志们的提问。我在会上首先向同志们学习攀成钢炼铁的先进经验，力所能及回答问题，当前首要进一步贯彻精料方针，特别要在“净”字上下功夫，其次要优化高炉操作，按上下部调节的基本准则，“上稳”“下活”吹透炉缸，达到合理的煤气流分布，要正确理念，高炉喷煤要发展边缘气流的，应及时进行调节。高炉操作是一门艺术，丰富多彩。

课后黄爱平董事长亲自陪同参观公司无缝钢管厂。规模宏大，从钢坯预热、轧制、成品捆装，历程几百米，国内领先，大开眼界。

5.2.2.3　*游九寨沟*

19日厂领导安排炼铁技术科长任宏杉陪同我夫妇乘机赴九寨沟游览。午后抵达川主寺九黄机场，机场空间不大，屹立高山上，主要为九寨沟、黄龙两景区游客服务。

机场海拔3000m左右，空气较稀薄。缺氧，略有眩感，主人为我们备好吸氧袋和防寒背心，稍息乘旅游车去九寨沟，一路山峦起伏，沿山间柏油马路蜿蜒驶行，路旁散落藏羌民房，别有风格，过川主寺，晚抵达九寨沟宾馆入住。宾馆海拔比九龙机场要低。

次日全天漫游九寨沟，景区空气清新无比，神志清爽，另有天地。

景区门外为大广场，场中心有花园、盆景，两侧有方形砖柱通廊，檐顶呈扇状，光彩耀人，为游客休闲安憩之处。

入口大门，一字排开，门上高悬“九寨沟”三个红色大字牌，迎风招展，入景区有7门道，气势雄伟，美丽大方。

进入沟内景区，两边高山，形成河谷宽沟，延伸数公里，蔚为奇观。青山绿水，满山和斜坡，树木葱郁，花草茂盛，红叶纷呈，与白云雪山相映，异族风光，令人陶醉。沟底有浅滩和深处，长年流水不腐，水清可见底无遗。水深处，一片绿色，洁净无边，景色优美。

沿沟岸漫步游览日则沟、则渣洼沟、佇立树正沟，如入仙境。走到盆景滩，栏边有大石一块，上刻“盆景滩”三字。浅滩长有小树花草，如同盆景。到珍珠滩观赏瀑布，山沟鲜有，在五花海、老虎海石碑前留影纪念。整天目不暇顾，欣赏原始风光的雅趣，仿佛走进“童话世界”体验藏羌民俗。

晚餐后，主人陪同参加少数民族歌舞晚会，藏羌少年和姑娘们，身着艳丽的民族服装，载歌载舞，欣赏民族舞蹈和风貌。

黄龙景区海拔高达5000m以上，为了安全主人不安排我们去。

21日返程，早餐后离开九寨沟宾馆乘车赴九黄机场，登机前主人安排中途在海拔较低的九寨天上甲暮古城休息。这里有宾馆、花园，环境优美，是休闲养生的好地方，园内整洁、幽静，树木茂盛，花草铺地，羊肠小道，间有水池，满园春色，周边古塔，兽面木身纪念碑遥相呼应。藏羌民俗故居，尔玛人家，古色古香，别有洞天。漫步园内，树荫伞下，静坐养神，观赏美景。大路对过是九寨沟景区管理处，门前立有石碑上写有：世界自然遗产，世界生物园保护区；国家重点风景名胜区字样。

午后抵达机场，登机安全回到成都。

5.2.2.4　再到西昌

22日在西昌工作的攀钢副总苏志忠邀请由任宏杉科长陪同再度到西昌访问。到达西昌机场受到主人们热情欢迎。多年不见西昌，其机场经改建，面貌一新，进入市区，高楼林立，宽阔的马路，行人、车辆川流不息，呈现一片繁荣景象，贫穷落后的面貌不见了，如今俨然成为一座新兴的现代中小城市。主人安排我们住邛海宾馆。

第一天到攀钢410厂旧址参观，28m^{3}试验小高炉本体和厂房尚在，其他附属设备已拆走，手扶炉旁楼梯，倍感亲切。周边的原化验室、食堂、宿舍、办公楼已不存在。近处0.8m^{3}小高炉解剖场所也已荡然无存，感慨不已。随后到原410厂生活区对过，参观当地政府管辖的两座300m^{3}级高炉。用的是太和钒钛磁铁矿，生产不尽人意，有待提高，我向现场人员介绍高炉冶炼钒钛磁铁矿的基本规律和关键环节，优化高炉操作，学习攀钢生产的良好经验，座谈会上交流技艺，答疑，受到欢迎。

第二天参观了正在兴建的攀钢二基地——西昌钢铁公司三座1750m^{3}高炉，不久将先后建成，投产，令人振奋和鼓舞。

期间在主人苏志忠和单位负责人陪同下，游览了新修整的邛海胜地，沿堤漫行，海阔天空，岸边堤旁杨柳树，迎风飘荡，景色迷人，心旷神怡，邛海不愧为攀西风景一绝，在宾馆门前、岸边和邛海公园，坐观邛海美景，别有风趣。随后主人在少数民族饭馆，设便宴招待，受到彝族姑娘们的热情接待。她们头戴传统民族首饰，身着艳丽民族服装，魅力又善良，能歌善舞，昔日贫穷落后面貌已一去不复返了。为她们高兴，敬祝她们未来生活更加美好和幸福。

回程中和主人们一起再次参观西昌卫星发射中心，看到雄伟的发射架和卫星等，为祖国航天事业的发展感到骄傲。

临走前和苏志忠等相拥道别，并和主人们、任宏杉合影留念，感谢他们竭诚

盛情款待，当晚回到成都，住攀钢蓉城大厦。

第二天黄爱平夫妇，秦舜副厂长，任宏杉科长亲到宾馆送行。谢谢他们热情招待。特别是多日来受到任科长的悉心安排，关照备至，非常感动。下午由任科长送我俩到机场告别，返回沈阳。

5.2.3 成都其他活动

参加中国金属学会调研

1991年1月25日，我出差到攀钢、攀成钢调研，住成都蓉城大厦，巧遇中国金属学会秘书长陶少杰带领工作人员前来西南地区调研，同住大厦。我们是北洋同窗挚友，久别重逢，异地相见，倍感亲切。他这次主要任务是调查研究，了解西南地区钢铁工业，特别是驰名中外的攀西地区钒钛磁铁矿冶炼和综合利用，生产和科研进展情况，准备在西南地区召开一次中国金属学会钢铁学术年会，总结先进经验，推广和宣传新技术，有助于推动西南钢铁生产的发展。他先后在成都访问了攀成钢、成都无缝等冶金企业并拜访同住大厦来蓉出差的攀钢副总苏志忠和重庆钢铁设计院高工陈茂熙等，了解工厂、院所情况，组织座谈会邀请专家和我参加，征求意见。专家们对中国金属学会的工作给予充分肯定，为我国钢铁发展做出了应有的贡献，希望再接再厉，开展学术活动，促进钢铁技术不断推向前进。专家们希望学会多关心西南等后进地区，并热烈欢迎学会到此召开学术年会。我建议他到攀钢和其他地方看看。会后在大厦门前，全体合影留念。

饭后漫步大街，我和陶游览市容，畅叙友谊，北洋同窗好友，多数健在，大都从事祖国冶金事业，做出重要贡献，值得留念和高兴。

炼铁信息网成都会议

1991年6月上旬，全国炼铁信息网在成都新华饭店召开学术会议。这是一次较大的盛会，来自全国各地的代表100~150人到会。会议由组长单位本钢钢研所主持，会上攀钢、攀成钢、首钢、鞍钢等炼铁专家介绍炼铁技术的进步和经验。全国各地区炼铁情报网分别组织技术交流和讨论，情况热烈。肯定炼铁情报网的工作，对推动我国炼铁技术的发展起了较大作用。会后自由组织参观四川乐山、峨眉山等处名胜。

我和与会的东工校友以及重庆设计院等同志到乐山观大佛，住乐山宾馆。

乐山是一座两千多年历史的文化名城，在大佛凿成之后，更是扬名海内外，位于岷江、大渡河、青衣江三江交汇处。

登上乌龙山，林间小路，盘旋升腾，梯道尽头是千年古刹——闻名的乌龙寺，有七个大殿，深藏在苍松翠竹中，主殿——大雄殿，殿内供奉樟木雕刻的释迦牟尼等佛像。

尔雅台是乌龙山景色最美处，右侧的临江绝壁上凿有“中流砥柱”四个大字。

步行过山顶花园就到相传苏东坡读书地方——东坡楼，下行便是凌云寺，它的石雕大佛（凌云大佛和乐山大佛）闻名天下。大佛背靠凌云山石壁，是一座石刻，断座凿成弥勒佛坐像，高 71m，佛头长约 15m，眼长 3m，耳长 7m，脚趾像一个个巨大石墩，令人惊奇，沿陡峭的栈道，行之大佛脚下，波涛汹涌的岷江由北而来，急浪滔滔的大渡河和青衣江，由西向东直拍凌云沿岸，大佛在狂涛急浪中屹立千年。

乐山还发现一尊长 4000m 的天然巨型佛像，乘船晨曦中巨大睡佛漂浮在江面。乌龙山为佛首，凌云山为佛身，连水中倒影也清晰可见，大自然如此巧安排，令人叹为观止。

次日参观了熙熙攘攘的乐山市容，在宾馆门前与陈茂熙、杨俊锦、吴仁林夫妇、鄢毓章、赵文卿、刘振斌、范广权、尤敬义、苏志忠等，分别合影留念。

午后与蔡化南、孟庆辉等参观乐山郭沫若故居，对他封建婚姻、家事有些了解，并在门前“故居四川文物保护单位”碑旁留影。

离开乐山到峨眉山，与同志们住峨眉山市宾馆。几年前我从攀钢回到成都时曾到峨眉山市铁厂参观，受到该厂领导的热情接待，厂内有 33m^3 高炉一座，生产不尽人意，有待调整。主人安排游览峨眉山，行程仓促，观赏美景，印象不深。

峨眉山景区素以“峨眉天下秀”闻名国内外，主峰万佛顶海拔 3099m，高耸挺拔，巍峨壮丽，这里群峰叠翠，绝壁万仞，清泉飞漾，云蒸雾霭，珍贵野生动物，鸟类奔驰，飞翔其间。此外湿润、低云、多雾，植物品种繁多，生机蓬勃。不同高度，景色殊异。

山上名胜古迹历史悠久，寺庙遍及山峦，成为我国四大佛教名山之一，现存寺庙：报国寺，伏虎寺，清音阁，万年寺等都整修一新，成为游览、休憩的好地方。

第一天游览报国寺，入口处有一高大牌坊上书“天下名山”四个大字。入内即到峨眉山门户——报国寺，有四重院落，寺门匾额有“报国寺”三字，大雄宝殿正中供奉释迦牟尼像。寺内杜鹃、山茶等四季飘香，寺院山花烂漫，林木葱笼，一片佛园境界。

报国寺西侧不远处为伏虎寺，因寺后山形如卧虎而得名，身藏密林之中，屋顶长年不存一片枯叶，成为一大奇观。寺内有华严宝塔，高 5.8m，共 14 层，铸有佛像 4700 多尊。

次日乘车到万年寺，历史上香火十分旺盛，以后特大火灾除无梁砖殿外，所有的木结构殿堂全部烧光，无梁殿无一木梁柱，内供铜铁佛像，形态生动。由万年寺乘车到雷洞坪。这里山高天寒，步行，盘山而上，一路冷杉遮天蔽日，登上接引殿，乘坐缆车到峨眉山之巅金顶。金顶气势宏伟，雄踞巅顶是一座铜殿，双

重檐顶，八角飞翘，金黄色顶瓦，门上双重檐顶上下分别悬立红底金字“金顶”“行願無熹”匾额各一块。刻有黑字“金顶”大石碑竖立殿旁，巍然壮丽。

铜殿前坦地，周边设有护栏，下面是绝壁悬崖。我和郑生武、全太玄、陈茂熙夫妇等扶栏环眺，苍山如海，一望无涯，气象万千，心胸豁然开朗。

日出、云海、圣灯、佛光是峨眉山四大自然奇景，可在金顶领略到，不远处，凭栏杆竖立一座刻有红字“云海”碑，坐墩观望，天高云淡，柔柔如絮的白云，在万仞尖峰中飘浮游动，蔚为奇观。

峨眉山的猴闻名全国。下山路过洗象池一带，猴群常来往于游山道上，向游人求食，猴王在道中打坐，游人拿食物戏逗猴子，场面十分可笑。

游览结束，代表们当晚各自回原单位。

5.3　在贵州省的学术活动

5.3.1　我与水钢

水钢原为水城钢铁厂，又称首钢水城钢铁公司，首钢集团成员之一，始建于 20 世纪中叶，国家重点钢铁企业，贵州省钢铁核心基地。

水钢炼铁原有高炉一铁厂 $45m^3$、$50m^3$，二铁厂 $620m^3$、$1200m^3$ 各两座，统称水钢炼铁厂。

2004 年全厂拥有高炉 $788m^3$、$1200m^3$、$1350m^3$ 各一座。2010 年前又增建 $2380m^3$ 大型高炉一座，至今全公司拥有上列 4 座大高炉，跻身于我国西南地区现代钢铁生产前列，生产指标达到国内同类型高炉较先进水平。

5.3.1.1　*应邀访黔*

贵州省副省长刘玉林，原在鞍钢烧结总厂工作，我们相识已久，1988 年 8 月刘副省长邀我到贵州省有关钢铁单位和企业（水钢）参观指导和讲学。由省冶金厅负责安排，受到梁副厅长和省厅吴玺茂总工程师的热情接待，住省冶金厅招待所。刘副省长看望我，立即指示省政府交际处，接我去省属云岩宾馆住，并嘱咐交际处领导：“杜教授是请来的客人，他是老师，人地生疏，生活上要适当方便。”交际处同志带我到宾馆邻近的黔灵公园游览，院内峰峦叠翠，邻近黔灵湖，湖光山色，碧水蓝天，景色之秀丽为一般公园所罕见。次日游览了城南的花溪公园，园内山峰绿树覆盖，精巧的凉亭阁楼疏布其间，风景极美，谢谢交际处的厚待。

省冶金厅领导到宾馆看望，详细介绍贵州省冶金概况，有色金属发展较好，钢铁生产主要依靠水城钢铁厂，是省内一颗钢铁明珠，现正在制定发展规划，希望多提意见。

在厅领导陪同下参观了贵阳市容，贵阳是一座古老、现代化城市。市内高楼大厦，商店林立，街道清洁干净，车流不息，气候温和，是昆明之后全国第二春城。几年前我首次到贵阳参加贵州工学院冶金系专业设置和实验室建设论证会，受到学院副教授代江之等热情招待。当时对贵州的人文，地理知之甚少，留存贵州的天无三日晴，地无三里平的旧观。这次到贵州，所见所闻，特别机场沿途，岩石片盖的土房已拆去很多，脱贫攻坚努力进行，城乡面貌不断改观，贵州不断在奋勇前进。

5.3.1.2　调研与讲学

饱赏贵州沿途绮丽风光

隔日经省冶金厅和水钢联系后，由水钢赵副经理等亲自来贵阳接我去访问讲学。

从贵阳出发途经清镇市、平坝、安顺等地，一路饱赏贵州美丽山色、田野风光，游览了贵州名胜——龙宫。龙宫是一个水洞，水深，弯曲伸长与外界相通。洞内可乘船，我和赵经理等穿上救生衣坐船上划桨，边划，边看洞内壁面奇异迷人景象，别有洞天，不愧称龙宫。

次日到距安顺城约 40 公里观赏黄果树瀑布，湍急的白水河到此从陡峭的悬崖飞落直下，跌入三面环山的水潭，形成我国最大的瀑布。瀑布后面，山腰崖壁上有一天然石洞，洞口被瀑布遮掩，成为水帘洞，十分奇趣。

游览了黄果树上游天星桥，江水从桥下通过，桥两岸，悬崖削壁，密密苍树，风景独美，在江上乘竹筏，持撑杆划行，兴趣盎然。

不久过六枝特区顺利到达目的地。水城钢铁公司地处水城郊外，四面环山，有山水流过，景色宜人，住水钢招待所，受到公司卢九楼副经理、总工石某等人热情接待。

高炉生产与技术改造

参观第一炼铁厂 1 号（45m^3）、2 号（50m^3）高炉在生产，两座高炉技术装备基本相同，热风炉分别采用内燃拷贝式和顶燃球式。原燃料主要用的是低品位（44.72%）当地矿石和土焦，熟料率 8.3%，入炉石灰石用量 454kg/t。利用系数为 1.1~1.2t/(m^3·d)，冶炼强度为 1.2~1.25t/(m^3·d)，入炉焦比为 816kg/t，风温为 680~800℃。产量低，能耗高，属于落后、淘汰企业。由于水城地区山多偏僻，生铁供应困难，铁厂日产 100 多吨生铁，供当地需要，雪中送炭，功不可没。两座小高炉还有用武之地，作为特例，允许继续生产，随着生产的发展和进步，今后淘汰是必然。

参观了炼铁总厂（二铁），1 号（620m^3），2 号（1200m^3）高炉。技术装备和生产工艺都是按现代炼铁方向实施的。1 号炉正在筹备大修，高炉喷吹无烟煤粉，采用液压泥砲和堵渣机，热风炉集中助燃送风，各阀液压传动，上料系统二钟一阀，歪嘴布料，炉渣干渣与水冲渣处理。生产指标处于中游水平，2 号炉为

近代大高炉，1989 年主要技术经济指标：利用系数为 1.158t/(m^3·d)，冶炼强度为 0.734t/(m^3·d)，入炉焦比为 623kg/t，喷煤比为 41kg/t，风温为 980℃，顶压为 73.39kPa，熟料率为 86.67%。

全厂不断进行技术改造：1986 年采用高灰分焦炭炼铁。主要是节焦增铁，在高灰分焦炭冶炼条件下，喷吹无烟煤粉，运行正常，能满足生产要求；采用三钟一室炉顶设备，增加密封性、延长大、小钟寿命；2 号高炉 1985 年以来，炉缸冷却壁损坏严重，炉皮炸裂，威胁生产安全，在未中修、未出残铁的条件下，利用计划休风进行更换冷却壁获得成功，延长了高炉寿命，保证了生产安全。上述技改都得到了上级的奖励。

全厂高炉整体生产效率较低，能耗也较高，主要原因是原、燃料供应不足，质量差。六磐水市地区（包括水城），优质煤储量丰富，但矿石资源贫乏，直接影响产量提高。另外高炉强化程度低，利用系数难提高，焦比也升高。由此改善精料和强化冶炼就显得更加重要。公司领导为了缓解矿源考虑外进优质矿石（包括进口矿）外，拟配用部分攀西地区丰富的钒钛磁铁矿。

讲学

水钢领导专门在厂俱乐部科技楼组织技术培训班，安排我技术讲座。根据水钢领导要求，结合生产条件和问题，讲课内容包括：对精料要求如何提高原、燃料产量和质量；国内外炼铁技术的进步；高炉冶炼钒钛磁铁矿的理论和实践；高炉强化采用高风温、富氧、喷煤等新技术；加强高炉操作和管理等。上午讲课，下午组织讨论、答疑，为时近一周。学员认真笔记，热情友好，兴高采烈，受到热烈欢迎。

课余在公司生产管理处张荣波等领导热情关怀下，陪同到邻近的几处有名的溶洞游览，洞内奇异景色，有趣动人，当天遇到苗族同胞赶集日子，一路上，苗族少女三五成群，上穿对襟小袄，袖口绣有宽大花边，下着百褶衣裙，盛装打扮，十分鲜艳，显示魅力和善良。集市热闹非凡，各种山货、药材、土产等交换出售，处于原始状态。苗族同胞有很多习俗，如青年特有的对歌恋爱择偶等方式。

讲学期间，公司领导和同志们对我格外的盛情款待，情长谊深，不能忘怀。

5.3.1.3　水钢炼铁的跃进

水钢炼铁在首钢指导协助下，艰苦奋斗，攻坚克难，发展迅速。通过技改扩建，4 座近代大高炉及其配套设施及时兴起，成为我国西南地区钢铁跃进先锋。生产日新月异，指标力争上游。2011 年 788m^3、1350m^3 两座高炉利用系数、焦比、煤比分别达到 2.73t/(m^3·d)、2.696t/(m^3·d)，366kg/t、315kg/t，164kg/t、156kg/t，居全国同类型高炉先进水平。可喜可贺！水钢炼铁美好兴旺前景，会更加辉煌。向水钢学习，致敬，告别再见。

5.4　在云南省的学术活动

5.4.1　我与昆钢

昆钢原昆明钢铁厂，始建于20世纪中叶，我国地方骨干钢铁企业，武钢集团成员之一，云南省重点钢铁基地。

炼铁厂原有高炉255m^3几座，“七五”期间为3×255m^3、1×620m^3，2009年有1×320m^3、2×380m^3、1×680m^3、1×2000m^3 5座，目前全公司拥有2×510m^3、1×1080m^3、1×2000m^3 4座。走进全国大型高炉生产行列。

5.4.1.1　参加中国金属学会炼铁年会

1979年12月到昆明参加中国金属学会炼铁-烧结学术会议。会议由昆钢协助承办。出席会议的有李马可、杨永宜以及几位冶金物化专家，数十人。会议由炼铁学委会主任蔡博主持。会上宣读有关炼铁、烧结论文，攀钢炼铁厂介绍高炉冶炼钒钛磁铁矿进展概况。1970年投产后，高炉泡沫渣等严重阻碍正常生产，经过技术再攻关，在炉料加部分普通矿石，使渣中（TiO_2）降至23%左右，问题就解决了。现正进一步探索强化钒钛矿高炉冶炼问题，前景看好。代表们听了很高兴希望再接再厉，把攀钢搞得更好，会上进行技术交流，畅所欲言，共同努力，把我国炼铁事业向前推进。

会后参观了昆钢炼铁厂，炼铁历史悠久，但地处边陲，生产条件还有很多困难，改革开放了，炼铁生机前程无量，美好的昆钢一定会早日到来，谢谢主人的热情接待。

昆明终年树木常青，繁花如锦，绿草如茵，气候温和，是名副其实的春城。景色秀美，名闻中外。

开完会后，代表们游览了全国著名的石林风景区。石林位于昆明市东南126km处。石林是岩溶地貌中一种特有形态，它由巨厚层石灰岩构成，是水溶液沿着裂缝溶蚀、冲刷、分割形成的石柱组合，从远处看去，仿佛是一片森林，因而称之为石林。

石林风景区分大、小石林及外石林三个游览区，大石林“林密峰高”，碧水澄清，千姿百态。四周皆是奇峰异石，雄伟壮丽，模样层出不穷，最高石柱达三十多米，腰部刻有“石林”红色大字。

走出大石林是小石林，地势平坦开阔，石柱、孤峰矗立在边缘，中间是绿草坪，呈现一片翠绿世界。传奇般的阿诗玛石峰矗立在一潭碧水侧畔，亭亭玉立，显现彝族姑娘勤劳美丽的形象。

外石林有“雄狮高踞”“母子偕游”等最佳景色，流连忘返。临走时与杨永

宜、钱洁（女）等在刻有“石林”字样的石柱前与身穿彝族盛装的“阿诗玛”合影留念。

5.4.1.2　参观昆钢炼铁厂

1991 年到昆明炼铁厂参观，4 座高炉 $2\times255m^3$、$1\times257m^3$、$1\times620m^3$ 在生产。近十年来矿石品位只有 46%～48%，且含碱金属、铅等有害杂质，焦炭灰分高达 17%～18%。在原燃料条件较差的情况下，充分依靠科学技术，积极进行科研、技术改造，使炼铁生产取得较大进步，产量逐年上升，高炉利用系数为 1.35～1.5t/(m^3·d)，焦比也逐年下降。1990 年平均焦比为 644kg/t，比 1981 年的 718kg/t 下降 74kg/t。$620m^3$ 高炉利用系数为 1.2t/(m^3·d)，焦比为 684kg/t。与全国同类型高炉一样，水平不高，有待进一步改善和提高。

厂领导组织座谈会本人提出当前昆钢炼铁主攻方向：（1）进一步提高精料水平，尽力提高矿石品位，加强外购矿等工作，充分发挥 3 台 $18m^2$ 烧结机的能力，实施低 C、低水、厚料层等先进烧结技术，改善和提高熟料产量和质量。（2）短期内建成喷煤设施，尽快高炉实现喷煤，以煤代焦，降焦增铁。（3）采用成熟有效的新技术，结合喷煤坚持使用高风温和富氧。（4）昆钢高炉料碱金属负荷高达 16.5～18kg/t，炼铁深受其害，学习酒钢高炉排碱和柳钢高炉排铅经验。上述意见引起领导高度重视。

事后主人陪同下游览了昆明滇池。滇池是我国第六大淡水湖，湖水碧绿，烟波浩渺，既有湖泊的秀姿，又有大海的气魄，堪称西南高原明珠。岸边山壁峭立，气势雄伟，构成苍崖万丈，绿水千山的佳景。环湖景色优美，名胜众多。小渔村富予野趣，观音山清幽雅静，有睡美人之称的西山和大观楼，更是令人向往。

大观楼坐落在滇池北岸一个近圆形的半岛的南端，为正方形三层亭阁，造型爽洁典雅，檐下额匾题写“烟波世界”，独特风采。建有亭阁，曲折长廊与主楼相邻。

大观楼正面西南，滇池三面环绕，凭栏眺望，西山延绵起伏，形若一尊躺卧于云中的睡佛，这里看山观海堪为佳处。

次日游览安宁温泉附近的曹溪寺，寺院依山而建，进入院落有树龄几百年元代的梅花和昙花，仍枝繁叶茂，香气扑鼻。

曹溪寺东北筇竹寺，有造型艺术精湛的五百罗汉闻名于世，我国苏州西园、北京碧云寺、武汉归元寺、成都（新都）宝光寺都有五百罗汉，但这里罗汉分布在大殿两侧和天王殿两侧的梵音阁及天台来阁，神态各异，活灵活现，呼之欲动，倍感兴趣，不愧为东方雕刻宝库中的一颗明珠。

1990 年 12 月，我从柳钢到攀钢办事，途经昆明，受到昆明理工大学副教授，研究生丁跃华的热情接待。事先他为我买好去攀枝花的车票，并预订宾馆。我俩在攀钢炼铁厂长期合作，共同参加技术攻关，结下深厚的师生情谊。当晚他全家设便宴招待，并约请他的同事、我的老友昆明理工大学张家驹教授作陪，相叙甚欢，为他事业有成，感到高兴。次日陪同我参观昆明市容，城市在不断更新，临走时，夫妇俩驾车到车站送行，相别依依，至今不忘。

5.4.1.3 再访昆钢炼铁及粉末冶金厂

炼铁厂

2011 年 3 月 31 日，我和沈峰满老师在昆明参加会议后专程前往看望曾在东大炼铁实验室进修，后任昆钢集团粉末冶金科技厂长杨雪峰同志。在他陪同下到安宁镇参观昆钢炼铁厂。昆钢拥有 1×2000m^3、1×1080m^3、1×700m^3、1×380m^3 高炉 4 座。经过几十年的艰苦奋斗，全厂向近代高炉生产迈进，冶炼指标突飞猛进，取得非凡效果。2000m^3 大高炉是 20 世纪 90 年代末期引进的国外二手高炉设备。1998 年 12 月投产以来，精料技术有较大进步：入炉矿石品位 55.91%，烧结、球团质量有了改善，焦炭灰分下降到 14.5%，同时实施高风温、富氧（2%～8%）、大喷吹煤比 152.08kg/t 等先进技术，2010 年高炉利用系数 2.351t/(m^3·d)，入炉焦比 394.21kg/t，达到国内同类型高炉平均先进水平。

随着大高炉炉龄的增长，设备老化破损，生产过程也暴露出一些亟待解决的问题。突出的是炉体不断上涨，严重影响高炉正常生产，昆钢高炉料中有害元素较高，主要是受碱金属和铅、锌等长期影响有关。高炉刚玉质陶瓷杯，其自身热膨胀系数较大，在铁水环流侵蚀下，K、Na 元素渗透到刚玉质高铝砖内，发生化学反应，形成相变，体积膨胀，同时部分耐材还会与碱金属形成钾长石和霞长石，产生更大膨胀。铅的密度大，熔点低，很容易渗透，沉积到炉底砌体中，引起耐材的异常膨胀，甚至使炉底砖漂浮，因此要定期排碱，炉底排铅等措施。酒钢、柳钢、韶钢等高炉有排碱、排铅等良好经验，但对昆钢大高炉，特别是排铅较为困难，当前采取强化炉缸管理、适当提高炉缸冷却强度等措施，尽力抑制炉体上涨，等待大修。

粉末冶金厂

参观粉末冶金厂，有三座隧道窑生产直接还原铁。产品（铁块）金属化率 92%，颇具规模，国内少见。

生产用的铁矿粉原料，其中轧钢皮占 72%，其余为高品位的铁精矿粉。采用金属罐装料，罐内隔三层，外层和中心装煤粉和焦粉，夹层装铁矿粉，装料后将罐安置在台车上，推入窑内加热还原，产品冷却后，经破碎、打压成块状，出厂销售。

该流程热效率低、能耗高，生产周期长，污染严重，产品质量不稳定，单机生产能力难以扩大，不可能成为我国直接还原发展的主导方法。昆钢还在继续生产可能有特殊需要，和解决当地就业等有关。目前正在研究深加工，生产铁粉，谋求出路。

昆钢参观毕，杨厂长请我们到餐馆品尝云南特色米线并品饮普洱名茶。

告别昆明，漫步市内大街，两旁近代建筑拔地而起，人行、车流不息，今日的昆明已今非昔比，发展很快。真正成为我国西南边陲的中心城市。

5.4.2　参加春城会议

5.4.2.1　参加冶金部教学计划研讨会议

20世纪80年代末和90年代初，我到昆明工学院参加冶金部召开的教学计划讨论会，受到该院领导的热情招待，同时与该校有关教师交流共同参加攀钢钒钛磁铁矿高炉冶炼科研工作，并向冶金物理化学李教授请教和讨论高钛渣现场测定氧位等问题。

昆工专长有色冶金，对攀钢钛铁分离等做了大量工作。见到校领导周炘祥校友，很高兴，希望今后加强校际协作，共同为建设攀钢尽力，对主人盛情款待，深表感谢。

会后，到昆钢炼铁访问，感受西南边陲的钢铁风貌。

5.4.2.2　参加全国炼铁信息网技术生产年会

2011年3月末，我和沈峰满教授受全国钢铁信息技术网的邀请，在昆明天和大酒店参加2011年第四届全国烧结、球团、炼铁技术及生产年会。与会的有关专家、教授数十人。我和沈教授在会上分别做了高炉上部调节和MgO渣冶炼性能的报告，北科大程树森教授等对炉顶装料方法、合理炉料结构等进行专题讲座，代表们对烧结、炼铁技术进行座谈、讨论和交流，明确了发展方向。

会后会议领导陪同我和沈教授专程再游石林名胜。沿途欣赏云南田野美好风光，抵达景区大门，入内改乘游览小车，周游大、小石林，每到一处可下车游览，非常方便。各景点比过去修饰更加清新，更美丽，更迷人，石林景色无限好，永留人间。

当天，我和沈教授前往昆明理工大学看望张家驹教授，他原是东大炼铁教师，共事多年，久别重逢，倍感亲切。他老家远在云南（腾冲），与家属一起调回故里工作至今。他工作勤奋努力，为培养冶金高级人才做出积极贡献。他为人诚恳，关心同志，家居简朴，生活清正，一心从教，受到尊敬。

第6章 在西北地区的学术活动

6.1 在甘肃省的学术活动

酒钢原称三九公司，1958年上级调令本钢王文经理领队到酒泉嘉峪关市开工建设新酒钢，是我国西北地区最大，最具影响的重点钢铁企业。

酒钢炼铁厂发展充满波折和艰辛，经历三上三下的磨难，经过10年的建设，1970年9月10日1号高炉（$1513m^3$）建成投产。1989年建了2号高炉（$750m^3$），才结束了单高炉养育三万酒钢人的局面。跨越新世纪，酒钢炼铁进入发展的快车道，分属三地生产，目前拥有本部宏兴股份公司高炉$2500m^3$、$1800m^3$、$1000m^3$各1座，$450m^3$ 4座；本省榆中高炉$420m^3$ 2座，$2800m^3$ 1座；山西翼城$400m^3$级高炉2座。

6.1.1 我与酒钢

6.1.1.1 调研

（1）1976年1月7日我和天津市冶金局李寿彤高工受冶金部委派到酒钢进行生产调研，当晚住酒钢第二招待所。次日凌晨听到广场广播周总理逝世的讣告，沉痛悼念伟人。我们到现场调查，烧结、高炉正在恢复生产，因受到“文革”等影响，进程缓慢，困难较多。由于入炉矿石品位低、渣量大、硫和碱负荷高，软熔温度低，软化区间宽，虽然含有少量的BaO影响不大，大大增加了高炉冶炼的难度。投产不久，设备事故频繁，问题都有待协助解决。酒钢人面对困难，不低头，自强不息，艰苦奋斗，克难攻坚，继续前进。

酒钢矿源主要是镜铁山矿，以赤铁矿、菱铁矿为多，原矿品位35%左右，难选、选后铁精矿品位53%左右，含水分高（>10%），影响烧结配料，生产酸性烧结矿，粒度细，粉末多，直接影响高炉生产。我们将实况上报冶金部。

（2）1984年在张明达副经理支持下，公司组织我们到镜铁山矿区参观。矿区位于酒泉西南祁连山间，山高、谷深，人烟稀少，空气稀薄，有铁路专线来往。我们受到矿领导的热情接待，陪同参观两处采矿场。矿工们不辞辛劳，工作在艰苦作业的现场，令人敬仰。采场后侧就是选矿厂，沟深空间较窄，按长沙矿山设计研究院方案，正在试验强、弱磁选和浮选相结合选矿流程，成效明显，但期望有新突破，为酒钢做出更大贡献。矿山之行，收益良多。

临走前，东大校友衣庆祥陪同我和杨兆祥老师参观嘉峪关城楼，登上二层，满目戈壁滩，一望无际，万里长城西部起点就在此。四周墙面凹凸相间，大兴土木，为的是防御抵抗异族入侵，楼阁建筑别致，宏伟富丽，引人入胜。城楼一层为兵营，广阔明亮。出嘉峪关市东南行到酒泉公园参观，公园中心，由巨石砌成，涌有泉水，常年不断。传说西汉霍去病大将，西征匈奴大胜，汉武帝赐御酒一坛，霍令人将酒倒入泉水中，与众将士共饮，后人遂命名该泉为酒泉，酒泉城因此而得名。泉旁石碑刻有：圣清宣统辛亥三月，西汉酒泉胜绩、安肃兵备使者延栋立字样。

酒钢高炉炉料含有大量碱金属氧化物（R_2O），碱负荷高达 10 kg/t 以上，在炉内循环富集，使炉料膨胀粉化、炉身结瘤，降低煤气利用率，烧坏风、渣口，甚至引起严重失常等。为解决高炉碱害，公司杨伯伦副总，钢研所衣庆祥高工等大力支持和东工协作，1988 年先在实验室进行各种因素对排碱、脱硫影响研究。通过热力学、动力学分析，从理论上寻找炉渣排碱和脱硫最佳条件。

（3）1989 年 9 月，我和虞蒸霞到酒钢高炉现场进行碱金属危害及对冶炼影响的调研。调查表明，高炉碱负荷为 7.0～13.2kg/t，其中 K_2O 为主约占 78%，Na_2O 次之。R_2O 约有 90%来自烧结矿，其他来自焦炭（灰分）。炉渣排碱率在 42%～100%之间，风口焦粒度比入炉焦小得多，碱金属比入炉焦高 1.85～6.7 倍。碱祸害导致恶化焦炭冶金性能，焦比升高，破坏炉况顺行，侵蚀炉墙，降低高炉寿命等。为了有效控制高炉碱害，建议采用适宜的炉渣碱度，定期进行炉渣排碱，多用大块焦，少用或不用萤石洗炉，选用抗碱的耐火材料等。

调研期，住第二招待所，为时半月余，得到公司领导杨伯伦、蔡化南以及技术处方祖雄处长等关注，炼铁厂领导马质廉，技术科包万明，钢研所衣庆祥以及高炉同志们全力配合和帮助，至今难忘。

调研结束，由陈英杰、方祖雄两位处长陪同到距市区不远处参观新修复的一段古长城，景色壮观秀丽，当年也是抗御外侵的前哨，引人思念。然后驱车重游新修饰的嘉峪关城楼，面目一新，大门旁立有“万里长城嘉峪关”门牌，门房上面有“天下雄关”额匾一块，登上城楼二层，壮丽美观的楼阁，清新可见，令人入胜。归途进入市区，绿色一片，街道两旁，绿树成荫，地沟常年通水，养护草木长青，昔日戈壁滩，今成绿洲，堪称奇迹。

次日游览古城酒泉，途中见到一座犹存的高耸古烽火台，不禁联想起“烽火连三月，家书抵万金”的诗句，将士们奋勇西征，来此不易。

酒泉位于河西走廊的西段，古称肃州。丝绸之路重要驿站，城区不大，鼓楼坐落正中，登楼远望，尽收眼底。参观商店本地名产葡萄酒和夜光杯，名不虚传，再次进入酒泉公园，大门为木制牌坊，门额题有“浩气英风”四字，显示气势和风格。距泉池不远处，石墩上放一酒杯型巨石，上刻诗句：“天若不爱酒，酒量不在天，地若不爱酒，地应无酒泉”，寓意深长和风趣，在主人们导游下，尽兴而归。

临走前到校友陈英杰家做客，受到主人一家关切和热情款待。

6.1.1.2　技术讲座

1984年4月，公司组织炼铁技术培训班，邀我和杨兆祥老师进行技术讲座，我俩分别系统地讲授炼铁、烧结的新技术、新工艺及理论研究，提出了改善烧结矿质量和强化高炉冶炼的具体建议，预热铁精矿降低水分，加强烧结混料造球技术，生产酸性球团烧结矿以及优化高炉操作，采用喷煤等成熟新技术，受到重视和热烈欢迎。

同年11月5日，公司科技部邀我在会议大厅做国内外炼铁技术进步与展望的专题报告，会上较详细地讲解国内外炼铁工业的发展和技术进步。现代化高炉走的是大型化、高效化、自动化道路，首要是搞好精料，重视炉料分布控制技术，推行高风温、高压、高富氧、高喷煤、高炉龄、低硅铁等“五高一低”等冶炼技术，把高炉生产推向新高峰。酒钢高炉生产美好的明天，一定会早来临。听众踊跃，兴高意浓，反响热烈，热烈鼓掌。报告内容最后由技术部夏红执笔、整理、印发。

6.1.1.3　参加会议

全国炼铁技术交流会

1983年9月，参加冶金部在酒钢召开的炼铁技术经验交流座谈会，代表们相互交流炼铁生产技术，着重探讨酒钢高炉生产问题，我提出：首先要维持高炉稳定顺行，千方百计改进烧结矿质量，加强筛分，努力提高操作水平。酒钢人满怀信心，自强不息、艰苦奋斗，一定会克服困难，迎来胜利的曙光。

会后代表们参观了嘉峪关城楼、酒泉公园等名胜古迹，我和马鞍山钢铁设计院刘振斌等合影留念，次日由酒钢陈英杰工程师等陪同，集体组织前往东方佛教艺术宝库——敦煌参观，游览了莫高窟，但见一片绿洲，石窟像蜂窝一样，镶在悬崖峭壁上，高低错落，鳞次栉比，窟内壁画艺术扬名海内外，珍贵精品，难得一见。然后到距市区4公里处月牙泉参观，四周沙山环抱，久雨不溢，久旱不涸，水清，名甲天下，世间奇迹，赞叹不已。

全国炼铁情报网西北组技术交流会

20世纪90年代，全国炼铁信息网西北组在酒钢召开炼铁技术交流会议，与会代表分别介绍高炉生产先进经验，酒钢介绍了加强护炉，扩大进风面积，抑制中心过吹，适当发展边缘气流以及选择较大批重等措施，稳定高炉顺行，取得良好效果，受到赞许。我对酒钢高炉取得的进步，作了补充发言。

会后随代表们再次到敦煌参观，穿过戈壁沙漠，首站抵盛产西瓜、肃北要塞安西（今瓜州）县城，左拐到达敦煌市中心广场，场中竖立一尊霓裳少女塑像，街道周边，商店、宾馆林立，热闹异常，与10年前相比大不一样。

头天游览鸣沙山和月牙泉，登上沙山，由于沙层滑落，上一步退半步，峰顶环望，气势壮观，沿沙面下滑，借助推力，似同滑梯，人体随沙流而下，十分有趣，新奇，月牙山环抱沙山，一如往昔，美丽动人。

第二天重游莫高窟，高大白杨树整齐排列，在马路两旁，各窟内彩塑都是按佛教故事塑造，参观一个窟内释迦牟尼涅槃像，卧睡佛坛，身后众弟子神志各异，十分生动。莫高窟是艺术宝库，对它的研究已形成一门新学问——敦煌学，众多研究人员在现场穿梭往来。

酒钢产、学、研科技协作会议

1998年8月16日，学校科研处袁巍副处长协同戴云阁和我三人应邀参加在酒钢召开的产、学、研科技协作会议。会上张明达副经理做了产、学、研协作进展情况和成果的总结报告，提出强化产、学、研三结合的威力，把酒钢科技进步推向新水平。会上大张旗鼓表彰科技先进单位和个人，东大和我本人获得重奖，鼓励我们再接再厉为酒钢科技进步贡献力量。

技术应用鉴定会

2003年3月，参加酒钢炼铁喷煤降焦技术研究，酸性球团烧结熔剂分加技术研究，低真空循环水供热技术应用等项目鉴定会。与会专家对各项技术研究成果表示赞许和好评。

6.1.1.4　技术攻关

无料钟多环布料试验

为了优化酒钢1号高炉无钟炉顶布料机制，进一步改善煤气利用和强化冶炼，20世纪80年代初，学校和酒钢签订协作合同对酒钢高炉无钟炉顶1∶11缩小的实验室模型开展布料模拟实验，建立了回归数学模型，较好地反映了装料方式与炉料分布的定量关系。1985年偕同研究生余艾冰到酒钢现场和高炉作业人员一起试用数模试验结果，调整布料参数，初见成效，有利加深正确应用无钟炉顶布料的新理念，为充分发挥无料钟布料作用奠定基础，受到高炉同行及同行们的认可和欢迎。

1998年12月，酒钢副总陈奉周等来校洽谈，商议共同协作，参加高炉节焦攻关的重要任务。

在实验室开展模拟酒钢1号高炉（1800m^3）无钟炉顶多环布料模型实验，测定了节流阀开度和酒钢原料料流的定量关系以及布料各档次对应的溜槽旋转倾角等，为酒钢高炉实现多环布料提供参数。

1999 年 7 月我到酒钢 1 号高炉开展无钟炉顶多环布料冶炼试验。

我在炼铁厂会议室较详细讲解高炉无钟炉顶多环布料的理论、实践的重要意义，对改善煤气利用、降低焦比具有良好的效果，全方位介绍了试验该项目的具体做法包括环数、溜槽倾角差、圈数、档次变化频率，在高炉现有设备条件，不用投资，也不影响生产，经过上料系统计量、速度调准以及仪表调试正常使用等，建议在 1 号高炉进行该技术的冶炼试验，受到热烈响应。炼铁厂长对此持不同意见，认为这一技术实际是分装，在酒钢不适用。我解释这与分装有本质不同，最后公司领导决定，在不影响生产条件下，同意在 1 高炉进行多环布料试验，由厂长任组长，副厂长桂国华和生产助理张文壮和我为副组长，试验开始前，设备、仪表调试到位，关系到试验的成败。同时和大家一起制定试验方案，试验正式开始后，炉顶（喉）煤气温度分布出现平台漏斗状，炉况稳定顺行，煤气利用渐趋改善，焦炭负荷逐步增加，焦比下降，皆大欢喜。科技部和钢研所的领导和同志们前来观摩、助威，2 号高炉也跃跃欲试。但好景不长，一周后，炉况出现波动，厂长提出试验暂停。我认为客观条件变化，疑似与上料设备不灵敏等有关，不久风口又烧坏。厂长立即下令停止试验，恢复旧貌，试验过程出点问题与技术本身无关，也是正常现象，厂长的行动，试验难以继续进行，最终被迫中止。

二位副组长对试验积极支持，炉长王国威和同志们对试验也是竭尽全力。但由于我和厂长技术路线不同，试验没能完成，心有不甘。遂向公司马鸿烈等领导辞行，马经理安慰我，技术要百家争鸣，欢迎再来。

试验期间受到公司领导和炼铁厂长等热情款待和生活上无微不至的关怀，我不会忘记。

临走前陈奉周等领导安排技术中心付光军、李希振等同志陪同我前往张掖古城和附近的马蹄寺参观。马蹄寺地处祁连山脚下，树木葱郁，松柏茂盛，一片绿色。入大门，左拐有两座高尖寺庙，靠近山麓广场上有几排单层民房，是游客生活区，四周青草茂盛，闲坐其间，观赏西域美丽风光，景色格外迷人。大门右边就是停车场，场后有一寺庙，形似马蹄，蹄内有僧人往来，不远处竖立一路牌，上有江泽民题字："祁连松柏挺枝俊秀，各族人民深情意长"，可见马蹄寺名声不是一般。顺道游览了张掖古城（旧称甘州），驿站要地，街道古色依然可见，别有景致，归途有养鱼池，参加垂钓，各显其能，尽兴而返。

回沈阳不久，接到酒钢陈奉周副总电话告知，我在 1 号高炉推行的多环布料试验成功了，炼铁厂领导班子已调整，由原炼钢厂长任银光担任炼铁厂长，新厂长上任后按我以往多环布料试验方案，重新在 1 号高炉实施，取得明显效果：高炉稳定顺行，煤气利用率改善，焦比平均下降 20~25kg/t，产量也增加，盼望能来指导。消息传来，令人振奋，如释重负，长久心愿终成现实。我 10 月去酒钢，

高炉生产一片新气象，多环布料已取代旧制度，完全改变高炉操作旧面貌，走上新的里程碑。我获得了酒钢颁发的 2000 年产、学、研科技协作专家特等奖荣誉证书。

高炉喷煤

2000 年 1 月，我到酒钢履行高炉节焦攻关任务，上一年，酒钢高炉节焦取得一些进步，但综合焦比平均为 592kg/t，最高达 634kg/t，喷煤比仅 30kg/t 左右，高炉生产还处于"一高一低"局面，为此在科技部的支持下，进行提高喷煤比的研究，向有关人员阐明了提高喷煤比对降焦的重要意义。较细介绍了提高喷煤比的具体措施和方案，争取有较大的突破。此外，在重视精料的同时，要充分发挥多环布料的作用，尽快掌握该技术，改善煤气利用，降低焦比。

临走前，我向公司马经理递交"对酒钢高炉炼铁生产的几点意见"书面材料一份，提出高炉降焦的具体建议，表明酒钢高炉焦比能降下来，煤粉能喷上去，生产水平会步步升高，表达我会再来酒钢学习、参加技术攻关的。

2001 年 7 月 24 日，我和魏国老师又到酒钢参加高炉降焦、喷煤攻关，当时 1 号高炉焦比已接近 500kg/t，焦炭负荷到了 3.61t/t，成绩斐然。炼铁厂领导和同志们，解放思想，大胆采用能充分发挥无钟炉顶优势的多环布料和大料批，促进炉况稳定，提高煤气利用率并在全厂推广。我与作业长寇俊光，值班主任李建山、蒋心泰等探讨进一步降焦的前景，具体建议包括精料、喷煤和高炉操作三部分：近期努力提高入炉矿石品位 1~2 个百分点，喷煤比达到 140~150kg/t；高炉上部采用大料批、往复式多环布料等，稳定煤气流，下部控制鼓风动能，吹透炉缸，保持炉缸工作活跃、均匀和稳定。建议得到厂降焦攻关组的认可，并印发参照执行。

2001 年 10 月，在校内进行酒钢高炉混煤喷吹的实验研究，向酒钢提交试验报告。

2003 年 7 月 24 日，到酒钢参加高炉富氧喷吹混煤攻关试验，近期目标：要求降低焦比至 400kg/t 左右，2 号高炉争取降到 390kg/t 水平，全厂燃料比不超过 540kg/t。

对此提出几点建议：喷煤比达到 150kg/t，保持富氧率 1.5%~2.5%，强化煤粉燃烧，提高喷吹混煤置换比；提高矿石品位，降低渣量；烧结分级入炉，实施烧结、焦丁混装；注意喷煤后高炉边缘气流发展，及时调节上下部煤气流合理分布；稳定炉温，减少设备故障等，胜利在望。

事后到公司生产指挥中心，看望桂国华主任和张文壮同志，他们与我共同推行高炉多环布料试验，积极认真，相互支持。临别与炼铁主任工程师赵贵清、王庆学等一起摄影留念。

公司技术部主任陈奉周带同白鹏飞科长特邀我参观酒钢新建成投产的近代化热轧厂。其规模宏大，标志酒钢跨越式发展。然后游览嘉峪关新市容，新人工湖

（迎宾湖），湖面一望无际，码头广场设备齐全，风景如画，为人民休闲造福，功载千秋。

26日受到公司副经理臧秋华的亲切会见。作为他的老师，分外高兴，他因公务繁忙，嘱咐炼铁厂寇俊光、王国威、白永刚三位工程师热情款待。在酒钢水上宫就餐后，游览了酒钢水上欢乐园，度过了一个美好的夜晚。

嘉峪关市是一座西北地区新兴的城市，日新月异成戈壁滩上的一颗明珠，十字街道，清洁整齐，通向四方，市府广场，中心花园，竖立题有“钢城的开路先锋”纪念碑，庄严美观，休闲漫步街头，光顾新华书店等，饶有兴致。

八一建军节夜晚，在酒钢公园见到钢研所郭巨昌高工，畅叙师生情谊，我来酒钢受到他和老同学冯桂莲、潘和德二位处长热情关照，至今不忘。

我在酒钢期间，得到各级领导和同志们亲切关怀、帮助和厚爱，难以忘怀。

酒泉东40km处，有驻军下河清机场，荒凉空旷，戈壁滩西北深处就是酒泉卫星发射中心基地，机场有不定期航班飞往北京。我几次由酒钢安排购买该机场返程机票，票价只有正式航班的三分之二，机上无服务人员，无固定座位，两小时飞行到达北京南苑机场，快捷便利。

6.1.2　怀念酒钢

长期来，我在酒钢参加学术活动，与领导、同志们工作、生活一起，结下了深厚友谊。他们对我关怀备至，爱护有加，永志不忘，怀念不已。酒钢的成就和持续的进步，深为高兴和自豪。

2009年，得知酒钢高炉炉体破损严重，正要开会讨论，我写了一份高炉炉体破损原因及护炉的措施，着重要防止边缘气流过分发展问题的意见书，请与会的沈峰满教授带给会议做参考。炼铁厂高建民厂长高度重视，随即在酒钢刊物上发表。2014年，高厂长代表酒钢炼铁同志，专函向我祝贺九十寿辰，情深谊重。祝酒钢炼铁更加兴旺发达。

6.2　在新疆维吾尔自治区的学术活动

6.2.1　我与八钢

八钢原八一钢铁总厂又称宝钢集团八一钢铁公司，始建于1959年9月，是无产阶级革命家王震将军率解放军和新疆各族人民艰苦奋斗建起来的，是自治区国有骨干企业。2007年4月八钢与宝钢集团增资重组为宝钢集团控股的子公司，和新建即将投产非焦煤炼铁的熔融还原COREX-3000项目及拜城县建成的南疆钢铁基地形成“一体两翼”的战略格局。

八钢炼铁分公司（炼铁总厂）拥有烧结、焦化、高炉3个分厂，按建设时间及厂区布局分老区和新区，老区“七五”期间拥有高炉$100m^3$、$255m^3$、$310m^3$

高炉各一座，到2010年拥有2×20m^{2}烧结机、6×380m^{3}高炉，新区拥有2×265m^{2}烧结机、2×2500m^{3}高炉。经扩建改造，目前（2016年），老区拥有2×420m^{3}高炉，保留原有烧结机；新区拥有3×2500m^{3}高炉，增加430m^{2}烧结机一台。

6.2.1.1　技术讲座与建议

1984年4月我和杨兆祥老师在酒钢完成讲学任务后，八钢邀我俩前去讲学，受到公司技术处、炼铁厂热情接待，食宿安排在公司办公楼内。讲课前由炼铁厂详细介绍高炉生产情况，并陪同参观现场。现场有1号255m^3、2号100m^{3}高炉在生产，作业基本正常。通过技术改造，高炉上料全用微机控制，稳定可靠。炉前水冲渣，为了满足炼钢需要，正新建310m^{3}高炉，采用自焙碳砖水冷炉底，炉顶空转布料器，槽下单边皮带上料，集中称量、过筛，技术装备进步向前。

由于受到原燃料等条件的限制，主要技术经济指标不高，1号、2号高炉利用系数、入炉焦比、风温分别为1.5t/(m^3·d)、1.1t/(m^3·d)，700kg/t、670kg/t，870℃、940℃，总体处于中偏下水平。生产较艰难。主要是原燃料不足，入炉矿石品位低（48%），烧结强度和冶金性能差，焦炭也如此。另外炉料中碱金属等有害元素含量高，碱负荷高达10kg/t以上（雅满苏粉矿烧结（K_2O+Na_2O）2.18%），居西北地区之首，严重影响高炉正常作业，是高炉结瘤、难行事故的罪魁祸首。

技术处在办公楼会议室为我们组织技术讲座，讲课内容根据现场要求包括：炼铁、烧结的新工艺、新技术（富氧、高风温、喷煤等）；高炉精料；碱金属在炉内行为；结瘤机理及处理；强化高炉操作，正确运用上下部调剂等。杨老师主讲烧结，我讲炼铁，轮流讲授，为时一周，每天上午讲课，下午座谈、讨论，学员听课倍感兴趣，讨论会上踊跃发言，解答疑难问题，兴高意浓，受到热烈欢迎。

为了摆脱八钢炼铁困境，迎头赶上生产先进水平，我们向厂提出以下建议：（1）认真贯彻高、熟、净、匀、小的精料方针。要把矿石品位提高到50%以上，外购高品位矿石，加强原燃料筛分，减少粉末，增加机烧取代土烧；（2）控制入炉碱负荷，加强原、燃料管理，合理配矿，学习酒钢高炉定期洗炉、排碱的经验；（3）利用上下部调剂，适当发展边缘气流，开放中心，同时粉矿入炉远离边缘，调整冷却强度等，防止炉瘤生成。上述建议得到厂领导的认可、赞同。

在此期间，受到公司总经理赵峡亲切接见。临走前，生产技术处校友王素清一家和其他同志陪同我们到天山深谷一游。深谷两旁山峰陡峭，在峡谷中穿行，四周山峦起伏，顶峰终年积雪，有瀑布倾泻而下，到达南山谷，几座灰白色的蒙古包散落在草地上，蓝天、白云、雪山、牧场融合一起，令人陶醉、神往。在牧人扶持下，骑上蒙古大骏马，兴高采烈。走进哈萨克族人帐篷做客，主人特别好客，以奶茶、糕饼热情款待，亲如家人。这里年最高气温只有20℃，凉爽宜人，尽兴而归。

次日，王素清陪同参观毛泽民烈士陵园。这位有名的无产阶级革命家惨遭反动军阀盛世才杀害，墓前默哀、致敬，烈士永垂不朽。

6.2.1.2　参加学术会议

中国金属学会炼铁学术会议

1996年8月下旬，我参加在八钢召开的中国金属学会炼铁学术会议，加拿大卢维高教授在会上作了氧、煤炼铁发展前景的报告。代表们进行专题讲座和技术交流，会后组织参观访问。

代表们游览了新疆天池名胜，我和张成吉、李学俭、刘云彩等乘游轮，欣赏天池的美丽风光，次日乘旅游车到吐鲁番参观，一路戈壁滩和群山流水。吐鲁番盛产葡萄，闻名全国。进入葡萄沟，入口有一石碑，上有彭真同志于1988年6月4日题写的“吐鲁番葡萄沟”刻字。沿沟两侧和顶棚到处是新摘葡萄和葡萄干，游客来往熙攘。

离开葡萄沟，参观吐鲁番著名清真寺，形似高大烟囱，侧旁为裙楼，四周围墙，风格特异。顺道参观交河故城遗址，见证吐鲁番悠久的历史。

吐鲁番天气酷热，人们将水引入地下，解热消暑，今古奇观。我和卢教授、王文忠、张家驹、孔令坛等人共游火焰山，距吐鲁番市东北50~60km，是西游记传奇故事中的一处。上山满是砂土、砾石，荒无人烟，干燥闷热，山前一排休闲平房，门前题有“丝路碑林”石碑一座，想当年还是丝绸之路途经之处，气温虽高，但还未感到火焰酷热的可畏。

同年9月下旬，原马钢总经理，安徽省冶金厅长陈明仁，原重钢郭秉柱副经理，武钢张寿荣总工等陪同卢维高教授再度到八钢参观访问，进一步研讨西部钢铁技术发展问题。我和孔令坛等随行，住八钢好西部酒店，受到公司副总经理楼辉映等领导热情款待。时隔多年，厂区面貌焕然一新，技术装备落后的小高炉不见了，几座$300m^3$级以上高炉正成为生产主力军，高炉稳定顺行，主要技术经济指标接近先进水平，生机勃勃，完全摆脱昔日被动落后的局面，专家们和厂领导座谈交流，对八钢炼铁的进步给予充分肯定和祝贺。建议继续勇往直前，在狠抓原、燃料质量同时，大力应用成熟先进技术，坚持推行高风温、富氧、喷煤等不停步，因地制宜，逐步扩大生产规模，为我国西部钢铁的发展做出更大贡献。

会后由主人陪同参观了天池和乌鲁木齐市容等。

新疆金属学会炼铁学术年会

2000年8月上旬，八钢副总刘铁汉邀我参加新疆金属学会炼铁第十一次学术年会，会议由八钢承办，炼铁厂长王红章等筹备主持，为了扩大学会影响，开阔西部边陲视野，主会场设在八钢宾馆会议室，部分活动内容移到伊犁哈萨克自治

州伊宁市进行。8 月 7 日，我在主会场做了国内外炼铁技术进步的报告，代表们进行专题讲座和讨论。8 日集体乘车赴伊宁市，住伊宁市花城宾馆，我和刘铁汉夫妇、孔令坛夫妇、楼辉映总工，乘厂车同行，中途顺道下车，登上游艇，环游著名赛尔木湖，湖面深色微波荡漾，一望无际，湖光山色，收入眼底，赞叹风景的优美，不久到达目的地。10 日代表们在伊宁市宾馆继续开会，进行技术交流，最后学会领导作了总结发言。

会后全体到霍尔果斯口岸参观，边境立有国界石桩，刻有“312 国道 4825”字样，标志这里（边疆）距北京将近 5000km，口岸对面就是哈萨克斯坦国土，左侧双方有一铁栏杆钢筋水泥桥连接，两国车辆（货运），人员不断在桥上来往通过，呈现一片祥和兴邦的景象。当日参观了伊宁市林则徐纪念馆。大门内竖立基座上刻有“民族英雄林则徐”字样的大型塑像。他因鸦片战争被清政府流放于此。期间，他带领各族人民致力兴修水利等公益事业，造福于民，功绩卓著，备受敬仰，特此建馆，以志纪念。

12 日参观通往霍城雄伟的伊犁河大桥。滚滚河水流向哈国，是中哈两国的重要水源地。靠近伊宁市西边就是霍尔果斯口岸另一贸易区，立有中国“324，1987 国境界桩”，近处商场进行中哈两国货物买卖和交换，商贸有待兴盛。回来游览了伊宁市容。伊宁市是新疆最西部一座美丽城市，是哈萨克民族聚居地，市容清洁、干净，街道两旁高楼大厦，酒店和宾馆林立，中心广场（人民广场）铺满鲜花和草地，民族妇女、儿童穿戴整齐，广场嬉游，能歌善舞，性情开朗，与汉族同胞和谐共处，团结友爱，十分可喜。新疆地域辽阔，景色迷人，物产丰富，人民敦厚、优雅，真不愧为祖国的好地方、好山河。

13 日，归途过尼勒克县，参观野次生森林公园。公园很大，次生原始森林和草地，难得一见。我们住在公园哈萨克族人的宾馆宿舍，二层简易小楼，安静舒适，周边全是草木，别有风趣，同园内民族的妇女、孩子们快乐相处，体验民族生活也是快乐事。园内小住两夜，15 日由尼勒克，过喀什河畔赴奎屯新兴城市，16 日顺利回到乌鲁木齐。

回八钢，炼铁厂袁万能副厂长邀我到厂作报告。我重点介绍高炉采用高风温、喷煤等先进技术和高炉上下部调节等关心问题，受到热烈欢迎。钢研所领导邀我参加科研立项等讨论。我建议立足于现厂，深入现厂，协助解决生产技术问题着手，取得信任，问题就好办了。争取产、学、研三结合，前景大有希望。

新参加八钢炼铁厂工作的东大校友吾塔，随我参观学习，给予多方关照，陪同参观新厂区和新整修的办公生活场所，会同张群二人参观乌鲁木齐市容，观赏新建市府大楼、广场，游览红山公园等，很感谢，希望他们事业有成，为八钢的建设作出应有贡献。

20 日乘机回到沈阳。

6.3　在宁夏回族自治区的学术活动

宁夏钢铁厂原为宁夏石嘴山市钢铁厂，自治区最大地方钢铁企业，其次是中卫县炼铁厂。

6.3.1　访问石嘴山市钢铁厂

20世纪90年代我在包钢开完学术会议后，访问了邻近石嘴山市钢铁厂，受炼铁厂领导方建林、计划处刘西太等热情接待。

炼铁现状

炼铁厂有一座100m^3高炉在生产，因资源地理位置等限制，宁夏钢铁工业基础较差，高炉冶炼条件较艰巨。1990年高炉使用100%土焦，平均灰分19.94%，炉料结构为酸性球团+土烧结，矿石品位为53.2%，熟料率为72.87%，设备事故多，休风率为40%，石灰石用量高达625kg/t，利用系数为1.08t/(m^3·d)，入炉焦比为965kg/t，任务重在增产和节焦。

讲课

我向全厂介绍中小高炉生产的经验。首先要狠抓精料，认真贯彻“高、熟、净、匀、小”精料方针。宁夏有丰富的煤炭资源，加强洗煤，筹建焦炉，降低焦炭灰分，提高质量，生产机烧；加强热风炉燃烧制度，努力将风温提高到900℃以上。此外，优化高炉操作和管理，运用上下部调剂手段，维持高炉稳定顺行，在此基础上改善煤气利用，按科学发展观，团结奋斗，攻坚克难，高炉生产会有新的进步，为宁夏炼铁做出更大贡献。课后进行讨论、答疑，受到厂领导的重视和同志们的热烈欢迎。

我住厂招待所，主人安排生活，照料备至。窗外见不到荒漠的塞外风光，人们安居乐业，勤奋工作，为建设新宁夏做贡献，引以为荣。

近几年，一批东工炼铁毕业生分配来宁夏工作，方建林调任宁夏黄金工业公司副经理，周宁生、高德惠分别担任自治区重工业厅，宁夏冶金钢铁炉料公司副经理等重要工作。在石嘴山市人民法院任院长的阮淦专来住所看望老师，很感动。中卫县铁厂副厂长刘增贤和阎云霞邀请我去访问讲课。感谢学生们的关爱。

6.3.2　银川观光

讲课结束后，方建林亲自送我到银川观光。火车驶过银川平原，窗外的景色发生了剧变，出现河渠交汇，林木成行，稻浪起伏，瓜菜飘香的秀丽景象，银川又胜似江南。

到达银川，由宁夏情报研究所工作的孙胜民同学负责接待。他对老师热情有加，给我安排好生活住处。

参观古城

银川为沙漠和黄土坡所环抱，塞上古城，宁夏回族自治区的首府，全国回族政治、文化的中心。

银川是一座千年历史文化的名城。在主人陪同下，漫步街头，举目可见西北两塔，西塔位于老城的西南隅，有浓厚的西夏风格。北塔在老城北两公里处，古朴，明朗，为国务院重点文物保护单位。

钟鼓楼矗立在老城中心，古朴雄伟，刘伯坚、邓小平在此建立中共宁夏特别支部，在鼓楼东几百米处是明代建筑玉皇阁，精巧秀丽。市区东南角，有宋代建筑南薰门，其形酷似北京天安门，高大城门两侧分别是“中国共产党万岁”和“中华人民共和国万岁”的巨幅标语。

贺兰山一游

乘车到距银川 90 里的贺兰山一游，满目荒凉，不远处有镇北堡，是古代一座军事要塞，用来屯兵和贮存粮食的地方。通向黄土高岗下的一座黄土夯筑的农家院落，正房内有几口大锅，房屋破旧，门窗残缺不全，这似乎几百年前边塞农民极其贫苦和愚昧生活的再现，成为电影红高粱拍摄现场。

银川市容，街道整洁。两旁楼房正在兴建，街上人行车流不息，呈现一片欣欣向荣的新气象。宁夏盛产枸杞子闻名，出售点多，成为宁夏经济收入的重要部分。

临别前主人通知在银川电线厂工作的孙勇同学等举行便宴招待老师。师生促膝谈心，情谊深长，不能忘记。我让学生转告中卫县铁厂刘增贤等，有机会一定前去访问。向在宁夏工作的同学们对老师的深情关怀表示衷心感谢，祝大家工作顺利，身体健康，全家幸福，万事如意。

第7章 在华南地区的学术活动

7.1 在广东省的学术活动

7.1.1 我与韶钢

韶钢原韶关钢铁厂，现名广东韶关钢铁集团有限公司，坐落在广东韶关市曲江区，始建于1966年，我国地方骨干钢铁企业，集钢铁制造、物流、工贸为一体的大型国有企业集团，中国企业500强，广东省重要的钢铁生产基地。

炼铁厂1987年新一号高炉305m^{3}投产，2002年发展5座，分别为3×350m^3、1×305m^3、1×255m^3。2007年有高炉5×350m^3、1×750m^3 6座。经过扩建改造，2018年拥有高炉1×3200m^3、1×2200m^3、1×750m^3、1×450m^3、1×420m^3 5座。其中三座大高炉成为生产主力军。

7.1.1.1 *初访韶钢炼铁*

20世纪80年代我慕名到广东韶关钢铁厂参观，受到领导的热情接待。当时有高炉2×305m^3、1×255m^{3}共3座，80年代前期高炉利用系数一直在1.2t/(m^3·d)低水平徘徊，入炉焦比高达700kg/t以上。

炉料用的主要是本地华南矿石，品位为50%，有害元素碱金属、铅、锌等含量较多，焦炭大部外购，成分不稳定，对生产影响较大。1988~1989年焦炭短缺，被迫控制冶炼强度，顺行时产量高，焦比也高，增加正装料，炉况不顺，煤气利用就较差，炉顶煤气中CO_2仅为13.06%。

高炉重视技术改造；上料系统采用WAC-Ⅱ型微机控制，工作稳定可靠，满足高炉上料需要，运行率达99%以上，炉顶用液压，控制大小钟；1987年高炉煤气布袋除尘投入生产，节电，不用水，可消除煤气洗涤水对环境的污染，煤气利用好，节约能源。1989年4月15~19日，韶钢在郑州召开的全国二次能源利用研讨会上介绍第一台热管换热器回收热风炉烟气余热的良好经验，受到欢迎和重视。

1989年高炉主要技术经济指标明显进步，利用系数为1.614t/(m^3·d)，冶炼强度为1.041t/(m^3·d)，入炉焦比为641kg/t，喷吹无烟煤为79.8kg/t，风温为1032℃，矿石品位为50%，熟料率为75.89%。

7.1.1.2　专题讲座

强化节能

1993年3月，在广州接到韶钢炼铁厂邱焕坤副厂长的邀请讲学，住韶钢招待所。参观几座300m^{3}级高炉，生产面貌一新，有较大进步。自1989年到1993年，高炉利用系数由1.59t/(m^3·d)提高到1.95t/(m^3·d)有的已突破2.0t/(m^3·d)。入炉焦比从619kg/t下降到591kg/t，最低降至587kg/t。主要是改善了原料，燃料条件和操作技能等。

韶钢高炉原料，矿石中碱金属（K_2O+Na_2O）、铅、锌含量分别为4.0%、1.2%、3.0%大大超过允许范围，给高炉操作带来极大破坏，并严重影响高炉寿命。为此购进了一些进口矿，提高入炉矿品位，取代部分含有害元素较高的地方矿。改变炉渣成分，造酸性炉渣，适当提高炉温，保证渣铁物理热。进行定期排碱，一月一周在炉底二层碳砖间钻孔，定期排铅，很有成效。

高炉焦炭供应不足，除自产一部分外，2/3均外购，成分不稳定，数量、质量不能满足要求。经过努力自产焦增量，加强外购焦炭的管理，情况有所改善。

高炉20世纪70年代就开始喷煤，受条件限制，喷煤比一直在50kg/t左右。1993年开始，高炉产量提高，但高炉操作概念仍停留在原来较小喷煤量，没有积极主动提高设备喷煤能力，因而煤比不但不上升，反而稍有降低，与此同时喷煤置换比提高。实践表明，韶钢高炉没有高富氧，也可增大喷煤量。煤粉燃烧较充分，不但降低成本，还可稳定炉况，实现增产。当富氧率超过2%时，提高喷吹置换比就不明显，富氧成本大幅度增加。当前喷吹条件下，中小高炉富氧率保持1.5%~2%为宜。

炼铁厂组织技术讲座。结合韶钢高炉生产问题，我讲授内容为：（1）进一步提高精料水平，努力改善炉料结构，争取多用进口矿（球团），提高熟料率；（2）改善焦炭供应数量和质量，增加自产焦炭，加强外购焦炭的管理；（3）介绍高炉酒钢排碱和柳钢排铅的经验；（4）采用高风温，富氧大喷煤等先进技术；（5）强化高炉冶炼，正确应用上下部调节制度；（6）精心操作和管理等。

讲课按计划进行，受到热烈欢迎，课后座谈讨论。坚信韶钢炼铁在狠抓精料，改善高炉操作，应用新技术，加强炉体管理等方面，炼铁会有飞跃进步，走向全国先进行列。

非高炉炼铁

事后受到韶钢总厂长接见。谈及焦炭供应较紧张，希望能给同志们做一次炼铁不用焦炭或少用焦炭工艺流程的专题报告。

报告在厂大会议室，听众踊跃，座无虚席，重点讲解非结焦煤为能源的非高炉炼铁技术，依据产品的形态不同，分为直接还原和熔融还原两部分。

（1）直接还原是铁氧化物在不融化，不造渣，在固态下还原为金属铁的工艺，产品为直接还原铁，纯净、质量稳定、冶金特性优良，成为生产优质钢的重要原料。

直接还原铁生产工艺分气基和煤基两种，分别约占80%和20%。成熟的气基法是使用竖炉的米德兰法（Midrex），必须用块矿和优质铁矿石（球团），主要以天然气为还原剂。煤基（隧道窑工艺等）有广阔的使用天地，但它的环境污染、投资以及工艺技术等有待进一步改善和解决。

当前我国受资源的制约，直接还原铁发展缓慢，不能满足大规模生产。

（2）熔融还原是以非焦煤为能源，铁矿石在高温熔融状态下完成还原过程，获得液态铁水的工艺流程。

1989年11月在南非比勒陀利亚伊斯科（ISCOR）投产了第一座年产30万吨铁水工业性COREX生产装置，由奥钢联和德国科夫公司开发的一种熔融还原炼铁工艺，也是目前唯一实现工业化生产的熔融还原工艺。其原理相当于从高炉软熔带上下划分为两截。可以直接使用天然块矿，少量矿粉和非炼焦煤进行生产，在资源利用、环保等方面具有传统高炉无法比拟的优势。到目前为止全球有5套设备投入运行（C-1000×1，C-2000×4），南非C-1000已停产，韩国浦项C-2000已改为FINEX，宝钢正在罗泾建设年产150万吨铁水的C-3000型COREX设备。

COREX流程用天然矿、球团矿和烧结矿等块状铁料，燃料为非焦煤，熔剂主要是石灰石和白云石，矿石和部分熔剂按既定料批装入还原竖炉，在下降运动中完成热解和还原过程。降至底部的矿石已被还原成金属化率大于90%的海绵铁，海绵铁和熔剂再通过螺旋输送器进入下部的熔炼造气炉。

熔炼造气炉是一个煤炭流化床。将海绵铁熔炼成生铁及产生还原竖炉需要的还原气，煤炭流化床的燃料是非焦煤，助燃剂使用工业纯氧，煤与氧燃烧放出熔炼和造气所需的热量，形成的渣铁沉积于炉缸底部，等待排放。

COREX熔融还原工艺上是成功的，对非焦煤炼铁闯出了一条新路，值得称许，但能耗过高，国外实践表明，燃料比平均1000kg/t左右，耗纯氧量570~600m^3/t（标态），为了保持熔炼造气炉稳定顺行还需加入部分焦炭（约燃料比的13%），此外，高热值剩余的还原气量有待开发利用。上述问题需要进一步研究和解决。当前钢铁生产，高炉流程仍居主流，坚定发展高炉生产的同时，大力降低焦比，同时炼焦过程采用新技术，把焦煤配比降低，让高炉炼铁发挥更大作用，节用焦炭。

会上报告得到领导和同志们的赞同和欢迎。讲课完毕，由邱焕坤等陪同参观华南著名南华寺。“南华禅寺”牌匾竖立大门额上。

门两侧刻写对联一副，左联：曾溪開洙泗禅门，右联：庚嶺继东山法门，寺

院修缮一新，气势庄严，寺内有宏伟的大雄宝殿。尼姑、僧人分居对面厢房，各行其是，实属罕见。室内外树木苍松，环境优美，幽静无比，为修行圣地。离寺不远，登石阶，路旁躺有巨石一块，上刻“无赖山民”字样及头像，别有情趣。

游览韶关公园，奇花野草，树木茂盛，伫立刻有“黔阳”二字的巨石前，欣赏美丽粤北风光，身心爽快。

回到住所，刘天与同学来看我。这次久别重逢，格外高兴，师生叙旧，情谊深重，不胜感慨。祝他工作顺利，生活愉快，全家幸福，临别时他送我他和爱人在校门口合影的照片一张，我俩相拥再见！

7.1.1.3 奋进的韶钢炼铁

多年来，韶关炼铁领导坚持管理创新促发展，技术创新保生产，保持了炼铁的持续健康和快速发展，特别21世纪2200m^3、3200m^3高炉建成投产以来，炼铁生产得到飞跃发展，采取了4个阶段的优化技术指南，即创新提效、看准问题、抓住矛盾、降低成本。

经过不懈努力，韶钢炼铁技术进步，取得丰硕成果，优化高炉操作，认真贯彻精料方针，重视焦炭和烧结矿质量，提高入炉矿石品位，实行分系统配矿，确保大高炉的用料改善和质量稳定。

炼铁厂2009年1~8月，生产主要指标：入炉焦比为365kg/t，煤比为144kg/t，生铁成本为2063元/吨。2018年1~2月2200m^3、3200m^3高炉指标分别：利用系数为3.11t/(m^3·d)、2.44t/(m^3·d)；入炉焦比为345kg/t、348kg/t，燃料比为498kg/t、480kg/t，煤比为125.5kg/t、132.5kg/t，富氧率为4.64%、4.11%，风温为1150℃、1113℃，综合入炉矿品位58%，综合指标居全国同类型高炉先进水平。其中燃料比国内领先。韶钢炼铁，快速进步，令人振奋。

7.1.1.4 顺访深圳与珠海

参观深圳

讲学结束，向韶钢各级领导和同志们辞行，感谢他们热情接待和款待。总厂领导指示炼铁厂党委书记徐维忠携夫人派车陪同我和爱人参观深圳和珠海。

我们4月1日到达深圳，住深圳宾馆。

首日参观深圳市容。深圳原本是宝安县辖属的一个边陲贫困小镇。1979年宝安县建深圳市，1980年国家在此设经济特区，成为国家转向市场经济的实验区和创新基地。如今市内宽阔，笔直的马路整洁通畅。拔地而起的摩天大楼连片成群，商贸繁荣发达，拥有350万人口，成为功能齐全的现代化大城市。

参观新建国贸大厦，乘滚梯而上，各层商品琳琅满目，各具特色，充满现代商品贸易气息，顾客拥挤，一片兴旺景象。登高厦顶层，整个城市一览无遗。

第二天，在徐维忠夫妇陪同下到深圳湾北岸“锦绣中华”参观，它将我国历史遗迹、古今名胜、自然风光、民俗文化集中一园之内，景点数十个，按不同比例仿建，模拟逼真，广开视野。

大门装饰富丽堂皇，红灯高挂，步石阶而上。门廊上方门牌“锦绣中华”几个金色大字，闪闪发光，门口方形廊柱两侧对联，左侧是“中华文化聚微型”右侧是“锦绣江山归一览”令人醒目和入胜。入内看到拉萨布达拉宫雄伟建筑，矗立山上，壮丽无比，云南大理三塔巍然屹立，呈三足鼎立之势，笔直向天。贵州黄果树是国内最大瀑布，纷纷扬扬，飘飘洒洒，气势磅礴；北京北海九龙壁，显现一方；洛阳龙门石窟，佛像形态敦厚；中国民俗文化村，大观楼，宣扬民俗文化；少数民族民居，美丽别致。现场表现藏族文化，手舞足蹈，生动喜人，一饱眼福，满载而归。

第三天到市区东南特区沙头角参观游览。中英街长不足500m，宽不过7m，街中心设有界桩，东面归属深圳，西面归港英管辖。中国土地被外国殖民者侵占，深感耻辱和悲愤。1997年7月1日，香港将回归祖国，收复失地，中国人扬眉吐气，再也不用受洋人欺凌，被霸占中英街了。

中英街界桩两边桥路相通，店铺对立，人来人往，物资交流。这里是免税区，物美价廉，购物人多。街东侧商家为大陆人，购物踊跃，有国营、民营，街西侧为港商经营，两面临街相望，相互竞争，商品齐全。

参观珠海

深圳参观后赴珠海，由深圳高技术开发区蛇口码头乘轮西驶珠海九洲港码头，通过港口岸客运站，进入珠海市区。

珠海南接澳门，北连珠江三角洲，隔江与深圳，香港相望，1979年建市，1980年建立国家经济特区。往住处，一路高楼林立，马路宽平，路旁绿树成荫，一条宽绿带一直延伸到江边，近海侧是街区花园，布局清新高雅。

在香炉湾，茫茫海面上，一块黄褐色巨石突起，石上立一渔家女塑像，双手过顶捧着一颗圆珠，有曲径石桥与岸相连，任凭狂风暴雨吹袭，她依然巍然屹立，受到人们的喜爱，珠海人把她作为城市的标志。

九州城像一座高大宫殿，庄严巍峨，气势磅礴，进入门内竟是一座商厦。

沿水路湾南行，这里是月牙海湾，隔水望澳门街区，楼房历历在目。水湾路（昌盛路）南端是拱北海关，这是与澳门陆地唯一接壤处，澳门由澳门半岛、氹仔岛和环路岛组成，在湾仔码头登轮作澳门海上游，岛上高层建筑的轮廓可见，有最大的澳门赌场，古老天主教堂，红色围墙的古建筑妈祖庙等。有澳氹大桥连接半岛和氹仔岛，远处还有海天一线联结氹仔岛和路环岛的公路桥。

结束深圳、珠海之行，回程中，途经珠江三角洲开发区中山县，顺道参观孙

中山故居，大门上有“天下为公”孙文题四个大字，肃然起敬。过顺德，按计划回到广州，次日在广州白云机场与徐维忠夫妇相拥告别，感谢他们悉心安排和热情招待，然后，顺利返回沈阳。

7.1.2　我与广钢

7.1.2.1　访广钢

广钢原广州钢铁厂，市地方钢铁企业，位于城区珠江之畔。1993 年到广州开会之际，应广钢铁厂副厂长李国成的邀请前往访问。他新从马钢一铁厂调来，亲到住所接我。旧友相知重逢，倍感亲切。

广钢临近珠江，水路相通，交通便利，有专用港口码头。主人陪同参观原燃料堆放场，包括贮存、混匀、截取等环节。机械化程度较高，条件得天独厚。

参观了高炉现场 3 号、4 号（$255m^3$）高炉正在生产，技术装备常规水平，槽下过筛，料车接踵上料，炉前铸铁机铸块，水冲渣，考贝式热风炉，格子砖由板式改 5 孔砖后，风温可提高 100℃，年节煤 7600t，使用 D112 静电除尘器，煤气含尘量由 $800mg/m^3$ 降到 $500mg/m^3$ 以下。煤气质量提高，年节省煤 1700t。

无固定矿源，吃百家饭。烧结矿为机烧，质量较好。熟料率为 88%。1989 年高炉主要生产指标：利用系数为 $1.632t/(m^3 \cdot d)$，入炉焦比为 617kg/t，风温为 1022℃。基本达到韶钢水平，高炉未喷煤，矿石品位略高（53.51%）。

参观烧结车间，几台烧结机在生产，产品基本满足高炉要求，环保设施均较好。在此见到刚从攀钢调来的张卫东夫妇，旧友相逢，不胜欣喜。他俩对广钢重视知识分子，发挥技术人员的作用，表示满意。

李副厂长组织技术讲座，我介绍了国内外炼铁技术的进步受到热烈欢迎。

临走时向李副厂长等告别，感谢盛情招待。

7.1.3　参加羊城会议

7.1.3.1　冶金物理化学年会

1980 年 12 月，我到广州参加中国金属学会冶金物理化学学术会议，会上专家们宣读了几篇冶物化学术论文，并进行学术交流和讨论。对冶物化研究要面向生产实际，有了共识。上海冶金研究所著名科学家邹元爔在会下谈道，攀钢承德试验总结中未提及上海冶金研究所早在 1958 年在 $1m^3$ 试验高炉上已获良好结果，感到遗憾。我对他说明攀钢承德试验报告只是总结了高炉现场实验结果与成功经验，不牵涉其他。贵所和国内外单位所做工作，我们在有关专著，论文中都有提及，请谅解。

会后集体参观了广州孙中山纪念堂，位于风景秀丽越秀山南麓，是一幢全新式建筑，堂内没有任何柱子阻碍视线，建筑上的绝妙杰作。1921 年 4 月，在这里选举孙中山为非常大总统。他不顾个人安危，一心为公，赢得了世人的敬佩。

我和会议代表杨祖磐、詹庆霖、隋智通等老师参观广州植物园，摄影留念。

20 世纪 80 年代末，广东工学院图书馆长殷志益邀我去参观访问。他曾和我在东大共事，因回家乡调转工作。我在广州住在该校受到热情接待，并和校内有关人员进行教学和科研交流。

7.1.3.2　技术鉴定会

1993 年 3 月下旬，应邀到广州（虞蒸霞随同），参加医药中心召开汕头冶金备件厂（现更名为汕头华兴冶金设备公司）研制高炉铜冷却壁技术鉴定会。与会专家有宗序康（梅山）、董福祥（首钢）、宋建成（北科大）、吕守正（洛阳有色金属熔铸公司）等人。会议由广东省工会主席田广礼主持。汕头冶金备件厂佘克事介绍铜冷却壁研制过程和铸件性能。会议一致认为该研制铸件，技术精良，结构、造型合理，适用于高炉，研制技术达到国内先进水平。铜冷却壁研制成功对延长我国高炉寿命，具有重要作用。

会后宋建成等陪同参观广州市中心及珠江沿岸美丽风光。并参观广州 1993 年春季中国进出口商品交易会，外商云集熙熙攘攘，呈现一片繁荣景象。

7.2　在广西省的学术活动

7.2.1　我与柳钢

柳钢原为柳州钢铁厂，始建于 1958 年，我国地方骨干钢铁企业，是华南地区最大、最先进的钢铁联合企业，跻身于中国五百强企业。

柳钢炼铁厂原有 $2\times306m^3$、$1\times318m^3$ 高炉三座，经过 40 多年的发展，拥有高炉 2002 年 $2\times306m^3$、$3\times380m^3$ 5 座；2004 年增建 $750m^3$ 1 座；通过发展，已拥有近代化高炉 $1\times2750m^3$、$1\times2650m^3$、$2\times2000m^3$、$2\times1500m^3$ 共 6 座，年产生铁能力 1150 万吨。

柳钢炼铁厂大型球式热风炉技术，国内领先，干法布袋除尘技术国内先进，具有两大技术特色，吸引国内炼铁界同行的关注。

7.2.1.1　高炉排碱

1985 年我访问柳钢，学习高炉排铅经验，受到厂科协副主席卢鸿儒以及陈福洲工程师等校友热情接待。

柳钢高炉使用华南地区铁矿，含有一定量的铅矿物（PbS），炉内容易还原成金属铅，进入生铁。由于铅比重大，不溶于铁水，很快沉淀，渗入炉底砖缝破坏炉底。少量铅（沸点 1550℃）被挥发，为此在炉底第二层耐材上设置了专门

排铅口，定期排铅打开排铅口，铅流入料坑或收集器，放毕堵铅口。我目睹排铅全过程，受到启发。排铅是柳钢高炉生产的一大特色，其负面影响对高炉稳定顺行、炉底长寿不利。铅蒸汽有毒，危害人体且不安全，治本途径要注意合理配矿，坚决不用或少用含铅矿料。

7.2.1.2　应邀讲学

（1）1985年厂领导邀请讲学，事先陈福洲陪同参观高炉（300m³）。技术装备普通水平。主要技术经济指标偏低，利用系数在1.0t/(m³·d)左右，冶炼强度为0.95t/(m³·d)，入炉焦比约为700kg/t，虽然矿石品位达57%，但是用了大量的生矿，熟料率仅为45%，有待改善提高。

课堂上，我向全厂同志介绍国内外高炉炼铁的理论和实践，提出柳钢炼铁当务之急要提高原料、燃料质量，努力生产人造富矿（烧结和球团），把熟料率提高到80%以上，摆脱生产困境。讲课反响热烈。

柳州是我国历史文化名域。临走前，卢鸿儒等陪我去游鱼峰山，穿过柳江大桥，山高仅80余米，山脚下是小龙潭，潭水流入山脚下7个溶洞，相互贯通，洞内有历代文人骚客题字。

沿石阶登至峰顶，俯瞰柳州城，清澈碧绿的柳江九曲八弯，从东、南、西三面将柳州城紧紧围住，鱼峰山相传是壮族歌仙刘三姐唱歌成仙的地方，峰前有刘三姐对歌姿态的汉白玉雕像，每年3月人们都在这里举行赛歌会。

（2）1990年12月，柳钢炼铁厂张兴华厂长邀我去讲学。生产有了很大起色，厂内扩建了混料场和烧结厂。负责原料和燃料的高工尹怡致力于提高烧结产量和质量，有明显成效。高炉风温提高到900℃以上，开始喷煤，炉身上部采用灌浆造衬技术，延长炉衬寿命，炉顶布料，上下部调节等高炉操作，有了明显的进步，高炉排铅一去不复返了，熟料率逐步增加到60%以上，高炉利用系数大于1.3t/(m³·d)，入炉焦比680kg/t，力求更好水平。

我在厂内进行系列讲座，主要介绍烧结、球团新工艺、新技术，然后讲解高炉新技术，操作规范化；当前柳钢炼铁的主旋律，还是要进一步抓好精料，下决心逐步解决优化烧结产量和质量问题，进一步提高熟料率；采用富氧、高风温、高喷煤等成熟经验；重视操作管理，努力掌握高炉操作新技术。讲座受到领导和听众的热烈欢迎。

讲学期间受到张兴华、尹怡夫妇和卢鸿儒热情款待。课后他们陪同我和北京钢研院赵树椿到市郊游览了少数民族寨楼住宅，市内蟠龙山公园、宝塔山等名胜，欣赏了整洁的市容。次日陪同游览柳侯公园的柳侯祠，为纪念唐代大文豪、柳州刺史柳宗元而建。他忍受被贬谪的不幸，施德政、除旧弊、发展农业、兴办文教等造福于民，深得人心。在罗池岸畔建造他的罗池庙，宋代追封更名为柳侯祠园内清水池，旁立一石碑，上刻“罗池”两字。柳宗元常在此散步，罗池旁为纪念柳侯种植柑树，建造了柑香亭，传为佳话。

柳侯祠是一组坐北朝南的三进平房建筑，深幽别致的月亮门上悬有“柳侯祠”大字匾额，庭内繁花盛开，旁廊两侧有明清石刻30余块，其中最珍贵的是赞扬柳侯的“荔枝碑”。出祠东门北便是柳宗元的衣冠冢。向伟大古文豪致敬！

（3）20世纪90年代下旬，我受到柳钢炼铁厂章炳炎、陆寿先、黄庆周等领导热情接待，邀请讲课，我对厂取得成就感到由衷的高兴。向全厂讲解高炉喷煤，上、下部调节和中部调节及无钟炉顶布料等技术。讲课反响强烈。课后组织讨论。

（4）2005年我参加柳钢大型球式热风炉成果鉴定会后，炼铁厂领导又邀我讲课，请求特别讲解高炉操作。在厂会议室我把高炉上下部调节的重要环节：“平台漏斗料面形成”与“吹透炉缸”相结合对稳定顺行，改善煤气利用的重要性进一步分析，两者成为高炉上下部调节的基本理论和行动准则，受到热烈欢迎。

7.2.1.3　技术进步

21世纪初，柳钢炼铁几年来获得跨越式发展，公司副总经理张福利邀请老师访问指导。我到柳钢参观高炉（1号、3号、5号380m^{3}炉，2号、4号306m^{3}炉）现场，生产突飞猛进，充满生机。2002年各项技术经济指标全面提高：利用系数平均在3.0t/(m^3·d)以上，一般达到3.16t/(m^3·d)；入炉焦比为430kg/t左右，最低4号炉为407kg/t；入炉矿石品位大于59%，煤比为103~140kg/t，风温为1024~1090℃；焦炭质量明显改善：灰分为12.96%，含硫为0.56%，M_{40} 80.7%，M_{10} 7.1%。上述指标达到本厂历史最好水平，全国先进。经改造：1号、2号、5号炉采用无料钟炉顶，3号、4号炉双钟炉顶；1号、5号炉皮带上料，2号、3号、4号炉料车上料，均采用计算机监控；1号、3号、5号炉采用球式热风炉，可提供1150℃、1180℃风温；喷煤能力达180kg/t；全部高炉采用干法脉冲式布袋除尘技术。

柳钢炼铁，经过长期艰苦奋斗，攻坚克难，奋勇进取，彻底改变生产被动面貌，摆脱困境，发展迅速，走进国内同类型高炉先进行列。

期间参加领导组织的座谈会，对柳钢取得的进步，倍加赞扬。柳钢的进步主要归功于领导解放思想，迈向现代化、高效化大道，开拓创新，认真贯彻炼铁各项正确的技术方针，狠抓精料，优化操作，加强管理等。提出一些建设性建议和意见，进一步把新技术应用等提高到新水平，柳钢炼铁前程会更灿烂兴旺。

临走时我去攀钢办事，柳钢张副总经理指示买好去昆明的机票，并派专人

送至桂林乘机。至今感念不忘。

7.2.1.4　参加会议

1000m³ 以下高炉铁前会议

2002 年 10 月 21 日，中国金属学会在柳钢召开全国 1000m³ 以下高炉铁前会议。参加代表踊跃，欢聚在柳钢宾馆。会上柳钢张福利副总经理致欢迎词。他介绍柳钢 2001 年 5 座 300m³ 级高炉产铁 130 万吨，超额完成任务，今年 9 月又增产 35%左右，实现跨越式增长，形势喜人。王文忠教授代表炼铁学委会致欢迎词，冶金部邱宣恺司长讲话。大会安排专题报告 12 篇，我做了精料技术及炉料结构选择的报告。代表们座谈、交流。顺利完成任务。对中小高炉的发展表示关切，对提高中小高炉的水平，充满信心。

会后组织代表们到越南游览。事先办妥出境外旅游护照，早上乘车到广西边境城市东兴市，通过海关进入对面越南芒市（老街）。然后转车赴下龙湾景区。沿途山峦起伏，面临大海，汽车在准公路上蜿蜒奔跑，少有村落、农田和行人。晚间抵达目的地。住高六层的下龙湾宾馆。我和李兴凯同住三层双人间，设施简洁，楼下是餐厅。

次日与李兴凯等人到宾馆广场前乘游艇游览下龙湾，群山环抱，海阔天空，海面一望无际，风平浪静。游船不断在岛、礁间穿行，船上远眺，风景美不胜收。登礁，岸边树木茂盛，还有葡萄果树，异国他乡，欣赏大自然风光，别有风趣。与李兴凯、王玉成、顾飞等人摄影留念，乘兴而返。

傍晚走近宾馆广场前浴场，天凉无人游泳，静坐观海良久，始归。

景区较热闹，摩托车众多，是越南人交通、运输的重要工具，沿街穿梭不停。两旁商店林立，街上妇女儿童，特别是少女穿戴整齐，追求现代生活。人们对待中国游客不冷淡，但欠热情。中越兄弟还要世代友好下去。

第三天原路返回芒市。芒市是越南边关重镇，近代气息较浓，有洋房、宾馆、商场、绿地广场，还有“利来国际博彩俱乐部”等，设有赌场。我和李兴凯、陈杰初等漫步街头，告别越南，通过海关回到祖国。

大型球式热风炉技术鉴定会

2005 年 8 月 18 日，柳钢召开“高效节能高风温大型球式热风炉”成果鉴定会，会议由自治区科技厅委托柳州市科学技术局主持承办。应邀的有全国有关炼铁专家和教授 12 人。

会上柳钢炼铁厂介绍该技术开发和应用的成果。专家们参观了热风炉现场，了解实际应用情况，及取得的成就。专家经认真讨论，评议，认为：本项目继承球式热风炉热效率高、风温高、投资省等特点，投产达产快，效益显著；采用单一低热值高炉煤气，获得 1430℃ 的实际拱顶温度，可提供 1250℃ 以上高风温；

提高球床高度，成功地控制了烧炉的阻力，是球式热风炉技术的突破和飞跃；本项目经济效益明显，把该技术应用到1280m^{3}高炉上，为球式热风炉技术的提升积累了宝贵的实践经验；一致认同：柳钢高效节能高风温大型球式热风炉开发和应用项目整体技术上达到国际领先水平。

会后炼铁厂领导邀我讲课，受到热烈欢迎。

临走时，厂领导指示张茂锋、许勇新两位同志陪同鉴定会专家们到桂林游览并送行。

7.2.2　参加冶金部二次桂林会议

7.2.2.1　参加科研立项和经费分配会议

20世纪80年代，首次到桂林冶金地质学院参加冶金部院所科研立项和经费分配会议。我们住该校屏风园。会议由北京钢院肖纪美教授主持，会后游览市中心、榕湖和杉湖。两湖相通以阳桥为界，在明代以前是南城的护城河。榕湖北岸南门前有一颗一千多年的大榕树，是休闲的良好场所，榕湖迷人风光，令人身心舒畅。东望杉湖，湖面曲桥亭阁，湖畔金桂红桃，美不胜收。

到市中心独秀峰下游览靖江王府，为明朝靖江王所建，雄伟壮丽，后被清定南王攻破，改名定南王府。农民起义军攻入桂林，定南王放火自焚，一座富丽堂皇的王府化为灰烬，只剩下残阶断柱，一片荒凉。

清代王城改建为贡院，是广西进行乡试的地方。

7.2.2.2　参加中国金属学会代表会议

1990年12月，我和陆钟武、朱泉等老师到桂林参加冶金部中国金属学会代表会议。我们住桂林车站附近宾馆。大会由副理事长王之玺等主持。讨论会章，改选了领导机构，成立有色金属学会，后批准独立建制，脱离中国金属学会。

会后我和陆钟武、关广岳、朱泉和攀钢王喜庆等一起游览了一些景地：七星岩，山洞形态各异的钟乳石，多姿多彩，光怪陆离；独秀峰在市中心平地突起，巍然耸立，挺拔俊美，远处大榆树传说为刘三姐唱歌场地；象鼻山位于市区南郊桃花江和漓江交汇处，整座山像一头在江边伸出长鼻吸水的大象。象鼻象身之间有一圆月形南北贯穿的大洞-水月洞，景色十分迷人。洞内石壁上有历代诗刻50余首，十分珍贵；叠彩山有山洞口，侧旁岩壁有寿中仁不愿做神仙和长篇诗文等刻字，山前围坐石桌，四顾观赏，赞美不已。

次日登游轮，畅游诗梦般的漓江百里画廊。漓江宛如一条弯曲多姿的绿色飘带。途经身形奇特，五峰一体的穿山。船过净瓶山和卫家渡，青山、绿水、蓝天、修竹、渔舟，宛如一副淡雅的水墨丹青。游船前行，两岸不断变换新景，到黄布滩，观赏倒影最佳之地。行至兴坪景区，是漓江风景荟萃之地，前行到达风

景名胜小城阳朔。船靠碧莲峰，是漓江最后的景点，也是阳朔境内主峰，秀美无比。阳朔是座历史悠久的古城，城内处处皆山，山水之美不亚于桂林，回城时，买了一块砚台，作为纪念品。

2005 年 8 月柳钢开完会后，炼铁厂张茂峰、许勇新二位送我和王玉成（包头设计院）、杜森林（西安冶院）、成黔庆、鲍爱嫣夫妇（马鞍山钢铁设计院）等专家共游桂林、漓江和阳朔。重点游览阳朔周边和市容。面对漓江岸边，碧莲山峰，山峦叠翠，风景如画。城内建筑和民宅古香古色，十分迷人。美丽的桂林山水永留人间。

别离广西多年，经常思念柳钢的领导和同志们对我的深情厚谊，特别受到柳钢科协主席卢鸿儒同学的关怀，他年逾古稀，每逢佳节，书信，电话往来，向老师问候祝好，从不间断，难能可贵，令人感动。记得 2006 年 9 月 10 日纪念教师节，他从柳钢寄诗一首，祝贺佳节，表达对恩师的深情与厚爱。诗文如下：往事如烟又非烟，风风雨雨忆当年，为使孺子使正道，敢洒热血喷凶焰，夏至桃李挂枝上，冬残老丁荷锄旋，四海为家男儿志，天涯咫尺总相连。

第三篇

国际学术交流纪实

第 1 章　访 英 国

1.1　学术交流

1980 年 5 月，中国金属学会访英，王之玺（团长）、柯俊（副团长）、张同舟（北京钢研院顾问）、赵文钦（西安冶金建筑学院副院长）、张祥麟（中南矿冶学院教授）、王祖诚（冶金部教育办负责人）和本人共 7 人到英国访问。

（1）参观高校科研所。

先后参访剑桥、牛津、伯明翰、阿斯顿、设菲尔德、利兹、伦敦帝国理工学院、伦敦开放大学等著名学府。在牛津大学看到了当时国际上最精密的电子显微镜。漫步牛津、剑桥校园，各具特色的学院，环境优美，河水边流，格外清澈优雅，显示古老闻名的世界最高学府风貌。在伯明翰大学相邻的阿斯顿大学，见到了在该校进修的潘大炜老师。异国他乡相遇知己，兴奋不已，在他的陪同下参观了大学的建设，受益良多。距利兹东不远访问了斯肯索普钢铁厂，首次在国外看到的钢铁厂。厂区比较整齐清洁，有几座高炉在生产，一字排列，规模不大但生产秩序井然，装备和技术指标较好。访问参观原子动力发展研究所（Risley），并和所领导合影留念。

（2）参加皇家学会年会。

期间参加英国皇家学会年会，广泛接触同行，见识不少。由于我大学学的英语，年久荒疏。会上听英语报告，不通畅，回国后坚持复习听英语广播，基本适应，并克服出国语言难关。

1.2　路途观光

初到国外，一切都较新鲜，旅途乘中国民航，经德黑兰（伊朗）机场停留，大厅满是教徒。乘客在霍梅尼像前跪拜祈祷，济济一堂，盛况空前，宗教魅力，令人惊奇，至今记忆犹新。

到巴黎，晚间乘机抵达伦敦，住小宾馆，设备简陋但齐全。次日团长嘱咐我和王祖诚到伦敦中国银行领取旅行费用（外汇），蒙头转向，请教当地华人指引，上下地铁，终于完成任务。

英国是老牌资本主义帝国，伦敦是古老的现代化大都市。游览了伦敦市容，顶尖高楼古色古香，独具风格。著名的泰晤士河清澈流过，高耸的钟楼，跨河天桥，相映生辉。站在桥上眺望，城市一望无际。在白金汉宫（王室住地）门前广场，观赏王室侍卫换岗仪式是伦敦一景。在海德公园拜见马克思塑像和墓地，郊外参观古老城堡，美不胜收。

访问结束，归国途中乘机到巴黎，等候转机中国民航航班回国。住驻法大使馆商务处招待所，抽闲游览了巴黎凯旋门大街、埃菲尔铁塔、巴黎圣母院，参观了著名的卢浮美术宫。卢浮美术宫集世界艺术珍品，琳琅满目，人体油画，栩栩如生，体现真实艺术享受。参观大型超市，规模宏大。我和电影明星唐国强同一住处，饭后和他二人附近散步，走进当地居民家，共叙友谊，至今记忆犹新。巴黎不愧是一座世界级美丽的、现代化大都市。

第2章　访北美

2.1　1981年参加多伦多国际钢铁会议

1981年3月，首钢陆祖廉、鞍钢胡光沛、北科大杨天钧和我4人代表中国金属学会参加加拿大多伦多国际钢铁会议。见到台湾中钢代表，相互问好，晚间接到中国驻加大使馆电话，通知由于台湾代表参加，立即到会议交涉，反对制造两个中国，要求台湾代表离开。凌晨会议主席回复这是学术会议，与政治无关，只要缴纳会费，谁都可参加。经再三交涉，无结果。最后奉命退出会场，以示抗议，会议主席表示遗憾。

大使馆善后处理，派三秘谭得洪陪同我们参观加拿大斯蒂尔柯（Stelco）钢铁厂，由炼钢厂长邸德尔（Deitl）热情接待，并设家宴招待，介绍加拿大钢铁近况，临别合影留念。我们专程前往加拿大蒙特利尔近处赛特比克（Sidbec）公司直接还原钢铁厂参观。该公司在广阔的平地上，利用丰富的天然气，用米德兰（Midrex）法竖炉生产直接还原铁（金属化球团），年产能100万吨以上，产品经电炉熔化分离，浇铸成材出售。该公司是较完整的直接还原钢铁联合企业，名列世界前茅，难得一见。路途欣赏加拿大美丽的风光，观看闻名全球的尼亚加拉大瀑布，广阔白茫一片倾泻而下，气势磅礴，世界奇景，令人赞叹。

应美籍华人张一中博士邀请到美国宾州美钢联访问，参观匹兹堡地区他的研究所。见到月球采回来的试样，很新奇。匹兹堡一带钢铁厂大都已停产。随后到他家做客，受到热情款待。回到纽约，住中国常驻联合国代表团南院招待所，候机回国。

2.2　讲学与学术交流

1987年5月16日至9月3日，应加拿大麦克马斯特大学卢维高教授的邀请赴加拿大访问讲学并进行学术活动。事先由卢教授身边工作的北科大孔令坛教授，为我安排住所和一切生活问题。我租住学校附近瓦尔特（Ward）街9号宿舍，同他们一起参加各项活动，我得到很多便利和帮助。

卢教授为我安排以下一些活动：

参加学术会议

5月19~21日，参加本校举行的国际高炉高风温的讨论会，美国、日本、荷兰等钢铁厂代表100多人与会。我在会上做了“高炉热风炉自身预热助燃空气和煤气提高风温”的报告，很受欢迎。

6月4日~7日，我和孔教授到金斯顿参加皇后大学召开的加拿大第十一届冶金化学会议，住该校学生宿舍。我在提取冶金分组会上宣读钛在渣、铁间传输过程的学术论文。

访问蒙特利尔

我到达蒙特利尔，经重庆大学在该市工作的陈光碧（女）介绍，由刘伟杰博士生陪同参观著名麦基尔大学，并会见该校矿冶系喷射冶金权威盖仕林（Guthrie）教授。我介绍中国钢铁工业概况，很受重视。随后我和留学生蒙特利尔工学院的东工吴永科、吴建中等人同住一室。参观该校，访问著名物理化学易朗克（Erammk）教授，教益良多。

期间遇见当地工作，浙大毕业留加博士、同乡、亲友杜成春及其夫人历志莲。多年难得一见，倍感亲切，思念不已。承他一家热情接待和厚爱、盛情款待，留住他家几天。在他女儿陪同下游览蒙市风光，观赏郊外森林、水草美景，并会见了任教麦基尔大学他女婿石以瑄先生，共叙友谊，情深义重。

随后，陈光碧带我游览市区大教堂和港船码头以及繁华地区等，异国他乡，师生共游，别有风趣，回程路过渥太华，受到华人朋友金可嘉、徐碧瑾夫妇热情接待，陪同参观首都市容和计算机科学研究所等。

访问几所大学

（1）多伦多大学。多伦多大学是加拿大著名的高等学府，学科齐全。人才汇聚，堪称一流。7月中旬，在该校进修的马鞍山钢铁公司钢研所张祥峰工程师陪同访问该校材料科学与工程系，会见著名冶金学家马克林（Mclean）等教授，座谈交流，介绍中国高炉喷煤的理论和实践，受到重视和称赞。事后张祥峰陪我游览多伦多市容，登上最高塔，俯瞰全市，广开视野。

（2）滑铁卢大学。滑铁卢大学距哈密尔顿不远，该校以加拿大计算机开发中心闻名，化工和提取冶金系成立不久，有教授长期从事冶金物理化学研究，特别对球团矿传热等颇有研究。他欢迎中国同志来此工作和学习。

（3）麦克马斯特大学。麦克马斯特大学是加拿大名校之一，工科以材料冶金为重点，卢维高教授执教该大学材料科学与工程系，他是北美著名钢铁冶金专家、教授，是中国炼铁界的良师益友，为中国钢铁冶金的发展和培养人才竭尽全力，受到普遍尊敬和称赞。

卢教授领导的学术团体，包括博士研究生5人、博士后、进修生各两人，实验员和专用秘书（负责财务管理等）各1人，其他还有外聘协助工作的孔教授等人。我和北科大进修老师盛援义和一名捷克实验员共处一室按时上下班，学习讨论科研和技术问题。上午工作休息之余，孔教授常邀我去喝咖啡，关怀备至。校图书馆是我向往的场所，各种资料，琳琅满目，得到学习的享受。

参观钢铁厂

（1）斯蒂尔柯（Stelco）钢铁公司。7月18日，由卢教授研究生马东科陪同参观加拿大最大钢铁厂——斯蒂尔柯。共有两个分厂，其中哈密尔顿厂拥有5座大于1000m^3的高炉，一字排开，两座在生产。用的部分烧结矿，生产秩序良好。烧结厂长柏莱斯克勃（Blackburn）等接待我们，介绍生产全过程，及由于供需不平衡，高炉被迫轮流生产的情况。我介绍中国炼铁进展，引起重视。

斯蒂尔柯另一分厂是伊利湖厂，我和孔教授同去参观。厂在湖畔，风景优美，建有3000m^3级高炉一座，装备现代化，雄伟壮观，生产正在调试提高，炼钢、连铸和轧制工序颇具规模，厂区宽广，大有发展余地。

（2）多发斯柯（Dofasco）钢铁公司。我和马东科到斯蒂尔柯厂不远处，参观加拿大第二钢铁公司多发斯柯，年产钢300万吨左右，钢铁厂有4座大高炉，全生产，颇有生机，各项主要技术经济指标居中上游，预计本年度将增产6%以上（与1986年相比）。我们受到铁、焦厂长瓦尔刻尔（Walker）等热情接待，并进行座谈，我介绍中国炼铁工业的成就，受到热烈欢迎。

（3）阿尔戈马（Algoma）钢铁厂。钢铁厂位于多伦多西北部，与美国密歇根州苏圣玛丽（Saultsle Marie）相邻，是加拿大第三钢铁公司。我和孔教授参观访问，受到了该公司美籍华人郑树春工程师热情接待，住当地宾馆，参观北美大于3000m^3的7号高炉。该厂倚靠苏必利尔湖，水陆交通便利，条件优越，大有发展余地。不远处（Wawa），有一座北美最大的烧结厂，烧结料是粗粒度的菱铁矿，很特殊。我做了两次学术报告，介绍中国细精矿烧结问题，在炼铁厂讲解高炉喷煤，座谈交流，情深义重。返程乘车欣赏沿途风光，别有风趣。

假日活动

假日参加学校丰富多彩的业余活动，游览了哈密尔顿风景区，与孔教授、华人余太太、中南矿院谭爱纯三对夫妇，以及陆丁正（东工研究生）等到近郊观赏树木葱茏、花草绿地、芬芳争艳等美景，并到田园采摘鲜美杨梅，别有风味。与研究生们畅游Pinehurst公园，夏日乘小舟湖面划行，风趣盎然，坐在湖畔树荫下，休闲聊天，心旷神怡。

在校同志们对我的生活和工作，给予多方关怀和帮助，陆丁正、谭爱纯夫妇、赵永福，姚夏漪等，先后欢迎我去同住几天，深情厚谊记在心间。

2.3 顺访美国

回国前夕，卢教授授意，顺道访问美国。8月12日，从蒙特利尔乘坐火车到纽约，在纽约一号世界贸易中心天力公司的好友杨行简到站接我，帮我去市交通管理中心购买一张全美通用的半月车票。

参观内陆和美国钢铁公司

当晚乘车到首站内陆钢铁公司访问，第二天抵印第安纳（Hammoab）站不远处的公司驻地，受到华人蔡焕堂热情接待，住厂区招待所。公司有大于900m^{3}高炉5~6座，年产铁200万吨以上，重点参观7号高炉，装备较先进，用电子计算机控制，生产指标较好，很有生机。期间有高炉在中修，利用机器人喷涂内衬，鲜见。参观钢铁研究所，装备较精良，水平较高，值得借鉴，事后与炼铁、烧结厂长沈加奈（Senjanin），以及原料、高炉操作研究人员进行座谈。主人介绍生产情况，北美高炉因资源特点，产细铁精矿，高炉炉料结构选用酸性球团矿为主，严重影响冶炼指标，近年增添部分烧结矿并生产MgO碱性球团，取得良好效果。我介绍中国细精矿生产高碱度烧结矿获得成功，效果显著，此外还讲解了高炉喷煤，引起主人们的关注和兴趣。

美国五大钢铁公司都集中在厂区周围五大湖地区。参观邻近美国钢铁公司加里厂最大3000m^{3}级高炉。装备先进，宾主进行座谈，我介绍中国炼铁的近况和进步，受到欢迎。

游览芝加哥、华盛顿

工厂参观结束，蔡焕堂送至芝加哥汽车站。在当地留学的我校博士生张越美夫妇到站迎接，安排同住集体宿舍，热情招待，并陪同参观她俩就读的伊利诺伊斯工学院计算机科学研究中心。第二天假日，陪同游览芝加哥市容。芝加哥城市位于密歇根湖东南端。依湖傍水，风景秀丽，世界闻名。沿湖堤漫步，湖面一望无余，心情豁然开朗。全球最高大厦之一，耸立眼前。夜晚湖边广场灯火辉煌，烟花冲天，车灯照耀徐行，热闹非凡。

告别芝加哥，路经华盛顿，受到沪杭等地留学生翁卫青、周美琪等热情接待。住公寓内厅，先游览白宫，是一座小三层的白楼，一楼供游人参观，二楼为总统办公室和卧房等。楼前有大广场，两旁树木成荫，景色幽静。此外，观赏了美国国会大厦，国家图书馆，华盛顿、林肯纪念堂，纪念塔。建筑宏伟美观，全城博物馆众多，免费开放，航天博物馆有卫星、模型导弹模型等目不暇接，首都城市规模不大，街道宽广整洁，地铁交通便利，文化设施齐全，景色美丽，引人入胜，晚归迷路，好心人将我带回住所，非常感谢。

离开华盛顿，不远处就到世界闻名的赌城大西洋城。走进高层赌场，游客拥挤，热闹异常。场外沿街是大马路，一旁是商贸饭店、娱乐场所，对面是汪洋大海，风和日丽，景色迷人。

参观著名大学

（1）麻省理工学院与哈佛大学。8月23日，抵达高校名城波士顿，受到麻省理工学院东工留学生周楚新盛情接待，同住学生宿舍。校内有教学大楼一座，宏伟壮观，美丽大方。登上石阶，进入教学楼大门，进入大厅，上二楼参观教室和实验室及挂有教授名牌的办公室。晚间实验室灯火辉煌，研究生们正在攻坚克难努力攀登科学高峰。我国著名冶金学家陈新民、邹元爔均曾研读于此。

图书馆在校主楼左侧，面对江水，圆形楼顶美观别致，馆前广场两侧绿树成荫，是学习的良好场所。参观了主楼前侧新建体育馆，形状奇特，可见学校重视德智体全面教育。

麻省理工另端是著名哈佛大学，创始人哈佛塑像挺座门外。进入校园，格外整洁、美观，教学、科研学馆分布其间。参观了世界第一台计算机，我校李华天教授曾在此学习，回国创建我国第一代电子管计算机。

感谢周楚新对我多方关怀。他信基督教，星期日跟他去教堂体会做礼拜。事后参观波士顿市容，河水通过剑桥桥头一侧就是麻省理工学院。

访问波士顿后，26日回到纽约杨行简处，住1号世界贸易中心18层45号天力公司办公室，休息两天。本世贸中心高100层楼以上，为全球之最，电梯分三级而上，登上楼顶，俯瞰纽约全貌，无限风光在面前。不久“9·11”事件发生，世贸中心和双塔子楼全被撞毁，荡然无存，不胜痛惜。此外游览了纽约热闹市区(42道街等)，并往海堤眺望海上自由女神像。

（2）加州大学伯克利分校。8月末乘机到旧金山，在加州大学伯克利分校就读的二女婿之妹郭晓雯到机场接我。她安排我到东工留学生桂靖家住一宿。第二天，东工叶五毛同学负责接待，和他生活在一起，陪同参观校园。学校周边山坡上有几座原子能反应堆，是学校研究原子能理论的场所，做出了重大贡献。各教学馆大都以专业命名。校门口内，有一高大塔楼，直通校门外大街，显示名校风貌。

郭晓雯为我买了一张去洛杉矶游览的机票。叶五毛送行，并陪同参观旧金山市容，到游乐场游玩，然后观赏雄伟的海边高铁桥等。叶五毛送我去机场，相拥告别。

到达洛杉矶机场，在南加州大学材料科学与工程系学习的东工夏克农同学来机场接我，住他宿舍。

（3）加州大学洛杉矶分校。夏克农会同加州大学洛杉矶分校工作的张继民校友参观该校并在院内名教授铜像前合影留念。事后由张继民夫妇陪同参观洛杉矶国际体育场和市容，并设家宴招待。

洛杉矶旅游

期间游览著名好莱坞影片摄影公司，参观众多的布景用房，并观赏拍摄现场，摄影棚和其他设施，琳琅满目，见识良多。

游览了迪士尼乐园，奇景险境比比皆是，游览人多，全球首家。

漫步海边，沿岸别墅，浴场林立，眺望大洋，海阔天空，景色优美迷人。

9月3日完成北美访问任务，乘车回旧金山乘机顺利回国。

2.4　1998年参加多伦多国际钢铁学术会议

1998年3月24~26日，参加多伦多希尔顿中心国际钢铁学术会议。与会的有孔令坛、高征铠、周渝生、龙世刚、余艾冰（代表澳大利亚）等人。见到在国外工作多年的马积棠，分外高兴。我在会上做了中国炼铁技术发展的发言，会后与同志们等叙旧，欢聚一堂，并游览多伦多市容。

会议期间我住在女儿（杜笑逸）同学李彦（沈阳药学院，留加研究生）家里。临走时她夫妇带我参观白求恩故居，受到亲切关照。怀念这位伟大的国际主义医生。然后李彦夫妇送我到麦克马斯特大学与先期到的孔令坛教授会合。相拥告别，感谢李彦一家热情招待。

我到哈密尔顿旧地重游，与孔教授旧友余太太夫妇及房东共叙友谊，无限感慨，谢谢老友们的关怀和友爱。到学校材料科学工程系看望旧友，却发现旧友都已不在了。见到郭殿才、黄典冰、顾利平等学者，他们一直坚持在此工作。

同乡杜成春夫妇，从蒙特利尔到多伦多看望儿子杜嘉恒。听说我来多伦多，连同儿子特邀我游览尼亚加拉大瀑布，一路关照备至，观赏瀑布美景无遗，途中设便宴招待，异国他乡，深情厚谊，感激之至。

孔教授先离开哈密尔顿，嘱咐房东好好招待杜教授，生活费用由他负担，并代买好我去美国探亲的车票，深受感动。难忘孔教授的悉心关怀。

2.5　再访美国

参观国家钢铁公司和底特律汽车公司

从哈密尔顿乘长途车抵达美国底特律，受到由加拿大阿尔戈马钢铁厂调来美钢联的郑树春邀请，就近参观美国钢铁公司大湖铁厂。几座高炉在生产，码头，混料堆取场均在湖边，生产条件得天独厚，留下深刻印象。

我住底特律郑树春家，受到热情招待。陪同我参观底特律汽车城，规模宏大，令人瞠目。进入汽车博物馆，看到美国历届总统乘坐的汽车，大开眼界，他夫妇请我吃特餐，付一顿餐费，可以整天在餐馆吃饭，不另外付费，别开生面。

纽约看望大女儿并游览市容

离开底特律乘车到纽约172道街看望大女儿杜笑逸。她从荷兰博士毕业不久来美国工作，待遇不高，一家三口，生活较困难。她陪同参观名校哥伦比亚大学。其校园整洁、开阔幽静、充满绿色、环境优美。一座高大教学楼挺立其中，庄严美观，左侧为本部办公楼，颇具特色。图书馆外观新颖别致，馆内书架成列，各种图书应有尽有，阅览大厅，期刊众多，浏览中国书刊，国内少见，流连忘返。

参观了纽约百老汇34西道街等闹区，走进马苏斯（Macy's）大百货商店，贸易茂盛，从哈德逊河海岸旧城堡乘邮轮入海，近游“自由之神”塑像，沧海孤岛引人入胜。

乘车参观联合国总部，高层大楼壮严地矗立一方。楼外世界各国国旗迎风招展，五星红旗高高飘扬，引以为豪。进入总部，会议大厅以及安理会议事厅等均在眼前，各楼层装饰异样，景色美观，走廊安放我国赠送水晶艺术珍品，美丽大方，引人入胜。

事后与女儿到闻名的中国城参观。这里是华人世界，张灯结彩，呈现一派中国风光，在中餐馆小吃，尽兴而归。

假日女儿一家带我到纽约东南的西点军校参观。它是培养美国军官的摇篮。广场竖立军官的头像和塑像，展出战车、战炮等模型及滚、翻、爬、打等训练的设施和场所，室内展出军校历史和成就等。

波士顿看望小女儿

期间看望波士顿工作的小女儿杜奕奕。这是我第二次到该市。重访麻省理工和哈佛，有了更多了解。和小女儿一家三口游览了波士顿市中心。周边高校多，街上来往学生不断，呈现大学文化城风貌。进入市中心公园，广阔开放，设施齐全，树木葱郁，绿草如茵，奇花异草，琳琅满地，划船游湖，徜徉湖畔，兴趣盎然，临走时与园内巡视骑马威武的女卫士合影留念。

到波士顿海边游览，森林密布，坐海边岩石眺望大西洋，汹涌澎湃，浪涛滚滚，堪称奇景，岸边绿草如茵，躺望观景，美不胜收，海岸建有棒球场，博物馆，丰富多彩，真是好地方。

女儿住所门前有超市和儿童乐园。带外孙女荡秋千，其乐融融。

巴尔的摩一行

4月下旬，离开波士顿，与小女儿一家会同大女儿前往巴尔的摩看望亲友郭唯唯一家。主人好客，安排住她家，受到热情接待。参观当地马里兰大学，游览市容。巴尔的摩面临大西洋，是一座港湾美丽的城市，风景特优，港口码头轮船通向大海，一片繁忙景象。岸上高楼林立，热闹非凡，谢谢主人盛情款待。

过两日女儿们各自回原处。我随大女儿回纽约，休整两天，准备回国。在172道街住处观赏通新泽西州的华盛顿大桥，并与旧邻居话别。

5月2日，大女儿一家送我到肯尼迪机场乘机回国，途径东京，可免费下机停留48小时，傍晚抵东京。二女婿到出口处接我。机场人员看到我女婿不是东京户口，阻止我入境。经过再三交涉才放行。到横滨海老名市二女儿（杜依群）家逗留一整天，第三天返东京转机回北京，顺利完成访问北美的任务。

第3章　访乌克兰和芬兰

3.1　访乌克兰

1991年9~11月，根据中外校际协议。学校派宁宝林、王梦光和我三位教授及翻译秦复生共4人前往乌克兰第聂伯罗彼得罗夫斯克冶金学院讲学。从满洲里出境乘火车经过西伯利亚、苏联东部地区6昼夜抵达莫斯科。沿途荒凉人烟少，车厢上下软卧，茶炉24小时开放供应热水，吃的主要是自带的方便面和香肠，加之同志们之间谈笑风生，缓解路程枯燥与单调。

乌克兰校方派人到莫斯科车站迎接，引导我们转地铁换乘去乌克兰的火车，次日到达第聂伯罗彼得罗夫斯克，由校方安排住当地“ГОТЕЯЬ”宾馆，食宿简便，看的是黑白电视。见我们穿羽绒服，喜欢又羡慕，他们生活落伍了。

讲学与参观钢铁厂

我们讲学分专业按计划进行，开始我用英语上课，后要求改俄语。我讲的主要是高炉喷吹，重点是喷吹煤粉，引起很大兴趣和欢迎。期间参观了邻近的第城钢铁厂，其采用大型模块技术，生产炉身耐火材料预制块，很成功。

参观第城西南部克里沃伊罗格钢铁公司。炼铁厂拥有当时世界最大5800m^{3}高炉以及1719m^{3}系列标准型高炉，采用富氧（鼓风含氧28%~30%）大喷天然气（100m^3/t以上）冶炼，装备技术、生产水平总体上较先进，显示苏联钢铁工业雄厚的实力。与炼铁，烧结厂负责同志进行座谈，讨论高炉高富氧，高喷吹的前景，建议喷吹煤粉。主人茶点招待、十分友好。参观苏联最大黑色冶金设计院。承揽国内外设计任务，技术力量较强。

在校受到炼铁教研室主任伊凡钦柯以及伏洛维克、科凡廖夫诸教授热情款待，并邀到主任家作客宴请，非常感谢。得悉在此工作的肖米克教授已去世，家属也不在，深表痛惜。

期间生活条件紧张，主副食品实施配给制，购买商品要用库班（购物券），日用品短缺。假日游览市容。住所门前，面对第聂伯河，广宽河面，风平浪静，滔滔江水婉转东南流去，绮丽风光，蔚为壮观，游人留念难舍。河畔公园，第聂伯解放石碑，竖立中心，景色优美，是良好的休闲场所。河畔建有马戏团设施，供游人观赏。

访问基辅

学校安排我们去基辅访问。我们借住基辅粮食学院宿舍，参观了红围墙的基辅工学院等，游览了列宁广场，街道两旁高楼甚多，行人车流不断，呈现首都风貌。当时时局较动荡，有人议论要推到列宁铜像。

回到第城，讲学任务已完成，校领导接见我们，致以问候，谢谢主人盛情款待。城内人心惶惶，晚间有人闯进我们宿舍，询问姓社，还是姓资，谁好？我们无以言对，第二天社、资二派上街游行，隔天没有流血情况改变为资本主义了。

11 月底离别第城，校方派专人和鞍山、武汉钢院进修的洪德成等亲到车站送行。抵达莫斯科，事先我个人已和东工留学芬兰的陈绍隆、肖艳萍联系，办好签证访问芬兰。

3.2　访芬兰

从莫斯科乘车经圣彼得堡入境芬兰，陈绍隆专程到里希迈基火车站接我到坦培雷，住他家。在他陪同下参观坦培雷工业大学，受到 O. Kehunen 教授的热情接待，向他学习，进行科技交流，向他们介绍我国高等教育和东北工学院近况，很感兴趣。对教授亲切关怀深表感谢，相拥而别。事后参观附近洛柯莫（Lokomo）钢铁厂。规模不大，但产品多。漫步观赏，整齐的大街，高尖的教堂，登上电视塔俯瞰全市，豁然开朗。

陈绍隆夫妇对我关怀备至。我推着他们孩子座车共同去森林野游，享受北欧风光。

第三天陈绍隆带我去赫尔辛基，受到赫尔辛基工业大学肖艳萍（研究生）和爱人热烈欢迎。著名北欧冶金学家霍雷勃（L. Holappa）教授热情款待，安排住校宾馆。他是我校邹宗树教授留学芬兰时的导师。他对中国很友好，亲自为我主持技术讲座。我做中国钢铁工业发展的技术报告，反响强烈。会后他陪同我参观校园、实验室、图书馆等，并设便宴，共洗桑拿浴，情深义重。

肖艳萍及爱人全力照料，邀请我到他家做客，并陪同游览赫尔辛基市容、新车站、大教堂、港口码头、逛 STOCKMANN 大商店。我再次享受北欧城市美丽风光。

访问结束，肖艳萍俩已为我买好返程车票，到站送行，相拥告别，难忘师生深情，铭记在心。

回到莫斯科，住郊区中国招待所，托在此工作的李广田老师购买回国车票，顺便游览了莫斯科红场、克里姆林宫、十月广场，以及国家、中央两大商场（店），当时商品供应紧张。

12 月 13 日，乘莫斯科-北京国际列车顺利回国，同行有北京农科院朱大权教授以及联美银行王庆起等，一路不感寂寞，过苏联海关，检查特严，防止倒运。

第 4 章　访德国、荷兰、俄罗斯

4.1　访德国

访问柏林工业大学

1992 年 12 月，德国柏林工业大学奥托尔斯（Oeters）教授邀我访问该校。月初从沈阳乘机到苏联伊尔库茨克，然后转乘火车直达莫斯科。旅途较艰苦，安全抵达目的地。从票贩子手里买到一张去柏林的车票，途径华沙，顺利抵达柏林。留德研究生谢晖到站迎接，安排住宿。

次日到柏林工业大学会见奥托尔斯教授，受到热情接待，进行座谈。我介绍了中国炼铁技术的发展，以及生产高碱度烧结矿和高炉喷煤等新成就，引起很大兴趣。我参观了实验室和教学、科研设施。

谢晖、阎成雨两研究生，师从奥托尔斯教授，了解了他们攻读博士论文课题和实验装置，很有特色。阎成雨夫妇帮我安排到在柏林工作的北科大章六一博士家住，室内宽敞舒适，主人夫妇盛情招待和厚爱，亲如家人。

在阎成雨夫妇陪同下，游览了柏林凯旋大门，耸立街道两旁，庄严美观，东西柏林隔离高墙除留部分纪念外，已全部拆除，曾被希特勒统治的双层国会大厦，庄严立于国会大楼一侧。西柏林大街，商贸兴旺，徒步东柏林，街道整洁，行人较少，高楼、电视塔依然放光彩。

此时希望能到荷兰参观世界知名霍戈文钢铁公司，顺便看望在荷兰留学的女儿（杜笑逸）。求助阎成雨一起学德文的一位（亚琛工业大学）中国留学生，也是浙江老乡，送我去荷兰。

参观杜伊斯堡大学和钢铁厂

经北京钢铁设计研究总院戴杰高工介绍，德国杜伊斯堡大学凯斯曼（Kaesemann）教授邀我访问，住他家，受到热情接待。学校位于德国西部钢铁基地，他家位于莱茵河畔，河水清澈流过，两岸绿草成荫，天蓝地绿，环境优美，爽心悦目，如此钢铁生产环境，实属罕见。

参观杜伊斯堡大学，与凯斯曼教授等座谈、交流。讨论钢铁科技发展前景。我介绍了中国炼铁的进步，参加学校盛宴，受到欢迎。

次日在凯斯曼教授陪同下，参观杜伊斯堡蒂森钢铁公司克虏伯曼娜斯曼炼铁厂。几座大高炉耸立、装备生产等世界一流。高炉主要技术经济指标，居国际先

进水平，精料管理，精心细作，表现突出。高炉采用无钟炉顶，铜冷却壁以及陶瓷杯综合炉底等先进技术，尤为注目。大修高炉，安装铜冷却壁以及炉底炭砖等，严格要求，一丝不苟。厂内保留几座料罐式旧高炉，停产已久，供人参观。我国鞍钢、本钢原有的料罐式高炉源出于此。

参观过程向厂领导提问、请教，并与凯斯曼教授在高炉前合影留念，感谢主人热情友好接待。

4.2　访荷兰

访问结束，凯斯曼教授送我到杜塞尔多夫。亚琛工业大学老乡专程来迎接，并安排到他家休息。第二天晚间，他驾车送我到达荷兰一个小火车站。我女儿早在站前等候，父女相见，激动万分。老乡完成任务，顺利返回，感谢他的热情帮助。

深夜和女儿乘坐火车，到达鹿特丹，行李存放后，她骑自行车带我到她宿舍。艰难行程十几里，真不容易。

我和女儿同住一间狭小楼房，她把铺位让给我，而自己睡地铺，真情可嘉。勤俭节约，艰苦奋斗，希望早日完成留学任务。

女儿攻读的伊拉斯姆斯大学，面临鹿特丹大广场，教学大楼高 20 多层，雄伟壮观。到楼内女儿学习的医药部，见到她的导师（女教授），相互问好。参观解剖、分析等研究室，以及临床动物试验等。其设备齐全，师资力量雄厚。

到女儿导师家做客，请她丈夫协助联系去霍戈文钢铁公司访问，对方欣然同意。

参观霍戈文钢铁公司

女儿导师丈夫驾车送我到位于荷兰西部北海滨霍戈文钢铁公司埃默伊登（I. Jmuiden）厂门口，受到炼铁（烧结）厂长科恩（W. Ken）热烈欢迎。外客慕名前来访问，格外热情。厂内有几座 1000m^3 级以上的高炉正在生产，秩序井然，生产指标先进，特别重视技术创新：原料、燃料进行筛分、整粒，烧结矿分级入炉；改造设计新型高温内燃式热风炉；应用蘑菇状拱顶，将拱顶耐火材料支撑在钢壳上，解决了隔墙和拱顶的稳定问题，此外拱顶钢壳内壁涂上特殊的环氧树脂保护层，防止钢壳晶间应力腐蚀，允许拱顶温度提高 1450℃ 以上，加配其他措施，可使风温提高到 1250℃ 以上，热风炉寿命超过 20 年；改进高炉喷煤；集中供煤，利用分配器，分别引入各高炉；高炉采用中心加焦，开放中心的模式。准备进行高风温（1250℃），高富氧（鼓风含氧 35%～40%），高喷煤比（250kg/t）的冶炼试验。

参观之余，与厂领导、现场人员座谈、进行技术交流，对厂取得的优异业绩表示祝贺，对不断创新表示钦佩和称赞，会上介绍我国高炉喷煤技术的发展，引起极大兴趣。访问受益良多。主人便餐招待，非常感谢。傍晚乘火车返回鹿特丹。

在此留学的清华教师章毓晋、王涛等陪同到鹿特丹西北海滨游览。建有海上走廊，其上有亭阁和娱乐场所。观赏大西洋丰富多彩的大海风光，别开生面。

路过海牙胜地

归途路过知名的海牙胜地，国际审判法庭就设于此，双层灰色建筑，屋顶中心大小三座尖塔突起，门外是广场和宽阔交通大道，两侧耸立高塔楼，庄严美观。左边建有议事大厅，大门左右，门墙高起，独具风格，人们到此参听或议论法庭审判。

海牙也是旅游城市，路口可见高楼顶上站立一卫士骑马扬威的铜塑像，精神抖擞，喜迎游客的到来。

政府办公大楼排成一列，中间为三层高楼，圆形屋顶。一楼廊房，左右延伸，两翼成U字形，壮丽美观。主楼广场南侧建有一群单体用房，屋顶四角翘起，形状奇特，与主楼围成一体，集中管理办事，堪称海牙一景。晚间回城，章毓晋夫妇设家宴招待，不胜感谢。

次日游览了鹿特丹 Maastricht 古城堡及闹市。繁荣的自由市场，商品琳琅满目，鞋店出售各式大小的木质硬鞋，这是荷兰的特产。市场上有售卖新旧自行车，并修理，生意繁忙。参观临近小商店，各具特色。自由市场的多样化，留下深刻印象。

女儿陪同参观闹市区和美景，沿江边大道，宽广江面，茫茫碧水，一望无际，浩荡水流，风平浪静，奔向大海，气势不凡。铁桥跨江通过，桥墩之间，各自用扇形栏杆链接，长达数百米，美丽壮观。大道一侧高楼大厦，房顶大都呈锥形或尖塔型，形成荷兰特色，闹区商贸发达，井然有序。

游览首都阿姆斯特丹

假日，在女儿和她女伴田力陪同下，乘车到首都阿姆斯特丹游览，抵达目的地，车站古朴庄严美丽，广场游人络绎不绝，热闹非凡，地上鸽子任意穿梭，大家围坐喂鸽子玩乐。市内博物馆甚多。偶遇上海博物馆周志聪同志，共同参观车站南边艺术博物馆，受到性知识教育。

市区大街，地面保留石子路。街道两侧高楼大厦、宾馆酒楼、商贸店铺林立，商场门前均有小型自由市场。“海城大酒楼”中文大招牌高挂一边，令人醒目。华人餐馆遍及全球，名不虚传。临走，摄影留念。留下游览阿姆斯特丹的美好回忆。

访问荷兰结束，于12月21日，女儿导师夫妇同她开车送我到荷、德边境，女儿下车告别，晚间送我入境德国亚琛工业大学中心，然后折回荷兰，谢谢他俩的热情帮助。

在大学中心，再到老乡家去住。次日老乡带我参观大学校园，买到科隆转往

柏林的车票，最后送我上车。谢谢他一家帮助我访问荷兰成功并受到热忱款待，深情厚谊，不能忘记。没有记下他的姓名深感遗憾。

车到科隆，出站等候转车，站前见到知名大教堂，巍然矗立，十分醒目，周围商贸热闹异常。然后登车直达柏林。12月23日到达目的地。阎成雨、谢晖已在车站等候。按计划事先为我买好当日去莫斯科的车票，距开车时间不多，急忙赶赴另一始发车站，上车不到半小时，车就开动了，好紧张。谢谢两位同学的全力帮助和关照。

4.3　访俄罗斯

次日回到莫斯科，住郊外原中国人招待所。购买一张去伊尔库茨克机票，然后候机转回国，期间莫斯科正隆冬大雪。地铁四通八达，参观莫斯科大学，几十层巍峨顶尖大厦耸立在列宁山上。原苏联多名国际著名科学家均出于此。受到人们敬仰。

大学近处就是新建的中国大使馆，美观大方，堪称使馆之最，引以为豪。进入馆内，见到祖国亲人，倍感温暖。与同志们交谈，食中餐，尽兴告别。

访问莫斯科钢铁学院

邓守强老师建议我去十月广场近处拜访莫斯科钢铁学院炼铁教研室主任维格曼（Е. Ф. Вегман）教授，他是苏联炼铁学术界的领衔人，高炉原料（烧结、球团）准备处理技术的专家，也是邓守强、余琨的导师。进入办公室，相见如故，代邓、余二人向他问候，他很高兴。二人谈论炼铁技术的发展和前景以及教育情况等。我向他方介绍中国细精矿烧结和生产高碱度烧结矿的良好经验，引起他的兴趣。事后陪同参观炼铁实验室和教学设施。欢迎他到中国访问。临走时，送我一本他主编的高炉生产参考书，十分珍贵，深表感谢。握手道别，后会有期。

出校门遇见莫斯科矿业学院进修的我院采矿何修仁教授。异国他乡逢知己，倍感亲切。他介绍了一些苏联解体的一些情况，特别叮嘱我注意安全。

路过最繁华的高尔基（特维尔）大街，游人减少，秩序稍乱，不如往日热闹。

重游红场

重游红场，站在国家商店角侧，观赏克里姆林宫紫红色的高大围墙，大教堂上的绿顶一片灿烂。皑皑白雪铺地，相映生辉，场面十分壮观。左右国家和中央两大商店依然营业，有待兴旺。

我住高楼招待所，远处郊外，交通便利，客人主要是中国同胞，相处甚好。苏联服务员对我们非常友好。

12月27日晚，同住的东工分校留苏学生赵忠野、于培农送我到谢列梅捷沃机场飞往伊尔库茨克转机回国。谢谢他俩热情的帮助。次日天亮才登机起飞。机上秩序较乱，时有干扰，管理松懈。中途到达鄂木斯克，停留1小时，走出候机室，欣赏新西伯利亚美丽的风光。傍晚抵达伊尔库茨克。较远处找到公寓，住在楼上，几位哈尔滨商贸学校回国学生集体住一楼。主人服务周到，休息良好。

再见伊尔库茨克

伊尔库茨克地处西伯利亚腹地，交通枢纽，铁路四通八达，航班通往各地。由于机场较小，设施落后，通航地点和班次受到限制。伊城又是旅游胜地，西边距世界最深贝加尔湖仅60km，市区街道宽阔整洁，贸易集市较发达。我用剩下不多的卢布，在集市上买了当地一件外衣，作为纪念。

打听归程航班确切日期后，按时赶到机场，办理登记手续，海关检查特严，行李全打开，美元必须申报，核实无误，方可进入机场，登上飞机。平安回到沈阳，欢度1993年元旦佳节。

这次访问历时20多天，跨越欧亚两地；长途跋涉，不辞辛劳，获得成功，受益匪浅。沿途受到同学和亲友们的悉心帮助、亲切关怀、热情接待，永志不忘。

第 5 章　访澳大利亚

5.1　初访伍伦贡大学

1984 年 11 月，学校陆钟武院长率领王泳嘉、老中奎、王永生和我共 5 人访问澳大利亚伍伦贡大学。对方派人到悉尼机场迎接，受到学校领导和冶金系主任布云森（G. Brinson）教授热情接待，住学校国际公寓。

参观与学术讲座

校领导陪同，参观校园、实验室和教室、科研设施。随后系主任主持，进行学术讲座。首先我用英语在大讲堂做了中国炼铁技术进步的学术报告，英语不太标准，却受到听众热烈欢迎，同行给予充分鼓励和称赞。

参观钢铁厂

近处参观堪培拉港钢铁厂。它是澳洲三大钢厂之一，初具规模，5 号高炉控制室，技术装备和生产指标中上游水平，重视环保，环境良好。然后乘长途客车前往南澳港湾的怀阿拉钢厂。途径矿区，现场派人来接待。介绍矿山建设和生产概况，矿藏丰富，表层沙土覆盖，荒无人烟，以露天开采为主。几台重型采掘机正在作业，运矿车来回奔忙。当晚抵达厂区，住厂宾馆，临近海滨，环境优美。参观现场，仅一座高炉生产，厂内有一台大型链箅机-回转窑，年产 100 万吨以上氧化球团矿，首次见识，产品销往国内外，生意兴旺。临走与厂领导座谈交流，向主人握手告别，谢谢热情接待。晚间回到伍伦贡。

布云森教授陪同游览城市海边公园，观看澳洲奇特有异动物——袋鼠。其前腿短，后腿长，奇形怪状令人生畏。游人以喂食袋鼠为乐，十分有趣。公园前方为茫茫大海，一望无际，景色迷人。浏览了市容，街道整洁。百货商店，各式商品吸引游客。市政大厅高大壮观，伫立讲台左右摄影留念。

斯坦迪教授邀请到他家海边别墅做客，全家热情招待，十分感谢。

校际协作

校双方领导举行会谈，讨论下步协作问题，东工决定明年派教师来此讲学，澳方接受中国年轻教师来校留学，双方领导在协议书上签了字。

访问结束，澳方领导为代表团举行欢送宴会，与会同仁相聚一堂，畅叙友谊，桌上摆放中、澳两国国旗，亲密友好。陆院长代表访问团向澳方领导亲切致意，感谢盛情接待和款待，期待中国再见。

斯坦迪教授陪送代表团到悉尼。我的手提箱忘留在伍伦贡住所，立即电告，不到一小时对方送来，深表感谢。游览了悉尼知名的歌剧院，港口雄伟的跨海大桥以及美丽的市容，随后与斯坦迪教授道别，乘机回国。

5.2　顺访香港中文大学

归途中路经香港，受到中文大学东工校友热情接待。住学校贵宾馆。马校长亲自接见。参观了校园。其依山傍水，环境优美，与内地高校风格迥异，校友们与陆院长等在贵宾室座谈讨论东工发展前景等。会后，宾馆前，全体合影留念。

香港当时尚未回归，还是英国殖民统治。乘轮环游维多利亚港，风景如画，乘地铁游览香港中环热闹区，商贸繁荣。观赏水上公园和访问水上人家，别有兴致，太平山汽车上下左右弯行，有惊无险。

香港短暂停留，按时转机返回沈阳，完成访澳任务。

5.3　伍伦贡大学讲学

1985 年 12 月初，按协议，我到澳洲伍伦贡大学讲学。受到该校冶金系领导热情欢迎，并安排住附近二层公寓楼，生活舒适、方便。

讲学在冶金系二楼会议室进行，围坐 20～30 人，由斯坦迪教授主持。内容包括烧结、炼铁理论和工艺，分专题讲解，课堂提问，生动活泼，兴趣浓厚。上午上课，下午休息，为期近半个月，完成讲学任务，感谢系领导的悉心安排和鼓励。

期间，我校机械系青年教师施华（女）已来此留学，会同北科大图书馆进修人员杨静女士，对我讲学关怀备至，亲如家人。假日陪同游览海边，高大灯塔竖立一旁，下部空间有人管理，上部圆顶，设有瞭望哨所，宏伟壮观。塔旁展有红色梯架大炮一尊，供人观赏，坐在海滨，海阔天空，一望无际，碧海波浪起伏，帆船点点，蔚为奇观。之后到公园观看大小袋鼠各种活动姿态，滑稽可笑，它们抬起前腿向人讨食，别有风趣。游览市内景观，逛商店（场），自由市场，热闹非凡，以服装业为多。

回到女主人住处，她俩亲自下厨，中餐招待，难得享受。临别送行，她俩邀了几位中国留学生到家聚餐，畅谈友谊，真挚友爱，至今不能忘记。

5.4　访纽卡斯尔

讲学结束后，乘车北上到纽卡斯尔参观 BHP 钢铁集团中央研究所，受到该所我校校友何庆林的热情接待。何庆林陪同参观该所。该所实验设备齐全、较先进，技术精英多。拜访所长贝尔敦（G. B. Belton）教授，他是澳洲钢铁权威，冶金物化等造诣较深，向他表示崇高敬意，我介绍中国炼铁技术发展概况，他很感

兴趣，对中国同行情有独钟，希望加强国际协作交流，欢迎再来。

随后参观纽卡斯尔大学，学校规模不大，见到上海工业大学来此留学的李维平同学。他热情欢迎，陪我参观大学并到冶金系会见知名冶金学家霍尔(O. Hall)。宾主亲切交流，建立友谊。

隔日李维平陪同参观纽卡斯尔钢铁厂，这是澳洲最大的钢铁基地，空间不大，炼铁厂几座高炉在生产，运来的原、燃料正在矿槽卸料，一片繁忙，秩序井然。高炉值班室，仪表齐全，风温等均自动控制，炉况稳定顺行，全厂环保问题有待很好解决。

我住市郊汽车大旅馆，双层楼房，一字排开，舒适安全门外是交通要道，来往车多，树木成荫，行人稀少，环境幽静优美。

到何庆林家做客，夫妻俩热情招待，异国他乡师生情谊，格外亲切。

向贝尔敦教授等告别，临走，他设便餐招待，亲付车费，派人送我去机场，不胜感谢。从纽卡斯尔乘机飞往悉尼，到达目的地，访问我校窦士学教授夫妇、在悉尼进行科研情况。并同住一宿舍。他们攻坚克难的精神，令人钦佩和敬仰。

5.5 又经香港

香港荣利公司经理李宝南同学邀请，再次访问香港。他因事外出，嘱咐爱人陈丽瑛全面接待。12月21日，我从悉尼乘机抵达香港，她亲自到机场迎接，安排住集体宿舍，双层床，整洁安逸。第二天陪同参观中环商业大道，高楼大厦林立，两旁商业茂盛，繁荣非凡。走进高层免税商店，商品琳琅满目。我选购了一部价廉物美喜爱的相机。

在港工作的弟子张瑞娘，叶庆源夫妇，专程从新界元朗居所来住地，看望老师。师生久别相逢，思念之情溢于言表、学生事业有成，我感到由衷高兴。

晚间他俩带小女儿会同陈丽瑛儿女三人，陪伴游览香港夜景，喜迎圣诞佳节和新年。沿途张灯结彩，热闹非凡。漫步走进海底地道，光亮如白日，大街上火树银花，万紫千红，各色灯景，一片灿烂，彩灯五花八门。置地广场、希尔顿酒店、和记大厦前，灯火辉煌，行人拥挤，外墙闪烁和平鸽灯影，异放光彩，迎接新年。丽瑛儿子携我新购相机，各处摄影留念。走上中环天桥，乘高架列车，观赏香港夜景，美不胜收。

第二天他们两家设便宴招待。陈丽瑛还专门带我到餐馆用餐，品尝香港风味。感谢盛情款待，临别陈丽瑛送我到机场。进场海关检查，还禁携带水果，记忆犹新，然后乘机顺利回到沈阳。

5.6 赴澳专家学术交流

1990年8~10月，由世界银行资助到澳洲开展专家学术交流活动，首先和伍伦贡大学斯坦迪教授共同研讨炼铁新技术的发展，在实验室，参加他指导博士生余艾冰散料体在高炉内行为的课题研究，取得积极成果。斯坦迪教授会同到澳洲微波技术应用中心，研究利用微波提取钢铁炉尘和废水污泥中金属问题，最终研制成铁锭试样，获得优异成果，为此，1990 年 9 月 18 日，伍伦贡大学校报刊登出国际一流炼铁专家斯坦迪和我二人，手持微波冶炼试样的大幅照片并简介微波技术研究的新成果，引人注目。

受斯坦迪教授接待，安排我住学校国际公寓，在冶金系一楼为我开辟一间专用办公室，室内文化用品，设施和有关参考资料齐全。实验和试验大厅以及图书馆等均在近处，创造了良好的科研工作条件。

工作之余，到图书馆浏览各种杂志和书刊，饶有兴趣。到大学生活动中心参观文化活动室和餐饮等简易设施，内容丰富，学校书店，各种新版图书，丰富多彩，文具用品笔记本等一应俱全。参观学校娱乐体育中心和水上运动馆，面貌一新，美观大方。校园一片草地，周围树木成荫，花园繁花盛开，池塘鸭子戏水，环境优美，景色宜人。

参观市容大街，高大牌坊通向海边，两旁商店坐落。街道中心花园，松柏常青，左右与银行娱乐场所相联，工作生活俱便。

遨游海边，高大灯塔一旁，沙滩停车场挤满，游人甚多，眺望汪洋大海，心旷神怡，不胜赞美。斯坦迪教授再次邀我到他海边别墅休假，海边游泳，海浪冲身，别有情趣，感谢主人盛情款待。

艾冰还邀我去参观二手汽车交易处，兴旺热闹。人们关注，归途中，顺访北科大来此留学的杨彦慧同学，受到主人夫妇热情招待，相依而别。

5.7　再访纽卡斯尔

8 月份伍伦贡大学研究工作告一段落后，再次访问纽卡斯尔 BHP 钢铁中央研究所，受到贝尔敦所长热情接待，安排住该市阿波罗高级宾馆。他介绍近期研究所对铁矿粉造块，煤粉强化燃烧等研究，取得一定成果，希望与中国友人交流经验，取得更大进步，然后由该所吕振英研究员陪同参观实验现场，正进行煤粉燃烧火力模型试验，探索风量、风温和煤粉燃烧的相互关系；利用高炉无钟炉顶较大模型，研究炉料下落的轨迹。工作紧密联系生产，铁矿粉厚料层烧结等研究已取得成功。试验现场秩序井然，充满生气和活力。

参观结束后与吕振英等同仁座谈，首先表示向他们学习，并祝贺烧结等取得优异成果。同时介绍中国细铁精矿烧结的良好经验，细精矿烧结透气性差，难烧，与澳洲富矿粉烧结不同。研究表明，烧结料配加生石灰等熔剂，并改善烧结制度等。产品质量和产量满足高炉冶炼要求，特别成功生产高碱度烧结矿，推广应用，炼铁生产出现新面貌，与会同仁很感兴趣，希望有更多交流。

贝尔敦所长陪同到新餐馆，以本地海鲜特产，盛情款待，不胜感激。

何庆林陪同再次访问纽卡斯尔钢铁厂。高炉正在减产，规模正紧缩，看来澳洲人热衷于矿石、煤炭资源出口，对钢铁生产有停滞不前趋势。

再访纽卡斯尔大学，李维平已毕业离校。与冶金系同行座谈交流，增进友谊。

假日何庆林一家陪同游览市容，议会大厦大门上钟楼耸立，风格特异，壮严美观。一座圆顶高塔耸立在海边闹市沙滩上，面向大海，浩气长存，抱庆林女儿在塔前摄影留念。

阿波罗宾馆邻近郊区，周围树木葱茏，杨柳飘荡，环境优美，景色宜人。何庆林一家几次来住处看望，畅谈家常。临走前，研究所代表同何庆林到宾馆设便宴送行，情深意重。感谢纽卡斯尔，有关领导和朋友们，热情招待和厚爱，就此告别，期待后会有期。

5.8 访问昆士兰大学

1990年8月下旬应昆士兰大学化工系陶教授（Duong D. Do）邀请访问该校，从纽卡斯尔乘机抵布里斯班。在该校留学工作的逯高清和爱人李莲到机场接我，并转交国内带给李莲的衣物。由于校内招待所客满，临时安排我住市内三层楼公寓。矿冶系主任雷起（A. J. Lgnch）教授热情接待。李海键（韩国人）高级讲师陪同参观。我介绍中国炼铁技术发展以及矿石准备处理过程，受到热烈欢迎。在此工作的北京化冶所庄一安研究员陪同访问化工系陶教授，感谢他的热情邀请。参观了新落成的催化反应塔等重要装置，见识良多。

逯高清夫妇对老师访问关怀备至，把我安排到条件较好的学校宾馆住。陪同参观教学楼和科研等场所，以及美丽的校园，假日共游布里斯班市容。沿途高楼大厦，漫步高架大道，到达市中心广场，有人造瀑布，澳洲稀有动物树熊塑像等奇景，中心花园，绿草如茵，繁花绽放，行人休闲坐立一旁，心旷神怡。

隔日随游客到布里斯班东南海滨黄金海岸游览。岸边宾馆、酒楼、娱乐场所齐全。近海为当地最好的天然游泳胜地，爱泳者络绎而来，漫步浴场沙滩，大海波浪起伏，一望无际，无限风光，令人陶醉，堪称为澳洲一奇景。

逯高清尊师重道，品学兼优，不久被提升为大学主管副校长，并被选为澳洲科学院、工程院二院院士。作为他的老师感到自豪，感谢他的盛情款待。

访问结束，与他相拥道别，依依不舍，祝愿他为国际教育作出更大贡献。

返程回悉尼，乘车中途到纽卡斯尔看望附近工作的李维平，他专程前来会见，久别重逢，已学有所成，感到由衷高兴。他坚持送我到目的地，晚上路过悉尼热闹红灯区，直达中国驻悉尼总领事馆招待所住宿，随之相拥告别，谢谢他关怀的初心，不能忘记。

第二天到窦士学夫妇工作住处休息停留。乘便到首都堪培拉，参观澳洲第一名校沃州国立大学。该校以综合性专业闻名，与中国留学生交谈，对学校严格要求方针表示称赞。最后参观首都市容。城市不大，人口几十万，街道整洁，政府机构较多，文化娱乐较先进。中国大使馆在近郊，建筑美观，华人向往。

我校党委书记费寿林女婿和女儿留澳工作。他俩到住所看望，给予多方帮助，临别时送我到机场，协助办理登机手续，然后乘机从悉尼平安回到沈阳，完成既定出国任务。

5.9　访问新南威尔士大学

1996 年 12 月，澳洲新南威尔士大学余艾冰教授邀请我访问讲学。

过境新加坡

我有一位农村老家同乡好友杜式文（比我大几岁），早年跟随兄长到南洋打工谋生，现定居新加坡，时常想念。按民航惯例，到国外，中途过境下机可允许停留 48 小时，不用另办签证，乘这次赴澳机会，路过新加坡短暂停留，看望他们。

到达新加坡式文兄父子在机场迎接。别离半个多世纪，他国重逢，旧貌依稀，古稀之年，步履轻便，身体健康，十分可喜，兴奋、想念之情溢于言表，随后往他家住宿。

式文兄为新加坡振兴公司总经理，以经营古董文物为主，爱人是福建华侨，精明能干，养育子女七人，培育有方，都成才有为，全家美满幸福。

次日陪同到市区参观创办的振兴公司，古色新颖。平时交由儿子管理，经营得力。由于时间受限，下午要转机赴澳洲，只能匆忙离去，计划回程时再来。

晚间抵达悉尼，余艾冰已在机场等候，送我到新南威尔士大学校内宾馆住宿。他是该校专职教授。下属团队十余人，生机勃勃，事业兴旺。他为我安排专用办公室，我主要是科研进修；与当地师生研究与讨论，切磋学术。

参加校内外学术活动等

不久，在校参加艾冰主持召开的全澳高校炼铁学术会议。昆士兰大学王国雄研究员，留澳研究生张之平，卞向阳等同学均与会，师生相见，倍感温暖和亲切。余艾冰在会上做了高炉散料体特性和行为的研究报告，内容新颖，具有创造性，博得大家称赞。由于其研究散料体理论，造诣颇深，先后被选为澳洲科学院、工程院二院院士，后被提升为墨尔本莫纳什大学副校长。王国雄介绍高炉下部渣铁流动等研究成果。其他各有关单位对炼铁研究工作发了言，现场人员对炼铁新工艺研究提出要求。我报告了中国炼铁技术新动向，受到欢迎。

新南威尔士大学很有名望排在澳洲高校前列。校内高层教学大楼，科研设施，图书馆等各具特色，堪称一流。校园绿树成荫，花草茂盛，环境优美，旁侧

现代体育场，壮美广阔，气魄宏大。

日常到实验室和研究生探讨研究课题，与他们建立深厚的友谊，议论毕业后去向。图书馆是我最喜爱的场所，我是图书馆的常客。馆内藏书丰富，成排书架，侧旁设有桌椅，参阅图书，十分方便。

休闲时漫步各校门出入口，门外立有醒目的指路牌，周边是广阔马路和街道，绿化成片，景色特美，别有情趣。

随后，艾冰举行家宴招待，几位好友陪同参加。他和爱人小邹两人亲自下厨，饮食丰富，中国饭菜十分可口，异国他乡，欢聚一起，实在难得，谢谢主人热情款待。

看望窦士学教授

隔日到伍伦贡大学看望澳洲著名超导首席专家窦士学教授。几年来，他对超导研究做出杰出贡献。见面首先向他表示祝贺。他夫妻俩在同一处工作。陪同参观新建的超导研究室，设备新颖，全澳享有盛名。随后参观大学新面貌，旧地重游，分外高兴。他建议我在冶金系做了中国炼铁技术的学术报告，受到热烈欢迎。

我住在他家，临近学校，是自建的一座二层小楼，宽敞美观，周围树木成荫，花草满地，环境优美。他夫妇俩热情款待，关怀备至。儿子刚大学毕业，回家探亲，陪同一起游览，情意深重。

期间艾冰和现场炼铁工程师陪同再度参观堪培拉港钢铁厂。工厂有了新面貌，新建 6 号高炉，技术装备良好，生产管理等有很大进步。走进值班室，仪表齐全，实现自动控制，统一调节，厂门额上挂有生产指标班报牌，红蓝大字，一目了然。我介绍了中国高炉强化冶炼现状，兴高意浓，很受欢迎。

事后和艾冰顺道到伍伦贡会见他爱人和小女儿以及窦士学儿子，就近参观华侨新建的中国式寺庙。一座双层红墙，琉璃瓦顶富丽的大佛殿屹立在山坡上，雄伟美观。登上石阶，入内几座大佛像盘坐大殿中央。香火鼎盛，善男信女焚香叩拜俨如北京寺庙景象。

离大殿不远处新建七级浮图高塔，壮观美丽。步石阶而上，围塔门上写有“靈山塔”三个中文大字，十分醒目。寓意是要颂扬胜造七级浮屠，与人为善的中国优良传统。附近新建楼堂亭阁，景色迷人。

当日向窦士学和爱人小刘、儿子告别，受到热情招待，盛情款待，感激不尽，依依惜别。

当晚和艾冰夫妇一起返回悉尼，住他家。次日，艾冰组织他的团队（包括张之平、卞向阳及艾冰爱人）到悉尼郊外野餐。在风景秀丽的河畔草地上，树荫下，铺地自带食品共餐，谈笑风生，饶有兴趣。欣赏周边河水、花草，别有风味，野餐是澳洲良好习俗，人人喜爱，中国同志也不例外。

畅游悉尼

时逢圣诞、元旦佳节，艾冰夫妇陪同参观悉尼市区。高楼大厦耸立大街两旁，商贸繁华，中国城在市中心，门前方柱牌楼上有“通德履新”四个中文大字，街道商店林立，“建德商场”等中文广告牌引人注目，绿树成荫，行人手提货物，以华人居多，生意兴隆，可与纽约华人街相媲美，参观悉尼奥林匹克公园，大门挺立上下形状各异，白黑相间的圆柱，庄严美观。入大门中心和两侧为人行道，中间夹以草坪，周围绿树成列，荫下间隔设有白色座椅一字排开，长数百米，直达公园中心广场，气势磅礴，好一派美景，实属罕见，园内广阔天地，中兴地带，几道门栏设置景物，模拟希腊奥林匹克发源地，引人遐念，公园环境优美，休闲胜地。

游览悉尼海港风景区，参观悉尼游乐场和国际水上活动中心，观赏水上活动奇景。沿海湾道漫步，广阔海洋，一望无际，碧水蓝天，相互辉映，凭栏眺望，帆船、游轮经过，景色迷人。歌剧院门前广场，游人络绎不绝，我和艾冰夫妇登上跨海铁桥，雄伟壮观，尽赏悉尼海上绮丽风光。

住艾冰家，主人照料周到，早上散步室外，自我英语试讲，准备给研究生讲授高炉喷煤矿相及燃烧机理。

顺访墨尔本

元旦后离艾冰家到墨尔本看望施华一家，他俩夫妇到车站接我。多年不见，格外兴奋。她已成家立业，在郊外购买一块土地，自建一栋红砖二层小楼为寓所。在她家见到她母婆二人和两个孩子，她妹在附近安家，一家团聚，其乐融融。

参观墨尔本、莫纳什大学

施爱人夏克农是我早在美国认识的，人才难得，现任墨尔本大学高级讲师。该校享有盛名，列澳洲高校前三名。他陪同参观校园，教学，科研大楼，图书馆实验室等设施，环境优美，充分体现培养高级科技人才基地优良风貌，访问他工作的材料科学与工程系，观摩重点实验室场所，和同仁们座谈交流探讨学科发展前景，收益良多。在此遇见我校教师王启义的儿子，不久才到该校攻读博士生。

隔日夏克农陪同参观澳洲八大名校之一墨尔本莫纳什大学，环境优美，中国留学生较多，校园广阔，平坦石板路面，间隔草坪。教学大楼以及附属设施建筑，各具特色，形状不一。园内池塘水清，绿树花草遍地，景色迷人。参观教学大楼，礼堂、艺术馆以及实验室等设施，堪称一流，其中水力测试所开拓创新，先进，壮观。体育场和游乐中心位于校园一侧，大门两侧框壁高耸，左右连接游乐廊房，一字排开，庄严美观。

访问化工系，与中国留学生亲切座谈，同学们都是精英，前程无量，为他们高兴，惜别不舍，互道再见，临别毛其明同学送我一张 1997 年新年精致的校景贺年卡，深表谢意并留念。

游览墨尔本市市容

随后施华陪同游览墨尔本市容，是澳洲第二大城市，街道整洁漂亮，两旁高楼林立，奇美街景装饰到处可见，商贸繁盛，现代高级商场滚梯上下，大圆时钟高挂，特别醒目，招徕顾客，热闹异常。皇冠赌场就在附近，门前装饰美观，定时开业。街道深处，餐馆多，“北京烤鸭店”红色中文大字广告牌外挂，引人注目。门额上“聆事万寿”四个中文字，顾客盈门，生意兴隆。

到市中心公园游览，门前环带，各种名贵花卉，奇异绽放，欢迎游客。进入大门，平坦大道，两旁垛树成列，直达园中心。园内湖面广阔，周边树木葱苍，杨柳倒垂，映湖成影，湖上水鸭成群，景色无限好，湖边背靠座椅，喂食湖中水鸭嬉游，别有风趣。

参观市内电视塔，高达几百米，直指云天，外型奇特，雄伟壮观，底层修缮一新，绿树成荫，是良好休闲场所，可乘电梯，观赏全市风貌。

游览露天音乐广场（厅），绿色帐篷内放置伴奏设施等，前面高空敞开，环境广阔优美。

人们定期喜爱到此欢聚、集会、倾听演员歌唱，欣赏音乐和参加其他文娱活动。

参观新建火车站，美观大方，进入站台，近代设施一览无余，站外可跨越内河的近代新颖大桥，交通要道，也是墨尔本的一景。感谢主人不辞辛劳，陪同游览一天乘兴返归。

海边看小企鹅

临走前与王启义儿子及其女友三人到墨尔本南岸海边参观海上小企鹅登岸情景。一路欣赏大海美丽风光，下午抵达目的地。游客接踵而来。四时左右，一群小企鹅海上涌现，出水爬上沙滩，摇摆蹒跚而行，走上岸，形象与普通企鹅类似，十分可爱。它们岸边逍遥自在见人不陌生，觅食、休闲、嬉耍停留约半小时，轮流分批而来，分批回海秩序井然。管理部门严禁捕捉，只供游人观赏，世界奇景，实属罕见。一小时后，小企鹅全部回海，活动结束，明天再来。归途中看澳洲稀有动物树熊，面貌似小熊，常年蹲树上，难得一见，晚间平安回到到墨尔本，感谢年轻人路途关照和爱护。

访问结束，施华为我买好回悉尼的车票。这次到墨尔本，她一家全力招待。她夫妇、婆母二人、孩子三代和睦相处，倍觉温暖，堪称模范家庭。对我的盛情款待，关怀备至，亲如家人，难能可贵，铭刻在心，永志不忘。她夫妇俩送我到车站，拥别！

当晚由墨尔本回到悉尼，艾冰已在车站迎候，令人感动。他安排我到新南威尔士大学原宾馆住。我在此停留两天，完成未完的工作，准备9日回国。这次访问艾冰全力关照，感谢他一家盛情款待，临走前还通知张子平等弟子到悉尼机场送行，深情厚谊永铸心间。

回程中事先通知式文兄到达新加坡时间，新加坡再停留，他再次到机场迎接，走出候机大厅，乘车到他家休息，当晚他设家宴招待。

第二天式文兄夫妇陪同港口过海游览海上公园，园中广阔大道，直通全岛，两旁绿树成荫，景色优美。中心广场耸立高大狮首石像，威严壮观，傲视全城，新加坡由此又称狮城，周围繁花如锦，绿草成茵，像前长方形水池，水柱排成一列，水花高溅，蔚为奇观，风景独好。

回程航行海边，上岸漫步海滨通廊；周围各色建筑，海上美丽风光映入眼帘，赞美不已。

中午游览市区，大街中心广场，周边树木葱茏，松柏常青，环形花坛，繁花奇草，璀璨争艳，城市一片春色可爱，街上楼房，各具特色，有高层，厅房，美观大方。参观大型商场，二层建筑，一字排开，各种商品齐全，门前竖立一排红色方柱，销售广告牌。

访问华中初级学院。新加坡重教育，私立学校多。公立南洋理工大学是亚洲名校，华人在此留学较多。

晚上式文兄夫妇俩连同子女亲人共 11 人在新加坡餐馆设宴欢送。宴会上大家频频举杯，共同祝福。异国他乡，海角天涯久逢知己难能可贵。感谢式文兄一家热情款待，欢迎回家乡看看。

第三天临走前，他夫妇陪同到他胞兄杜文棋家看望，还依稀认得，他是家乡最早到南洋打工的华侨，比我年高。我向他问候请安，他很高兴，嘱咐代他向老家乡亲们问好。他艰苦奋斗，令人钦佩。我们紧握手告别，祝他健康长寿。

按规定第三天（11 日）离开新加坡回国，式文兄和他儿女们到机场欢送，相拥告别，乘机顺利回到沈阳。

第6章 访日本

6.1 东北大学讲学

首次中国教授讲学

1986年11月，日本东北大学矿冶研究所大森康男教授邀请讲学。抵达东京后，该校万谷志郎教授陪同乘车到仙台东北大学，受到研究所大森康男、八木顺一郎、德田昌则等教授热情接待，安排住临近宾馆。矿冶所侧墙贴出了中国杜教授讲学的海报。我讲解了中国近年来炼铁科技进步及高炉强化冶炼的经验。这是该所近年来首次听中国教授的技术报告，很重视，受到热烈欢迎。

为了祝贺讲学的成功，晚间，研究所领导大森以及德田、八木、万谷等教授，会同留学生们举行会餐。大家围坐一起，欢叙友谊，兴高采烈，频频举杯，尽欢而散。

参观访问

次日参观东北大学本部和工学院以及矿冶研究所，八木教授陪同参观炼铁实验室，正在开展铁矿石高压还原试验，在他办公室和助手们进行座谈，他阐明铁矿石气体还原全过程，并讨论了高校的科研等方向。随后到他助手高桥、秋山友宏等工作室休息。设便餐招待，高桥女友也出席作陪。

仙台街道整洁，环境优美。八木教授陪同我游览周边山区，满山林木，一片绿色，风景特好，山上有休闲观景场所。设有香炉，焚香拜佛者络绎不绝。顺便参观仙台金属博物馆，了解当地古今提取金属历史。博物馆展出一批珍美金属制品。

万谷志郎等是我校荣誉教授，他和留日生屈明昌陪同游览仙台海滨胜地松岛。入口处："特别名胜松岛"字样门牌竖立一旁，岛上松柏常青，绿树成荫，与海相映生辉，流光溢彩。漫步红色栏杆长栈桥，直通广场场上绿树成片，建有精美寺庙和阁亭，景色迷人。广场飞鸽嬉游成群，令人喜爱。乘游艇环岛行，欣赏海上美丽风光。午间万谷教授在岛上设便宴招待，面对海上，边饮边谈，畅叙友谊。随后尽兴返回仙台。当晚留学该所的我校研究生刘春明等在宿舍里聚餐欢迎老师来讲学。桌上摆满自备丰富的中国菜肴，同学们欢聚一堂，谨祝母校兴旺发达，老师身体健康，令人感动。祝同学们胜利完成学习任务。

讲学完毕，向研究所教授和同仁、同学们告别，感谢盛情接待。万谷教授设家宴送行。临走赠几个特大苹果，印象深刻。

回到东京，见到在日留学和工作的二女儿杜依群和女婿郭炜宏，很高兴。

顺访名古屋大学

经赫冀成教授推荐，访问名古屋大学，受到著名冶金专家鞭岩教授的热情接待。他患重病嘱咐助理教授浅井滋生代行，浅井专长电磁冶金，安排我住大学贵宾招待所。陪同参观学校冶金系教学设施和实验室。拜访森一美等冶金名教授。我做了中国现代炼铁技术的学术报告，受到热烈欢迎。会后进行座谈，讨论炼铁技术发展前景，并对电磁冶金寄予厚望。

鞭岩教授助手桑原守陪同参观名古屋钢铁厂，有几座 $2000m^3$ 级高炉在生产。一座大于 $3000m^3$ 高炉正在建设中。高炉用料主要是烧结矿，生产正常，各项技术经济指标较先进。我向炼铁厂做了强化高炉冶炼的技术报告，反响强烈。

访问结束，浅井陪同参观名古屋市容。其城市绿化整洁美观，交通便利，环境优雅。

临走前向鞭岩教授告别，他夫妇俩由浅井等陪同设便宴款待，深表感谢，祝他早日恢复健康。浅井送我到车站，乘车回东京，谢谢关照。

随后从东京乘机回国。

6.2　参加名古屋国际钢铁会议

参加会议

1990 年 10 月参加名古屋第六届国际钢铁会议。与上海工业大学冶金材料实验室主任蒋国昌同住名古屋大学招待所，乘地铁直达会议中心。24 日我在会上宣读“高炉新装料制度的发展及其控制”的论文，受到欢迎。参加会议有我院肖兴国教授，北京钢研院周渝生、李继中，北科大王新华等人。一起参加会议闭幕酒会，盛况空前。在大厅和门外广场摄影留念。肖兴国带同参观名古屋神社，参拜人络绎不绝。

重访名古屋钢铁厂

会后再次参观名古屋钢铁厂，受到炼铁部主任长谷川博、技术处长水山义正等热情接待。我做了高炉喷煤及生产高碱度烧结矿理论和实践的报告，听众踊跃，深受欢迎。随后进行座谈和交流，热情很高。晚间厂领导在市内设宴招待，品尝日本美食，谈笑风生，畅饮不止，欢叙友谊。宴会结束，观赏夜景美丽风光。感谢厂领导和朋友们盛情款待。

参观东京工业大学

从名古屋回东京，在依群夫妇陪同下，参观东京工业大学。东京工业大学是日本顶尖大学之一。炜宏该校毕业获博士学位，依群正在该校攻读生物化学博士生。大门面对一座拱门四层教学大楼，校园松柏茂盛，绿树繁多，环境优美。参观冶金科实验室和教研设施，依群陪我参观生物化学楼及实验室。广场上竖立该校创始人座椅塑像庄重醒目。校园空间受限，校外，街道广阔，交通便利。在餐馆，吃一顿，饶有风味。

我住东京依群家一楼，休闲到市中心广场观看日本天皇寓所，庄严美观，公园水池，高、低水柱冲天，水花一片，蔚为奇观。走经火车站，旅客进出口，俯首、健步穿过广场，行色匆忙，热闹非凡，也是东京一景。

乘车到市郊，看望在此工作、学习的研究生杜钢，受到他和爱人于何的热情款待。李伏桃研究生毕业在三菱公司工作，闻讯带女儿赶来看我，同游东京市区，参观高层商店“SOGO”，便餐招待。

千叶工大讲学并参观川崎千叶制铁所

千叶工业大学雀部实教授邀我讲学，郭炜宏陪同前往。受到热情接待。我讲授高炉精料和炼铁技术的发展。学员不惯于听英语讲课，当即改中文，由炜宏翻译，受欢迎。事后雀部实教授陪同参观川崎千叶制铁所，有5座高炉，炉缸直径分别为7.2~10m，原料为烧结和球团，年产铁400万吨，生产正常，冶炼指标优良。随后参观该公司千叶钢铁（制铁）研究所，受到所领导福武刚、大桥延夫等热情接待，双方进行座谈、交流，建立友谊。

雀部实教授陪同参观东京市容，登上最高建筑，观赏东京市貌，眼下高楼大厦，街上车流人往，繁华无比。

6.3 访问神户和九州

神户制钢所

1990年11月上旬，神户制钢炼铁研究室主任稻叶晋一邀请访问该所，受到热情接待，住神户市内宾馆，在该室工作的我院肖兴国教授陪同参观神户制钢加古川钢铁厂，拥有2847m^3、3800m^{3}大型高炉。其他高炉正在扩建中，高炉近代化作业，设备技术先进，堪称一流。采用大型新烧结机和炉箅窑式球团焙烧设备，大开眼界。稻叶主任陪同参观研究实验室，并主持技术讲座。我报告了中国炼铁技术新成就和新技术研究应用等，受到热烈欢迎和好评。会后进行座谈、交流，探讨研究方向和进一步提高水平的措施，收益良多。

晚间主人在神钢招待所设盛宴招待，出席除主人、肖兴国等人外，还有神钢顾问、我校名誉教授大谷正康，难得一见。主宾席地而坐，频频举杯，互祝中日友谊长存，尽欢而散。

肖兴国陪同参观神户市容，街道整齐清洁。商店娱乐场所俱全，游览神户公园。背后山丘起伏，满山是林，园内水花飞溅，相互成网，别有一派奇异风光。

访问九州大学

随后九州大学小野阳一教授邀我访问讲学。离开神户制钢炼铁室时向稻叶晋

一、肖兴国和其他研究室同仁们告别，感谢主人们热情款待和厚爱。抵达九州福冈市博多站。留学研究生郭兴敏到站迎接。住博多旅馆，距学校不远，生活较方便。

小野教授陪同参观学校和实验室，安排技术讲座，我介绍中国炼铁技术新成果。会后进行座谈，探讨教研等新方向。九州大学是日本八大名校之一，享有盛誉，感谢主人对留学生郭兴敏等悉心培养。

会后，郭兴敏等陪同参观福冈博多区街景和车站，景色优美，观赏福冈市容，街道洁净。商贸兴旺，秩序井然。参观了福冈博物馆。高耸瘦身，苗条女娲塑像挺立在厅堂，笑容可掬。

临走告别。感谢小野教授等热情接待和款待。

参观八幡钢铁公司

经小野教授推荐和联系，到临近北九洲八幡下关地区，参观新日铁原八幡钢铁公司，该公司八幡厂历史悠久，为日本早期钢铁重要基地。有高炉十座，其中512~934m^3 6座，其他为1020~1279m^3。除保留一座供参观外，全部拆除。

就近参观公司新建的户畑厂4000m^3近代化高炉耸立一边，雄伟可观，技术装备顶尖，主要技术经济指标，居同类型高炉前列。还有2000m^3级高炉在生产，待后扩建。我住厂内招待所，服务到位，临走与厂领导座谈、交流，感谢主人们热情招待。回程过山口到德山乘新干线抵大阪，作短暂停留，观赏大阪风貌，然后由大阪乘机回国。

6.4　参加仙台国际炼铁科技大会

1994年6月14~17日，与虞燕霞参加日本仙台国际学术交流中心第一届国际炼铁科技会议。世界炼铁精英上百人与会，济济一堂。九州大学小野阳一教授、郭兴敏等均与会。大会宣读论文，内容丰富。我在会上做了《高炉渣中Ti(C,N)生成与氧势关系》的学术报告，受到关注。日本著名冶金学家不破佑教授书面评价认为“论文提出钒钛磁铁矿的可用性，意义重大，对世界钢铁工业的发展是一贡献。”

会上各国专家进行技术讨论和交流，情况热烈。会议结束，举行酒会，代表们频频举杯，相互问候，祝身体健康，工作顺利。临别在会议中心门前摄影留念，后会有期，再见！

看望留学仙台的女儿

小女儿（杜奕奕）我校计算机专业毕业后，到日本东北大学八木教授门下，攻读硕士研究生。奖学金少，经济拮据，生活较困难，直接影响学习。经八木教授夫人帮助下，在近郊找到一家夫妇俩慈善家，女主人叫伸子，男的称川岛。无子女，热心慈善事业。自建一座三层楼房，专供救助人员免费住宿，已有中国困难留学生进住。八木夫人向主人介绍奕奕情况，请求帮助。主人满口答应，欢迎她来。安排住楼房二层一卧室，内部生活设施齐全，免交一切费用。此外还借她一辆轻便摩托车，上下班来往学校很方便，解决了她上学的难题。

房东女主人对奕奕喜爱，待如亲人，生活困难，都肯帮忙。我们来，很欢迎。伸子陪同蒸霞游览仙台市中心公园和名胜并同逛商场等。川岛陪同我俩及奕奕到松岛游览。旧地重游，如今建设更加美丽，广阔岛上大道，高度绿化的广场，面貌一新。与主人乘游轮，环岛航行。欣赏海陆风光，景色迷人，感谢主人盛情招待。川岛城内开设私人诊所，尽治病救人义务，值得赞许。

假日，房东夫妇举行家宴，欢迎中国客人，部分救助学生也参加。宾主畅叙中日友谊，感谢主人热情救助和款待。临别依依，祝慈善救助事业发扬光大，友谊长流。

见到八木教授指导攻读博士学位的沈峰满同学及其爱人，他们对奕奕多方关怀和帮助，非常感谢。随后陪同参观鲁迅在仙台学医的纪念碑等景区。

临走前，八木夫妇陪同到仙台郊外游览。青山绿水，百花盛开，喷泉诱人，景色美丽，赞叹不已。中途便餐招待，深情厚谊，难能可贵。

告别仙台，谢谢友人们的盛情款待和厚爱。奕奕先去东京姐姐处。6 月 19 日，我俩从仙台乘沿海火车到达东京，依群姐妹俩已在车站上迎候。

我们住在海老名市杜依群家。由于人多较拥挤，奕奕回到冈崎市爱人工作住处。

再访千叶制铁所和研究所

6 月 20 日，我偕蒸霞再次访问千叶制铁所，受到厂领导热情接见，参观新投产的现代化高炉。厂区繁忙，正在测试新技术、新设备应用情况。然后应邀去千叶钢铁（制铁）研究所讲学。

研究所门上显示“欢迎”二个大字。入口处高挂“热烈欢迎中国东北大学铁冶金杜先生一行”照亮匾牌，引人注目。大桥延夫所长亲切接见，并主持讲座。我在会议室做了中国炼铁技术进步与发展前景的学术报告，全面介绍了高炉精料和新技术应用情况。主人甚感兴趣，当面提问，气氛热烈友好。双方座谈，交流经验，增进深厚友谊。临别主人设便宴招待，感谢所长坦诚相待，温暖身心，十分可贵，友谊长存。

期间访问日本顶尖高校东京大学，拜访著名冶金学家相马胤和，佐野信雄等教授进行座谈、交流，并参观校景和实验室等教学、科研设施，留下美好印象。

依群陪同参观横滨海港。停泊巨轮，航业风火。岸边树木成荫。静坐观海，风景如画。游览横滨公园，周边树木葱茏，草坪满园。园内有娱乐场所，可买票进音乐厅欣赏，公园出入口架有宽大木台阶，上下分段，中间摆满花环，风景别致。

游览了横滨商业大街，店铺林立，买卖旺盛，参观中华街，华人来往不断。

依群家周围生活、娱乐等设施齐全，热闹非凡。一次晚间散步迷路，好心人帮助查明住处，送我回家，非常感谢。

停留冈崎市

随后离开依群家乘车前往冈崎市，奕奕来站接，住她爱人科研单位。冈崎市距名古屋不远，城市不大依山傍水，群山环抱，环境优美。山边公园，一片绿色，前为市区，街道清静，商贸正在兴起，商店价廉物美，笑脸相迎，别有风情。假日奕奕和爱人蔡建平陪同我俩游览名古屋市，观看雄伟城楼和耸高市府大楼。名古屋公园，树木葱苍，广场耸立尖顶、伞顶不同的高塔，奇特美观。地上草坪、花园连成一片，景色迷人。

重访九州大学

九州大学小野阳一教授再次邀我讲学。奕奕为我俩买好去福冈的廉价长途汽车票。她和爱人送站道别。当天到达福冈市博多，郭兴敏夫妇在站前迎接。仍住博多旅馆。

（1）技术讲座。到九州大学，受到小野教授亲切接待。他亲自主持技术讲座，坐在课堂前排，听我讲课。我讲述高炉精料、新技术应用等问题。全用英语演讲，受到热烈欢迎，兴高意浓，反响强烈。会后组织座谈、交流，探讨炼铁技术发展前景，热情高涨。

参观了校内炼铁、烧结等实验室，了解研究生论文课题等。漫游美丽校园，在校门前摄影留念。

（2）参观大分制铁所。经小野教授介绍，由郭兴敏陪同我夫妇到大分制铁所访问讲学，受到炼铁厂领导热情接待。大分制铁所是新建近代化的一座钢铁厂。高炉技术装备，冶炼指标先进，条件居优。工厂重视技术培训，邀我讲学。我在会议厅做了烧结、炼铁技术的报告，重点讲解中国精料准备和高风温、富氧喷吹煤粉新成果，特别提高喷煤比 200kg/t 的良好经验，受到热烈欢迎。会上听众提问，生动活跃，情绪热烈，要求进一步交流经验。

在主人陪同下，游览市容，观赏大分沿途风光，感谢主人盛情款待，临别时在宾馆门前与厂领导合影留念。

（3）游览福冈市。从大分回到博多，小野教授会同郭兴敏夫妇陪同游览福冈市，雄伟的博多车站，一字排开，气魄动人，壮丽美观。街上博多商业联合会正在举行展览，推销商品。商店门前耸立圆锥形大型货架，五花八门颜色各异的塑像广告，蔚为奇观。凭铁栏杆，眺望海面对岸，高层商贸大厦清晰可见，景色美丽动人。谢谢主人热情招待和关爱。

郭兴敏夫妇对老师悉心关照，邀我俩到他家做客并陪同参观日语培训学校等。

访问九州结束，向小野教授告别。感谢盛情接待，祝教授健康长寿，万事如意。郭兴敏送我俩到福冈机场，乘机回到大连。

过境日本

1998 年 5 月从美国访问回国，途经东京，下机短暂停留（48 小时）看望依群一家。郭炜宏到机场迎接。住神奈川县海老名市新居，住房有了较多改善，环境焕然一新。依群已博士毕业并参加工作。外孙健康成长。漫步室外街道，享受天伦之乐。顺道横滨游览，依群送我到东京机场道别，顺利回国。

第7章 访韩国

7.1 浦项工大讲学

经梁乃刚教授介绍，1995年9月中旬，韩国浦项工科大学李昌熹教授邀请讲学。乘机到达韩国首尔（汉城），中国驻韩国使馆人员、原我院外事处副处长杨金成到机场接我，并为我安排访问全日程。当晚送我到宝钢驻首尔办事处邱廷周、郑金龙高工住处休息。次日我乘长途汽车到韩国东部海滨浦项市。李昌熹教授亲来车站迎候，安排我住“浦项工大”高楼宿舍14层一套客房。

浦项工大是韩国知名工科院校。临近东海和浦项钢铁公司，地处优越，环境优美，进入校大门，耸立爱因斯坦等五位国际著名科学家铜塑像，并且留有空位，期待新人入座，以此鼓励人们奋进。

李昌熹教授为我组织讲座，报告大厅讲台、计算机、投影仪齐全。我用英语讲解中国炼铁技术的进步和成就，听众满座，情况热烈，反响强烈，受欢迎。见到在此短期工作的澳大利亚昆士兰大学李海键博士，意外高兴。会后李教授在办公室组织座谈讨论，称赞讲学取得成功，对中国炼铁快速进步表示高兴，并研讨高校发展方向。浦项工大直接为生产服务，值得借鉴。

李教授在校食堂设便宴招待。主宾交杯，畅谈友谊，感谢主人盛情款待。

李海键博士陪同参观校园。其场地紧凑美观，景色宜人。参观教学楼和实验室以及浦项实业科学研究所等，设施先进完好。假日陪同到庆州，观赏当地古庙和古塔，效仿中国唐、清代建筑。古庙建在山下，宏伟高大，周围松柏密布，站立“大雄宝殿”门前，古色古香、庄严美观。古塔，高五层，四角翘起，古老气壮。尖顶异形高塔实属罕见。尽兴而归。

7.2 访问浦项钢铁公司

浦项钢铁厂

李昌熹教授派人陪同访问韩国主要钢铁生产基地浦项钢铁厂。

走进工厂大门，上方标有“资源有限，创意无限”八个中文大字，引人注目。技术创新成为工厂座右铭。参观炼铁厂，受到热情接待。几座大型高炉（>2000m^3），装备先进，各具特色。大型烧结机产品和部分球团，质量稳定。高炉操作管理、秩序良好，主要技术经济指标努力赶超世界先进水平。

厂领导组织技术讲座，烧结厂也来人听课，我在会上介绍上海宝钢原燃料处理和强化高炉的经验，受到热烈欢迎。

课后主人陪同参观新建的C-2000型COREX熔融还原炉，刚投产，由于保密制度，主人仅安排在车上透过玻璃窗观看。未能看到装置和出铁情况，感到遗憾。

光阳钢铁厂

公司在光阳新建现代化钢铁厂，已投产，地处韩国南部全罗南道沿海光阳市，市区不大、环境优美，交通便利。李昌熹教授亲自陪同参观。沿途经庆州、大邱、密阳，绕道釜山，通晋州抵达光阳。一路观赏韩国南部风光。

我们住在光阳钢铁厂新建二层宾馆，受到热情的接待。厂领导指派李晚承高级工程师陪同参观近代大型烧结机和巨型高炉（$3000m^3$），技术装备胜过浦项厂，炼铁部主任组织技术讲座，我在会议室做了炼铁技术发展方向和新技术应用的报告，受到热烈欢迎。

随后参观了钢铁研究所。所领导和韩晶焕高工邀请讲学。我较详细讲授中国高炉喷煤的理论和实践以及其成果。听众踊跃，认真笔记，录音，盛况空前。课后组织座谈，提问交流，情况热烈，主人对中国高炉喷吹煤技术取得进步表示赞赏。当前成为新技术应用的重要一环，向我索取讲演稿，连同录音带存放保密柜。

厂区空间较大，环境幽美，正在加紧绿化，种植树木、花卉、草坪，并有中心花园供职工休闲观赏。

李晚承陪同游览光阳市容，街道清洁，景色宜人。进入百货公司，门面摆有桌椅，供顾客闲坐、休息。

访问结束，向厂领导和有关职工以及李昌熹教授告别、感谢热情接待和关爱。祝浦项公司二大钢铁厂兴旺发达，教授身体健康。

7.3 首尔停留

按访问日程，离开光阳市，乘长途汽车途经全州、大田等城市，回到首尔，杨金成已在车站等候。再住邱廷周和郑金龙宿舍。他俩热情欢迎，非常友好，关怀备至。住处位于市中心地带，住宅五六层高楼，前后排列一起，楼前停满轿车，进出不便。

杨金成陪同参观首尔一所大学，其学生以走读为主，规模不大。与教授们座谈交流，教学管理有一套固定模式，纪律严明，课外活动较多。

假日金成和宝钢邱、郑三人陪同参观原国际奥运会的主会场及附近几座场馆，其雄伟壮丽。在篮球馆观看中韩国际男篮友谊赛。坐在看台，与拉拉队一起为中国队呐喊助威。

宽广汉江安静通过城区，隔分南北两岸。几座宏伟的大铁桥，跨越两岸，壮丽无比。市区活动以南岸为重。漫步江边，茫茫江水一望无际，风和日丽。坐立一旁观看江面水波逐流，浩浩荡荡奔向前方，景色之美，让人惊叹不已。岸边广场，游人成群，围坐嬉游，情趣非常。

游览市区，高楼耸立街头。马路宽阔，树木苍松挺立两旁。商贸茂盛，知名Lotte 商店，顾客盈门。韩国生产的鱼竿闻名，国内友人托我买一套带回。韩国力主使用本国文字，汉字很少见，临街旧宫殿大门额上还保留“大汉门”三个中文大字。统治朝鲜的旧日本总督府位于市中心，拱形大门，三层檐楼，房上耸立大型环形顶盖，环列支柱，大小圆顶，标杆指向天空，威风凛凛，是日寇侵占朝鲜的标致，朝鲜人民痛恨日本殖民统治，将大顶盖拆除，放在地面，供游人参观，勿忘国耻。

访问韩国结束，准备回国。对杨金成精心安排，以及宝钢邱、郑二位同志盛情款待和关爱，深表谢意。临走他们送我去首尔机场，相拥告别，然后乘机回沈阳。难忘这段美好的回忆。